大学物理实验

主　编　罗　伟　张利巍　聂　明
副主编　张凤云　康　云　夏长超　李　伟

DAXUE WULI SHIYAN

中国教育出版传媒集团

高等教育出版社·北京

内容简介

本书是根据教育部高等学校物理学与天文学教学指导委员会编制的《理工科类大学物理实验课程教学基本要求》(2010 年版),结合当前物理实验教学改革的实际情况编写而成的。全书分为 6 章,即测量不确定度与数据处理、基本物理量及其测量、基础性实验、综合性实验、设计性实验和研究性实验。书中共列出了 55 个实验项目,内容覆盖力学、热学、声学、光学、电磁学和近代物理学等领域。本书以物理量的测量方法为主线,介绍相应的物理实验产生的历史背景以及其对现代科学技术的影响,突出物理实验设计的思想,强调物理学科与其他理工类学科的联系。

本书可以作为高等学校理工科专业不同层次的物理实验教材或教学参考书,也可供其他相关教学、科研和技术人员参考。

图书在版编目(CIP)数据

大学物理实验 / 罗伟,张利巍,聂明主编;张凤云等副主编.--北京:高等教育出版社,2023.7
ISBN 978-7-04-060246-3

Ⅰ.①大… Ⅱ.①罗… ②张… ③聂… ④张… Ⅲ.①物理学-实验-高等学校-教材 Ⅳ.①O4-33

中国国家版本馆 CIP 数据核字(2023)第 052091 号

DAXUE WULI SHIYAN

| 策划编辑 | 马天魁 | 责任编辑 | 马天魁 | 封面设计 | 王凌波 | 版式设计 | 杜微言 |
| 责任绘图 | 邓 超 | 责任校对 | 刘娟娟 | 责任印制 | 朱 琦 | | |

出版发行	高等教育出版社		网 址	http://www.hep.edu.cn
社 址	北京市西城区德外大街 4 号			http://www.hep.com.cn
邮政编码	100120		网上订购	http://www.hepmall.com.cn
印 刷	三河市吉祥印务有限公司			http://www.hepmall.com
开 本	787mm×1092mm 1/16			http://www.hepmall.cn
印 张	25.25			
字 数	610 千字		版 次	2023 年 7 月第 1 版
购书热线	010-58581118		印 次	2023 年 7 月第 1 次印刷
咨询电话	400-810-0598		定 价	52.00 元

本书如有缺页、倒页、脱页等质量问题,请到所购图书销售部门联系调换
版权所有 侵权必究
物 料 号 60246-00

前言

　　物理学是自然科学的基础,物理学的每次重大发现都会改变人类对于自然界规律的理解和认识,促进其他学科的发展,带动技术的进步。物理实验是物理学的基础,是理论与现实相互碰撞和检验的场地,所有的物理学理论都要经过实验来验证其正确性,没有实验支持的物理学理论都是"空中楼阁"。

　　大学物理实验课程是理工科类学生进入大学后接触到的第一门系统性的实验课程。大学物理实验课程不仅能够加深学生对于物理理论的理解,拓展其视野,而且能够培养学生分析和解决问题的能力、科学的态度、创新和探索的精神,是创新型人才培养不可缺少的重要环节。

　　本书是在我校大学物理实验课程多年的教学基础上,综合国内外大学物理实验教学改革的发展趋势和最新成果,以国家级实验教学示范中心的要求为依据,结合我校物理实验室的具体情况,总结几十年的教学和科研经验编写而成的。本书是由测量不确定度与数据处理、基本物理量及其测量、基础性实验、综合性实验、设计性实验和研究性实验六章组成的。第一章详细阐述了误差和不确定度理论、有效数字的概念及数据处理的基本方法,可使学生了解基本的科学研究方法,为学习后续实验内容打下坚实的理论基础。第二章主要介绍了国际单位制七个基本物理量中的六个基本单位的定义及其测量方法,并通过实验对常用仪器的使用做了详细介绍。第三章为基础性实验,主要包括力学、热学、光学和电磁学方面的基本实验,以基础物理知识、基本操作技能和常用实验方法的训练为主,以加深学生对物理规律的认识。第四章为综合性实验,针对学生综合运用物理知识的能力进行训练,同时着重培养学生的综合分析问题、解决问题的能力。第五章为设计性实验,简化了实验原理和实验内容的介绍,给学生充分的空间,引导学生通过调研,设计不同的实验思路和实验方法,完成特定实验,以此培养学生的独立思考能力。第六章为研究性实验,选择了一些科学和工程技术应用中相对简单的实际问题,充分激发学生主动学习的兴趣,培养学生的自主创新能力。编者在编写本书过程中充分考虑了开放式教学的要求,各个教学单元之间相互联系但又具有独立性,学生能够以兴趣为基础进行选择性阅读与学习。

　　马克思曾说过:"在科学上没有平坦的大道,只有不畏劳苦沿着陡峭山路攀登的人,才有希望达到光辉的顶点。"在教材的编写过程中,编者还着重将物理学史与实验教学内容相结合,让学生在学习过程中了解实验产生的历史背景,体会到科学研究并不总是一路平坦,科学家们需要秉持实事求是、科学严谨的态度,发扬坚持不懈、刻苦钻研的精神,才能够增进人类对自然界的一点了解。同时,编者在教材中也对物理实验对科学技术发展的影响做了一定的介绍,进而引出现代科学技术的一些重要应用,让学生对我国在科学技术发展和应用中的重要贡献有所了解。我们希望借此培养学生正确的科学态度,让他们体会物理学之美。

　　物理实验教学是一项综合性、集体性很强的事业,从实验仪器的准备、实验方法的确定到实验内容的撰写都需要所有任课教师和实验技术人员的共同努力和互相配合,本书的编写和出版,是集体智慧和劳动的结晶。王明吉老师在本书的编写过程中对内容进行了全面、细致的指导,在此我们表示感谢。

　　限于编者的水平,书中难免存在错误和不当之处,我们殷切期望广大读者批评指正。

编　者

2022 年 2 月

目录

绪论

1. 实验物理在物理学发展中的重要性

"物理"一词来源于古希腊语 $\varphi \upsilon \sigma \iota \kappa \acute{\eta}$,其意义为"关于自然的知识". 我国战国时期庄子的"析万物之理"一句中就出现了"物理"一词的最早表述,这一表述与西方的定义基本一致. 物理学是研究物质、能量的本质与性质,以及它们彼此之间相互作用的自然科学,是对物质世界构成及运行规律的反思. 物理学是一切自然科学的基础,小到粒子的结构,大到宇宙的演变规律都是物理学的研究内容. 科学技术的跨越式发展离不开对物理学的理解和运用,每一次社会的巨大发展和进步都有着物理学的影子.

物理学本质上是一门实验学科,所有的物理理论和规律都要经过实验的验证才能获得广泛的认可. 物理学实验与单纯的观察和简单的经验积累有很大的不同,一般来说物理学实验要经历"观察现象—提出问题—形成假说—进行实验—分析数据—形成结论—发表结果—重复验证"的过程. 在此过程中需要对现象进行深入的反思,通过大胆的假设和分析去形成完备的理论假设,利用巧妙设计的实验装置在纷杂的物质世界中突出要研究的规律,仔细地对实验数据进行深入的整理、抽象和分析,得到客观的结果并将结果与理论假设进行比较,反复分析实验结果、重复进行实验,最终得到客观、有说服力的结果. 无法通过实验验证的理论只能停留在假设的层面上. 爱因斯坦说过:"一个矛盾的实验结果就足以推翻一种理论."在物理学研究过程中,理论和实验需要深度融合、协作,共同提高人类对自然界的认识水平. 诺贝尔物理学奖有三分之二以上是颁给实验物理学家的. 下面通过几个例子对实验物理的研究进行说明.

(1) 理论需要实验的验证.

著名物理学家牛顿做出了许多伟大的贡献,他在光学方面通过三棱镜分光实验发现白光是由不同颜色的光组成的,建立了光谱的概念. 在关于光的本性的论战中,他支持的光的微粒说与惠更斯的光的波动说之间经过了一个多世纪的争论,最后由托马斯·杨设计的精巧的光的双缝干涉实验确认了光的波动说的正确性.

到了 19 世纪末,赫兹发现的光电效应又一次引发了对于光的本质的讨论,爱因斯坦提出的光电效应方程完美地解释了光电效应,密立根设计的实验验证了爱因斯坦的光电效应方程,确立了光的波粒二象性,奠定了量子力学的基础.

1956 年,物理学家杨振宁与李政道共同提出了宇称不守恒理论,但是该理论缺乏实验数据的支持,因此没有获得足够的重视. 后来,物理学家吴健雄通过实验完美地验证了宇称不守恒理论. 1957 年,杨振宁和李政道因宇称不守恒理论获得了诺贝尔物理学奖.

2013 年诺贝尔物理学奖授予了两位理论物理学家恩格勒和希格斯,而使他们获奖的关于标准模型中的希格斯玻色子理论是在 1964 年发表的. 实验物理学家一直通过各种实验寻找他们提出的希格斯玻色子,直到 2012 年欧洲核子中心宣布通过实验发现了该粒子,他们才在 2013 年获得诺贝尔物理学奖.

（2）科学实验需要耐心、细致的工作.

自 1895 年 X 射线的发现以来,科学界一直在期待发现其他类型的射线. 1903 年,法国科学家布朗洛在研究铂金属丝的发光时,发现从缝隙中射出的射线可以使周围的煤气灯的火焰变得更亮. 他确认该射线为一种新的辐射形式,将其命名为"N 射线". 随后,120 多位科学家声称在各种物质上观察到了"N 射线",并发表了 300 多篇相关文章. 然而,美国物理学家伍德在与布朗洛一起进行实验时,偷偷将"能发出 N 射线"的物质替换为"不能发出 N 射线"的物质,但是布朗洛仍然宣称他看到了"N 射线". 至此,"N 射线"被证实为一种实验观察上的主观判断.

2011 年,OPERA（一项大型国际物理学实验项目）实验组在欧洲核子中心的加速器上发现了"速度超过光速的中微子",在没有进行深入研究和重复验证的前提下,他们向世界各国的物理实验室直播了他们的发现,该结果引起了当时物理学界的广泛关注. 但是在仔细审视其实验过程后,他们发现实验中的光纤电缆连接不当以及实验中使用的振荡器振荡速度过快导致他们获得了错误的结果. 2012 年 7 月,OPERA 实验组更新了他们的实验结果,最终结果显示中微子的速度并没有超过光速.

由此可见,实验物理的探索既需要理论上的支持,也需要精巧的设计和耐心的工作,实验是人类探索自然界规律,拓展知识方法的直接手段. 另外,随着技术的进步,每一次实验测量精度的提高,都意味着某些新的现象有望出现,现有理论需要重新通过实验进行验证、检验或修正.

2. 物理实验的培养目标

目前,科学实验一般需要较长的时间来完成实验的设计、设备的组装、细节的改进以及数据的采集和分析等过程,每一次完整的实验都为探索自然界的奥秘提供了宝贵的资料和借鉴. 然而,在大学中的一般教学实验不同于科学研究实验,它们大多以教学为目标,将已有的实验经过精简,突出物理原理和实验方法后,在较短的时间内完成实验探索中的"现象观察""进行实验"和"分析结果"部分. 虽然这些内容并不能够完整地体现科学实验的全貌,但是通过这些实验内容的教学,能够对学生的实验动手能力、观察分析能力和科学研究态度进行有效的培养,为学生在今后的工作中解决实际问题打下坚实的基础.

虽然这些实验都是前人已经完成的经典实验,似乎没有什么可以探索的了,但是在进行实验的过程中如果能够跳出自身的知识体系,以实验现象的观察为出发点,深入思考理论假设提出的历史环境,体会实验设计中的精巧之处,以积极的态度分析和解决实验中的异常现象,科学严谨地处理实验中的数据,对实验结论进行有效的拓展,那么物理实验将带给学生更加深入的科学素养培养,为学生在今后解决实际工程问题和科学问题打下更加坚实的科学基础.

一般而言,通过教学实验,要达成以下的目标:

（1）通过对物理实验现象的观测和分析,学习运用理论指导实验、分析和解决实验中问题的方法,加深对理论的理解.

（2）培养学生具有初步从事科学实验的能力. 这些能力包括阅读教材,查阅资料,拟出或概括出实验原理和实验方法的能力;正确操作基本仪器,正确测量基本物理量,正确运用基本方法的能力;正确记录数据、处理数据和绘制曲线的能力;正确分析实验结果和撰写实验报告的能力;完成简单的具有设计性内容实验的能力. 简而言之,要培养学生思维、动手、分析、判断等从事科学工作的初步能力.

（3）培养学生善于运用所学的理论指导实验,同时又善于从大量的实验现象和数据中总结规律,上升到理论的能力.

（4）培养学生实事求是、理论联系实际、严谨踏实的工作作风.

（5）培养学生勇于探索与思考的科学精神.

3. 物理实验的几个重要环节

学生在学习理论课程时,讲台上的教师通过语言和视觉刺激将知识传达给学生,教师在此过程中更像是"演员",学生则像是"观众". 同样的知识,教师"表演"得好,学生会接收更多知识;教师"表演"得不好,学生则可能尽量远离"舞台". 而实验课程与理论课程不同,在实验课程中教师的作用更像"导演",而学生的角色则转变为"演员". 学生要完成课程目标,不能被动地接收知识,必须通过自己的参与来完成整个学习过程. 教师在此过程中起到的作用更多是辅助和引导,让学生进行独立的思考和探索. 因此,实践类教学在学生的培养过程中具有不可替代的作用. 学生要想做好从"观众"到"演员"的转变,获得更好的学习效果,应当注重以下几个方面的实验环节.

（1）做好实验预习.

物理实验课程不同于其他理论课程,课前必须认真阅读教材和有关资料. 由于物理实验教室和仪器数量的实际限制,一般很难形成理论教学内容和实验教学内容环环相扣的教学体系,并且在部分内容的教学上,理论和实验的教学侧重点有较大的不同. 这导致学生在理论课没学过或者已经忘记了物理实验涉及的原理,因此需要学生在预习过程中进行有效的自学,通过与实际问题相结合,深入思考,积极地拓展预习的内容和范围.

以"薄透镜焦距的测量"实验为例,几何光学在高中不讲,在大学物理课中也没有系统地讲解,因此部分学生对透镜的成像规律的掌握还停留在初中的定性阶段. 实际上,透镜这一元件在生活中处处可见,眼镜、手机摄像头、放大镜和显微镜等都是利用几何光学的基本原理制成的. 在信息化手段发达的今天,学生可以通过阅读教材,搜索相关的文档、视频资料,自学其实验原理.

预习了实验原理和基本方法后,要求撰写预习报告. 预习报告中要用自己的语言将实验原理和步骤表达清楚. 对不明确或者不懂的问题要特别留意,带着问题进入实验室,通过教师的讲解或自己的实际操作解决问题.

（2）做好实验操作.

要在实验中有所收获,除了要按照规定的内容完成实验外,还要"将好奇心带入实验室". 爱因斯坦曾经说过:"我并不是特别聪明或者有天赋,我只是非常非常好奇而已." 在实验过程中,观察是基础,测量是第二位的. 不能为了测数据而测数据,如果仅仅停留在这个学习目标上,那就失去了完成实验的意义. 很多学生在实验中仅仅停留在"复制"实验步骤的阶段,只是想快速地获得实验数据,这样并不能获得多方面的培养. 要带着一颗"好奇心"去观察实验现象,积极思考和分析实验现象. 实验出现了"问题",要把它看成学习的最好机会,不必马上问老师或同学来解决问题,应当首先独立思考,独立判断,做出假设,验证假设,独立解决问题,这样才能对科学实验方法有更深刻的理解. 在科学实验中,以科学的态度扎扎实实地解决问题才是科学素养培养的关键,谁"碰的钉子"越多,谁"拔的钉子"越多,谁的收获就最多.

（3）撰写一份简洁、清楚、工整和富有见解的实验报告.

实验报告是对整个实验过程的总结和归纳,同时可以培养学生的综合思维能力和文字表达能力,也是今后工作中完成项目申请书、研究报告和学术论文的基础. 在完成实验报告时,要注意以下几个方面:

首先,实验报告的结构要完整. 实验报告主要包括实验名称、实验目的、简要的实验原理、实验仪器设备、实验步骤、实验数据、数据处理与分析、实验结果、分析和讨论几个部分. 在实验报告中,实验目的和实验原理部分主要解答"为什么要做这个实验"的问题,实验仪器和实验步骤描述"如何完成实验的"问题,其他几个部分要给出"实验结果是什么,从中获得了什么结论". 科技论文主要就是回答以上几个问题,写作时应注意各部分之间的逻辑顺序.

其次,实事求是的态度在实验中是至关重要的. 在实验报告中不得随意篡改数据. 对于与预期差别较大的实验结果,要以科学的态度仔细地分析原因,认真地分析"有问题的数据"比简单地得到"正确"的结果更有意义.

最后,要有意识地对实验的整体过程以及现象进行反思、归纳总结,并做出适当的拓展. 物理实验中的很多方法在其他学科中有广泛的应用,通过发掘基础实验中的原理和方法,能够为今后的工作和学习提供坚实的基础.

实验报告的格式请参阅本章附录.

4. 物理实验的基本测量方法

物理实验研究离不开对物理量的测量,物理量测量的方法和精度随着科学和技术的进步不断发展和提高,越来越多的测量手段、越来越广的测量范围和越来越高的测量精度也推动了物理学的发展. 例如,由沙漏计时到原子钟的使用极大地提高了计时的精度,在验证相对论正确性的同时,也为全球导航系统的实现提供了关键技术;显微镜和望远镜的发明极大地拓展了人类可观测的世界,推动了包括物理学在内的多学科的快速发展;X 射线衍射技术、拉曼光谱技术和扫描电子显微镜技术使人们在研究材料内部结构时有了更加准确的工具,极大地促进了新材料的开发;真空技术和粒子加速技术使人们能够探索核子内部的结构;以迈克耳孙干涉仪为基本原理的引力波探测器为人类探索宇宙打开了一扇新的大门. 本书无法系统地介绍所有的物理实验方法,仅对教学物理实验中常用的几种最基本的测量方法做概括性介绍.

（1）比较法.

比较法是最基本的测量方法之一,在实验中使用量具去测量物理量,广义上都可以认为是比较法的应用. 若待测物理量与量具量纲相同,则可以直接进行比较,这称为直接比较法. 例如用游标卡尺测量物体的长度就属于直接比较法. 但是对于其他一些物理量,很难制成标准量具并直接读数. 因此,可以利用被测物理量与其他物理量之间的关系制成间接比较的仪器,通过对比仪器与被测物理量,即可得到结果,该测量过程使用的是间接比较法. 例如,曹冲称象就利用了间接比较法来测量象的重量.

（2）补偿法.

在某些物理实验中,直接测量可能引入较大的系统误差,或者由于实验现象的产生需要较苛刻的实验条件,此时可以利用标准物理量与被测物理量在同一条件下产生相同的效应,对标准物理量和被测物理量先后测量,系统都处于平衡（或补偿）状态,从而得到标准物理量与被测物理量之间的关系,完成测量. 例如,若直接用万用表或指针式仪表测量电池的电动势,则有电流流过仪表和电池,造成测量结果小于电池的电动势的系统误差. 在电势差计中,使用标准电池电动势和被测电池电动势分别补偿(检流计流过的电流为零)工作回路的电压的方法,避免了电流测量引起的系统误差,同时将电动势的测量转变为电阻丝长度的测量;在迈克耳孙干涉仪中,通过在透射光路中增加补偿板,使通过分束镜反射和折射的光路中的光学物质完全对称,从而可以在复色光的条件下更加容易地观察到零级干涉条纹.

(3) 平衡法.

若两个或多个物理量对某一测量系统产生的效应相同或相互抵消,则测量系统无变化的状态称为平衡态. 当系统达到平衡态时,可以建立起多个物理量之间的关系,完成测量. 例如,等臂物理天平在称量物体质量时,当被测物体质量与砝码质量相同时,天平左右托盘对于支点的力矩平衡,砝码质量即等于被测物体质量;利用电桥法测电阻时,当四臂上的电阻满足平衡条件时,检流计两端的电压相等(平衡),检流计中的电流为零,被测电阻可以通过三个已知电阻求出.

(4) 放大法.

在测量过程中,某些物理量很小,需要对其进行放大,然后再进行测量. 放大法可以分为以下几种:

① 机械放大法.

千分尺及其他各种游标类读数仪器,都将所用的测量工具最小分度值给予放大,从而增加读数的有效位,达到减小误差的目的.

② 光学放大法.

光学放大法一般可以分为两类:一类为通过助视仪器将被测物体放大的方法,例如放大镜、显微镜和望远镜等;另一类为通过光学方法将微小变化放大成可以观测物理量的变化,例如利用光杠杆原理进行测量的弹性模量仪、冲击电流计和直流复射式光点检流计等.

③ 电放大法.

随着数字电子技术的发展,电信号的放大已经成为应用最广泛和最普遍的一项技术. 例如,三极管由于栅极上的电压微小变化会产生板极电流的巨大变化,所以常用做放大器. 新型的集成运算放大器能够将微弱信号放大几十个数量级. 但是将微弱信号放大的同时,也会将本底噪声同等放大,因此在使用电放大法时要注意信噪比的控制.

④ 微小量积累法.

在物理实验中,常需要测量一些比较小的物理量,直接对该量进行测量时,由于仪器或观察者的分辨本领限制,可能会引入较大的误差. 当该物理量具有较好的周期性或可以相互累加时,可以通过测量累加后的物理量来减小测量误差. 例如用单摆测量重力加速度时,要测单摆的振动周期,假设单摆的周期为 2.0 s,如果只测量 1 个周期,那么由于人按下秒表的反应时间带来的误差为 0.2 s 左右,会使测量结果偏差很大. 但是如果测量 100 个周期的总时间 T,则周期 $t=T/100$,由于该过程人的反应时间带来的误差仍为 0.2 s 左右,所以对周期 t 带来的影响将减小到 0.002 s 左右. 该方法可以有效地减小测量误差.

(5) 转换法.

对于某些物理量,直接测量可能比较困难,若在某一物理规律下该物理量与其他物理量有明确的关系,则可以将对该物理量的测量转换为对其他物理量的测量. 例如,在用落球法测量液体黏度的实验中,液体的黏度这一物理量不能直接测量,可将其通过公式转换为对小球下落的终极速度、小球直径等容易测量的物理量的测量. 又例如,在用霍尔效应法测量磁场实验中,利用霍尔效应,将磁场与霍尔元件上的电压、电流联系起来,将对磁场的测量转换为对电压、电流的测量. 需要指出的是,随着新材料的不断涌现,许多物理量都可以通过适当的元件转换为电信号,例如光电转换、磁电转换、热电转换和压电转换等. 由于电压、电流等电学量易于测量,所以人们做出了力敏、声敏、热敏、气敏、湿敏、磁敏和光敏等各式各样的传感器. 这些传感器在生产、科研、自动控制中得到了广泛应用.

(6) 模拟法.

在实际的物理学研究中,人们经常要研究极大、极小或时间跨度极大的问题,为了节省时间,提高实验效率,往往需要用到模拟法. 一般而言,模拟可以分为物理模拟和计算机模拟两大类.

① 物理模拟.

物理模拟可以分为几何模拟、动力学相似模拟和类比模拟三类.

几何模拟是将研究对象按照比例做几何尺寸的缩小或放大,在保证其物理规律与原物体相似的前提下,研究其演化规律.

当改变物体尺寸时,往往不能保证其动力学特性不变. 因此,在做物理模拟研究时往往更加注意的是模型与原物体之间的动力学相似性,这称为动力学相似模拟. 例如,在研究机翼的空气动力学特性时,按比例缩小后的机翼的受力特性与正常飞机的机翼差异很大,因此只能改变机翼的形状来保证动力学的相似性.

利用两个不同的物理规律之间的数学相似量进行的模拟称为类比模拟. 虽然两个物理过程完全不同,但是当它们遵循的数学公式相似时,可以利用较容易实现的物理过程对不易实现的物理过程进行模拟. 例如,在利用电流场模拟静电场的实验中,虽然静电场与电流场的本质不同,但是它们的数学形式相似,因此可以利用更加容易实现的电流场模拟静电场的分布特性. 又例如,可以利用 RLC 电路的振动方程与弹簧振子的方程的相似性来模拟弹簧振子的运动.

② 计算机模拟.

随着计算机技术的发展,计算机的计算能力迅速增强. 因此,通过计算机模拟研究物理过程成为一种新的物理学研究手段. 在前沿探索性物理实验中,可以通过对要研究的问题抽象、简化后建立物理模型和数学关系,进而通过大量的计算来完成对该物理问题演化的模拟. 例如,在研究人工可控核聚变过程中,可以通过质点网格法(particle in cell method)等模拟方法研究粒子在电磁场中的运动和电磁场随时间的变化,为更好地理解聚变中物理过程提供帮助. 又例如,在模拟强相互作用时使用的格点量子色动力学模拟也可以从第一性原理出发对现有理论和实验结果进行验证. 在这两类模拟中,一般来说计算量巨大,需要超级计算机来完成. 除此之外,计算机模拟在新材料研发、实际工程问题求解等方面也有着广泛的应用.

另一方面,在教学实验中,近年来逐步引入了虚拟仿真实验,通过这类实验可以更加直观地观察仪器的结构、仪器内部发生的物理过程以及实验现象与实验条件之间的关系,有助于学生掌握实验的基本原理和方法. 对于不能够在实际实验室中开设的有危险性或有难度的实验,虚拟仿真实验也是有益的补充.

(7) 干涉、衍射法.

由于光的干涉现象中的干涉条纹宽度与干涉的光波波长直接相关,而且光波的波长只与发光物质有关,稳定性好,所以可以利用干涉现象对微小的长度进行测量. 例如,可利用光的干涉现象测量长度、速度以及应力分布等. 牛顿环、劈尖、分光计、迈克耳孙干涉仪都是利用光的干涉进行测量的装置.

光的衍射现象也可以用来测量物体的尺寸,例如用衍射条纹测量微粒或细丝的直径. 另外,X 射线衍射技术、电子显微技术也是衍射的直接应用,这些物理测量技术极大地拓展了科学研究的领域.

此外,利用光的偏振现象也可以测量角度、液体的浓度和物体的化学成分及晶体结构.

以上介绍的几种实验方法都是基本的、常用的方法,在实验中往往需要综合运用这些方法.

[附录]

1. 实 验 守 则

在实验进行过程中,要求遵守以下规则:

(1) 实验前,必须预习实验内容,掌握实验的基本原理和操作步骤. 未预习者不得进行实验.

(2) 进入实验室后,要尊重教师和其他同学,按照所选实验台号入座,不得私自调换位置,禁止擅自动用其他台(套)仪器.

(3) 不允许在实验室抽烟、吃食物,不得大声喧哗、打闹.

(4) 要注意安全,不得私自动用实验室电源充电或接入大功率用电器.

(5) 要以科学的态度记录数据,用钢笔、圆珠笔或中性笔记录,不得涂改或伪造数据.

(6) 实验完成后,所用物品要整理好,清擦自己所用过的桌凳和仪器. 值日生要清扫实验室.

2. 实 验 安 全

在实验过程中,可能接触以下具有一定危险性的仪器、设备,使用中要特别留意.

(1) 实验中所有用电设备的电源均来自市电交流 220 V,因此实验过程中应注意防止触电事故. 例如,不要用手指触摸电源插座孔,电源插头拔出前不要拆卸保险丝等.

(2) 激光束在扩束前,不可用眼睛直接观看,以免损伤视网膜. 连接激光管的导线上有数千伏高压,应注意安全,不要触摸;由于此电压不易泄放,所以即使在关闭电源后,若不做放电处理也切不可触摸导体部分,以免被残余高压电击.

(3) 实验中如果需要搬动较重物体,如大砝码、光具座上的夹具底座等,要双手托稳,防止物体落地伤脚.

(4) 在光线较暗的实验室(例如暗室、双棱镜实验室等)内操作时,要注意防止被锐器碰伤或触电,特别是在双棱镜实验中要注意避免辅助棒刺伤眼睛.

(5) 玻璃制品在使用中要防止破损,避免被破片划伤.

3. 大学物理实验报告写作范例
实验名称:超声波声速的测量

[实验目的]

1. 进一步熟悉示波器的基本结构、原理和使用方法.
2. 了解压电换能器的功能,加深对驻波及振动合成等理论知识的理解.
3. 学习几种测定声波传播速度的原理和方法.

[实验原理]

声波是一种弹性介质中传播的纵波,波长、强度、传播速度等是声波的重要参量,超声波是频率大于 20 kHz 的机械波. 本实验利用声速与振动频率 f 和波长 λ 之间的关系 $v = \lambda f$ 来测量超声波在空气中的传播速度.

使用声速测量仪配以示波器可完成利用李萨如图形相位比较法、共振法、双踪相位比较法测量声速的任务. 声速测量仪利用压电体的逆压电效应产生超声波,利用正压电效应接收超声波. 由于声波频率可通过声源的振动频率得出,所以测量声波波长是本实验主要任务. 测量声速的三种实验方法如下:

(1) 李萨如图形相位比较法.

频率相同的李萨如图形随着 $\Delta\varphi$ 的不同,其形状也不同,当形状为倾斜方向相同的直线两次出现时,$\Delta\varphi$ 变化 2π,对应接收器变化一个波长(图 1).

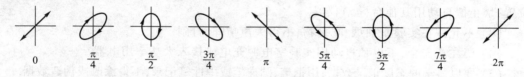

| 0 | $\dfrac{\pi}{4}$ | $\dfrac{\pi}{2}$ | $\dfrac{3\pi}{4}$ | π | $\dfrac{5\pi}{4}$ | $\dfrac{3\pi}{2}$ | $\dfrac{7\pi}{4}$ | 2π |

图 1 李萨如图形相位比较法

(2) 共振法.

由发射器发出的平面波经二次反射后,在接收器与发射器之间形成两列传播方向相同的叠加波,观察示波器上的图形,两次加强或减弱的位置差即波长 λ (图 2).

(3) 双踪相位比较法.

直接比较发射信号和接收信号,同时沿传播方向移动接收器位置,寻找两个波形相同的状态,由此可测出波长(图 3).

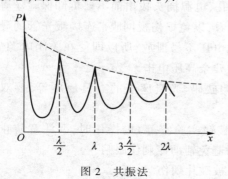

图 2 共振法

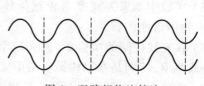

图 3 双踪相位比较法

[实验内容]

（1）李萨如图形相位比较法.

转动声速测量仪的距离调节鼓轮,观察波形.当出现两次倾斜方向相同的直线时,分别记录换能器的位置,两次位置之差为波长.

（2）共振法.

移动声速测量仪手轮会发现信号振幅发生变化,相邻两次极大值或极小值所对应的接收器移动的距离即 $\lambda/2$,移动手轮,观察波形变化,在不同位置测 6 次,每次测 3 个波长的间隔.

（3）双踪相位比较法.

使双通道两路信号显示幅度一样,移动手轮会发现其中一路在移动,当移动信号两次与固定信号重合时,所对应的接收器移动的距离是 λ.移动手轮,观察波形变化,多记录几次两路信号重合时的位置,利用逐差法求波长.

[数据记录和处理]

（1）李萨如图形相位比较法.

温度:23.0 ℃,信号发生器显示频率:37.003 kHz.

接收器位置序号	0	1	2	3	4	5
接收器位置坐标 x_i/mm	55.40	64.53	73.94	83.40	92.65	101.90
接收器位置序号	6	7	8	9	10	11
接收器位置坐标 x_{i+6}/mm	111.30	120.68	129.95	139.25	148.60	158.06
$x_j(=x_{i+6}-x_i)$/mm	55.90	56.15	56.01	55.85	55.95	56.16
$\lambda_j(=x_j/6)$/mm	9.32	9.36	9.34	9.31	9.33	9.36

$$\overline{\lambda}=\frac{1}{6}\sum_{j=1}^{6}\lambda_j=9.34\times10^{-3}\ \text{m},\ \overline{v}=f\overline{\lambda}=3.456\ 1\times10^2\ \text{m/s}.$$

（2）共振法.

温度:23.0 ℃,信号发生器显示频率:37.012 kHz.

次数	接收器位置坐标 a_1/mm	接收器位置坐标 a_2/mm	被测波长数 n	$x(=a_1-a_2)$/mm	$\lambda_i(=x/n)$/mm	$\overline{\lambda}$/mm
1	48.20	76.28	3	28.08	9.36	
2	76.28	104.40	3	28.12	9.37	
3	104.40	132.41	3	28.01	9.34	9.36
4	132.41	160.59	3	28.18	9.39	
5	160.59	188.69	3	28.10	9.37	
6	188.69	216.72	3	28.03	9.34	

$$\overline{\lambda}=\frac{1}{6}\sum_{i=1}^{6}\lambda_i=9.36\times10^{-3}\text{ m},\overline{v}=f\overline{\lambda}=3.464\ 3\times10^2\text{ m/s}.$$

（3）双踪相位比较法.

温度:23.0 ℃,信号发生器显示频率:37.015 kHz.

接收器位置序号	0	1	2	3	4	5
接收器位置坐标 x_i/mm	57.65	67.04	76.38	86.75	95.12	104.59
接收器位置序号	6	7	8	9	10	11
接收器位置坐标 x_{i+6}/mm	114.06	123.50	132.77	142.26	151.58	161.09
$x_j(=x_{i+6}-x_i)$/mm	56.41	56.46	56.39	55.51	56.46	56.50
$\lambda_j(=x_j/6)$/mm	9.40	9.41	9.40	9.25	9.41	9.42

$$\overline{\lambda}=\frac{1}{6}\sum_{j=1}^{6}\lambda_j=9.38\times10^{-3}\text{ m},\overline{v}=f\overline{\lambda}=3.472\ 0\times10^2\text{ m/s}.$$

（4）环境温度为23.0 ℃时的声速:

$$v=v_0\sqrt{1+\frac{t}{t_0}}=331.5\text{ m/s}\times\sqrt{1+\frac{23.0}{273.15}}=345.174\ 6\text{ m/s}$$

（5）双踪相位比较法不确定度的计算及实验结果:

$$\overline{\lambda}=\frac{1}{6}\sum_{j=1}^{6}\lambda_j=9.38\times10^{-3}\text{ m}$$

$$\overline{v}=f\overline{\lambda}=3.472\ 0\times10^2\text{ m/s}$$

$$u_A(\lambda)=\sqrt{\frac{\Sigma(\overline{\lambda}-\lambda_j)^2}{n(n-1)}}=2.65\times10^{-5}\text{ m}$$

$$u_B(\lambda)=1\times10^{-5}\text{ m}$$

$$u(\lambda)=\sqrt{u_A^2(\lambda)+u_B^2(\lambda)}=2.83\times10^{-5}\text{ m}$$

$$u(f)=u_B(f)=(5\times10^{-4}\times37.015\times10^3+1)\text{ Hz}=19.508\text{ Hz}$$

$$u_c(v)=f\cdot\overline{\lambda}\cdot\sqrt{\left[\frac{u(\lambda)}{\overline{\lambda}}\right]^2+\left[\frac{u(f)}{f}\right]^2}$$

$$=37.015\times10^3\times9.38\times10^{-3}\times3.062\ 7\times10^{-3}\text{ m/s}$$

$$=1.063\text{ m/s}$$

取 $k=2$,则 $U=2u_c(v)=2.126\text{ m/s}$.

$$v=\overline{v}\pm U=(347.2\pm2.1)\text{ m/s}$$

[分析与讨论]

对比三种测量方法,得到的声速平均值差别较小,李萨如图形相位比较法的结果与该温度下的理论值最接近,双踪相位比较法的结果与理论值差别最大. 李萨如图形相位比较法的误差为 0.44 m/s,共振法的误差为 1.26 m/s,双踪相位比较法的误差为 2.03 m/s.

双踪相位比较法测量结果的不确定度刚好能够覆盖理论计算值,可以与理论值符合. 但从每一次的测量结果来看,双踪相位比较法测量结果的波动较大,李萨如图形相位比较法测量结果的稳定性最好. 这是由于李萨如图形相位比较法判断相位相同时特征比较明显,而在双踪相位比较法中,判断两个波形同相位容易引入较大的误差. 共振法测量结果的不确定度在另外两种方法之间.

另外,在实验中使用水银温度计测量温度精度不高,也会导致理论值的计算不精准. 而且在测量过程中室温会随时间变化,可能也会引入一定的误差.

> ### 💬 思考题
>
> 1. 在测量声速时,Y1(CH1)输入信号由于示波器、压电转换器、线路的相移并不与声波的相位相同,这对声波波长的测量有无影响? 为什么?
>
> 略.
>
> 2. 试比较几种测声速方法的优缺点.
>
> 略.

第一章
测量不确定度与数据处理

本章主要介绍测量、测量误差、测量不确定度、有效数字的基本概念,并在此基础上介绍实验数据的修约、测量不确定度的评定及表示和实验数据处理方法.

1.1 测量误差的基本知识

1.1.1 测量和测量的分类

1. 测量

测量是人们定量认识客观量值的手段,是人类从事科学和技术活动的基础,没有测量就没有定量的科学.

测量就是通过实验获得并合理赋予某量一个或多个量值的过程. 测量过程包含五个基本要素:测量者、被测量对象、测量仪器、测量方法和测量条件. 测量获得的值可以称为"测量结果""测量值"和"测量量"等. 对同一个物理量使用不同的测量仪器、通过不同的观测者或同一个观测者在不同的测量过程中所获得的量值可能会有一些差异.

2. 测量的分类

(1)按照测量的方法来划分,测量可以分为直接测量和间接测量.

直接测量是指直接利用仪器或仪表读取被测量的量值的测量.

间接测量是指在获得直接测量量后,通过函数关系计算得到待测物理量的测量.

例如,要测量一个如图 1-1-1 所示的圆柱的体积 V,在数学上,已知 $V = \frac{1}{4}\pi d^2 h$,其中 d 为圆柱的直径,h 为高. 利用长度测量工具,例如米尺、游标卡尺、螺旋测微器(也称千分尺)测得 h 和 d 后,便可以算出体积 V. 在上述的体积测量过程中,d 和 h 是利用测量工具直接测得的,是直接测量量;而体积 V 则是利用 d、h 通过公式计算得到的,是间接测量量.

一个物理量是直接测量量还是间接测量量与所使用的仪器和方法有关,例如在测量圆柱体积时,可利用量杯和一些液体,通过将物体浸没在液体内,从而直接读取圆柱的体积. 此时圆柱的体积 V 便是一个直接测量量.

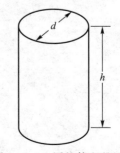

图 1-1-1　圆柱体积的测量

（2）按照测量的条件来划分,测量可以分为等精度测量和不等精度测量.

等精度测量是指在对一个物理量的多次测量过程中,测量条件不变,所有测量值的可靠程度一致的测量. 例如在一次实验中,同一个测量者在短时间内使用同一台仪器,用同样的实验方法对一物理量进行多次测量,虽然每次获得的结果可能有所不同,但是实验条件没有显著改变,可以认为得到的测量值的可靠性是一致的,这种测量是等精度测量.

不等精度测量是指在不同测量条件下对一个物理量进行的多次测量. 对于不等精度测量,每次测得的测量值的可靠程度不一致. 例如,在实验过程中,同一测量者使用不同精度的仪器分别对同一物理量进行多次测量,则其测量结果不能认为具有相同的可靠程度. 在评估多次测量过程时,需要对不同实验条件评估其"权重"后,综合评定其测量结果.

但是,从严格意义上来说,并不存在完全不变的实验条件,因此不存在严格意义上的等精度测量. 但是只要将测量条件对实验结果的影响进行正确评估,如果实验条件的变化不足以显著影响实验结果,就可以认为测量是等精度测量. 在本书中,如没有特别说明,可认为对同一物理量的多次测量都是等精度测量.

1.1.2　误差的概念

物理量的真值是客观存在的,但由于人类对客观世界的认识和测量过程存在不完善性,而且这种不完善性永远也不可能完全避免,所以测量值和真值之间必然存在差异,这种差异就是**误差**. 测量误差等于测量值减去真值,也称为绝对误差.

但是由于通过测量无法得到被测量的真值,所以绝对误差不具备实际可操作性. 因此在计算误差时常使用参考量值(参考量值可以是被测量的真值,更多情况下是量的约定值,即约定量值,俗称公认值)来替代真值,若用 Δy 表示被测量 y 的测量误差,用 y_0 表示被测量的参考量值,用 y 表示测量结果(测量值),则

$$\Delta y = y - y_0$$

由于每次测量都存在误差,所以通过测量永远得不到真值. 那么,什么样的测量值是最理想的或者是最接近真值的呢? 如何来评价测量结果的可信程度呢? 这就有必要对测量误差进行研究和讨论,用误差分析的思想方法来指导实验的全过程.

误差分析的指导作用主要包含两个方面:

（1）为了从测量中正确认识客观规律,就必须分析误差产生的原因和性质,正确地处理所测得的实验数据,尽量减小误差,确定误差范围,以便能在一定条件下得到接近真值的最佳结果,并给出精度评价.

（2）在设计一项实验时,根据对测量结果的精度要求,用误差分析指导我们合理地选择测量方法、测量仪器和实验条件,以便在最有利的条件下,获得恰到好处的预期结果.

1.1.3　误差的分类

误差的产生有多方面的原因,误差从性质和来源上可分为系统误差和随机误差两大类.

1. 系统误差

系统误差是系统测量误差的简称,基本定义为:**在重复测量中保持不变或以可预见方式变化的误差分量,其参考量值是真值.**

系统误差的特点是在同一条件下多次测量时,误差的绝对值与符号保持恒定,或在条件改变时,按某一确定的规律变化. 比如某一块表,每天都比标准时间慢 1 s,这就是系统误差. 根据国家标准,一个标称值为 50 g 的 M_1 等级砝码的最大允许误差(maximum permissible error,MPE)是 0.003 g. 当其实际值为 49.998 g 时,它是符合 M_1 等级砝码标准的,用它进行称量时,将引入一个 -0.002 g 的误差,这也是系统误差.

按系统误差的性质不难推断,系统误差产生的原因主要有三种:

(1) 所用仪器、仪表、量具的不完善性,这是产生系统误差的主要原因;

(2) 实验方法的不完善性或这种方法所依据的理论本身具有近似性;

(3) 实验者个人的不良习惯或偏向(如有的人习惯于侧坐、斜坐读数,使读得的数据偏大或偏小),以及动态测量的滞后或起落等.

由于系统误差在测量条件不变时有确定的大小和正负,因此在同一测量条件下多次测量求平均值并不能减小或消除系统误差.

一般情况下,系统误差在测量中都占较大比重. 尽管完全消除系统误差是不可能的,但尽量减小系统误差却是应该的,也是可能的. 为此,首先,在测量前和测量过程中,都要时刻注意检查可能造成较大系统误差的原因,尽量消除或修正系统误差. 比如,在条件许可的情况下,尽可能采用精度比较高的测量工具或仪器. 其次,实验所依据的理论要更合理、更科学. 最后,要养成良好的测试和操作习惯,从而使系统误差减小到最低程度. 当不可忽略的系统误差无法避免时,应尽可能地找出其大小、正负或规律,并进行必要的修正. 例如对于前述砝码所引入的系统误差,可使用更高等级的仪器对该砝码进行校验,然后引入一个修正量来减小这一系统误差.

2. 随机误差

随机误差是随机测量误差的简称,基本定义为:**在重复测量中按不可预见方式变化的误差分量,其参考量值是由无穷多次重复测量得到的平均值.**

随机误差的基本特征是消除系统误差之后,在相同条件下多次测量同一量时,误差的大小及正负没有确定的规律,时大时小、时正时负,这类误差就是随机误差(又称偶然误差),其最大特点是具有随机性.

产生随机误差的原因大体有两种:

(1) 随机和不确定的因素的影响或环境条件的微小波动;

(2) 实验操作者的感官分辨本领有限.

通常,任一次测量产生的随机误差或大或小、或正或负,毫无规律. 但当对同一量测量次数足够多时,将会发现随机误差的分布服从某种规律. 实践和理论都证明,大部分测量的随机误差服从统计规律,其误差分布(或测量值的分布)呈正态分布(又称高斯分布),如图 1-1-2 所示.

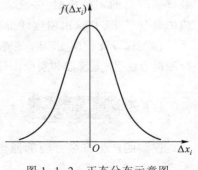

图 1-1-2 正态分布示意图

横坐标表示测量误差 Δx_i,纵坐标为与误差出现概率有关的概率密度分布函数 $f(\Delta x_i)$,应用概率论可以得到

$$f(\Delta x_i) = \frac{1}{\sigma\sqrt{2\pi}}e^{-\frac{\Delta x_i^2}{2\sigma^2}} \tag{1-1-1}$$

式中,特征量 $\sigma = \sqrt{\dfrac{\Sigma \Delta x_i^2}{n}}(n\to\infty)$,称为测量值的标准误差. 测量值的标准误差具有十分明确的意义:在一组测量次数 n 足够大的测量中,任何一次的测量值 x_i 落在 $(x_0\pm\sigma)$ 区间内的概率(可能性)为 68.27%.

随机误差具有以下特征:

（1）绝对值相等的正、负误差出现的概率大体相同(对称性);

（2）绝对值较小的误差出现的概率大,绝对值较大的误差出现的概率小(单峰性);

（3）在一定测量条件下,误差的绝对值不会超过一定限度(有界性);

（4）当测量次数 n 趋于无穷大时,随机误差的代数和趋于 0(抵偿性).

根据随机误差的特征不难看出,增加测量次数并通过求平均值的方法可以减小随机误差. 应该指出的是,由于观察者的粗心或抄写中的马虎所导致的错误数据称为坏值,不能参与运算,应予以删除.

对同一物理量进行测量时,比较如图 1-1-3 所示的不同的两个测量列(例如更换测量者或测量仪器),它们的特征量 σ 表征的是该测量列的分布"宽窄",σ 越大表征测量列的分散程度越大. 虽然两个测量列的平均值可能很接近,但是测量分散程度越大的测量列的测量结果可信程度越低.

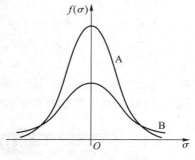

图 1-1-3　不同测量列的随机误差分布

1.1.4 测量的最佳值——算术平均值

根据随机误差的统计特征,可以得到实验结果的最佳估计值(简称为最佳值或近真值). 由于测量可分为直接测量和间接测量,因此相应测量量的最佳估计值的计算方法亦不相同.

1. 直接测量量的最佳值

设在相同条件下,对某一物理量 X 进行了 n 次测量,所得到的一系列测量值分别为 $x_1,x_2,\cdots,x_i,\cdots,x_n$(称为观测列或测量列),其算术平均值 $\bar{x}$ 为

$$\bar{x} = \frac{1}{n}\sum_{i=1}^{n}x_i \tag{1-1-2}$$

由随机误差的统计特征可以证明,当测量次数 n 足够大时,其算术平均值 $\bar{x}$ 就是最接近真值的最佳值.

算术平均值与某一次测量值之差叫偏差 ν_i(有时也被称为残差),即 $\nu_i = x_i - \bar{x}$. 显然,误差和偏差是两个不同的概念,但在实际应用中也往往将偏差称为误差.

2. 间接测量量的最佳值

间接测量量 Y 的最佳估计值 y 是通过直接测量量 $X_1,X_2,\cdots,X_i,\cdots,X_n$ 的测量值 $x_1,x_2,\cdots,x_i,\cdots,x_n$ 经过相应计算而得出的,其测量函数(或测量模型)通常可以表示为

$$Y=f(X_1,X_2,\cdots,X_i,\cdots,X_n)=f(X_i) \tag{1-1-3}$$

当进行 m 次测量时,其最佳估计值 y 可由以下两种方法计算.

(1)当 f 是 X_i 的非线性函数时,通常需要采用下式来计算:

$$y=\bar{y}=\frac{1}{m}\sum_{j=1}^{m}y_j \tag{1-1-4}$$

式中,y_j 对应第 j 次测量得到的间接测量值,$\bar{y}$ 为各次测量值的算术平均值.

(2)当 f 是 X_i 的线性函数时,既可以利用式(1-1-4)来计算,也可以利用下式来计算:

$$y=f(\bar{x}_1,\bar{x}_2,\cdots,\bar{x}_i,\cdots,\bar{x}_n) \tag{1-1-5}$$

式中,$\bar{x}_i$ 是对第 i 个直接测量量 X_i 进行 m 次测量得到的算术平均值(最佳估计值).

测量函数为非线性函数时,在下列两种条件下仍然可以利用式(1-1-5)来计算:

① 各直接测量量 X_i(输入量)相互独立,且为函数中的一次项;

② 输出量 Y 是不依赖于输入量而独立存在的量,同时输入量只有 2 个(如 X_1、X_2),虽然不能满足相互独立的条件,但可以利用齐次线性方程来表达两个输入量的关系,输出量 Y 是方程中的系数. 例如,在用伏安法测电阻时,$R=V/I$ 可以写成 $V-RI=0$.

当测量误差相对于量值可以看成小量时,式(1-1-4)和式(1-1-5)的计算结果相差很小,所以在物理实验教学中,为了简化计算全部采用式(1-1-5)来计算.

1.1.5 随机误差的估算

在实际测量中,测量次数 n 总是有限的,根据数理统计理论,在满足"重复性测量条件"(即相同测量程序、相同操作者、相同测量系统、相同操作条件和相同地点,并在短时间内对同一或相似被测对象重复测量的一组测量条件)下获取的多个测量值 $x_1,x_2,\cdots,x_i,\cdots,x_n$ 的实验标准差(简称标准差)$s(x_i)$ 可以用贝塞尔公式法、极差法等方法来估算.

1. 实验标准差的估算

(1)贝塞尔公式法.

贝塞尔公式法适用测量次数 n 较大的场合. 贝塞尔公式法表述的标准差为

$$s(x_i)=\sqrt{\frac{\sum_{i=1}^{n}(x_i-\bar{x})^2}{n-1}} \tag{1-1-6}$$

$s(x_i)$ 是任何一次的测量值 x_i 的标准差,它表征对同一被测量做有限次测量时,其结果的分散程度.

$s(x_i)$ 还可称为"样本标准差",它也具有十分明确的意义:在一组次数 n 足够大的测量中,任何一次的测量值 x_i 落在 $[\bar{x}-s(x_i),\bar{x}+s(x_i)]$ 区间内的概率为 68.27%;如果测量只含有随机误差,那么当测量次数 $n\to\infty$ 时,$s(x_i)\to\sigma$.

（2）极差法.

一般在测量次数较少时可采用极差法获得 $s(x_i)$. 对 X 进行 n 次独立测量的测得值 $x_1, x_2, \cdots, x_i, \cdots, x_n$ 中的最大值与最小值之差称为极差,用符号 R 表示,在 X 的测量值可以估计接近正态分布的前提下,单次测得值 x_i 的实验标准差 $s(x_i)$ 可按下式近似地估算:

$$s(x_i) = \frac{R}{C} \tag{1-1-7}$$

式中的 C 是极差系数,可由表 1-1-1 查得.

表 1-1-1　极差系数 C

n	2	3	4	5	6	7	8	9
C	1.13	1.64	2.06	2.33	2.53	2.70	2.85	2.97

2. 算术平均值的标准差 $s(\bar{x})$

实验结果的最佳值是其测量列的算术平均值 $\bar{x}$,人们往往更加关心它的离散程度,即标准差的大小. 当改变测量次数时,所获得的测量列的算术平均值和标准差也会随之改变,即可以认为算术平均值也是具有随机性的变量. 根据数理统计理论,算术平均值 $\bar{x}$ 的标准差(简称为平均值标准差)为

$$s(\bar{x}) = \frac{s(x_i)}{\sqrt{n}} \tag{1-1-8}$$

它同样具有十分明确的意义:如果测量中只含有随机误差,那么当测量次数 $n \to \infty$ 时,X 的真值落在 $[\bar{x}-s(\bar{x}), \bar{x}+s(\bar{x})]$ 区间内的包含概率(表示置信的水平)为 68.27%.

理论分析表明,若将区间变为 $[\bar{x}-2s(\bar{x}), \bar{x}+2s(\bar{x})]$,则包含概率为 95.45%;若放大到 $[\bar{x}-3s(\bar{x}), \bar{x}+3s(\bar{x})]$,则置信的水平(包含概率)变为 99.73%. 通俗地讲,若把 $s(\bar{x})$ 乘以一个用以确定区间大小的"包含因子" k_P(也称"覆盖因子",下标 P 表示置信水平)就可以得到不同包含概率的区间,这个区间称为"包含区间".

然而,在实际测量中,测量次数 n 是有限的. 因此,测量值 x_k 将偏离正态分布而服从 t 分布(又称为学生分布). 测量结果在已确定的包含概率下,"包含因子"的大小与测量次数 n 密切相关. 根据表 1-1-2 给出的 t 分布,可以了解到包含概率 P、测量次数 n 及 t 分布因子[即 $t_P(n)$ 因子]的关系. 服从 t 分布时,$k_P = t_P(n)$,在不会引起误解时,$t_P(n)$ 也可以简写成 t_P.

例如:测量次数 $n=5$,要求包含概率为 $P=0.950$ 时,$t_P = t_P(n) = 2.78$,此时,X 的真值落在 $[\bar{x}-k_P s(\bar{x}), \bar{x}+k_P s(\bar{x})] = [\bar{x}-t_P(n)s(\bar{x}), \bar{x}+t_P(n)s(\bar{x})] = [\bar{x}-2.78s(\bar{x}), \bar{x}+2.78s(\bar{x})]$ 区间的包含概率 P 为 0.950.

表 1-1-2　t 分布 $[t_P(n)]$

P	n											
	2	3	4	5	6	7	8	9	10	15	20	∞
0.997	235.8	19.21	9.22	6.62	5.51	4.90	4.53	4.28	4.09	3.64	3.45	3.00
0.950	12.70	4.30	3.18	2.78	2.57	2.45	2.36	2.31	2.26	2.14	2.09	1.96

续表

P	n											
	2	3	4	5	6	7	8	9	10	15	20	∞
0.900	6.31	2.92	2.35	2.13	2.02	1.94	1.90	1.86	1.83	1.76	1.72	1.65
0.683	1.84	1.32	1.20	1.14	1.11	1.09	1.08	1.07	1.06	1.04	1.03	1.00
0.500	1.00	0.82	0.76	0.74	0.73	0.72	0.71	0.71	0.70	0.69	0.69	0.67

应该指出的是,t_p 随着测量次数 n 的增加而减小,$n>10$ 时 t_p 下降得很慢,因此在一般测量中,n 很少大于 10.

因此,在测量过程中,可以使用从算术平均值中扣除已知系统误差的最佳估计值表示测量结果,采用平均值的标准差表示测量误差. 但是,在误差理论下表示测量结果存在的最大问题是,系统误差和随机误差的区分需要明确其产生原因,然而在实际实验中很难对实验整个过程中的误差来源做出明确的划分. 这种处理方法具有相当大的局限性. 随着误差理论研究的深入及科学技术的发展,人们认识到,用"测量不确定度(measurement uncertainty)"的概念,能对测量结果做出更合理的评价.

1.2　测量不确定度及其评定

不确定度
相关规范

测量误差理论曾经广泛用于评价测量结果的可信程度,但是由于其定义中测量值的真值无法确定,系统误差和随机误差的区分困难等,所以其在使用中存在一定的困难. 为了克服这一困难,不确定度的概念被提出并获得了广泛的应用.

1.2.1　测量不确定度及其分类

1. 测量不确定度

测量不确定度简称不确定度,是与测量结果相关的参量,其定义是:**根据所用到的信息,表征赋予被测量量值分散性的非负参量**. 对某一物理量 Y 进行测量时,用不确定度表述的结果为

$$y = y_0 \pm U; P$$

其中,y_0 为测量结果的最佳估计值,U 为非负的不确定度,P 为在置信区间 $[y_0-U, y_0+U]$ 之间真值出现的概率.

不确定度表征的是由于测量误差的存在导致测量值不确定的程度,对同一物理量进行测量时,其不确定度越小,置信区间越小,测量结果的可靠程度越高.

2. 测量不确定度的分类

测量结果的不确定度一般包含几个分量,按其数值的评定方法,可归为两大类,即"不确定度的 A 类评定"(简称"A 类评定",俗称"A 类不确定度")和"不确定度的 B 类

评定"(简称"B 类评定",俗称"B 类不确定度").

(1) A 类评定——对在规定测量条件下测得的量值用统计分析的方法进行的测量不确定度分量的评定.

这里的"规定测量条件"主要指的是"重复性测量条件",由此可见,A 类不确定度就是多次重复测量时,对测量列用统计方法处理而得到的不确定度分量.

(2) B 类评定——用不同于测量不确定度 A 类评定的方法对测量不确定度分量进行的评定.

也就是说,B 类不确定度是不能通过对测量列使用统计方法进行处理,而需要借助一切可利用的相关信息进行科学判断而得到的不确定度分量.

3. 误差和不确定度的关系

误差理论和不确定度理论都是用来评价测量结果的不完备性的,但是它们是完全不同的两个概念. 误差表示的是测量结果与真值之间的差别,其值可能为正也可能为负;而测量不确定度是一个以最佳估计值为中心的区间的半宽度,始终为正值. 用误差理论描述测量结果的不完备性是建立在真值的基础上的,然而真值不能通过测量得到,这导致误差理论在实际操作时存在困难. 在不确定度理论中,不再给出真值的具体值,取而代之的是用真值出现的范围和概率来表述测量的不完备性,这样具有更强的可操作性. 在分类上,误差理论需要了解各类误差的来源和性质,这往往是非常困难的. 而不确定度理论按照测量列是否符合统计规律来分类,将不能使用统计方法处理的归为 B 类,这样具有更强的可操作性.

1.2.2 测量不确定度的评定(估算)

测量中的失误或突发因素的影响不属于测量不确定度的来源,在不确定度的评定中应该剔除由此而产生的离群值(异常值),离群值的判断和处理方法见《数据的统计处理和解释正态样本离群值的判断和处理》(GB/T 4883—2008).

通常将可用标准差表示的不确定度称为标准不确定度,而将其与包含因子 k_p 的乘积称为扩展不确定度.

1. 直接测量量不确定度的评定

(1) 多次直接测量.

① 标准不确定度的 A 类评定.

"标准不确定度的 A 类评定"也称为"A 类标准不确定度 $u_A(x)$ 的评定",是标准不确定度中可以用平均值 $\bar{x}$ 的标准差 $s(\bar{x})$ 表示的分量,即

$$u_A(x) = s(\bar{x}) \tag{1-2-1}$$

式中的 $s(\bar{x})$ 依据式(1-1-8)得到. 该值表述的是置信概率为 68.27% 时的区间半宽度.

② 标准不确定度的 B 类评定.

"标准不确定度的 B 类评定"也称为"B 类标准不确定度 $u_B(x)$ 的评定",是需要借助一切可利用的相关信息进行科学判断而得到的标准差. 首先需要判断可用观测列进行统计分析处理的不确定度分量(A 类分量)之外的不确定度分量区间的半宽度 a,其次要根据其概率分布类型和置信水平(置信概率)P 确定置信因子 k(当 k 为扩展不确定度的倍

乘因子时称为包含因子),B 类标准不确定度为

$$u_B(x) = \frac{a}{k} \qquad (1-2-2)$$

区间半宽度 a 需根据有关信息确定,在物理实验中这些信息来源一般有:测量仪器的生产厂提供的技术说明书、校准证书、检定证书或其他文件提供的数据;某些资料给出的参考数据及其不确定度;检定规程、校准规范或测试标准中给出的数据等. k 值则需要根据 a 所服从的分布确定,几种常见非正态分布规律如表 1-2-1 所示. 如果 a 服从正态分布,那么 k 可根据 a 的置信水平 P 从表 1-1-2 的 n 取 ∞ 这列查出.

表 1-2-1　几种常见非正态分布的置信因子 k 及 B 类标准不确定度 $u_B(x)$

分布类型	均匀分布	三角分布	反正弦分布
分布图像			
分布函数	$P(x) = \dfrac{1}{2a}, \; \lvert x \rvert \leq a$	$P(x) = \dfrac{a - \lvert x \rvert}{a^2}, \; \lvert x \rvert \leq a$	$P(x) = \dfrac{1}{\pi\sqrt{a^2 - x^2}}, \; \lvert x \rvert \leq a$
$P/\%$	100	100	100
$u_B(x)$	$\dfrac{a}{\sqrt{3}}$	$\dfrac{a}{\sqrt{6}}$	$\dfrac{a}{\sqrt{2}}$
k	$\sqrt{3}$	$\sqrt{6}$	$\sqrt{2}$

在通常情况下,测量仪器的最大允许误差(或基本误差)、参考数据的误差限、数据修约的舍入、模数转换器件的量化误差、测量仪器的回程差及滞后和摩擦效应、平衡指示器调零不准等都被假设为均匀分布;两个相同均匀分布的合成、两个独立量之和值或差值服从三角分布;度盘偏心引起的测角不确定度、正弦振动引起的位移不确定度、随时间正弦或余弦变化的温度不确定度等一般假设为反正弦分布(即 U 形分布).

物理实验中没有特别说明时统一按均匀分布处理,区间半宽度 a 通常取测量仪器的最大允许误差或基本误差,可通过查阅国家有关标准、仪器出厂说明书、仪器铭牌等来获得,有时也可由准确度等级计算得到,必要时还可取仪器最小分度值的一半. 因此在物理实验中,取 B 类标准不确定度为

$$u_B(x) = \frac{a}{\sqrt{3}} \qquad (1-2-3)$$

(2)单次直接测量.

在物理实验中进行单次测量主要有两种情况:

① 多次测量时 A 类不确定度远小于 B 类不确定度;

② 物理过程不能重复,无法进行多次测量.

在这种情况下简单地取

$$u_c(x) = u_B(x) \qquad (1-2-4)$$

即可. 但对于后一种情况,确定 $u_B(x)$ 时除要考虑测量仪器的因素外,还要兼顾实验条件等带来的附加不确定度. 在物理实验中,该量通常由实验室以"允差"的形式给出.

(3) 直接测量量合成标准不确定度 $u_c(x)$ 的估算.

利用目前广泛采用的"方和根"法,可求得直接测量量的量值 x 的合成标准不确定度为

$$u_c(x) = \sqrt{u_A^2(x) + u_B^2(x)} \qquad (1-2-5)$$

相应的相对标准不确定度为

$$u_{cr}(x) = \frac{u_c(x)}{x} \times 100\% \qquad (1-2-6)$$

需要指出的是,严格意义上讲,只有当 A 类不确定度和 B 类不确定度服从相同分布,并且完全不相关时才可以使用"方和根"法合成,否则应分别表述测量量的 A 类不确定度和 B 类不确定度.

2. 间接测量量标准不确定度的评定——不确定度的传递

间接测量量的最佳估计值是根据测量模型利用直接测量量计算得到的,直接测量量的不确定度也将通过函数关系传递给间接测量量,因此间接测量量也具有不确定性,需要用不确定度评价.

当计算间接测量量 Y 最佳估计值的函数式为 $Y = f(X_i)$ 时,测量值 y 的合成标准不确定度 $u_c(y)$ 按下式计算:

$$u_c(y) = \sqrt{\sum_{i=1}^{n}\left[\frac{\partial f}{\partial x_i}u^2(x_i)\right]^2 + 2\sum_{i=1}^{n-1}\sum_{j=i+1}^{n}\frac{\partial f}{\partial x_i}\frac{\partial f}{\partial x_j}r(x_i,x_j)u(x_i)u(x_j)} \qquad (1-2-7)$$

式中, $\frac{\partial f}{\partial x_i} = C_i$ 和 $\frac{\partial f}{\partial x_j} = C_j$ 是测量模型(计算函数)对第 i 个和第 j 个直接测量量的偏导数,称为灵敏系数, $r(x_i,x_j)$ 是第 i 个直接测量量与第 j 个直接测量量的相关系数. 在物理实验教学和一般工程实践中,多数情况下各个直接测量量都是相互独立的,其相关系数为零,因此

$$u_c(y) = \sqrt{\sum_{i=1}^{n}\left[\frac{\partial f}{\partial x_i}u(x_i)\right]^2} \qquad (1-2-8)$$

式(1-2-7)和式(1-2-8)为不确定度传递的基本公式,在使用时原则上要注意以下 3 种主要情况:

(1) 当测量模型(函数)为线性时,一阶偏导数为常数、二阶及以上偏导数为零,可以十分方便地利用式(1-2-8)所表示的不确定度传递公式计算出间接测量量的标准不确定度.

(2) 当测量模型为非线性时,只要能转化成线性函数也可以利用式(1-2-8)来计算,此时直接得到的是相对标准不确定度.

例如,测量模型为 $Y = AX_1^{C_1}X_2^{C_2}\cdots X_i^{C_i}\cdots X_n^{C_n}$,先进行对数变换:令 $Z = \ln Y$、$W_i = \ln X_i$,则有 $Z = \ln A + \sum_{i=1}^{n}C_iW_i$. 由于 A 为常数,利用式(1-2-8)得

$$u_c(z) = \sqrt{\sum_{i=1}^{n}\left[C_i(w_i)\right]^2}$$

对于 $Z=\ln Y$ 形式的函数,由于其导数为 $\dfrac{1}{Y}$,所以 $u_c(z)=\dfrac{u_c(y)}{y}$. 同理可知,$u_c(w_i)=$ $\dfrac{u_c(x_i)}{x_i}$,进而可以得到 Y 的相对标准不确定度

$$u_{cr}(y)=\frac{u_c(y)}{y}=\sqrt{\sum_{i=1}^{n}\left[C_i\frac{u_c(x_i)}{x_i}\right]^2} \tag{1-2-9}$$

因此,计算间接测量量 Y 的相对标准不确定度的公式还可以写成

$$u_{cr}(y)=\frac{u_c(y)}{y}=\sqrt{\sum_{i=1}^{n}\left[\frac{\partial\ln f}{\partial x_i}u_c(x_i)\right]^2}\times100\% \tag{1-2-10}$$

(3) 当测量模型为过于复杂的非线性函数形式时,则可能难以转化成线性函数. 但如果此时可以用泰勒级数展开,略去高阶项后函数将变成(近似)线性函数,可以直接引用前述方法,当高阶项不能忽略时可按下式计算:

$$u_c(y)=\sqrt{\sum_{i=1}^{n}\left(\frac{\partial f}{\partial x_i}\right)^2 u_c^2(x_i)+\sum_{i=1}^{n}\sum_{j=1}^{n}\left[\frac{1}{2}\left(\frac{\partial^2 f}{\partial x_i\partial x_j}\right)^2+\frac{\partial f}{\partial x_i}\frac{\partial^3 f}{\partial x_j^3}\right]u_c^2(x_i)u_c^2(x_j)}$$

$$\tag{1-2-11}$$

利用式(1-2-8)、式(1-2-10)推出的常用函数的不确定度传递公式如表 1-2-2 所示.

表 1-2-2 常用函数的不确定度传递公式

函数形式	不确定度传递公式
$y=x_1\pm x_2$	$u_c(y)=\sqrt{u_c^2(x_1)+u_c^2(x_2)}$
$y=x_1 x_2$ 或 $y=\dfrac{x_1}{x_2}$	$\dfrac{u_c(y)}{y}=\sqrt{\left[\dfrac{u_c(x_1)}{x_1}\right]^2+\left[\dfrac{u_c(x_2)}{x_2}\right]^2}$
$y=Kx$(K 为常数)	$u_c(y)=Ku_c(x)$ 或 $\dfrac{u_c(y)}{y}=\dfrac{u_c(x)}{x}$
$y=\dfrac{x_1^l x_2^m}{x_3^n}$	$\dfrac{u_c(y)}{y}=\sqrt{l^2\left[\dfrac{u_c(x_1)}{x_1}\right]^2+m^2\left[\dfrac{u_c(x_2)}{x_2}\right]^2+n^2\left[\dfrac{u_c(x_3)}{x_3}\right]^2}$
$y=\ln x$	$u_c(y)=\dfrac{u_c(x)}{x}$

在物理实验中,一般不会出现过于复杂的非线性函数,所以通常可以使用式(1-2-8)或式(1-2-10),实际计算时,各偏导数均以平均值代入.

必须指出的是,利用前述方法评定间接测量量 Y 估计值 y 的标准不确定度依赖于测量函数的偏导数,当测量函数偏导数求解困难或无法得到时,需要使用蒙特卡洛法来评定,关于用蒙特卡洛法评定测量不确定度的问题请参见《用蒙特卡洛法评定测量不确定度》(JJF 1059.2—2012).

3. 测量结果的扩展不确定度的计算及结果表示

扩展不确定度是被测量可能值包含区间的半宽度,是合成标准不确定度与一个大于

1 的数字因子的乘积. 扩展不确定度分为 U 和 U_p 两种,在给出测量结果时,根据《测量不确定度评定与表示》(JJF 1059.1—2012),一般情况下需要给出扩展不确定度 U.

显然,在获得被测量 Y 的合成标准不确定度 $u_c(y)$ 后,将其乘以一个大于 1 的包含因子 k 和 k_p,即可得出相应扩展不确定度 U 和 U_p.

(1) 扩展不确定度 U.

扩展不确定度 U 由合成标准不确定度乘以包含因子 k 得到.

$$U = ku_c(y) \qquad (1-2-12)$$

被测量 Y 的可能值以较高的包含概率落在 $[y-U, y+U]$ 区间内,其包含概率取决于所取的包含因子 k 的值,k 一般取 2 或 3. 若取 $k=2$,则由 U 所确定的区间具有的包含概率约为 95%;若取 $k=3$,则由 U 所确定的区间具有的包含概率约为 99%. 在通常的测量中,一般取 $k=2$,当取其他值时,应说明其来源. 当给出扩展不确定度 U 时,一般应注明所取的 k 值,以便确定 U 的包含概率.

(2) 扩展不确定度 U_p.

当要求扩展不确定度所确定的区间具有接近规定的包含概率 P 时,扩展不确定度用符号 U_p 表示,当 P 为 0.95 和 0.99 时,分别表示为 U_{95} 和 U_{99}.

$$U_p = k_p u_c(y) \qquad (1-2-13)$$

k_p 是包含概率为 P 时的包含因子,需要根据合成标准不确定度 $u_c(y)$ 的有效自由度和包含概率等通过查表来确定.

由于计算 B 类标准不确定度的"等效自由度"和合成标准不确定度的"有效自由度"的过程过于复杂,特别是工科物理实验教学中通常并不要求扩展不确定度所确定的区间一定要接近某个规定的包含概率,所以在本书中取 $k=2$ 相应的扩展不确定度 U.

测量结果的相对扩展不确定度 U_r 为

$$U_r = \frac{U}{y} \times 100\% \qquad (1-2-14)$$

(3) 测量结果的表示.

测量结果表示为

$$y = (\bar{y} \pm U) \, (\text{计量单位}); \quad k=2$$

$k=2$ 这一项不可省略,用以表示 U 的包含概率约为 95%. 在通常情况下,还应该给出相对扩展不确定度 U_r.

1.3　有效数字及数据处理实例

物理实验离不开物理量的测量,直接测量需要记录仪器上读取的数据,间接测量还需要对原始数据进行计算,得到以数字表示的最终结果. 反映实验测量结果的数字应当是有意义的,都应是与实际测量过程有关的. 具体来讲,直接测量量中的数字应当准确地反映测量所用仪器的精度;间接测量量中的数字应当反映直接测量量的精度经过函数传递后最终结果的精度. 在物理实验中能够正确地对待测量过程中的数字、规范地表达实验结果是科学素养的体现,因此本节对有效数字的概念和数据处理过程做较系统的阐述和分析.

1.3.1 有效数字的概念

在如图 1-3-1 左图所示的测量实例中,用最小刻度为毫米的米尺来测量某物体的长度,可以看出图 1-3-1 左图中物体的长度在 2.1 cm 到 2.2 cm 之间. 虽然米尺上没有小于毫米的刻度,但可以凭目测估计到 $\frac{1}{10}$ mm(最小分度值的 $\frac{1}{10}$),因此可以读出物体的长度为 2.12 cm 或 2.13 cm. 前两位数字可以从尺上直接读出,是准确可靠的数字. 而第三位数字是观测者估计读出来的,估读的结果因人、因时、因地而异,因此这一位数字是有疑问、欠准确的数字,含有误差,通常称为存疑数字. 由于第三位数字已是存疑的,所以继续估读下去没有任何意义. 而这三位数字都是有意义的,缺少任何一位都不能正确表示这个物体长度的测量值.

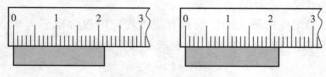

图 1-3-1 长度的测量

通常人们把测量结果中可靠的几位数字加上最后一位存疑数字统称为测量结果的有效数字,或者说,从发生误差的这一位算起,包括这一位及前面的数字都是有效数字. 所以,本例中的测量值是三位有效数字. 若物体的末端正好与某刻度线对齐(如图 1-3-1 右图所示),估读位是"0",则这个"0"也是有效数字,必须记录. 此时读出物体的长度应为 2.20 cm,是三位有效数字,如果写成 2.2 cm 就不能如实反映所使用的仪器的测量精度,在实验中读取原始数据时切不可随意增减有效数字位数.

应该指出的是,在表示间接测量结果大小的有效数字中,有时也可以保留 2 位存疑数字,具体应该保留几位,由测量结果的扩展不确定度的修约来决定.

如果用同一量具去测量两个大小不同的同一种物理量,量值大的一方测量结果的有效数字位数就多. 本例中当被测物体长度超过 10 cm 时,有效数字位数就会达到或超过四位,测量值的相对误差就会变小. 用两件量具去测量同一物体的长度时,准确度高的量具所测数据的有效数字位数比准确度低的量具所测数据的有效数字位数要多. 若用螺旋测微器(最小分度值为 0.01 mm)测量本例中物体的长度,则存疑数字产生在 0.001 mm 这一位,测量结果的有效数字较米尺的测量结果多两位,显然螺旋测微器的精度较米尺高得多. 有效数字位数与所用测量工具的准确度以及被测量的量值有关,因此有效数字位数不可随意增减.

1.3.2 关于有效数字的说明

(1)有效数字位数与小数点的位置无关.

移动小数点的位置不能改变有效数字位数. 例如:

0.021 2 m = 2.12 cm = 21.2 mm 都是三位有效数字.

（2）不得随意在测量数据的末尾添加或删减数字"0".

根据图 1-3-1 右图可知,有效数字末尾的"0"表示存疑数字的位置,随意增减它会人为夸大测量的准确度或测量误差,在明确给出不确定度或误差的条件下,使测量结果不能正确地反映测量所用的仪器和实验条件.

（3）使用科学记数法表示太大或太小的数字.

所谓科学记数法就是采用乘以 10 的整数幂的方式（×10^n）表示数值的大小,这既可以缩短较大计量单位下数值的位数,又可以避免在较小计量单位下无法正确书写测量结果. 这种书写方式是记录和表示实验数据的标准方式.

例如:2.12 cm = 2.12×10^{-5} km = 2.12×10^{-2} m = 2.12×10^7 nm. 计量单位改变,有效数字位数不变.

（4）整数型或非整数型数学常数的取位.

一些参与函数运算的整数型或非整数型数学常数,例如$\sqrt{2}$、π 等,均不是有效数字,也可以把它们的有效数字位数看成无穷大. 在参与运算时,为了方便,可以按照比参与运算的其他因子的有效数字位数最少的多 2 位的原则来做取舍. 参与函数运算的物理量的公认值,例如电子电荷量绝对值 e 等,也应照此处理.

在函数运算过程中,中间结果应多保留几位,以免因舍位过多带来过大的附加误差.

1.3.3 数值的修约

在进行具体的数字运算前,**通过省略原数值的最后若干位数字,调整保留的末位数字,使最后得到的值最接近原数值的过程称为数值修约**. 实验数据修约后最后几位数字不应该含有过多的存疑数字,通常不能超过 2 位.

1. 确定有效数字的存疑数字（或存疑位）的基本原则

测量结果的存疑位取决于测量不确定度的发生位,即测量结果的有效数字位数的末位数应与其不确定度的末位数对齐.

（1）直接测量量的数据读取.

如果直接测量量的不确定度（或误差）已经确定（如最大允许误差、基本误差、测量系统灵敏度及分辨力的影响等已经确定）,测量值就应该读取并记录到不确定度（或误差）的发生位. 如果直接测量量的不确定度（或误差）尚未明确,那么应读取到估读位或数字示值的最后一位.

例如:

① 测量范围为 0~150 mm、分度值为 0.02 mm 的游标卡尺的最大允许误差为±0.03 mm,因此用这种量具测量时,应读取到毫米的百分位;

② 测量范围为 0~25 mm、分度值为 0.01 mm 的千分尺的最大允许误差为 0.004 mm,因此用这种千分尺测量时,应读取到 0.001 mm 位,即毫米的千分位;

③ 测量范围为 0~5 V,等级为 a = 0.5 级的电压表,其基本误差为

$$\Delta V = 量程 \times \frac{a}{100} = 5 \text{ V} \times \frac{0.5}{100} = 0.025 \text{ V}$$

用该表测量时,应读取到伏特的百分位.

（2）间接测量量的数据读取.

间接测量量的存疑位只能在其测量不确定度计算出来之后才能确定,不确定度发生位就是测量结果的存疑位. 例如,测量某物体的体积,计算得测量不确定度为 0.006 m³,而计算所得物体的体积为 2.853 24 m³,由于测量不确定度发生在 m³ 的千分位上,所以体积的千分位及以后的数位都是存疑位,最终结果应表示为（2.853±0.006）m³.

2. 测量不确定度的有效数字位数

根据有关规范,测量不确定度的数值不应给出过多的位数,在计算测量结果不确定度的过程中,为了防止进、舍太多而对计算结果产生太大影响,中间结果的有效数字位数可以多保留几位. 在报告最终结果时,测量扩展不确定度的有效数字位数最多为2 位.

（1）测量不确定度有效数字位数的确定.

根据规范,测量结果的不确定度的有效数字位数可以是 1~2 位. 但是,在保留 1 位时,有些情况下会产生较大的修约误差,特别是保留下的这位数值较小时更是如此. 例如,经计算某个被测量的测量结果的扩展不确定度为 0.14 m,若将其修约成 0.1 m,则因修约引起的误差为 −0.04 m,是保留值的 40%,对评价测量质量影响很大. 在通常情况下,当测量扩展不确定度在修约前第 1 位非 0 数字为 1 或 2 时,有效数字位数应取 2 位;为其他值时,取 1 位或 2 位均可.

为了方便记忆,在本书中,约定不确定度的有效数字位数取 2 位.

（2）测量不确定度有效数字位数的修约.

在保留测量不确定度的有效数字位数时,需要对数值进行进位或舍位处理. 为了避免因舍去的数值太大而降低测量不确定度的可靠性又便于操作,可以采取 3 舍 4 进的处理方式. 即需要舍去部分的首位小于或等于 3 时做舍位处理,大于或等于 4 时做进位处理.

例如,计算得 $U = 10.45$ Ω,应修约成 $U = 11$ Ω;计算得 $U = 10.32$ Ω,应修约成 $U = 10$ Ω;计算得 $U = 7.52$ Ω,应修约成 $U = 7.5$ Ω;计算得 $U = 7.32$ Ω,应修约成 $U = 7.3$ Ω.

3. 测量结果的修约

（1）测量结果表示的书写方式.

根据确定有效数字存疑数字的基本原则,也为了使测量结果表示规范,测量结果的末位应与修约后的测量不确定度的末位对齐.

例如:$R = (2.035 \pm 0.011) \times 10^3$ Ω,$R = (1.206 \pm 0.008) \times 10^3$ Ω 都是正确的表示方法,而 $R = (2.04 \pm 0.011) \times 10^3$ Ω 和 $R = (1.206\ 3 \pm 0.008) \times 10^3$ Ω 则是错误的表示方法.

（2）测量结果有效数字的修约.

根据测量不确定度的大小,在对测量结果进行取舍时,有效数字的末位需要做进、舍位处理.

① 进舍规则.

a. 拟舍弃数字的最左一位数字若小于 5,则舍去,即保留的各位数字不变.

例 1:若根据测量不确定度的大小需要将 12.149 8 修约到小数点后一位小数,则得 12.1.

例 2：若根据测量不确定度的大小需要将 12.149 8 修约到个数，则得 12.

b. 若拟舍弃数字的最左一位数字大于 5（或者等于 5），而其后跟有并非全部为 0 的数字，则进 1，即保留的末位数字加 1.

例 1：若根据测量不确定度的大小需要将 1 268 修约到百位，则得 1.3×10^3.

例 2：若根据测量不确定度的大小需要将 1 268 修约成有三位有效数字的数字，则得 1.27×10^3.

例 3：若根据测量不确定度的大小需要将 10.502 修约到个位，则得 11.

c. 拟舍弃数字的最左一位数字为 5，而右边无数字或皆为 0 时，若所保留的末位数字为奇数（1,3,5,7,9）则进 1，为偶数（2,4,6,8,0）则舍弃.

例 1：若根据测量不确定度的大小需要将 1.050 修约到一位小数，则得 1.0.

例 2：若根据测量不确定度的大小需要将 0.350 修约到一位小数，则得 0.4.

② 不允许连续修约.

拟修约数字应在确定修约位数后一次修约获得结果，而不得多次按前述规则连续修约.

例如：将 15.454 6 修约到个位.

正确的做法：15.454 6→15；

不正确的做法：15.454 6→15.455→15.46→15.5→16.

4. 未评定测量不确定度时有效数字的取位方法

如果在实验中没有进行测量不确定度的估算，那么最后结果的有效数字位数的取法如下：

a. 在乘、除运算时，结果的有效数字位数与参与运算的各量中有效数字位数最少的相同.

b. 乘方、开方运算结果的有效数字位数不变.

c. 在代数和的情况下，以各量的末位数中量级最大的那一位为结果的末位.

注：在工科物理实验中，为了简便，测量结果和扩展不确定度的有效数字末尾进舍均可按 4 舍 5 入处理.

1.3.4　常用函数的不确定度及有效数字

1. 乘方与开方

（1）$y = x^n$，$x = 8.62$，$n = 3$，x 的标准不确定度 $u_c(x) = 0.01$. 计算其扩展不确定度，写出结果表达式.

对 $y = x^n$ 求导得到合成标准不确定度灵敏系数 $C_x = nx^{n-1}$. 因此，

$$u_c(y) = nx^{n-1}u_c(x) = 3 \times 8.62^{3-1} \times 0.01 \approx 2.23$$
$$U = 2 \times 2.23 = 4.46 \approx 4$$

而 $y = x^n = 8.62^3 \approx 640.504$，因此结果表达式为

$$y = (641 \pm 4); \quad k = 2$$

（2）$y = \sqrt[n]{x} = x^{\frac{1}{n}}$，$x = 3.84$，$n = 3$，$x$ 的标准不确定度 $u_c(x) = 0.01$. 计算其扩展不确定

度,写出结果表达式.

对 $y=\sqrt[n]{x}$ 求导得到合成标准不确定度灵敏系数 $C_x=\frac{1}{n}x^{\frac{1}{n}-1}$. 因此,

$$u_c(y)=\frac{1}{n}x^{\frac{1}{n}-1}u_c(x)=\frac{1}{3}\times3.84^{\frac{1}{3}-1}\times0.01\approx0.001\,36$$

$$U=2u_c(y)=0.002\,72\approx0.002\,7$$

而 $y=3.84^{\frac{1}{3}}\approx1.565\,947$,因此结果表达式为

$$y=(1.565\,9\pm0.002\,7);\quad k=2$$

2. 三角函数运算

在光栅衍射实验中,入射光波长为

$$\lambda=(a+b)\sin\varphi$$

若测得 $\varphi=19°21'$,光栅常量为 $(a+b)=1\,666.7$ nm,则

$$\lambda=1\,666.7 \text{ nm}\times\sin 19°21'\approx552.24 \text{ nm}$$

根据仪器使用说明书,该分光计度盘的最大允许误差为 $1'$,即

$$a=1'=\frac{1}{60}\cdot\frac{\pi}{180}\text{ rad}\approx2.91\times10^{-4}\text{ rad}$$

即

$$u_c(\varphi)=\frac{2.91\times10^{-4}}{\sqrt{3}}\text{ rad}\approx1.68\times10^{-4}\text{ rad}$$

由于合成标准不确定度灵敏系数 $C_\lambda=(a+b)\cos\varphi$,所以

$$u_c(\lambda)=(a+b)|\cos\varphi|u_c(\varphi)\approx0.264 \text{ nm}$$

而 $U=2u_c(\lambda)=0.528$ nm,则最后结果为

$$\lambda=(552.2\pm0.5)\text{ nm};\quad k=2$$

以上几个实例说明,开方、乘方、三角函数等运算,都应根据自变量的不确定度求出函数的不确定度,由函数的不确定度决定取舍到哪一位.

3. 对数

对于对数,运算结果的小数部分的位数应与该数的有效数字位数相同,如 $x=3.86$, $\ln x=\ln 3.86=1.351$.

4. 指数

对于 e^x 的运算结果,应使用科学记数法表示,小数点前为一位,小数点后保留的位数与 x 的有效数字位数相同,如 $x=9.24$,$e^x=1.030\times10^4$.

1.3.5 数据处理实例

例:测钢圆柱的密度 ρ.

测量工具:量程为 $0\sim150$ mm、分度值为 0.02 mm 的游标卡尺一把,量程为 $0\sim25$ mm、分度值为 0.01 mm 的千分尺一把,分度值为 1 mg、检定分度值为 10 mg 的 JA3003N 型电子天平一架.

1. 测量数据

测量数据见表 1-3-1.

表 1-3-1　测 量 数 据

测量次数	被测量及工具标度		
	h/mm 游标卡尺： 量程为 0~150 mm 分度值为 0.02 mm 零点误差为 $h_0 = 0.00$ mm	d/mm 千分尺： 量程为 0~25 mm 分度值为 0.01 mm 零点误差为 $d_0 = 0.006$ mm	m/g JA3003N 型电子天平： 实际分度值为 1 mg 检定分度值为 10 mg 单次测量
1	29.22	12.257	
2	29.30	12.261	
3	29.24	12.252	
4	29.28	12.256	26.816
5	29.26	12.257	
6	29.24	12.254	
7	29.28	12.258	
平均值	29.260	12.256 4	

2. 数据处理过程

（1）密度的平均值 $\bar{\rho}$.

在计算 $\bar{\rho}$ 之前，首先对测量各个直接测量量所使用仪器的零点误差进行修正. 本例中只有千分尺有零点误差 $d_0 = 0.006$ mm，直径 d 的测量列平均值（读数平均值）为 $\bar{d}_{读数} = 12.256\ 4$ mm，因此

$$d = \bar{d}_{读数} - d_0 = (12.256\ 4 - 0.006)\ \text{mm} = 12.250\ 4\ \text{mm}$$

根据公式 $\rho = \dfrac{4m}{\pi d^2 h}$ 可求得

$$\bar{\rho} = \frac{4 \times 26.816 \times 10^{-3}}{3.141\ 593 \times (12.250\ 4 \times 10^{-3})^2 \times 29.260 \times 10^{-3}}\ \text{kg/m}^3 \approx 7.775\ 52 \times 10^3\ \text{kg/m}^3$$

（2）各直接测量量不确定度的计算.

① 多次直接测量量 h 标准不确定度的计算.

a. 标准不确定度.

A 类 $u_A(h)$：

根据式（1-2-1），

$$u_A(h) = s(\bar{h}) = \sqrt{\frac{\sum_{i=1}^{n}(h_i - \bar{h})^2}{n(n-1)}}$$

由此可得

$$u_A(h) \approx 0.010\ 7\ \text{mm}$$

B 类 $u_B(h)$:

查 GB/T 21389—2008,量程为 0~150 mm、分度值为 0.02 mm 游标卡尺的最大允许误差为 $a = 0.03$ mm,根据式(1-2-3)得

$$u_B(h) = \frac{a}{\sqrt{3}} \approx 0.017\ 3\ \text{mm}$$

b. 合成标准不确定度.

根据式(1-2-5)得

$$u_c(h) = \sqrt{u_A^2(h) + u_B^2(h)} \approx 0.020\ 4\ \text{mm}$$

h 的相对标准不确定度为

$$\frac{u_c(h)}{\bar{h}} = \frac{0.020\ 4}{29.260} \approx 0.000\ 697$$

② 多次直接测量量 d 标准不确定度的计算.

a. 标准不确定度.

A 类 $u_A(d)$:

由于 A 类标准不确定度表征的是测量列的分散性,所以不必进行零点误差修正,可直接利用 d 的测量列计算. 根据式(1-2-1)得

$$u_A(d) \approx 0.001\ 09\ \text{mm}$$

B 类 $u_B(d)$:

查 GB/T 1216—2018,量程为 0~25 mm、分度值为 0.01 mm 的千分尺的最大允许误差为 $a = 0.004$ mm,根据式(1-2-3)得

$$u_B(d) = \frac{a}{\sqrt{3}} \approx 0.002\ 31\ \text{mm}$$

b. 合成标准不确定度.

根据式(1-2-5)得

$$u_c(d) \approx 0.002\ 55\ \text{mm}$$

d 的相对标准不确定度为

$$\frac{u_c(d)}{\bar{d}} = \frac{0.002\ 55}{12.256\ 4} \approx 0.000\ 208$$

③ 单次直接测量量 m 不确定度的计算.

a. 标准不确定度.

对于单次直接测量量,只计 B 类不确定度. JA3003N 型电子天平为高准确度等级天平,其检定分度值 e 为其分度值的 10 倍,$e = 10$ mg,圆柱质量测量的读数 $m = 26.816$ g $= 2\ 681.6e < 5\ 000e$,根据 GB/T 26497—2011,最大允许误差为 $a = 0.5e = 5$ mg. 根据式(1-2-3)得

$$u_B(m) = \frac{5}{\sqrt{3}}\ \text{mg} \approx 2.89\ \text{mg}$$

b. 合成标准不确定度.

$$u_c(m) = u_B(m) = 2.89\ \text{mg}$$

m 的相对标准不确定度为

$$\frac{u_c(m)}{m} = \frac{2.89 \times 10^{-3}}{26.816} \approx 0.000\,108$$

（3）间接测量量 ρ 的扩展不确定度 U 的计算.

① 标准不确定度 $u_c(\rho)$.

由于是乘积的函数关系，根据式（1-2-10）或直接查表 1-2-2，得到

$$\frac{u_c(\rho)}{\bar{\rho}} = \sqrt{\left[\frac{u_c(m)}{m}\right]^2 + 2^2\left[\frac{u_c(d)}{\bar{d}}\right]^2 + \left[\frac{u_c(h)}{\bar{h}}\right]^2}$$

将已求得的 $\dfrac{u_c(m)}{m}$、$\dfrac{u_c(d)}{\bar{d}}$ 和 $\dfrac{u_c(h)}{\bar{h}}$ 代入上式可得

$$u_c(\rho) = \frac{u_c(\rho)}{\bar{\rho}} \cdot \bar{\rho} \approx 0.006\,37 \times 10^3 \text{ kg/m}^3$$

② 扩展不确定度 U.

取包含因子 $k = 2$，得到测量结果的扩展不确定度 U 为

$$U = k u_c(\rho) = 2 u_c(\rho) \approx 0.012\,7 \times 10^3 \text{ kg/m}^3$$

相对扩展不确定度为

$$U_r = \frac{U}{\bar{\rho}} \approx 0.001\,64 \approx 0.16\%$$

3. 最终结果表达式

$$\rho = \bar{\rho} \pm U = (7.776 \pm 0.013) \times 10^3 \text{ kg/m}^3; \quad k = 2$$

1.4　实验数据处理的基本方法

实验数据处理是指从获得实验数据起，到得出实验结果止的数据加工处理过程，主要包括数据的记录、整理、计算、分析等. 下面将结合物理实验的基本要求，介绍一些最基本的实验数据处理方法：列表法、作图法、逐差法和最小二乘法.

1.4.1 列表法

列表法就是把数据按一定规律列成表格，是记录数据的基本方法，也是其他数据处理方法的基础. 一张好的表格，可以使实验结果一目了然，避免数据混乱或丢失数据，也便于查对. 同时，列表法也是给出测量数据结果最严谨的方法.

为了养成良好习惯、减少差错，每次实验前，都应该根据实验要求，设计并画好所用的空白表格，以备在实验中记录数据. 制作表格时需要注意：

（1）表格设计应当合理、简单明了，重点考虑如何能完整地记录原始数据及揭示相关量之间的函数关系.

（2）表格的标题栏中应注明物理量的名称、符号和单位（单位不必在数据栏内重复

书写).

（3）数据要正确反映测量结果的有效数字. 这里推荐一种避免数据记录出错的办法：数据的原始记录采取直接记录标尺读数的方式. 即对从标尺上直接得到的分度数不做任何计算（不必乘以分度值），以免出错，在报告列表栏内再做必要的计算和整理.

（4）应提供与表格有关的说明和参量，包括表格名称、主要测量仪器的规格（型号、分度值、量程及准确度等级等）、有关的环境参量（如温度、湿度等）和其他需要引用的常量和物理量等.

实验数据记录举例，如表 1-4-1 所示.

表 1-4-1 用伏安法测电阻数据表

测量次数	1	2	3	4	5
V/V	9.50	8.92	8.27	7.80	7.41
I/mA	49.2	46.3	42.9	40.6	38.4
电表基本参量					
电压表	等级:0.5 级;量程:0~10 V		电流表	等级:0.5 级;量程:0~50 mA	

1.4.2 作图法

在坐标纸上用曲线图形描述各物理量之间的关系，将实验数据用图形表示出来，这就是作图法. 作图法的优点是直观、形象，便于比较研究实验结果，求解某些物理量，建立物理量之间的关系.

1. 作图法的作用

（1）用作图法可以研究物理量之间的变化规律，找出相互对应的函数关系，还可以验证理论并得到经验公式.

（2）用作图法可以简便地从图线中求出某些物理量，例如所作直线的斜率和截距可能就是要求的物理量，或者乘以一个已知量就可以得到要求的物理量.

（3）在图线上，可以直接读出没有进行测量的对应物理量的值（内插法），也可以从图线的延伸线上读到原测量数据范围以外的点（外推法）.

（4）所作图线可以帮助发现实验中个别的测量错误，并可对系统误差进行初步分析和校准仪器.

（5）可把某些复杂函数关系通过变量置换法用直线来表示. 例如 $pV=$ 常量，若直接作 p-V 曲线，则为一条成反比例关系的曲线；而如果改作 p-$1/V$ 曲线，就可以把曲线变为直线表示出来.

2. 作图法的局限性

（1）受图纸大小的限制，点所代表的数据一般只有三或四位有效数字.

（2）图纸本身的均匀、准确程度有限.

（3）在图纸上连线时有相当大的主观任意性.

（4）它不是建立在严格统计理论基础上的数据处理方法.

3. 作图规则

（1）坐标纸的选择.

根据函数关系选用直角坐标纸、单对数坐标纸、双对数坐标纸、极坐标纸等，本书主要采用直角坐标纸. 坐标纸的大小和坐标轴的比例，应根据测量数据的大小、有效数字位数和结果的需要来定.

（2）坐标轴的比例和标度.

适当选取横轴和纵轴的比例及坐标的起点，使曲线比较对称地充满整个图纸，不偏于一角或一边. 标度时要做到：

① 轴上最小格对应数据中准确数字的最后一位，即要保证图上实验点的坐标读数的有效数字位数不少于实验数据的有效数字位数.

② 轴的标度应划分得当，以便不用计算就能直接读出曲线上每一点的坐标. 因此，通常每格代表 1、2、5，而不选用 3、7、9.

③ 横轴和纵轴的标度可以不同，使图线充分占有图纸空间，不要缩在一边或一角. 两轴的交点可以不为 0 而取比数据中最小值稍小些的整数，以便调整图纸的大小和图线的位置.

（3）坐标轴描画.

画出坐标轴的方向，标明其所代表的物理量及单位. 一般是以自变量为横轴、因变量为纵轴，采用粗实线描出坐标轴，并用箭头表示方向，注明所示物理量的名称、单位. 在坐标轴上标明分度值（注意有效数字位数），在轴上每隔一定间距标明该物理量的数值. 在图纸下方或曲线上方的空白位置处写上图名. 若图名以物理量符号表示，则应把纵轴符号写在前，例如 p-V 曲线.

（4）曲线测量点的标示.

用"＋"等符号标出各测量点的坐标. 当在同一张纸上画出不止一条曲线时，每条曲线的数据点应采用不同的标记，可分别用"＋""×""○"和"▲"等加以区别. 严格意义上来说，符号的大小代表了该点测量误差的大小，称之为"误差棒".

（5）曲线的描绘.

用直尺或曲线板等连线. 根据不同情况，把数据点连成直线或光滑曲线，曲线不一定要通过所有的点，而要求曲线两侧偏差点有较均匀的分布. 校准曲线要通过各校准点，连成折线.

此外，还应写明实验者姓名和实验日期，并将图纸贴在实验报告的适当位置.

图 1-4-1 是用直角坐标纸作图的一个实例，数据源自表 1-4-1. 图中"◆"符号表示测量点，用"●"符号标示的 B 点和 A 点是为求直线斜率所选的两个点，所得到的直线斜率即被测电阻 R.

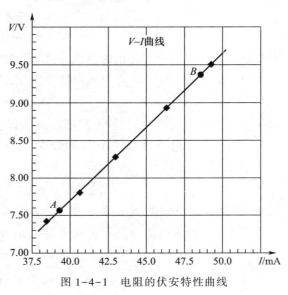

图 1-4-1 电阻的伏安特性曲线

1.4.3 逐差法

逐差法是实验数据处理的一种基本方法,其实质就是充分利用实验所得的数据,减少随机误差,具有对数据取平均的效果.因为对有些实验数据,例如弹性模量实验的标尺读数 n_i,若简单地取各次测量的平均值,中间各测量值将全部消掉,只剩始末两个读数,实际等于单次测量.为了保持多次测量的优越性,对这种自变量等间隔连续变化的情况,常把数据分成两组,两组逐次求差再算这个差的平均值.例如,对于弹性模量实验的 n_i,共测 10 个值,载荷每改变 5 kg,标尺读数平均变化量为

$$\delta_n = \frac{(n_5-n_0)+(n_6-n_1)+(n_7-n_2)+(n_8-n_3)+(n_9-n_4)}{5} \qquad (1-4-1)$$

这种处理数据的方法称为逐差法.

1.4.4 最小二乘法

在作图法中,拟合曲线具有一定的任意性,不同的测量者可能给出差别很大的拟合结果.那么能否通过数值计算找到最佳的拟合曲线呢?最小二乘法即通过数据计算最佳拟合曲线的一种方法.最小二乘法的原理是:被测量的最佳函数曲线应当是这样一条曲线,对应于自变量的曲线值与各次测量的实际函数值之差的平方和最小.采用最小二乘法可以从一组等精度的测量值中确定最佳值,也可以找出一条最合适的曲线使它能最好地拟合于各测量值.最小二乘法的原理和计算比较复杂,这里仅介绍如何应用最小二乘法进行一元线性拟合(或称一元线性回归).

设某实验中可控制的物理量的值取 $x_1,x_2,\cdots,x_i,\cdots,x_n$ 时,对应测得的物理量的值依次为 $y_1,y_2,\cdots,y_i,\cdots,y_n$.假定 x_i 的误差很小,而 y_i 的误差是主要的,且 y、x 应当为线性关系.直线拟合的任务就是用数学分析的方法,由这些数据求出一个误差最小的经验公式:

$$y = a+bx \qquad (1-4-2)$$

根据这一最佳经验公式作出的直线,能以最接近这些实验点的方式平滑地穿过它们.对应于每一个 x_i 值,测量值 y_i 与从最佳经验公式得到的 y 之间存在偏差 δ_{y_i},

$$\delta_{y_i} = y_i-(a+bx_i)$$

最小二乘法原理告诉我们,若各测量值 y_i 的误差相互独立,且服从正态分布,则当 y_i 的偏差的平方和最小时,可得到最佳经验公式.利用这一原理可求得常量 a 和 b.

各 δ_{y_i} 的平方和为

$$\sum(\delta_{y_i})^2 = \sum[y_i-(a+bx_i)]^2$$

式中,x_i 和 y_i 是已知的测量值,a 和 b 是待定参量.也就是说 δ_{y_i} 的平方和是 a 和 b 的函数.令其对 a 和 b 的偏导数为 0,可得参量 a 和 b:

$$b = \frac{\overline{x}\,\overline{y}-\overline{xy}}{\overline{x}^2-\overline{x^2}} \qquad (1-4-3)$$

$$a = \bar{y} - b\bar{x} \tag{1-4-4}$$

式(1-4-3)、式(1-4-4)中,

$$
\begin{cases}
\bar{x} = \dfrac{1}{n} \displaystyle\sum_{i=1}^{n} x_i \\[2mm]
\bar{y} = \dfrac{1}{n} \displaystyle\sum_{i=1}^{n} y_i \\[2mm]
\overline{x^2} = \dfrac{1}{n} \displaystyle\sum_{i=1}^{n} x_i^2 \\[2mm]
\overline{xy} = \dfrac{1}{n} \displaystyle\sum_{i=1}^{n} x_i y_i
\end{cases} \tag{1-4-5}
$$

由式(1-4-3)、式(1-4-4)和式(1-4-5)确定了 a 和 b,即可得到最佳经验公式. 这样计算 a 和 b 虽是最佳的,但也有误差. a 和 b 的标准差分别为

$$s(a) = \frac{\sqrt{\overline{x^2}}}{\sqrt{n(\overline{x^2} - \bar{x}^2)}} s(y) \tag{1-4-6}$$

$$s(b) = \frac{1}{\sqrt{n(\overline{x^2} - \bar{x}^2)}} s(y) \tag{1-4-7}$$

其中,

$$s(y) = \sqrt{\frac{\sum [y_i - (a + bx_i)]^2}{n-2}} \tag{1-4-8}$$

称为 y_i 的剩余标准差.

　　这里简单介绍一下测量自由度的概念,以便于理解式(1-4-8)中出现的 $n-2$. 在通常情况下,自由度为总和的项数减去总和中受约束的项数. 一般来说,在 n 个独立的测量中,待求参量的个数就是受约束的项数 m,其自由度为 $v = n - m$. 在采用贝塞尔公式法计算测量列的标准差时,即式(1-1-6),测量列的待求参量只有一个,即 $m = 1$,所以 $v = n - 1$;而利用最小二乘法做一元线性拟合时,需要用 n 组(含可控制值 x_i 在内,每组有 2 个测量值 x_i 和 y_i, x_i 与 y_i 之间相互不独立)独立的测量值确定 2 个待求参量 a 和 b,此时 $m = 2$,因此 $v = n - 2$.

　　参量 a 和 b 确定之后,还应计算相关系数 r,以对结果进行检验. 对一元线性拟合, r 定义为

$$r = \frac{\overline{xy} - \bar{x}\,\bar{y}}{\sqrt{(\overline{x^2} - \bar{x}^2)(\overline{y^2} - \bar{y}^2)}} \tag{1-4-9}$$

式中 $\overline{y^2} = \dfrac{1}{n} \displaystyle\sum_{i=1}^{n} y_i^2$, r 的值总是在 0 和 ±1 之间. $|r|$ 越接近 1,说明测量数据的分布越密集,越符合求得的直线,即说明用线性函数拟合比较合理. 相反,如 r 接近 0,则说明用线性函数拟合不妥,实验数据无线性关系,必须用其他函数重新试算. $r > 0$ 时,拟合直线的斜率为正,称为正相关; $r < 0$ 时,拟合直线的斜率为负,称为负相关.

　　例:利用表 1-4-1 中的测量数据,采用最小二乘法做一元线性回归,求得被测电

阻 R.

根据欧姆定律, $V=RI$, 令 $y=V$, $x=I$, 则一元线性回归方程 $y=a+bx$ 的回归系数 b 即被测电阻 R.

根据式 (1-4-5), 得 $\bar{x}=\bar{I}=43.48$ mA, $\bar{y}=\bar{V}=8.380$ V, $\overline{x^2}=\overline{I^2}=1\,905.532$ mA^2, $\overline{xy}=\overline{IV}=367.280\,6$ mA $\cdot$ V, 代入式 (1-4-3) 得

$$R=b=0.194\,267 \text{ k}\Omega$$

而 $\overline{y^2}=\overline{V^2}=70.792$ V, 相关系数为 $r=0.999\,85$, 剩余标准差为 $s(y)=0.016\,846$ V, 回归系数 b 的标准差为 $s(b)=0.001\,944$ kΩ.

应该指出的是, 在本例中, 一元线性回归方程 $y=a+bx$ 的回归系数 a 应该取 0, 这既符合欧姆定律, 也是实际的测量结果. 当限制线性方程的截距 $a=0$ 时, 斜率的回归系数为

$$b'=\frac{\overline{xy}}{\overline{x^2}} \tag{1-4-10}$$

在截距 $a=0$ 的限制下, 本例中的 $R=b'=0.192\,744$ kΩ.

在本例中, 根据欧姆定律和实际的测量结果, 也可以加入一组数据 $I_0=0.0$ mA, $V_0=0.00$ V 后, 再利用式 (1-4-3)—式 (1-4-5) 进行回归处理, 其结果将为 $R=b=0.192\,80$ kΩ, 剩余标准差为 $s(y)=0.014\,589$ V, 回归系数 b 的标准差为 $s(b)=0.000\,359$ kΩ, 相关系数为 $r=0.999\,992$.

必须指出的是, 式 (1-4-3) 和式 (1-4-4) 是在可控制的物理量的值 x_i 的误差很小 (近似为 0, 可以忽略) 的条件下推导出来的, 在物理实验中这一先决条件未必总是能够满足. 例如在表 1-4-1 中, 测量可控制量 I 的电表等级与测量电压 V 的电表等级相同, 得到的剩余标准差 $s(y)$ 和回归系数 b 的标准差 $s(b)$ 虽然都很小, 但是也仅仅表明测量的分散性小.

1.5　用计算机处理实验数据简介

随着人类社会的进步和发展, 人们需要处理的实验数据的量迅速增加, 并且所需的处理速度也越来越快. 计算机技术自产生以来极大地提高了数据处理的速度和准确性, 计算机作为现代化工具已经逐渐与各个领域相融合, 成为现代科学技术发展的基础.

物理实验为了量化物理过程, 需要采集和处理大量的数据. 利用计算机处理这些数据, 进而将烦琐的计算过程由计算机完成, 利用计算机的数据分析软件进行实验, 也是大学物理实验课程中必须掌握的技能. 通过计算机的使用, 能够将同学的注意力集中到对实验现象的观察和分析上来. 而且在现代物理实验中, 利用计算机自动采集并处理海量数据已经成为人类探索微观世界和宇宙的必不可少的方法.

对物理实验数据, 可以使用计算机软件, 例如 Excel、Origin、Matlab 和 Mathematica 等进行分析; 也可以使用如 Python、C++ 和 Fortran 等编程语言进行分析. 希望同学们探索和使用软件来完成实验数据处理和分析.

1.5.1　用 Excel 软件处理实验数据

Excel 是微软公司出品的办公软件 Microsoft Office 的重要组件之一,其主要用于制作和处理电子表格. Excel 以表格为基础,提供了丰富的数据计算、分析和图形化工具,具有简单易用、数据和图表实时更新和函数库较全等优点. 下面针对物理实验数据处理中常见的要求介绍 Excel 软件的一些常用功能. 本书的示例是在 Office 365 版本下完成的,其他版本的功能和布局可能稍有不同.

1. 数据的计算分析

物理实验数据处理过程中最常用到的数据计算过程包括求和、求平均、计算标准差等.

(1) 求和函数 SUM.

有两种简便的方法可以实现对数据的求和功能.

第一种方法,选定要进行求和的数据行或列,单击"公式"—"自动求和"—"求和",即可在行或列的下一个单元中给出数据的求和值,过程如图 1-5-1 所示. 这种方法只需要鼠标操作,比较简单易用.

图 1-5-1　使用自动求和

第二种方法,在表中任意的空白处输入"= SUM(A1:A7)",回车后该单元格即可显示求和的结果,操作过程如图 1-5-2 所示. 该方法具有更高的灵活性,但是在输入公式

图 1-5-2　使用公式求和

时需要注意公式的格式,公式中只能使用半角符号. 在使用公式时有一些技巧可以简化操作步骤. 例如,在所选区域右下角的黑点处单击,并向某一个方向拖拽,在该方向上会自动填充对应的公式;又如,在写入公式时可以利用"$"号表示单元格地址的绝对引用,该地址不会随着拖拽等操作而变化. 更多操作方法请自行搜索网络资源学习.

（2）求平均函数 AVERAGE.

该函数可以计算选定区域内数的平均值.

其操作方法和求和类似,也可以通过鼠标操作或编辑公式的方法完成,在此不再赘述.

（3）求标准差函数 STDEV. S.

该函数用于计算一组数据的标准差,反映了一个测量列中的测量值与平均值之间的离散程度,可以用来评价测量的不确定度.

例如,在空白处输入"=STDEV. S(A1:A7)",则会计算 A1 到 A7 共七个单元格内的值与它们的平均值之间的标准差. 计算公式为

$$STDEV. S(A1:A7)=\sqrt{\frac{\sum_{i=1}^{7}(A_i-\overline{A})^2}{7-1}} \tag{1-5-1}$$

在 Office2007 以前的版本中,使用的是 STDEV 函数计算标准差,后续版本建议使用 STDEV. S 函数. 另外,Excel 中还有一个函数 STDEV. P,用来计算基于以参数形式给出的整个样本总体的标准差,计算公式为

$$STDEV. P(A1:A7)=\sqrt{\frac{\sum_{i=1}^{7}(A_i-\overline{A})^2}{7}} \tag{1-5-2}$$

若采集了所有的样本,则使用该函数.

在物理实验中一般使用 STDEV. S 函数. 一般而言,当测量次数 n 较大时,STDEV. S 函数的结果趋于 STDEV. P 函数的结果.

需要注意的是,在物理实验中经常计算的算术平均值的标准差的计算公式为

$$s(\overline{X})=\sqrt{\frac{\sum_{i=1}^{n}(X_i-\overline{X})^2}{n(n-1)}} \tag{1-5-3}$$

要计算该值,可以在空白处输入"=STDEV. S(A1:A7)/SQRT(ROWS(A1:A7))",其中 ROWS 函数用来计算选中的列的格数,SQRT 函数用来计算数值的平方根.

2. 数据的可视化

物理实验中除了将对数据进行计算外,往往还需要将数据作成图表来更加直观地研究参量之间的关系和变化趋势. 下面介绍常用的一些数据可视化方法,主要介绍最常用的散点图和统计直方图的作法,其他类型图表的作法请自行摸索和学习.

（1）散点图.

在物理实验数据分析过程中,最常见的就是研究两个物理量之间的关系,这可以通过 Excel 软件中的散点图功能来完成.

对于如图 1-5-3 所示的两列数据,要研究它们之间的关系,可以通过以下方法作出

这两个量的散点图.

选定两列数据；然后单击"插入"—"散点图"，即将 A 列数据作为 x 轴、B 列数据作为 y 轴，作出这两者之间的关系图.

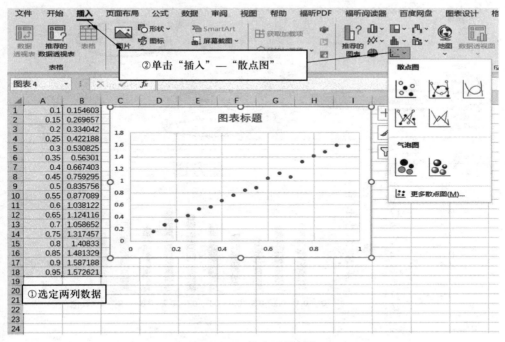

图 1-5-3　散点图的制作

图中的各部分可以通过双击鼠标左键或单击鼠标右键进行细致修改，具体方法可以自己摸索.

（2）统计直方图.

在对某一物理量进行多次测量的过程中，我们往往需要知道测量值的分布情况. 统计直方图可以完成对一组测量值的统计分析，给出其分布信息. 要制作统计直方图，可以通过 Excel 软件的数据分析功能完成.

如图 1-5-4 所示，在制作直方图之前需要对数据进行预处理. 首先选定要分析的数据，利用 MAX 和 MIN 函数找到其中的最大值和最小值（放入 B2 和 B3 单元格），确定统计直方图横轴的范围. 拟定横轴分成多少组. 例如对于图中所示的数据，将其分为 10 份，列出各个区间的上限到 D 列. D2 单元格内的 0 代表小于等于 0 的数据，0.1 代表（0，0.1]区间的数据，0.2 代表（0.1，0.2]区间的数据，依此类推.

	A	B	C	D	E
1	数据	最大值	最小值	接收区域	
2	0.384322	0.99019396	0.000933	0	
3	0.908447			0.1	
4	0.623538			0.2	
5	0.485414			0.3	
6	0.825415			0.4	
7	0.39074			0.5	
8	0.138086			0.6	
10	0.232286			0.7	
	0.922268			0.8	
11	0.558806			0.9	
12	0.614572			1	

图 1-5-4　直方图的数据准备

准备好数据后，单击"数据"—"数据分析"，在弹出的对话框内找到"直方图"，并在弹出的对话框中选择"输入区域"为需要分析的数据、"接收区域"为选定的接收范围，本例中为 0-1 的 11 个数据. 勾选下方的"图表输出"，单击"确定". 步骤及结果见图 1-5-5.

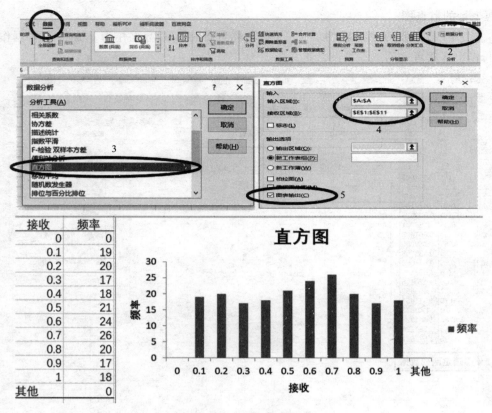

接收	频率
0	0
0.1	19
0.2	20
0.3	17
0.4	18
0.5	21
0.6	24
0.7	26
0.8	20
0.9	17
1	18
其他	0

图 1-5-5　直方图的制作

3. 数据的拟合

数据图形化后,可以比较清晰、直观地了解物理量之间的依赖关系,但是要获得数据之间的定量关系则需要对数据进行拟合. 下边以最常见的线性关系拟合为例说明如何在 Excel 软件中进行拟合.

在需要拟合的数据点上单击鼠标右键,选择"添加趋势线",在右侧弹出的窗口内选择"线性",勾选"显示公式"和"显示 R 平方值". 作出的数据拟合线如图 1-5-6 所示.

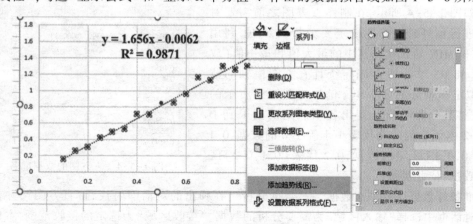

图 1-5-6　直线拟合

直线拟合中的 x 为横轴的数据、y 为纵轴的数据,拟合参数是由最小二乘法计算得到的. R^2 为相关系数的平方,越接近 1 表示两组数据之间的相关性越好(关于最小二乘法和相关系数的计算公式参见 1.4 节).

1.5.2　用 Origin 软件处理实验数据

Origin 软件是由 OriginLab 公司发布的商用数据分析和作图软件,其功能丰富,能够满足一般的科学和工程数据分析要求,是公认的作图标准软件之一. 下面以 Origin 2019 版为例说明数据分析的基本方法,其他版本的功能和布局可能有所不同,请在使用中自行探索.

1. 一列数据的处理

要分析一列数据的统计参数,可按以下步骤操作.

打开 Origin 软件后,建立空白的表格,并将测量数据输入 A 列,如图 1-5-7 所示.

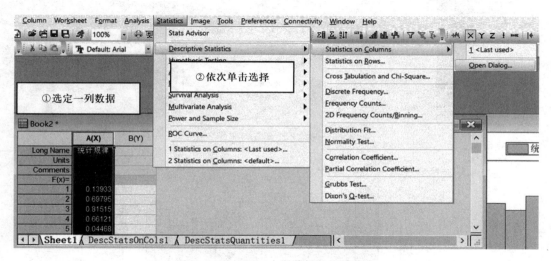

图 1-5-7　Origin 中列数据的统计信息

单击"Statistics"—"Descriptive Statistics"—"Statistics on Columns"—"Open Dialog",在弹出的对话框中依次选择"确定"或"Yes",则会弹出该列数据的统计信息,包括该列的数据个数(N total)、平均值(Mean)、标准差(Standard Deviation)、求和(Sum)、最小值(Minimum)、中间值(Median)和最大值(Maximum),如图 1-5-8 所示. 要切换回数据表格,可以单击左下角的"Sheet1".

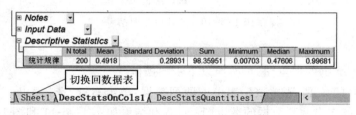

图 1-5-8　数据的统计结果

　　制作一列数据的统计直方图的方法如下,首先选定要统计的数据,单击右键,依次选择"Plot"—"Statistics"—"Histogram",即可显示统计直方图. 过程和结果如图 1-5-9 和图 1-5-10 所示.

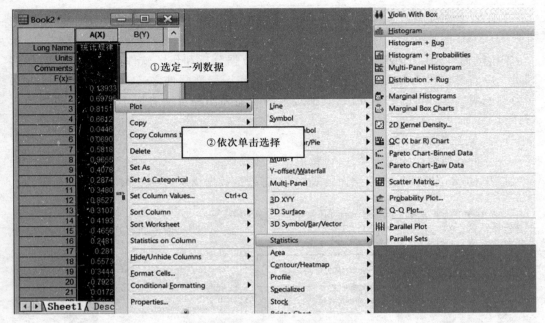

图 1-5-9　统计直方图制作方法

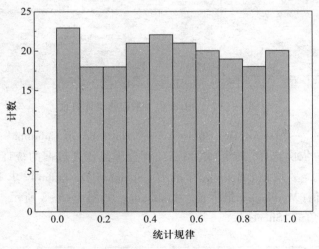

图 1-5-10　统计直方图结果

2. 数据的拟合

要制作两列数据的散点图,可按照以下步骤操作.

打开要拟合的数据,选择数据表中的两列数据,单击右键,选择"Plot"—"Symbol"—"Scatter",即可制作出两列数据的散点图. 过程和结果如图 1-5-11 和图 1-5-12 所示.

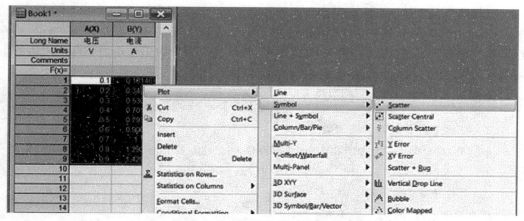

图 1-5-11　散点图制作步骤

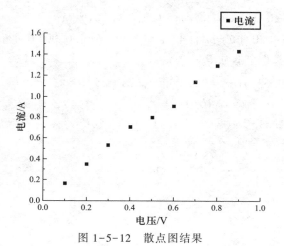

图 1-5-12　散点图结果

要拟合两列数据,首先选择两列数据,然后依次选择"Analysis"—"Fitting"—"Linear Fit"—"Open Dialog",在弹出的界面单击"确定",即可弹出如图 1-5-13 所示的结果.

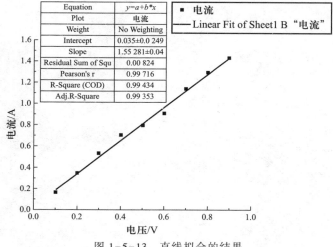

图 1-5-13　直线拟合的结果

拟合结果包含最小二乘法拟合得到的斜率、截距和 R^2 等信息.

Excel 和 Origin 软件的功能远不止本书中介绍的这些,还包括"误差棒"的表示、拟合误差的处理和自定义函数的拟合等,这些功能可以在今后针对工作中的实际需求进行学习和应用.

> **思考题**
>
> 1. 指出下列各数据的有效数字位数.
> (1) 0.000 01;(2) 0.010 00;(3) 1.000 0;(4) 980.124 0;
> (5) 1.35×10^{27};(6) 0.100 3;(7) 0.000 72;(8) 9.436×10^{-31}.
> 2. 单位换算.
> 6.57 cm = ___ mm = ___ μm = ___ nm = ___ m = ___ km.
> 3. 改错.
> (1) $x=(1.863\pm0.25)$ cm;(2) $m=(31\,704\pm201)$ kg;
> (3) $S=(7.945\pm0.081\,2)$ m^2;(4) $V=(7.967\,531\pm0.004\,01)$ m^3.
> 4. 计算(计算过程中取包含因子 $k=2$).
> (1) $y=\sqrt[3]{x}$,$x=9.63$,$u(x)=0.02$,$y=?$,$u(y)=?$,$U=?$,$y=y\pm U=?$
> (2) $y=e^x$,$x=7.02$,$u(x)=0.01$,$y=?$,$u(y)=?$,$U=?$,$y=y\pm U=?$
> (3) $y=\sin\varphi=21°15'$,$u(?)=2'$,$y=?$,$u(y)=?$,$U=?$,$y=y\pm U=?$
> (4) 已知 $y=\dfrac{x_1^2-x_2^2}{4x_1}$,推导 $u(y)$ 和 $\dfrac{u(y)}{y}$ 的表达式.

第二章
基本物理量及其测量

物理量是定量描述物质世界的基础,对物理量的测量是物理实验的核心内容. 国际单位制(法语:Le Système International d'Unités,符号:SI)规定了 7 个基本物理量,即长度、质量、时间、热力学温度、物质的量、电流和发光强度,其他物理量都可由这 7 个基本物理量导出,这些物理量如表 2-0-1 所示. 本节主要介绍基本物理量的定义及其测量方法,对这些物理量的测量是物理实验的基础. 但是需要指出的是,这些基本物理量的定义和测量方法都是随着科学技术的进步而不断变化的,提高这些基本物理量的测量准确度对于科学和技术的发展起着至关重要的作用.

表 2-0-1　国际单位制(SI)基本物理量

量的名称	量的符号	单位名称	单位符号	量纲符号
长度	l, L	米	m	L
时间	t	秒	s	T
质量	m	千克(公斤)	kg	M
热力学温度	$T, (\Theta)$	开[尔文]	K	Θ
物质的量	$n, (\nu)$	摩[尔]	mol	N
电流	I	安[培]	A	I
发光强度	$I, (I_v)$	坎[德拉]	cd	J

2.1　长　　度

2.1.1　长度的定义

长度是描述一维空间间隔的物理量,对其进行测量是物理实验中最基本和最重要的内容. 除数字式仪表外,大部分仪器的读数系统是以指针和液面等的位置变化来表示被测物理量的变化的,因此掌握长度的测量是进行物理实验的基础.

长度的定义和单位经历了漫长的演变过程,古代各国大多以生活中常见的物体来丈量长度,例如古代中国以"布指知寸,布手知尺,舒肘知寻,妇手为咫,人身为丈"等方法度量长度,英制国家以"英尺(foot)""英寸(inch)""码(yard)"和"英里(mile)"等丈量长度,但是这些定义方法都存在一定的任意性和不确定性.

目前最常用的"米"这一单位最早是在著名科学家拉格朗日(Joseph-Louis Lagrange)的倡导下,在 1791 年由法国国民代表大会确定的. 当时人们认为地球的子午线长度是不变的,因此可以用其形成基于自然不变的"米制",其规定"1 米"等于经过巴黎的地球子午线长度的四千万分之一. 天文学家德朗布尔和梅尚用了 7 年时间测量了地球的子午线长度. 1799 年,法国计量学会根据子午线长度的测量结果,用铂铱合金制成"H"形的金属米原器. 1875 年法、德、美、俄等 17 国在巴黎共同签署了《米制公约》,成立了国际计量局,并确定了"米"作为标准国际长度的单位.

随着科学技术的进步,人类对长度测量的精度要求日益提高,"米"定义中使用的子午线长度并不是固定的,而且米原器与其复制品之间的校准增加了"米"这一通用单位使用的复杂性,人们迫切需要寻找更加稳定的自然过程作为新的标准.

1961 年,第 11 届国际计量大会规定真空中氪-86 元素发出的各向同性的橙色光波波长的 1 650 763 倍为 1 米. 1983 年,国际计量局又将"光在真空中行进(1/299 792 458) s 的距离"作为 1 米. 2018 年,国际计量大会将"米"的表述做了改变:"当真空中光速 c 以 m/s 为单位表达时,选取固定数值 299 792 458 来定义米,其中秒是由铯的频率 $\Delta \nu_{Cs}$ 来定义的."新定义的"米"以自然界的两个基本物理过程作为标准,不仅更加准确,同时也更加适应科学技术应用和发展的需求.

2.1.2 长度的测量

长度测量的范围和方法

物理世界的长度跨度很大,大到宇宙中天体间的距离($>10^7$ m),小到原子核的尺寸(10^{-15} m),都是物理学测量的领域. 长度的主要辅助计量单位有千米(1 km=1×10^3 m)、毫米(1 mm=1×10^{-3} m)、微米(1 μm=1×10^{-6} m)和纳米(1 nm=1×10^{-9} m)等. 对于不同的尺度,测量仪器和测量方法也不同. 对长度测量范围的扩展、精度的提升为人类理解自然界的物理规律提供了重要的技术手段,同时也孕育了射电望远镜、激光测距仪、电子显微镜和原子力显微镜等测量仪器,在不同层面上为自然科学的发展和进步打下了坚实的基础.

2.1.3 常见长度测量仪器

1. 米尺

(1) 技术规格.

米尺是结构最简单、最基本的测长仪器. 实验室中常用的米尺有钢直尺和钢卷尺. 米尺的最小分度值通常为 1 mm,测量时可以估读到 0.1 mm. 米尺的主要规格有量程、分度值、等级和仪器误差. 表 2-1-1 给出了常见米尺的最大允许误差.

表 2-1-1　常见米尺的最大允许误差

	量程	最大允许误差
钢直尺 （GB/T 9056—2004）	0～500 mm	±0.15 mm
	>500～600 mm	±0.20 mm
	>1 500 mm	$\pm(0.10+0.05\times l\div500)$（mm）
钢卷尺 （QB/T 2443—2011）	等级	最大允许误差
	I 级	$\pm(0.1+0.1l)$（mm）
	II 级	$\pm(0.3+0.2l)$（mm）

（2）使用注意事项.

① 刻度由 0 开始的钢直尺可能存在端面磨损问题,在测量条件允许的情况下,读数时应以某一刻度作为起始位置.

② 测量时应将米尺与被测物体贴紧,让视线垂直于刻度线,避免由于视差带来的读数误差.

2. 游标卡尺

由于人眼不能分辨 0.1 mm 以下的刻度,因此无法通过加密刻度线的方法来获得精度超过 0.1 mm 的米尺. 为了提高测量精度,法国数学家维尼尔（Pierre Vernier,1580—1637）在其数学专著《新四分圆的结构、利用及特性》中描述了游标卡尺的结构及原理,游标卡尺的英文便以其名字命名:vernier caliper. 其基本原理是,人眼虽然不能分辨 0.1 mm 以下的连续刻线,但是能分辨上下两条首尾相接错开 0.02 mm 的平行线段. 利用这一特性设计的游标卡尺将米尺的测量精度提高了一个数量级.

（1）仪器构造.

游标卡尺的主要结构是在钢直尺（主尺）上附加一个能贴合主尺滑动的游标尺（副尺）,常用的游标卡尺结构如图 2-1-1 所示. 钳口测量面用于测量物体的外径,刀口测量面用于测量物体的内径,深度尺用于测量深度.

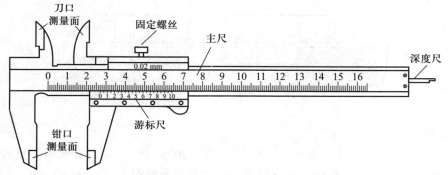

图 2-1-1　游标卡尺结构

常用的游标卡尺有 10 分游标卡尺、20 分游标卡尺和 50 分游标卡尺,其基本原理都是利用主尺与副尺上的分度值不同来提高测量精度. 目前实验室常用的游标卡尺为 50 分游标卡尺,其分度如图 2-1-2 所示.

图 2-1-2　50 分游标卡尺的分度

设主尺的刻度间隔为 a,游标尺的刻度间隔为 b,游标尺的分度数为 N. 使游标尺上 N 个刻度间隔的长度与主尺的 $(rN-1)$ 个刻度间隔的长度相等(r 称为游标模数,取 1 或 2),则

$$Nb = (rN-1)a \qquad (2-1-1)$$

整理后有

$$b = \left(r - \frac{1}{N}\right)a \qquad (2-1-2)$$

若定义主尺上 r 个分度值 ra 与游标尺的最小分度值 b 之间的差为 δ,则

$$\delta = \frac{a}{N} \qquad (2-1-3)$$

式中的 δ 为游标卡尺的准确读数的最小单位.

以主尺刻度间隔为 $a = 1$ mm,分度数为 $N = 50$,游标模数为 $r = 1$ 的游标卡尺为例,$\delta = 0.02$ mm. 即游标尺刻度间隔为 $b = 0.98$ mm.

如图 2-1-3 所示,测量分两步完成:

第一步,以游标尺上的零刻线为基线,从主尺上读出以毫米为单位的整数部分 l_0. 本例中 $l_0 = 21$ mm.

第二步,在游标尺上读出小数部分. 找到游标尺与主尺对齐的刻线,读出游标尺上该条刻线对应的条数,将条数乘以 δ 即可得到小数部分. 本例中游标尺第 22 条刻线与主尺刻线对齐,则 $\Delta l = 22 \times 0.02$ mm $= 0.44$ mm,最终结果为

$$l = (21.00 + 0.44)\ \text{mm} = 21.44\ \text{mm}$$

注意:若测量面闭合时主尺与游标尺的零刻线不对齐,则需要记录零点误差,并将零点误差从结果中减去.

图 2-1-3　游标卡尺读数范例

(2) 技术规格.

根据《游标、带表和数显卡尺》(GB/T 21389—2008)规定,实验室常用的量程为 0~150 mm 和 0~200 mm,$\delta = 0.02$ mm 的游标卡尺的最大允许误差为 $a = 0.03$ mm. 其他规格的游标卡尺的相关参量详见该国标.

(3) 使用注意事项.

① 夹持物体时不宜用力过大,否则可能导致被测物变形.

② 读数时应注意游标卡尺的 δ 值,对于常用的 $\delta = 0.02$ mm 的游标卡尺,读数末尾不

能为奇数,读数读到百分之一毫米位,不估读.

③ 游标卡尺长时间不使用时应将固定螺丝松开,放置在干燥环境内.

④ 游标卡尺使用前应进行零点修正.

3. 螺旋测微器(千分尺)

螺旋测微器是由法国科学家帕尔默(Jean Laurent Palmer)在 1848 年发明的,其利用螺旋的机械放大原理能够将长度的测量精度提高到千分之一毫米,故又称"千分尺". 使用相同构造的其他仪器还有读数显微镜、测微目镜和迈克耳孙干涉仪等.

(1)仪器构造.

千分尺的结构见图 2-1-4. 千分尺最主要的部件是测微螺杆和螺母套筒,螺母套筒上的刻度为主尺,主尺上垂直于刻度线的横线为读数基线. 在该线两边分别刻有整毫米数和半毫米数刻线. 精密螺杆与外套筒联动,当旋转外套筒一周时,螺杆随之前进或后退 0.5 mm. 外套筒末端的圆锥端面上均分有 50 个分格,称之为副尺,副尺每旋转一个小格,螺杆移动 0.01 mm. 被测物夹持在测砧和测微螺杆的端面之间. 夹持物体时,为了保护测微螺杆在夹持被测物时不受损伤,在外套筒与测微螺杆的一端装有一个棘轮,靠摩擦力带动测微螺杆和外套筒转动. 当接近夹紧被测物时,应转动棘轮,最后会听到棘轮发出"咔咔"的打滑响声,此时立即停止转动,进行读数.

千分尺的读数由主尺上的读数 x_0 和副尺上的读数 Δx 组成. x_0 是通过外套筒圆锥端面边缘下主尺露出的刻度线来读取的;Δx 是从副尺上的刻度线读取的. 副尺的读数方法是以主尺上基线为准线,将副尺上刻度线对应的格数(必须估读到十分之一格)乘以千分尺的分度值. 两部分读数相加的结果就是测量值.

千分尺读数示例:

① 图 2-1-5(a),主尺读数为 $x_0 = 3.0$ mm,主尺基线与副尺对应读数为 41.6,乘以副尺分度值,得 $\Delta x = 41.6 \times 0.01$ mm $= 0.416$ mm,读数结果为 $x = x_0 + \Delta x = (3.0 + 0.416)$ mm $= 3.416$ mm.

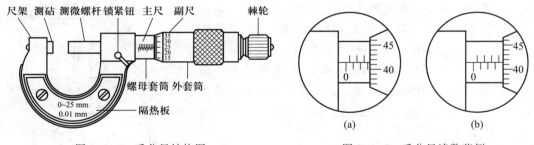

图 2-1-4 千分尺结构图   图 2-1-5 千分尺读数范例

② 图 2-1-5(b),注意主尺读数上方半刻度已经露出,故 $x_0 = 3.5$ mm,副尺读数为 $\Delta x = 0.416$ mm,结果为 $x = x_0 + \Delta x = (3.5 + 0.416)$ mm $= 3.916$ mm.

(2)技术规格.

根据《外径千分尺》(GB/T 1216—2018),实验室常用的 50 mm 以下测量范围的千分尺的最大允许误差不超过 0.004 mm. 其他规格的千分尺请查阅该标准中的具体规定.

(3)使用注意事项.

① 锁紧钮在测量过程中不能锁紧,转动外套筒时不应有阻力.

② 将要夹紧被测物体时,只允许右旋棘轮,听到"咔咔"声时停止转动. 松开物体时,必须旋转外套筒.

③ 测量前,应检查零点误差. 旋转棘轮,使两测量面密合,观察副尺 0 刻度线与主尺上的读数基线是否对齐. 如果未对齐,那么应读出零点读数,以便对测量读数进行修正. 零点读数 d_0 的正负由主尺上的基线在副尺 0 刻度线上方或下方确定. 若在上方,则零点读数为正;若在下方,则零点读数为负,如图 2-1-6 所示. 最后的测量结果为 $x = x_{读} - d_0$.

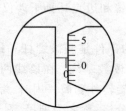 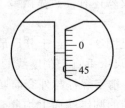

(a) 零点读数为正(d_0=+0.015 mm)   (b) 零点读数为负(d_0=-0.017 mm)

图 2-1-6   千分尺的零点误差

④ 为了防止热胀冷缩损伤测微螺杆的精密螺纹,千分尺使用结束存放前,两测量面之间应留一定的膨胀空隙.

4. 读数显微镜

读数显微镜是测量微小长度的仪器,主要用来测量不能夹持的被测对象,例如液体、材料表面纹理或干涉条纹等. 其结构主要由机械系统和光学系统两大部分组成,读数显微镜的机械读数系统构造和读数方法与千分尺类似,在此不再赘述.

(1)仪器构造.

常见的读数显微镜的结构如图 2-1-7 所示.

读数显微镜的光学部分是一个长焦距的显微镜. 显微镜由物镜、目镜和在目镜焦平面附近的十字叉丝板组成. 显微镜镜筒安装在与测微螺母相连的滑台上. 旋转测微鼓轮时镜筒在导轨上移动,鼓轮每旋转一周,镜筒移动 1 mm,鼓轮上的副尺有 100 个分度,故读数显微镜的分度值与千分尺相同,都为 0.01 mm. 调节镜筒旁的旋钮可使镜筒上下移动进行对焦. 读数显微镜在物镜端或底座装有可转动的镜片用来照亮被测物体.

(2)使用注意事项.

① 转动调焦手轮时,应注意被测物与物镜之间的距离,不能使二者接触. 建议先将镜筒降至较低位置,通过镜筒观察时自下而上地调整镜筒.

② 为了消除螺杆和螺母的螺纹间隙引起的回程误差(空程误差),测量时应该单方向旋转鼓轮.

③ 旋转测微鼓轮时,应注意主尺不要超量程.

④ 必须使测量准线的移动方向和被测量的两点之间的连线平行.

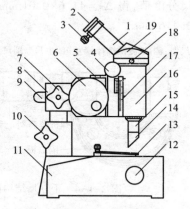

图 2-1-7   读数显微镜结构图
1—目镜接筒;2—目镜;3—锁紧螺钉;
4—调焦手轮;5—标尺;6—测微鼓轮;
7—锁紧手轮;8—抽头轴;9—方轴;
10—锁紧手轮;11—底座;
12—反光镜旋轮;13—压片;
14—半反镜组;15—物镜组;16—镜筒;
17—刻度尺;18—锁紧螺钉;19—棱镜室

5．测微目镜

（1）仪器构造．

测微目镜的结构如图2-1-8所示．测微目镜的机械部分结构原理与千分尺相同．在固定测微螺母的圆柱上以 mm 分度刻线作为主尺；测微螺杆的一端与主尺前方刻有叉丝（读数标记）的活动玻璃板连接，活动玻璃板的移动方向垂直于目镜的光轴．测微螺杆的另一端连接读数鼓轮（副尺）；读数鼓轮套合在内有测微螺母的圆柱上，圆柱外圆上刻有一条平行于轴线的读数基线．螺杆螺纹与螺母螺纹精密配合，测微螺杆的螺纹螺距是 1 mm，读数鼓轮上沿圆周均匀分为100格，所以它的分度值为（1/100）mm = 0.01 mm，再加上估计位上的读数可以读到 0.001 mm 位．

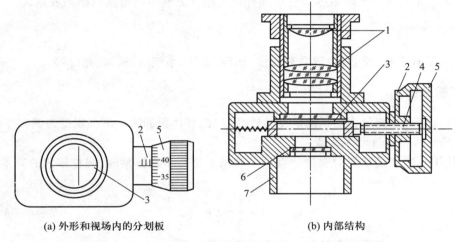

(a) 外形和视场内的分划板　　　　　　　　(b) 内部结构

图2-1-8 测微目镜的外形、内部结构和目镜内观察到的刻线图

1—复合目镜；2—毫米刻度尺（主尺）；3—分划板（刻有十字叉丝）；
4—测微螺杆；5—读数鼓轮（副尺）；6—防尘玻璃；7—接头装置

（2）读数方法．

测量时，要使被测物的像位于目镜的焦平面附近，即分划板所在的平面上．转动读数鼓轮时，测微螺杆带动有叉丝和双线的分划板移动．测量时，使叉丝的交点或双线的中央对准被测点，从双线中央在固定刻度尺的位置读出以 mm 为单位的整数部分，同千分尺一样由读数鼓轮读出小数部分．两点读数之差的绝对值即两点之间的距离．

（3）使用注意事项．

① 应将接头装置牢靠地固定在目镜支架上．

② 调节目镜，使叉丝和主尺刻度在目镜视野中最清晰，不出现视差，判断方法和读数显微镜相同．

③ 移动支架，使被测物的像落在叉丝平面上，直到小幅度移动眼睛观察叉丝和物像无相对移动时为止．

④ 必须使测量准线的移动方向和被测量的两点之间的连线平行．

⑤ 为了消除螺纹侧向间隙引起的回程误差，测量一组相关数据时，应单方向转动读数鼓轮．

⑥ 为了保护测微螺纹，当叉丝分划板移动到端点时，不能再强行旋转读数鼓轮．

实验 A1　物体几何尺寸的测量

长度的测量是大学物理实验课程的基础,实验时需要根据测量目标的尺寸和不确定度要求来选择长度测量仪器.

[实验目的]

1. 在理解米尺、游标卡尺、千分尺和读数显微镜等长度测量仪器的原理的基础上,能够正确选择并使用仪器完成测量.

2. 能够正确地对实验数据进行处理并得到包含完整不确定度的结果表达式.

[实验仪器]

米尺,游标卡尺,千分尺,读数显微镜,钢板,圆柱,小钢珠,圆筒,光纤等.

[实验原理]

物体几何尺寸测量中的不确定度的计算(以圆柱体积的测量不确定度为例).

1. 圆柱体积的算术平均值

当使用长度测量仪器对圆柱的直径 d 和高 h 进行多次测量时,圆柱体积的算术平均值可以通过下式得到:

$$\bar{V} = \frac{1}{4}\pi \bar{d}^2 \bar{h} \tag{A1-1}$$

式中 $\bar{d}$ 和 $\bar{h}$ 分别为对圆柱直径和高多次测量的平均值.

2. 直接测量量的标准不确定度

直径的 A 类标准不确定度:

$$u_A(d) = \sqrt{\frac{\sum_{i=1}^{n}(d_i - \bar{d})^2}{n(n-1)}} \tag{A1-2}$$

直径的 B 类标准不确定度:

$$u_B(d) = \frac{\Delta_{仪}}{\sqrt{3}} \tag{A1-3}$$

直径的合成标准不确定度:

$$u_c(d) = \sqrt{u_A^2(d) + u_B^2(d)} \tag{A1-4}$$

高度的不确定度公式与直径类似,不再重复列出.

3. 圆柱体积的标准不确定度

由于间接测量量与直接测量量之间为相乘关系,因此使用相对不确定度传递公式较方便.

$$\frac{u_c(V)}{\bar{V}} = \sqrt{4\left[\frac{u_c(d)}{\bar{d}}\right]^2 + \left[\frac{u_c(h)}{\bar{h}}\right]^2} \tag{A1-5}$$

4. 圆柱体积的扩展不确定度

取包含因子 $k = 2$，得到测量结果的扩展不确定度为

$$U = ku_c(V) \qquad\qquad (A1-6)$$

5. 结果表达式

$$V = \overline{V} \pm U; \quad k = 2 \qquad\qquad (A1-7)$$

其他形状物体测量的不确定度以及结果表达式，请参照以上步骤自行推导．

[实验内容]

1. 测量圆柱的体积

(1) 用游标卡尺和千分尺在不同位置测量圆柱的高和直径各 6 次．

(2) 计算圆柱体积的不确定度，并写出结果表达式．

(3) 分析说明各个直接测量量的不确定度对最终结果的贡献大小．

2. 测量钢板的体积

(1) 根据实验室中实际物体尺寸选用合适的测量仪器在不同位置测量钢板的长、宽和高各 6 次．

(2) 根据实验原理计算各直接测量量的不确定度．

(3) 计算钢板体积的不确定度，给出结果表达式．

(4) 分析说明各个直接测量量的不确定度对最终结果的贡献大小．

3. 测量一端封闭的圆筒体积

(1) 在不同位置用游标卡尺测量圆筒的内径、外径和深度各 6 次．

(2) 计算圆筒体积的不确定度，并写出结果表达式．

4. 测量光纤纤芯的面积

(1) 用读数显微镜测量光纤纤芯不同位置的直径 6 次．

(2) 给出光纤纤芯截面积的结果表达式．

[数据记录和处理]

1. 测量数据（见表 A1-1）

表 A1-1　测 量 数 据

N	1	2	3	4	5	6	$\Delta_{仪}$ /mm	零点误差 /mm
d/mm	12.261	12.252	12.258	12.260	12.254	12.250	0.004	0.000
h/mm	29.30	29.22	29.24	29.28	29.26	29.24	0.03	0.00

2. 数据处理过程

(1) 计算体积的平均值．

由于使用的仪器没有零点误差，所以可以直接计算直径和高的平均值（若仪器有零点误差，则需将结果的平均值减去零点误差），结果如表 A1-2 所示．

表 A1-2　体积的平均值　　　　　　　　　　　　　　　单位:mm

参量	$\bar{x}$
Excel 函数	AVERAGE
d	12. 255 8
h	29. 257

体积的平均值为

$$\bar{V} = \frac{1}{4}\pi\bar{d}^2\bar{h} = 3\ 451.\ 461\ \text{mm}^3$$

（2）计算体积的不确定度.

首先通过公式计算直接测量量的不确定度,建议用 Excel 的函数功能进行计算,结果如表 A1-3 所示.

表 A1-3　　不确定度计算结果　　　　　　　　　　　　单位:mm

参量	u_A	u_B
Excel 函数	STDEV. S/SQRT(6)	$\dfrac{\Delta_仪}{\sqrt{3}}$
d	0. 001 674	0. 002 309
h	0. 010 971	0. 017 321

根据公式（A1-4）,直接测量量的合成标准不确定度为

$$u_c(d) = \sqrt{u_A^2(d) + u_B^2(d)} = \sqrt{0.\ 001\ 674^2 + 0.\ 002\ 309^2}\ \text{mm} = 0.\ 002\ 852\ \text{mm}$$

$$u_c(h) = \sqrt{u_A^2(h) + u_B^2(h)} = \sqrt{0.\ 010\ 971^2 + 0.\ 017\ 321^2}\ \text{mm} = 0.\ 020\ 503\ \text{mm}$$

根据公式（A1-5）,圆柱体积的相对不确定度为

$$\frac{u_c(V)}{\bar{V}} = \sqrt{4\left[\frac{u_c(d)}{\bar{d}}\right]^2 + \left[\frac{u_c(h)}{\bar{h}}\right]^2} = 0.\ 000\ 841 = 0.\ 084\ 1\%$$

因此,体积的标准不确定度为

$$u_c(V) = \frac{u_c(V)}{\bar{V}}\bar{V} = 2.\ 903\ 585\ \text{mm}^3$$

取包含因子 $k = 2$,则体积的扩展不确定度为

$$U = ku_c(V) = 2 \times 2.\ 903\ 585\ \text{mm}^3 = 5.\ 807\ 17\ \text{mm}^3$$

按照本书要求,不确定度取两位有效数字,有

$$U = 5.\ 807\ 17\ \text{mm}^3 \approx 5.\ 8\ \text{mm}^3$$

测量结果表达式为

$$V = \bar{V} \pm U = (3\ 451.\ 5 \pm 5.\ 8)\ \text{mm}^3;\quad k = 2$$

[注意事项]

1. 使用仪器前,需要理解仪器的基本原理、读数方法和使用注意事项,避免损坏仪器.

2. 计算结果过程中注意"紧两头,松中间"的原则,即使用仪器读数和写出结果表达式时,对有效数字的取位要"紧";在中间计算过程中,可以多保留几位有效数字,对有效数字的取位相对"松".

3. 建议使用计算器或 Excel 等工具处理数据.

思考题

1. 若测量边长为 4 cm 左右的正方体的体积,要求测量结果的相对不确定度不大于 0.5%,应当选用什么仪器进行测量? 为什么?

2. 若测量钢板时,其厚度不均匀,应该如何测量才能保证测量结果更加准确? 如何评估测量的准确性?

2.2 时　　间

2.2.1 时间的定义

日出日落,周而复始.季节交替,年复一年.人类能够感受到时间的流逝,但是"时间"这一概念又很抽象,"什么是时间"一直是宗教、哲学及科学领域的研究主题之一,但学者们尚无法为时间找到一个可以适用于各领域、具有一致性且又不循环的定义,即使在各个学科内也存在许多对"时间"的概念相互矛盾的理解.在商业、工业、体育、科学及表演艺术等领域都各自有一些用来标示及度量时间的方法.

目前最广泛被接受的关于时间的物理理论是爱因斯坦的相对论.在相对论中,时间与空间是物质的基本属性,它们一起组成四维时空,构成宇宙的基本结构.时间与空间都不是绝对的,观察者在不同的相对速度或不同时空结构的测量点,所测量的时间的流速都是不同的.1971 年,物理学家海福乐(Joe Hafele)与基廷(Richard Keating)将高度精确的原子钟放在飞机上绕着世界飞行,然后将读到的时间与留在地面上完全一样的时钟做比较.结果证实:在飞机上的时间比地面实验室里的慢.另外,广义相对论预测质量产生的引力场将造成扭曲的时空结构,并且在大质量天体(例如黑洞)附近的时钟比在距离大质量天体较远的地方的时钟要慢.现有的仪器一致证实了这些相对论中关于时间所做的预测,并且其成果已经应用于全球定位系统中.

关于时间,另外一个比较有争议的问题是时间的方向.物理学中的动力学方程给出的物理过程都是关于时间可逆的,即构成物质的微观粒子之间发生弹性碰撞时,粒子 A 将能量传给粒子 B,若把该过程在时间上反转,则粒子 B 会把相同的能量传递给粒子 A,两个过程都可能发生.但是在实际生活中,在封闭系统内热量总是从高温物体传向低温物体,没有自发的逆过程.时间的不可逆性只有在统计力学和热力学的观点下才可被解释,即时间的方向只在集体性运动过程中才能体现.

目前,广为接受的物理学上时间的定义为**"物质存在的可用钟表来量度的属性"**.某一过程的发生、发展、终止,既反映了过程的持续性也反映了顺序性.过程的持续性表现为时间间隔,顺序性表现为日期和时刻.

2.2.2 时间的测量

人们一直在寻找更加稳定、精确的"钟表",即用周期往复的物理过程来计数,进而度量时间.古代的计时仪器有太阳钟和机械钟两类.太阳钟是以太阳的投影和方位来计时的,以土圭、圭表、日晷为代表.由于地球轨道偏心率以及地球倾角的影响,这种计时方式不稳定.随后,机械钟应运而生,代表有水钟、沙漏和机械摆钟等.

类似于机械的往复运动,电学中也存在周期性振荡现象,最早的用于计时的振荡电路是由电感和电容器件构成的,称为 LC 电路,但是其工作频率不稳定.人们发现石英晶体存在压电效应,当石英受到外部的电压时,就会有变形及伸缩的效果;相反,若压缩石英,便会使石英两端产生电信号. 当给其外加的交流电压频率与其本身的固有频率相等时,就会产生共振. 1967 年,瑞士制成了第一块利用这种"压电共振效应",具有更好的频率稳定性的石英表(电子表),其中的石英晶体每秒的振动次数为 32 768 次. 石英晶体的振动相当稳定,石英表在一天之内的误差不会超过 1 s.

在要求很高的生产、科研中需要更准确的计时工具,例如精确的全球和区域导航卫星系统,这些技术在很大程度上取决于频率和时间标准.

1879 年,开尔文从理论上提出可以利用原子的跃迁过程来估算时间. 20 世纪 30 年代,拉比在研究原子和原子核的特性时发现了核磁共振现象. 1945 年,拉比提出,原子束磁共振可以作为度量时间的基础. 1949 年,美国国家标准局(NBS)制作了一台以氨为核心的原子钟,虽然其精度比石英表还要低,但是其证明了原子钟的可行性. 1952 年,美国国家标准局制成了一个使用铯原子作为振动源的原子钟,该原子钟名为 NBS-1. 1955 年,英国国家物理实验室的埃森制成了第一个精确的铯-133 原子钟. 1967 年 10 月举行的第 13 届国际计量大会,通过了国际单位制中"秒"的新定义:"1 秒为铯-133 原子在基态下的两个超精细能级之间跃迁所对应的辐射的 9 192 631 770 个周期的时间."

原子钟精度
演进历程

1990 年后,随着激光冷却技术、法布里-珀罗干涉技术和激光精细光谱的发展,原子钟的精度获得了进一步提高. 目前原子钟的精度已经达到 10^{-16} s.

2.2.3 常见时间测量仪器

秒表(也叫停表)主要用于时间间隔的测量. 常用秒表有机械秒表、电子秒表和数字毫秒计.

1. 机械秒表

机械秒表如图 2-2-1 所示. 它的表盘上有一只大秒针和一只小表针. 大秒针走一圈为 60 s 或 30 s,对应分度值为 0.2 s 或 0.1 s,而小表针相应的分度值为 60 s 或 30 s,图 2-2-1 所示的机械秒表大秒针走一圈为 30 s. 表壳上有一手柄,沿右螺旋方向旋转手柄,会上紧发条. 第一次按下手柄随即放手可启动计时,第二次按下手柄随即放手则停止计时,第三次按下手柄随即放手则复零.

图 2-2-1　机械秒表

2. 电子秒表

电子秒表如图 2-2-2 所示. 电子秒表也叫数字秒表,由显示屏上的数字显示时间,分度值一般是 0.01 s. 表壳上通常有两个按钮. 一个为计时按钮,按该钮一次开始计时,再按一次停止计时,显示屏上的数字为两次的时间间隔. 另一个为功能转换和复零按钮,按该钮一次,显示屏上数字全部复零,按着不动则转换为其他功能. 有的电子秒表将功能转换按钮和复零按钮分开为两个按钮,还有的增加一个暂停键.

图 2-2-2　电子秒表

手机上的"秒表"也可用来计时,其基本原理也是利用石英晶体的压电共振效应,其计时精度可以满足大多数场合的使用要求.

3. 数字毫秒计

数字毫秒计的种类有很多,但其基本工作原理与电子秒表相同,都是利用石英晶体的压电共振效应产生一定频率的电脉冲,在开始计数和停止计数的时间间隔内,一个脉冲计一个数. 通过计数器所计的数字可以知道从"计"到"停"这段时间的长短,并将时间用数码管直接显示出来.

由于手动计时经常存在较大的系统误差,因此除常规的手动计时方式外,数字毫秒计经常与光电门等传感器协同使用. 最常使用的光电门的基本结构包括光源和光接收器. 其工作原理是在开机情况下用光源直接照射光接收器,当有物体遮挡光源时,光接收器两端的电压发生变化,电压变化信号通过传感器传到数字毫秒计上计数或计时.

4. 秒表的仪器误差及读数规则

(1) 秒表是非连续读数的仪表,一般仪器误差等于分度值,具体可见仪器说明书.

(2) 读数规则.

使用机械秒表前,应清楚秒针和分针每一刻度各代表多长的时间,以及秒针和分针之间的进位关系. 总测量时间是秒针指的时间与分针指的时间之和.

电子秒表显示的数字是三段,第一段是小数点前以分(分钟)为单位的数字,第二段是小数点后以秒为单位的前两位大号数字,第一段数和第二段数之间是六十进制关系. 第三段是小数点的最后两位小号数字,分别是秒的十分位、百分位,第二段数和第三段数之间是十进制关系. 总的时间由三段数字表示,在记录实验数据时用秒为单位计数.

对于数字毫秒计,直接读取数码管上的读数即可,单位为秒. 量程表示在该挡位能够读取的最大数值,不需要将读数乘以量程.

另外,示波器等能够显示频率的仪器都可以作为时间测量仪器.

5. 注意事项

(1) 操作秒表不得用力过猛.

(2) 切勿在秒表计时过程中按动复位按钮.

(3) 实验完毕后,应让机械秒表继续走动,使发条完全退到松弛状态,避免发条疲劳损伤. 电子秒表应全部复零,以减少电池的消耗.

(4) 机械秒表走时不准会给测量带来系统误差,实验前可用标准计时器对其进行校准. 校准系数为 $C = \dfrac{\Delta t_0}{\Delta t}$,其中 Δt_0 为标准计时器记下的时间,Δt 为被校表记下的时间. 实验室测出的时间为 t',对秒表校正后的时间为 $t = Ct'$.

(5) 对于测量的时间,通常不用混合单位表示,均以秒为单位来表示.

实验 A2 时间测量中随机误差的统计规律

在使用时间测量仪器测量时间间隔过程中,测量者的反应时间以及仪器分辨率等不确定因素会使单个测量值产生不确定的涨落.对于大量重复测量,测量结果中的随机误差服从一定的统计规律,因此可以用统计方法对随机误差进行研究.本实验介绍用统计方法研究随机误差分布规律的一般做法,从而加深学生对随机误差统计规律的认识,使学生学会正确评估随机误差.

[实验目的]

1. 能够正确使用时间测量仪器测量时间间隔.
2. 通过一些简单测量,加深对随机误差统计规律的认识.
3. 了解运用统计方法研究物理现象的简单过程.

[实验仪器]

节拍器,电子秒表等.

[实验原理]

测量是通过实验获得并赋予某量一个或多个量值的过程.对于可重复测量量,应在尽可能减小或正确评估系统误差的影响后,进行多次测量以获取大量的观测数据并进行统计处理.

统计直方图是通过实验研究某一物理现象统计分布规律的一种方法,它具有简便、直观等特点.在许多场合,尤其是在被研究对象的规律完全未知的情况下,它可作为一种有效分析手段.

对某一物理量在相同条件下进行 n 次重复测量($n>100$),得到包含 n 个结果 $x_1, x_2, \cdots, x_n$ 的测量列,可以先找出该测量列的最小值 x' 和最大值 x'',然后确定一个区间 $[x', x'']$,使这个区间包含全部测量数据.将区间 $[x', x'']$ 分成若干个小区间,比如 K 个,K 最好是奇数,则每个小区间的间隔 Δ 为

$$\Delta = \frac{x'' - x'}{K} \qquad (A2-1)$$

统计数据结果出现在 $x'+\Delta, x'+2\Delta, \cdots, x'+K\Delta$ 各个小区间的次数为 M_i,M_i 称为频数.频数 M_i 与测量次数 n 之比 M_i/n 称为测量值在该区间内出现的相对频数(概率)f_i,单位(数据)区间的概率称为概率密度 $y_i = f_i(\Delta)$.

例如,用数字毫秒计对电子节拍器的 1 个周期进行 471 次测量,从得到的数据中找出其最小值 $x_{min} = 0.829\ 5\ \text{s}$,最大值 $x_{max} = 1.170\ 5\ \text{s}$.选定区间 $[0.829\ 5, 1.170\ 5]$(单位为 s),它包含了全部数据.取 $K=11$,则 $\Delta = 0.031\ \text{s}$.将测量数据按大小统计到各个小区间中,得表 A2-1.

表 A2-1 概率分布统计表

小区间/s	小区间中点值/s	频数 M_i	相对频数 M_i/n
0.829 5~0.860 5	0.845	2	0.42%

续表

小区间/s	小区间中点值/s	频数 M_i	相对频数 M_i/n
>0.860 5~0.891 5	0.876	8	1.70%
>0.891 5~0.922 5	0.907	21	4.46%
>0.922 5~0.953 5	0.938	69	14.65%
>0.953 5~0.984 5	0.969	95	20.17%
>0.984 5~1.015 5	1.000	133	28.24%
>1.015 5~1.046 5	1.031	82	17.41%
>1.046 5~1.077 5	1.062	46	9.77%
>1.077 5~1.108 5	1.093	13	2.76%
>1.108 5~1.139 5	1.124	1	0.21%
>1.139 5~1.170 5	1.155	1	0.21%

在统计各小区间的频数时,为避免那些正好落在分区边缘上的数据在统计上的困难,故意把分区的数值再增加一位数字. 以测量数据为横坐标,并标明各区间的中点值(或各区间分界点的数值),以频数 M_i(或相对频数 M_i/n)为纵坐标,则可得到一组矩形图,这就是如图 A2-1 所示的统计直方图. 统计直方图的包络表示频数的分布,它反映了测量数据的分布规律,亦即随机误差的分布规律.

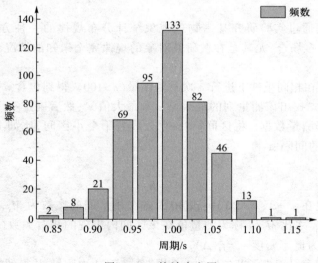

图 A2-1　统计直方图

由图 A2-1 可以看出,测量条件不变时,多次测量的随机误差有如下性质:

(1) 小误差比大误差多,即靠近真值的测量值出现的机会最多(单峰性);

(2) 大小相等、符号相反的正负误差的测量值的数目近似相等,并且对称分布于真值的两侧(对称性);

(3) 极大的正误差与负误差出现的机会很小(有界性);

（4）当测量次数非常多时,由于正负误差互相抵消,各个误差的代数和趋近于零(抵偿性).

如果测量次数越来越多,区间越分越小,那么统计直方图将逐渐接近一条光滑的曲线. 当 $n \to \infty$ 时,测量值 x 的频数 $M=f(x)$ 的分布如图 A2-2 所示,随机误差的分布如图 A2-3 所示. 在图 A2-3 中,横坐标 Δx 表示误差,纵坐标为一个与误差出现概率有关的概率密度分布函数 $f(\Delta x)$.

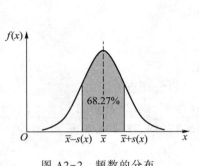

图 A2-2　频数的分布　　　　　图 A2-3　随机误差的分布

应用概率论可导出

$$f(\Delta x) = \frac{1}{s\sqrt{2\pi}} \exp\left[-\frac{(x-\bar{x})^2}{2s^2}\right] \tag{A2-2}$$

这种分布称为正态分布. 式中的特征量 $s=s(x)$ 称为标准差. $s(x)$ 的物理意义可由图 A2-3 中看出,$s(x)$ 小,曲线陡而峰值高,说明测量值的误差集合体中,小误差占优势,测量值的分散性小,重复性好. 反之,$s(x)$ 大,曲线较平坦,测量值的分散性大,重复性差. 标准差 $s(x)$ 和各测量值的误差 Δx_i 有着完全不同的含义,Δx_i 表示的是单次测量的误差,$s(x)$ 反映在相同条件下进行一组测量后的随机误差概率分布情况,只有统计性质的意义,是一个统计性的特征值.

在有限次的测量中算术平均值 $\bar{x}$ 是真值的最佳估计值,由误差理论可证明标准差的计算式为

$$s(x) = \sqrt{\frac{\sum\limits_{i=1}^{n}(x_i-\bar{x})}{n-1}} \tag{A2-3}$$

计算表明,如果多次测量的随机误差服从正态分布,那么任做一次测量,误差落在 $-s(x)$ 到 $+s(x)$ 区间内的概率约为 68.27%.

由误差理论可证明,算术平均值 $\bar{x}$ 的标准差为

$$s(\bar{x}) = \sqrt{\frac{\sum\limits_{i=1}^{n}(x_i-\bar{x})}{n(n-1)}} \tag{A2-4}$$

上式表明,在多次测量的随机误差服从正态分布的条件下,真值落在 $\bar{x} \pm s(\bar{x})$ 区间内的概率约为 68.27%.

误差理论计算还表明,对于任一次测量,测量值的误差落在 $-3s(x)$ 到 $+3s(x)$ 之间的

概率约为 99.73%，即在 1 000 次测量中只有 3 次测量值的误差绝对值会超过 $3s(x)$。由于在一般测量中次数很少超过几十次，因此，测量误差超出 $\pm 3s(x)$ 范围的情况几乎不会出现，所以把 $3s(x)$ 称为极限误差。如出现超过此限的测量值，则应将其视为其他因素或错误导致的"坏值"，可舍去。利用该标准剔除"坏值"的方法称为"3σ 准则"。

[实验内容]

1. 用电子秒表测量节拍器的单个周期 200 次。K 取奇数，画出单摆周期的统计直方图。
2. 用电子秒表测量节拍器每 4 个周期的结果 50 次。

[数据记录和处理]

1. 用一张纸分别记录 200 个和 50 个周期值。

2. 对于 200 个测量值列出概率分布统计表，画出统计直方图。

(1) 将 200 个测量值由小到大排序。根据 3σ 准则，剔除"坏值"。

(2) 确定区间宽度，区间数 K 应取奇数，如 15、17、19、21、23、25 等。

(3) 列出概率分布统计表。

(4) 以测量值为横坐标，以频数为纵坐标画出统计直方图。

3. 计算节拍器的周期平均值 $\overline{T}$、标准差 $s(T)$ 和算数平均值的标准差 $s(\overline{T})$，$n=200$。

$$\overline{T} = \frac{\sum_{i=1}^{n} T_i}{n}$$

$$s(T) = \sqrt{\frac{\sum_{i=1}^{n}(T_i-\overline{T})^2}{n-1}}$$

$$s(\overline{T}) = \sqrt{\frac{\sum_{i=1}^{n}(T_i-\overline{T})^2}{n(n-1)}}$$

4. 利用每 4 个周期的结果计算单个周期的平均值 $\overline{T}'$ 以及算数平均值的标准差 $s(\overline{T}')$，$n=50$。

$$\overline{T}' = \frac{\sum_{i=1}^{n} T_i'}{4n}$$

$$s(\overline{T}') = \frac{1}{4}\sqrt{\frac{\sum_{i=1}^{n}(T_i'-\overline{T}')^2}{n(n-1)}}$$

5. 写出两个测量列的结果表达式，k 取 2。

$$T = \overline{T} \pm ks(\overline{T}); \quad k=2$$

$$T' = \overline{T}' \pm ks(\overline{T}'); \quad k=2$$

6. 比较两个结果，说明哪个测量结果与实验室给出的节拍器的标准值相比更加准确

（系统误差、随机误差），分析其原因．从结果中可以得到关于系统误差和随机误差的哪些结论？

7. （选做）试着用不同的区间数 K 画统计直方图，并对统计直方图结果进行高斯拟合，分析拟合结果与直接用所有数据计算得到的结果的差别．

[注意事项]

1. 统计规律需要大量的实验数据作为基础，否则不可能得到正确的结论，实验时要精力集中，认真测量，并细心处理实验数据．

2. 实验数据处理建议利用计算机完成，处理方法参考 1.5 节．

思考题

1. 什么是统计直方图？什么是正态分布曲线？两者有何关系与区别？

2. 如果所测得的一组数据，其离散程度比较大，即 $s(x)$ 比较大，那么所得到的周期平均值是否也会与标准值差异很大？

3. 若所得到的分布与正态分布相差很大，试分析导致偏离的主要原因．

2.3 质　　量

2.3.1 质量的定义

质量是物质的基本属性之一,在研究物质的运动及其规律时,需要对其质量做出描述.在国际单位制中,质量以千克(kg)作为基本单位.千克这一单位最早在 1795 年被定义为 1 dm³ 冰水混合物温度下的水的质量,但是由于该定义中需要精确给出特定的气压和温度,所以在高精度测量时较难给出准确的结果.1889 年,第一届国际计量大会决定以铂铱合金制成的直径为 39 mm 的圆柱作为国际千克原器,国际千克原器现保存在法国巴黎的国际计量局内,其他一切物体的质量均可通过与国际千克原器比较确定.但是在实际使用过程中,人们发现国际千克原器的质量与其复制体的质量随着时间产生了较大的差异,因此国际千克原器在使用中也存在精度的问题.

2018 年,第 26 届国际计量大会通过了利用基本物理常量定义的新的千克标准,新标准具有更好的普适性.质量的基本单位的新定义为:

"千克,符号为 kg,国际单位制质量单位.其定义是,将普朗克常量 h 的值固定为 6.626 070 15×10^{-34} J·s(J·s 即 kg·m²·s^{-1}),其中的米和秒是以 c 和 $\Delta\nu_{Cs}$ 来定义的."

以上的新定义还可以这样等价地表达:1 kg 等于与频率总和为 1.356 392 489 652×10^{50} Hz 的一组光子具有相同能量的物体的静止质量.

根据爱因斯坦质能方程,

$$E = mc^2 \tag{2-3-1}$$

$m=1$ kg 的光子对应的能量为

$$E_{1\,kg} = mc^2 = 299\,792\,458^2 \text{ kg·m}^2\cdot\text{s}^{-2} \tag{2-3-2}$$

根据爱因斯坦光电效应方程,在铯原子跃迁过程中释放出的光子能量与其频率之间的关系为

$$E_\gamma = h\Delta\nu_{Cs} \tag{2-3-3}$$

式中 h 为普朗克常量,$\Delta\nu_{Cs}$ 为铯-133 原子在基态下的两个超精细能级之间跃迁释放的光子的频率.

根据国际单位制的规定,若 $\Delta\nu_{Cs}$ 对应 9 192 631 770 Hz,则

$$E_\gamma = h\Delta\nu_{Cs} = 6.626\,070\,15\times10^{-34}\times9\,192\,631\,770 \text{ kg·m}^2\cdot\text{s}^{-2} \tag{2-3-4}$$

公式(2-3-2)和公式(2-3-4)的能量单位一致,可以求得

$$1 \text{ kg·m}^2\cdot\text{s}^{-2} = \frac{mc^2}{299\,792\,458^2} = \frac{h\Delta\nu_{Cs}}{6.626\,070\,15\times10^{-34}\times9\,192\,631\,770} \tag{2-3-5}$$

$$m = 1 \text{ kg} = \frac{299\,792\,458^2}{6.626\,070\,15\times10^{-34}\times9\,192\,631\,770}\frac{h\Delta\nu_{Cs}}{c^2} \tag{2-3-6}$$

至此,质量的定义通过普朗克常量与时间和长度的定义统一了起来,摆脱了质量以实际物体定义的精度漂移的问题.

2.3.2　质量的测量

质量在经典物理中主要通过以下定律来给出定义.

第一个是根据牛顿第二定律,反映物体惯性大小的量可以称为惯性质量 $m_惯$. 其定义可以根据牛顿第二定律给出:

$$F = m_惯 a \tag{2-3-7}$$

式中 a 为加速度,F 为施加在物体上的力. 通过测量物体上的力和其加速度即可确定其惯性质量.

第二个是根据万有引力定律,物体所受的万有引力与其质量成正比,该质量称为引力质量 $m_引$. 其定义可以根据万有引力公式给出:

$$F_引 = \frac{G m_{A引}\, m_{B引}}{r^2} \tag{2-3-8}$$

式中 G 为引力常量,其值为 6.67×10^{-11} $kg^{-1} \cdot m^3 \cdot s^{-2}$,$m_{A引}$ 为施加引力的物体的质量(主动引力质量),$m_{B引}$ 为被吸引的物体的质量(被动引力质量),r 为两个物体之间的距离.

对于同一物体,可以利用公式(2-3-7)和公式(2-3-8)分别测量其惯性质量、主动引力质量和被动引力质量. 由于这两个公式描述的物理过程并不相同,因此引力质量与惯性质量不一定相等. 在经典力学范畴内,牛顿、贝塞尔和鲍特尔等人通过实验验证了这两种质量的等价性,牛顿测出的 $m_惯 : m_引$ 与 1 的偏离程度小于 10^{-5},鲍特尔测量结果的精度约为 10^{-6}.

1848 年,厄缶设计了扭摆实验,测量结果的精度达到 3×10^{-9}. 后来经过不断改进,1972 年,布拉金斯基获得的结果精度达到 9×10^{-13}. 这些实验结果证明了这两类质量的等价性.

除了经典力学之外,质量还通过爱因斯坦质能方程与能量建立了直接的定量关系;通过爱因斯坦的广义相对论与空间的弯曲直接相关;通过德布罗意物质波公式与物质波的波长相对应.

物质的质量的范围很广,小到粒子,大到宇宙中的天体,跨度大约为 73 个数量级. 例如电子的质量约为 $9.109\,383\,56 \times 10^{-31}$ kg,太阳的质量约为 1.989×10^{30} kg,银河系的质量约为 1.691×10^{42} kg(不同的测量方法有较大的差异,而且有暗物质、暗能量等问题待解决). 我们在日常生活中接触到的物质的质量在 10^{-7} kg 到 10^6 kg 之间,最常用的质量测量仪器是天平和秤. 其基本原理是通过比较被测物体与标准物体的引力质量,使其达到平衡,从而测得被测物体的质量.

2.3.3　常见的质量测量仪器

天平是一种常见的引力质量测量仪器,其种类繁多,在物理学、化学、生物学和材料学等众多科学研究领域中都有着不可替代的作用. 质量是日常生活中的重要物理量,对其进行准确测量对工农业生产和生活都具有重要意义.

按照天平的读数结构和原理可以将天平分为杠杆式和电子式两大类. 具体的分类如图 2-3-1 所示.

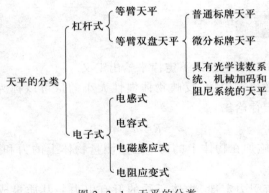

图 2-3-1　天平的分类

1. 物理天平

物理天平是利用杠杆平衡原理将被测物与标准砝码进行比较,通过指零法来测量物体质量的仪器.

（1）物理天平的结构.

物理天平由横梁、立柱、底座、秤盘和配套砝码等组成,结构如图 2-3-2 所示.

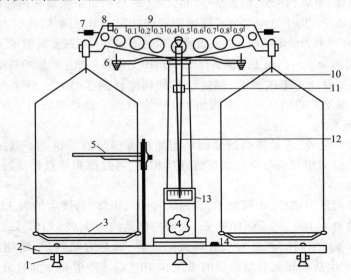

图 2-3-2　物理天平的结构

1—水平螺丝;2—底座;3—秤盘;4—开关旋钮;5—托架;6—支架;7—平衡调节螺母;
8—游码;9—横梁;10—指针;11—感量调节器;12—立柱;13—微分标尺;14—水准器

①横梁:横梁是一个等臂杠杆. 横梁的中间和两端共有三个刀口,中间的刀口为杠杆的支点,称衡时,它被立轴上端的玛瑙垫支承. 悬挂秤盘的吊钩分别放置在横梁两端的刀口上. 横梁中央有一根指示平衡的细长指针;指针上附有一个调节天平灵敏度的小圆柱(称为感量调节器);横梁两端各有一个螺钉,螺钉上装有平衡调节螺母(也叫调零螺母). 横梁上部刻有标尺,与其上滑动的游码配套来显示 1 g 以下的称量.

②立柱:上端有一块支承横梁刀口的玛瑙垫,通过连杆机构由立柱下端的开关旋钮控制其上下微小移动. 只有在称衡时,才可支起横梁,其他时间都必须使其脱离刀口. 立

柱上方有一支架,两端各有一个螺钉,玛瑙垫脱离刀口后,横梁便放置在支架的螺钉上. 立柱下方有一微分标尺,横梁指针末端位于标尺的前面,指针在标尺中间刻度线的位置是天平的平衡位置. 用铅垂钉判断天平底座水平的一类物理天平在立柱上还悬吊有带线铅垂钉.

③ 底座:它是固定立柱并且可以调节立柱竖直的一个部件. 根据三点决定一个平面的几何原理,底座下面装有三个支承脚,前面两个脚是带有旋钮的螺钉,调节前面两个螺钉可使天平底座水平. 底座上面还有一个判断底座是否水平的水准器. 另外,底座左边装有一个托架,作为某些实验的辅助装置.

④ 秤盘:物理天平有两个秤盘,分别由秤盘架挂在吊钩上. 吊钩分别放置在横梁两端刀口上,价格较高的物理天平在吊钩上还嵌有玛瑙垫.

⑤ 配套砝码:每台物理天平都配有一套砝码,砝码装在砝码盒中. 物理天平一般配用四等砝码,其标称质量的允许误差(质量允差)如表 2-3-1 所示.

表 2-3-1　四等砝码标称质量的允许误差

标称质量/g	500	300	200	100	50	30	20	10	5	3	2	1
质量允差/mg	±25	±15	±10	±5	±3	±2	±2	±1	±1	±1	±1	±1

(2)天平的主要参量.

① 称量:天平允许称衡的最大质量.

② 分度值:游砝标尺上最小分格读数. 称量和分度值通常在底座铭牌上标注.

③ 感量:天平空载调平后,使指针从立柱下方微分标尺中央偏一小格时,需在砝码盘中加的质量(也可拨动游码来实现). 感量的倒数称为天平的灵敏度.

(3)物理天平的仪器误差和读数方法.

① 物理天平的仪器误差一般取分度值的 1/2,在仪器说明书上附有具体说明.

② 测量结果为砝码盘中各砝码质量之和再加上游码的读数.

(4)物理天平的操作步骤.

① 底座调水平:调节底座下两个水平螺丝 1,使水准器中的气泡位于中心圆圈内. 若用铅锤钉,则须从两个不同的方向观察,使上下两个锥尖对齐.

② 空载调零点:将游码移至零刻度线处,转动开关旋钮 4,启动天平,观察指针 10 在微分标尺 13 中线左右摆动的情况. 如不是左右等幅摆动,则应转动开关旋钮,制动天平,调节平衡调节螺母 7. 再启动天平,反复调试,直至指针在平衡位置附近等幅摆动为止.

③ 称衡时,一般将被测物放在左盘中央,砝码放在右盘中央. 加减砝码和移动游码,使天平平衡后读数. 粗拨动游码时,可用 0.618 法(黄金分割法),即边把游码移动到每次移动范围的 2/3 左右位置处边启动天平观察,反复操作以寻找使天平平衡所需的游码位置范围;细调时在此确定的小范围内仔细拨动游码.

(5)注意事项.

① 使用天平时,动作要轻,必须缓慢、平稳地转动开关旋钮. 切勿突然启动和制动,避免刀口与玛瑙垫撞击.

② 放置被测物、加减砝码、拨动游码或调节天平平衡以及读数时,必须使天平处于制

动状态. 当启动天平时,若发现明显不平衡,应立即停止操作,制动后再加减砝码和拨动游码. 只有在天平接近平衡时,才能完全启动天平观察.

③ 不许用手直接拿砝码和游码,只能用镊子操作. 砝码用完后应随即放回砝码盒中相应位置. 每台天平的秤盘和砝码是专用的,不能互相混杂使用.

④ 天平的各部分及砝码均要防锈、防蚀. 不得直接把高温物体、液体及带腐蚀性的化学药品放于秤盘中称衡.

⑤ 天平使用完毕后,应使秤盘吊钩脱离刀口;搬动天平时,应把可分离的部件取下.

2. 电子天平

与机械天平不同,电子天平的基本原理是使用各种传感器将压力变化转换为电信号输出,通过电子技术将信号转换并输出到显示屏上. 电子天平由于使用方便,操作简单,价格低廉,目前在许多场合得到了广泛的应用(图2-3-3). 常见的精密电子天平的分度值可以达到1 mg,精密电子分析天平的精度可以达到0.1 mg.

图 2-3-3　电子天平

(1) 电子天平的基本结构.

电子天平结构的核心部分是由载荷接收与传递装置、载荷测量及补偿控制装置两部分组成的.

载荷接收与传递装置由称量盘、盘支承、平行导杆等部件组成,它是接收被称物和传递载荷的机械部件. 从侧面看,平行导杆是由上下两个三角形导向杆形成的一个空间的平行四边形结构,以维持称量盘在载荷改变时进行竖直运动,并可避免称量盘倾倒.

载荷测量及补偿控制装置是对载荷进行测量,并通过传感器、转换器及相应电路进行补偿和控制的部件单元. 该装置是机电结合式的,既有机械部分,又有电子部分,包括示位器、补偿线圈、电力转换器、永久磁铁以及控制电路等.

(2) 电子天平的称量原理.

电子装置能记忆加载前示位器的平衡位置. 所谓自动调零,就是记忆和识别预先调定的平衡位置,并能自动保持这一位置. 称量盘上载荷的任何变化都会被示位器察觉并立即向控制单元发出信号. 当称量盘上加载后,示位器发生位移并导致补偿线圈接通电流,线圈内就产生垂直的力,这种作用于称量盘上的外力,使示位器准确地回到原来的平衡位置. 载荷越大,线圈中通过电流的时间就越长,通过电流的时间由通过平衡位置扫描的可变增益放大器进行计算和调控. 这样,当称量盘上加载后,即接通了补偿线圈的电流,计算器就开始计算冲击脉冲,达到平衡后,就自动显示载荷的质量值.

(3) 电子天平称量的一般程序.

在使用电子天平之前,应检查天平的水平、洁净等情况,然后打开电源,待稳定后,只要将被测物体放于称量盘中即可读取数据. 要注意的是:

① 电子天平经开机、预热、校准后,可以连续称量,不必每次测量后关机. 必须保持天平内部及称量盘的洁净,不能有液体残留.

② 电子天平自重较轻,使用中应尽量减少移动. 确需移动时,在移动后应重新调平和调零.

实验 A3　液体及不规则固体密度的测量

密度是物质的基本属性之一,其表征的是物质中的成分以及结构特征. 当物质的状态发生变化时,其密度也会随之发生变化. 因此,在生产和科学研究中,人们经常需要对材料的密度进行测量,进而分析其纯度或性质变化. 本实验介绍几种液体和不规则固体的密度测量的基本方法.

[实验目的]

1. 能够正确使用天平称量物体的质量.
2. 能够通过流体静力称衡法测量液体和不规则固体密度.
3. 能够对测量结果进行分析和评估不确定度.

[实验仪器]

天平,烧杯,温度计,游标卡尺,千分尺,金属圆柱,形状不规则的金属块和石蜡块.

[实验原理]

密度是物质的基本属性之一,它表征单位体积内所含物质的多少. 固体的密度 ρ 的定义为

$$\rho = \frac{m}{V} \tag{A3-1}$$

式中 m 为被测物的质量,V 为被测物的体积.

(1) 对于几何形状规则的固体,如正六面体、圆柱、球体等,通过测量其边长、直径和高等参量能够十分准确地计算出其体积,再通过天平测量其质量,利用式(A3-1),即可得到其密度的测量结果.

(2) 对几何形状不规则的固体,则不能采用上述测量方法. 测量形状不规则固体的体积最简单的方法是将被测物浸没于量筒或量杯所盛的液体中,通过液面变化可以测出被测物体积,这种方法叫排体积法,这种方法的缺点是误差较大. 另一种方法是利用阿基米德定律,把体积的测量转化为质量的测量,从而提高了密度测量的准确度,这种方法称为流体静力称衡法.

用流体静力称衡法测量密度可以分为以下三个步骤:

① 首先用规则固体测量实验中液体(一般为水)的密度. 利用游标卡尺、千分尺等长度测量工具测量规则固体的体积,求得固体体积 $V_{固}$. 然后测量烧杯和液体的总质量 m_0'(固体未浸入液体). 最后用支架将固体浸没在液体内(不接触器壁),如图 A3-1 所示.

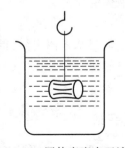

再次测量烧杯和液体的总质量 m_1'. 根据阿基米德定律,浸没在液体中的固体要受到液体向上的浮力,浮力的大小等于固体所排开同体积液体的质量和重力加速度的

图 A3-1　固体密度大于液体密度时的测量示意图

乘积. 经受力分析可知, 固体受到重力、浮力和线绳的拉力, 三力平衡. 而液体除了受到重力外, 还要受到浮力的反作用力, 其大小为

$$F_{浮} = \rho_{液} V_{固} g \qquad (A3-2)$$

因此, 天平托盘受到的力为烧杯、液体的重力和浮力的反作用力之和, 可以推导出液体的密度为

$$\rho_{液} = \frac{m_1' - m_0'}{V_{固}} \qquad (A3-3)$$

② 对于密度大于液体的不规则固体, 首先测量不规则固体的质量 m_1, 然后分别测量烧杯和液体的总质量 m_0' 和将被测物浸没于容器内的液体后烧杯和液体的总质量 m_1', 可以计算得到此时不规则固体的体积:

$$V_{不规则} = \frac{m_1' - m_0'}{\rho_{液}} \qquad (A3-4)$$

最后根据密度的定义, 即可求得不规则固体的密度.

③ 对于密度小于液体的不规则固体(轻物), 固体会漂浮在液体上, 直接用上述方法不能测出结果. 在称衡该物体的质量后, 测量这种被测物的体积时需用细线将一个密度较大的重物悬吊在被测物的下面, 如图 A3-2 所示.

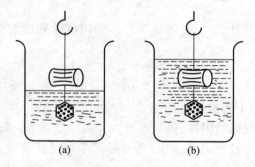

图 A3-2　固体密度小于液体密度时的测量示意图

第一步, 称量密度小于液体的固体的质量 m_2.

第二步, 将重物浸没于液体中而使被测物悬在液面上的空气中, 用天平称衡得总质量 m_2'.

第三步, 将重物连同被测物一起浸没于液体中, 用天平称衡得总质量 m_3', 则被测物受到的液体的浮力为

$$F = (m_3' - m_2')g \qquad (A3-5)$$

根据阿基米德定律, 得出被测物的密度为

$$\rho_{轻} = \frac{m_2 \rho_{液}}{m_3' - m_2'} \qquad (A3-6)$$

[实验内容]

1. 熟悉电子天平的校准方法

(1) 打开天平电源"On"键, 待天平示数为"0.000 g";

（2）按下"Cal"键,天平显示"Cal -200.000 g";

（3）放置 200 g 砝码,静待天平示数为"200.000 g";

（4）取下砝码,观察天平示数是否归零.

（5）若归零,则校准完成;若不归零,则按下"Tar"键清零后重复以上步骤校准天平.

2. 测量烧杯中水的密度

（1）分别用千分尺和游标卡尺测金属圆柱的直径 d 和高 h, d 和 h 的测量次数均应不少于 6 次,将数据记入表 A3-1,计算出平均值 $\overline{d}$ 和 $\overline{h}$ 及体积 $\overline{V}$;

（2）将装入水的烧杯放在天平上,测量烧杯和水的总质量 m_0';

（3）用细线将圆柱悬吊在天平托盘吊钩上,同时浸没于烧杯内的液体中,称衡得质量 m_1';

（4）利用式（A3-3）,算出水的密度 $\rho_{水}$,并估算测量不确定度.

3. 测量不规则金属块的密度

（1）将金属块在空气中称衡得质量 m_1;

（2）测量烧杯和水的总质量 m_0';

（3）用细线将金属块悬吊在天平托盘吊钩上,同时浸没于烧杯内的液体中,称衡得质量 m_1';

（4）利用式（A3-4）计算出金属块的密度 $\rho_{金属}$,并估算测量不确定度.

4. 测量不规则石蜡的密度

（1）在空气中称衡石蜡块,所得质量为 m_2;

（2）用细线把石蜡块和重物依次系上（重物系在下方）,并悬吊在天平托盘的吊钩上,首先将重物浸没于烧杯中的液体内,石蜡块在液面上的空气中称衡,所得质量为 m_2';

（3）再将石蜡块和重物一起浸没在液体中称衡,所得质量为 m_3';

（4）利用式（A3-6）计算出石蜡块的密度 $\rho_{石蜡}$,并估算测量不确定度.

[数据记录和处理]

1. 绘制数据记录表格,正确记录测量数据.

表 A3-1　圆柱直径和高的测量

次数	1	2	3	4	5	6	平均值
d/mm							
h/mm							

（1）测量条件记录:

天平型号:＿＿＿＿＿＿＿＿;天平分度值:＿＿＿＿＿＿＿＿;

环境温度: $t_{环}$ =＿＿＿＿ ℃;水的温度: $t_{水}$ =＿＿＿＿ ℃.

（2）测量液体的密度数据:

圆柱浸入前天平的读数 m_0':＿＿＿＿＿ g;

圆柱浸入后天平的读数 m_1':＿＿＿＿＿ g.

（3）测量不规则金属块的密度数据:

不规则金属块质量 m_1：_____ g；

金属块浸入前天平读数 m_0'：_____ g；

金属块浸入后天平读数 m_1'：_____ g.

（4）测量不规则石蜡块的密度数据：

石蜡块质量 m_2：_____ g；

石蜡块浸入前天平读数 m_2'：_____ g；

石蜡块浸入后天平读数 m_3'：_____ g.

2. 利用所测得的水的密度计算出两种被测固体的密度.

3. 计算出水、不规则金属块和石蜡块密度的测量不确定度，写出结果表达式.

圆柱体积测量不确定度的计算请参考实验 A1.

实验中质量为单次测量量，因此只取其 B 类不确定度. 电子天平的最大允许误差由实验室给出.

[注意事项]

1. 应用流体静力称衡法测固体密度时，被测物不能溶于液体中.

2. 用上述方法测出的是被测物的平均密度.

思考题

1. 系被测物的线用铜线、尼龙线和棉线，哪一种好？为什么？

2. 被测物内有孔和浸没于液体中时周围附有气泡，测得的密度比实际密度大还是小？

3. 利用流体静力称衡法测量液体或固体的密度时，如果固体的密度远大于或远小于液体的密度，会出现什么情况？

[拓展内容]

如果被测金属 C 为某两种金属 A 和 B 的合金，如何确定金属 C 中 A 和 B 的含量？

2.4　电　流

2.4.1　电流的定义

当今的科学技术发展离不开电磁学理论的发展和应用,物理学、化学、材料学、生物学和医学的精密仪器都广泛使用电学仪表来显示测量的结果. 理解和掌握电学仪器的基本原理和工作方式对各行各业的深入学习和研究都具有重要的意义.

人类观察到的有记载的最早的电现象是公元前 2750 年记录在古埃及书籍里的"发电鱼"——电鳐,后来有医生建议"患有像痛风或头疼一类病痛的病人去触摸电鳐,或许强劲的电击会治愈他们的疾病". 但是人们对摩擦生电等电现象的观察只限于娱乐,直到公元 1600 年,吉尔伯特在其《论磁石》中对电和磁现象做了深入的实验研究,纠正了流传几千年的一些错误理解. 1752 年,富兰克林做了著名的风筝实验,证实了闪电也是自然界中的一种电现象. 1791 年,伽伐尼发现了生物电现象,揭示了生物体是靠电信号传递信息的.

1820 年,丹麦物理学家奥斯特发现了电流能够使指南针偏转的磁效应. 随后,安培开始着手建立描述电磁关系的物理理论与数学方程. 为了进行定量研究,安培设计了一个检流计,可通过其指针的偏转检测电流的方向并测量电流的大小. 1822 年,安培发表了一篇论文,对实验现象进行定量总结,发现两根平行载流导线通过各自产生的磁场对另一根导线产生作用力. 1826 年,安培提出载流导线中的电流与其产生的磁场之间的关系,即安培定律. 此后,安培的代表作《关于电动力学现象之数学理论的回忆录,独一无二的经历》出版,"电动力学"一词自此产生.

为了纪念安培在电磁学中的贡献,1948 年第 9 届国际计量大会决定采用安培作为电流在国际单位制中的单位. 2018 年,国际计量大会对电流的基本单位做了新定义:"安培,符号为 A,国际单位制电流单位. 其定义是,将元电荷 e 的值定义为 1. 602 176 634×10^{-19} C(C 即 A·s),其中的秒是以 $\Delta \nu_{Cs}$ 定义的."即单位时间内流过 1 C 的电荷时的电流为 1 A.

旧定义为"在真空中相距 1 米的两根横截面为圆形、粗度可忽略不计的无限长平行直导线,各通上相等的恒定电流,当两根导线之间每米长度所受力为 2×10^{-7} 牛顿时,各导线上的电流定义为 1 安培."

与旧定义相比,新定义简明易用,而且与基本物理常量联系了起来. 旧定义在现实中不容易应用,旧定义提到了力的单位,因此必须先定义千克、米和秒之后,才能定义安培.

安培的新定义所用常量之关系如下:

$$1 \text{ A} = \frac{e\Delta \nu_{Cs}}{1.\,602\,176\,634\times 10^{-19}\times 9\,192\,631\,770} \qquad (2-4-1)$$

根据安培的新定义,以下一些物理量的单位获得了准确的定义.

电荷量:
$$1 \text{ C} = \frac{e}{1.\,602\,176\,634\times 10^{-19}}$$

电压：
$$1\ \mathrm{V} = \frac{1.602\ 176\ 634\times10^{-19}}{6.626\ 070\ 15\times10^{-34}\times9\ 192\ 631\ 770}\ \frac{h\Delta\nu_{\mathrm{Cs}}}{e}$$

磁通量：
$$1\ \mathrm{Wb} = \frac{1.602\ 176\ 634\times10^{-19}}{6.626\ 070\ 15\times10^{-34}}\ \frac{h}{e}$$

电阻：
$$1\ \Omega = \frac{(1.602\ 176\ 634\times10^{-19})^2}{6.626\ 070\ 15\times10^{-34}}\ \frac{h}{e^2}$$

在实际应用中,人们往往更加关心电流在某一截面内的大小,因此引入了电流密度的概念.电流密度表征单位面积内的电流,一般以符号 J 表示.在国际单位制中,电流密度的单位是 A/m².

2.4.2 电流的测量

目前主要的电流测量方法可以分为两大类,一类是利用电流产生的磁效应来测量电流,例如磁电式仪表、电流互感器、霍尔电流传感器等;另一类是利用欧姆定律,通过测量电阻或分流器上的电压信号,来得到电流.除此之外,还可以利用电流的热效应、化学反应以及光学方法等测量电流.

在不同的应用领域中,被测电流的大小、精度要求和测量环境要求差异较大,需要根据实际场景选择测量方法和测量仪器.

2.4.3 常见的电学测量仪器

1. 电阻性仪器

在电磁学实验中常用的电阻性仪器有滑动变阻器和电阻箱.

（1）滑动变阻器.

① 结构及电路符号:滑动变阻器的结构和电路符号如图 2-4-1 所示.滑动变阻器是用外层绝缘的金属电阻丝密绕在瓷管上制成的.电阻丝两端与接线柱 A、B 相接,AB 之间的电阻为滑动变阻器的总电阻 R_0.在瓷管上方有一根与瓷管轴线平行的粗铜棒,上面装有滑动头 D.滑动头 D 的金属簧片两边下端触头始终与电阻丝无绝缘层的一小部分良好接触,而簧片上端也总是与铜棒良好接触,在铜棒两端装有接线柱 C,移动滑动头 D 的位置,就可以改变 AC 之间和 BC 之间的电阻大小.

② 主要性能参量.

阻值:滑动变阻器的总电阻.

额定电流:滑动变阻器允许通过的最大电流.

③ 滑动变阻器在电路中的应用主要有限流控制和分压控制两种.

a. 限流控制电路.

将滑动变阻器的一个固定端接线柱（A 或

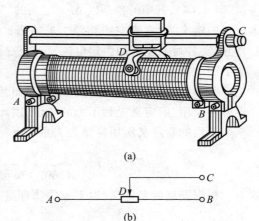

(a)

(b)

图 2-4-1 滑动变阻器的结构和电路符号

B)和滑动端(即铜棒两端的一个接线柱)串接在电源 E 和负载 R_L 之间,就构成了限流控制电路,如图 2-4-2 所示.

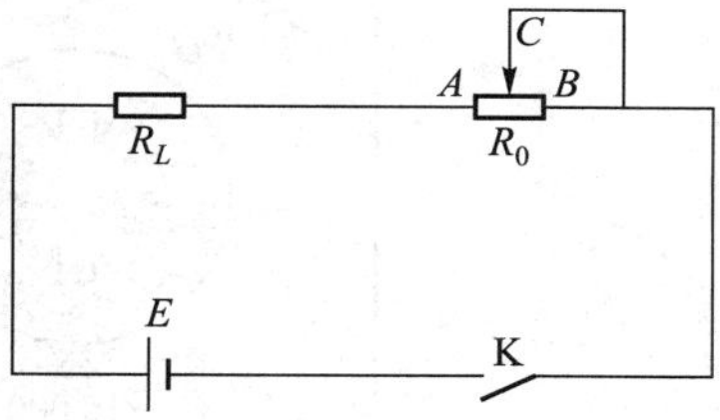

显然,通过 R_L 的电流为

$$I = \frac{E}{R_{AC}+R_L} \qquad (2-4-2)$$

所以,R_L 两端的电压为

$$V = R_L I = \frac{R_L E}{R_{AC}+R_L} \qquad (2-4-3)$$

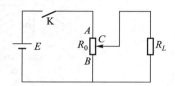

图 2-4-2　限流控制电路

当滑动端 C 移至 A 端时,$R_{AC}=0$,通过 R_L 的电流的最大值为 $I_{max}=E/R_L$,所以,R_L 两端电压的最大值为 $V_{max}=E$.

当滑动端 C 移至 B 端时,$R_{AC}=R_0$(总阻值),回路电流的最小值为 $I_{min}=E/(R_L+R_0)$,R_L 两端电压的最小值为 $V_{min}=R_L E/(R_0+R_L)$.

由此可见,限流控制电路可控制负载 R_L 上的电流在从 $I_{min}=E/(R_L+R_0)$ 到 $I_{max}=E/R_L$ 的范围内连续变化,电压在从 $V_{min}=R_L E/(R_0+R_L)$ 到 $V_{max}=E$ 的范围内连续变化,实现了对负载上电流和电压的控制.但是负载 R_L 上的电流和电压不可能调节到零.

b.分压控制电路.

分压控制电路如图 2-4-3 所示.将滑动变阻器 A、B 两固定端接线柱分别与电源两极相接,将滑动端 C(铜棒两端的一个接线柱)和一个固定端接线柱 B(或 A)分别与负载两端相连.当滑动端 C 移动时,可连续改变负载 R_L 两端电压的大小.

图 2-4-3　分压控制电路

当 C 移至 B 端时,负载 R_L 两端的电压为 $V_{min}=0$;当 C 移至 A 端时,负载两端的电压为 $V_{max}=E$.因此,分压控制电路可控制负载 R_L 两端的电压在从 $V_{min}=0$ 到 $V_{max}=E$ 的范围内连续变化.如果 $R_L \gg R_0$,那么 $I \approx E/R_0$.滑动变阻器 R_0 中流过的电流近似固定,$V=IR_{BC}=\frac{E}{R_0}R_{BC}$.可见,输出电压 V 与电阻 R_{BC} 成正比例关系.

④ 注意事项.

a.通过滑动变阻器的电流不能超过其额定电流.在选用滑动变阻器组成限流控制电路时,应先根据电源电压、负载电阻值、实验要求的电流 I 和电压 V 大小,计算出滑动变阻器的总电阻,然后选择额定电流和总阻值都大于计算值的滑动变阻器;在选用滑动变阻器组成分压控制电路时,要选择额定电流大于电源回路中总电流的滑动变阻器.

b.为了保证负载上的电流、电压不超过允许值,无论是限流控制电路还是分压控制电路,在接通电源前,滑动变阻器的滑动端都要滑到安全位置:限流控制电路中的滑动变阻器的滑动端应移到最大电阻位置;分压控制电路中的滑动变阻器的滑动端应移至电阻为零的位置.(图 2-4-2 和图 2-4-3 中,C 移到 B 端.)

(2)电阻箱.

电阻箱是一种阻值比较准确,并且可直接从面板上读数的可变电阻器.电阻箱有不同的类型,常用的电阻箱采用转盘式结构.

① 结构及电路符号:电阻箱的面板和内部电路图如图 2-4-4 所示.

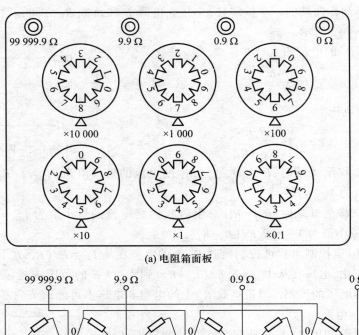

(a) 电阻箱面板

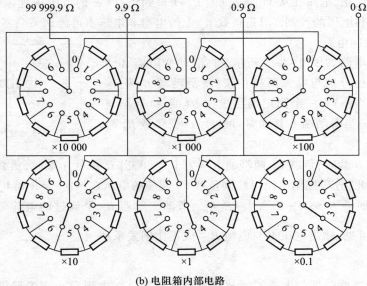

(b) 电阻箱内部电路

图 2-4-4　电阻箱面板和内部电路图

　　电阻箱面板上的转盘个数与电阻箱最大电阻值的位数相同. 例如:最大电阻值为 99 999.9 Ω 的六位电阻箱,面板上就有六个转盘(即每位一个);每个转盘上都有 0~9 的一组数字;在面板上,每个转盘旁刻有一个箭头(或白点),并标有对应转盘的电阻值的计数单位,用 ×0.1,×1,×10,… 表示(也叫倍率). 面板上还有接线柱,有的电阻箱只有两个接线柱,有的电阻箱有四个接线柱. ZX21 型电阻箱有四个接线柱,分别在四个接线柱旁标有 0 Ω,0.9 Ω,9.9 Ω,99 999.9 Ω,0 Ω 处为公共接线柱. 需用 1 Ω 以下电阻时,接线在 0 Ω 和 0.9 Ω 两接线柱上;需用大于 1 Ω 而小于 10 Ω 电阻时,接线在 0 Ω 和 9.9 Ω 两接线柱上;需用大于 10 Ω 电阻时,接线在 0 Ω 和 99 999.9 Ω 两接线柱上. 电阻箱单独设置阻值较小的接线柱是为了减少接线电阻带来的误差.

　　电路中的常用电阻表示符号如图 2-4-5 所示.

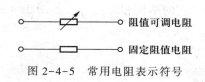

图 2-4-5 常用电阻表示符号

② 主要性能参量.

a. 总电阻.

总电阻即电阻箱各转盘均置于 9 时的电阻值. 例如：ZX21 型电阻箱的总电阻为 99 999.9 Ω.

b. 电阻的额定电流.

电阻箱中每一个转盘下对应一组电阻,每个电阻都有一定的电功率限制,人们常用电阻通过的额定电流来限制,电阻箱各挡电阻的额定电流不同,例如 ZX21 型电阻箱各挡允许通过的电流如表 2-4-1 所示.

表 2-4-1　ZX21 型电阻箱各挡允许通过的电流

转盘倍率	×0.1	×1	×10	×100	×1 000	×10 000
允许通过的电流/A	1.5	0.5	0.15	0.05	0.015	0.005

c. 准确度等级.

电阻箱指示值的基本误差,可近似用电阻箱的准确度等级表示,即

$$\Delta R = \frac{a}{100}R + 0.008m \qquad (2-4-4)$$

式中 ΔR 为基本误差值,R 为电阻箱接出的电阻值,a 为电阻箱的准确度等级,m 为电阻箱接出的电阻值为 R 时所使用的转盘(旋钮)个数. 按国家有关标准,电阻箱的准确度等级有 0.02 级、0.05 级、0.1 级、0.2 级等. ZX21 型电阻箱的准确度等级为 0.1 级.

③ 电阻箱的读数.

先由各个转盘靠近标记的数字乘以相应的倍率,然后把各个转盘的读数加起来即得电阻箱的电阻值.

④ 注意事项.

a. 使用电阻箱时,应当注意不能超过允许通过的电流值,以免因发热造成电阻箱阻值不准或过载烧坏. 倍率越大(即电阻值越大),允许通过的电流越小,因此,应以使用倍率最大的一挡允许通过的电流作为依据.

b. 转动转盘时,切勿从数字 9 转到数字 0,否则会产生电阻的突变引起电路中电流突然变大而造成其他损失. 当某一位转盘增加到数字 9 后还需增加时,必须把它相邻的高位转盘增加到 1,再把该盘由数字 9 转到数字 0,这样可以避免电阻突变的现象出现.

c. 电阻箱使用一段时间后,接触点的电阻往往会超过规定标准值,致使电阻值不准确,出现此种情况时,应擦洗电阻箱接触点,并涂上润滑脂.

2. 磁电式电表

(1) 表头的结构原理.

磁电式电表的核心部件是表头,它是根据通电线圈在永久磁铁的磁场中受到磁力矩

作用发生偏转的原理制成的. 它的结构和电路符号如图 2-4-6 所示.

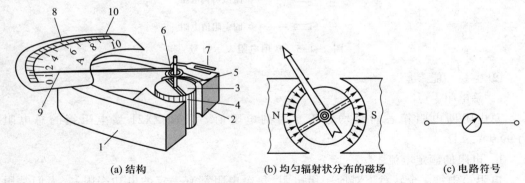

(a) 结构　　　　　(b) 均匀辐射状分布的磁场　　　　(c) 电路符号

图 2-4-6　表头的结构和电路符号

1—永久磁铁; 2—极掌; 3—圆柱形铁芯; 4—线圈; 5—平衡锤;

6—游丝; 7—调零器; 8—平面反射镜; 9—指针; 10—刻度盘

在与永久磁铁相接的两个半圆形极掌和与其共轴线装置的圆柱形铁芯之间的空气隙内产生沿径向均匀辐射状分布的磁场, 线圈的一组对边在空气隙磁场中可绕对称轴转动, 线圈平面总是与径向分布的磁场平行. 当线圈通电时, 线圈受到的磁力矩大小为

$$M_\beta = NBSI \tag{2-4-5}$$

式中 N 为线圈匝数, S 为线圈面积, B 为空气隙内磁感应强度, I 为通过线圈的电流. 线圈由两个半轴支承在轴承座上. 在线圈端面装有游丝, 线圈偏离平衡位置时, 要受到游丝产生的反向扭力矩作用, 扭力矩大小为 $M_\alpha = D\alpha$, 式中 D 为游丝的扭力系数, α 为线圈平面相对于无电流通过时所转过的角度. 磁力矩与游丝扭力矩平衡时, 线圈停止转动, 此时有 $M_\beta = M_\alpha$, 即 $NBSI = D\alpha$, 由此得到

$$\alpha = \frac{NBSI}{D} \tag{2-4-6}$$

可见 α 与电流 I 成正比.

与线圈连在一起的指针跟随线圈一起转动, 在刻度盘上指示出相应的电流. 为了减少读数的视差, 在指针下方的刻度盘上还装有一条弧形的平面反射镜. 另外, 表头还有调零器和平衡锤等构件.

作为电流表和电压表的表头, 线圈的骨架是铝制的, 在线圈偏转过程中, 铝框中会产生感应电流, 使得铝框受磁场阻力矩的作用, 这样避免了指针的晃动. 另外, 为了扩大指针的有效偏转范围, 电流表和电压表指针的零点在刻度盘的最左边.

(2) 检流计.

检流计是用来检验电路中有无微小电流通过的磁电式电表, 在物理实验中还通常作为指零仪表使用. 它的基本原理与表头相同. 其结构有以下特点:

① 零刻度在刻度盘中央. 没有电流通过时, 指针指在中央, 有电流通过时, 指针可向左或向右偏转.

② 灵敏度较高的检流计的线圈没有金属骨架, 两半轴用直游丝代替, 将线圈悬吊在磁场中.

使用检流计的注意事项:

① 务必在检流计支路中串联一个阻值较大的可变电阻作为保护电阻. 首先应把保护电阻调到最大值,然后根据要求逐渐减小.

② 使用前应调节机械零点旋钮,使指针对准零刻度线.

③ 使用完毕后,检流计线圈两端的接线柱应当用导线短路.

（3）直流电流表.

① 结构与原理.

直流电流表(安培表)是在表头两端并联一个分流电阻,把表头的量程扩大而成的(称为扩程),其原理和电路符号如图 2-4-7 所示.

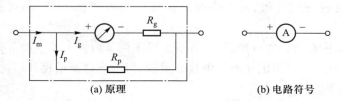

(a) 原理　　　　　　　(b) 电路符号

图 2-4-7　直流电流表原理和电路符号

设表头的满度电流为 I_g,扩程后的电流为 I_m,则

$$R_g I_g = R_p (I_m - I_g) \qquad (2-4-7)$$

设 n 为电流表扩程的倍数,则 $I_m = n I_g$,因此

$$R_p = \frac{I_g}{I_m - I_g} R_g = \frac{R_g}{n-1} \qquad (2-4-8)$$

由式(2-4-7)可得

$$I_m = \left(\frac{R_g}{R_p} + 1 \right) I_g \qquad (2-4-9)$$

由此可见,改变 R_p 就可得到不同的量程,R_p 越小,电流表的量程就越大.

② 主要参量.

a. 量程:电流表所能测量的最大电流. 有些多量程的电流表有两个以上的接线柱,其中一个是公用的接线柱,其余接线柱标明各自量程. 有的电流表只有两个接线柱,用一个转换开关来变换量程.

b. 内阻:电流表在某一量程下两接线柱之间的电阻值,量程越大内阻越低.

c. 基本误差:由于线圈轴承的摩擦、游丝弹力不均匀、分度不准确以及其他因素的影响,即使按照规定的条件正确使用电表,仍然会存在一定的误差. 根据国家标准规定,电流表和电压表按准确度分为 0.05、0.1、0.2、0.3、0.5、1、1.5、2、2.5、3、5 共 11 个等级. 当电流表的量程为 I_m 时,电流表的基本误差极限(最大允许误差)$\Delta I_仪$ 等于电流表的量程与其准确度等级 a 的百分数的乘积,即

$$\Delta I_仪 = I_m \times a\% \qquad (2-4-10)$$

例如,用量程为 $I_m = 100$ mA、0.5 级的电流表测量电路中电流,测量值为 $I = 90.0$ mA,其最大允许误差为 $I_m \times a\% = 100$ mA $\times 0.5\% = 0.5$ mA,结果表示为 $I = (90.0 \pm 0.5)$ mA. 电流测量的相对误差为

$$\delta = \frac{\Delta I_仪}{I} = \frac{0.5}{90} = 0.56\%$$

显然测量值越接近量程,测量结果的相对误差就越小.

③ 读数方法.

a. 根据表盘上标注的等级和选择的量程计算出仪器误差.

b. 根据量程和分格数计算出分度值.

c. 从指针上方观察,移动眼睛,观察平面镜中指针的像与指针重合,再从指针指示的刻度线读数,读数要读到仪器误差所在位.

④ 注意事项.

a. 使用电流表时,应把它串联在被测电路中. 严禁将电流表与电源并联.

b. 注意电流表的正负极,标"+"号的接线柱为电流流入端,不可接反,否则指针反偏.

c. 测量前要检查指针的机械零点,若不正确须调节面板上零点调节螺丝.

d. 合理选择量程,尽可能使测量值接近量程,但不允许满量程和超量程测量.

(4) 直流电压表.

① 结构与原理.

直流电压表(伏特表)是在表头一端串联一个高阻值的分压电阻 R_s 构成的,从而将表头的满量程电压扩程,其原理和电路符号如图 2-4-8 所示.

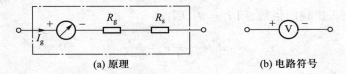

(a) 原理   (b) 电路符号

图 2-4-8   直流电压表原理和电路符号

设电压表的量程为 V_m,电压表在满量程时流过的电流为 I_g,则有

$$V_m = I_g R_g + I_g R_s \tag{2-4-11}$$

由此可见,串联电阻 R_s 越大,电压表的量程 V_m 就越大,对应不同的 R_s,电压表有不同的量程. 由式(2-4-11)可得

$$R_s = \frac{V_m}{I_g} - R_g \tag{2-4-12}$$

② 主要参量.

a. 量程:电压表所能测量的最大电压值. 和电流表类似,多量程的电压表通常有两个以上的接线柱,其中一个为公用接线柱,其余接线柱各自标出了量程. 有的电压表只有两个接线柱,用一个转换开关来变换量程.

b. 内阻:电压表在某一量程下两接线柱之间的电阻称为该量程的内阻. 电压表的量程越大,内阻就越大.

c. 基本误差:电压表的基本误差与电流表的基本误差有关规定完全相同,最大允许误差 $\Delta V_仪$ 为量程 V_m 与其准确度等级 a 的百分数的乘积,即

$$\Delta V_仪 = V_m \times a\% \tag{2-4-13}$$

例如,用量程为 $V_m = 7.5$ V、0.5 级的电压表测量电路中电压,测量值为 $V = 5.30$ V 时,

$$\Delta V_仪 = V_m \times a\% = 7.5 \text{ V} \times 0.5\% = 0.037\ 5 \text{ V} \approx 0.04 \text{ V}$$

测量结果的相对误差为 $\delta=\dfrac{\Delta V_{仪}}{V}=\dfrac{0.04}{5.30}=0.75\%$,测量值越接近量程,相对误差越小.

③ 读数方法.

a. 根据表盘上标注的准确度等级和选用的量程计算出仪器误差.

b. 根据选用的量程和分格数计算出分度值.

c. 观察指针与其在镜中的像的重合位置所指的刻度线读数,读数要读到仪器误差所在位.

④ 注意事项.

a. 使用电压表时,须将电压表并联在被测电路的两端.

b. 测量前要检查指针的机械零点,若不正确须调节面板上零点调节螺丝.

c. 注意电压极性,接线柱"+"端应接电势高的一端. 不可接反,否则指针反偏.

d. 合理选择量程,尽可能使测量值接近量程,但不允许满量程和超量程测量.

电压表和电流表的面板上通常还标注一些其他标记,见表 2-4-2,在使用时要遵守标出的各项技术要求.

表 2-4-2　电压表和电流表面板上通常标注的标记

—	直流电表	∩	磁电式电表	☆	绝缘试验 2 kV
∿	交流电表	⌐	使用时水平放置	Ⅲ	2 级防外电磁场
0.5	准确度等级(0.5 级)	⊥	使用时竖直放置	⚡	2 kV 击穿电压

3. 直流数字电压表

数字电压表的英文缩写为 DVM(digital voltmeter). 直流数字电压表是利用直流模数(A/D)转换器工作的直流电压测量仪表,由数码显示屏直接显示出测量结果. 它具有精度高,灵敏度高,输入阻抗大,测速快,抗干扰能力强,过载能力强,测量结果显示明确和测量过程便于实现自动化等优点,在实验中广泛应用. 数字电压表原理框图如图 2-4-9所示.

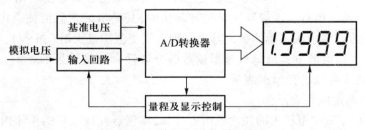

图 2-4-9　数字电压表原理框图

(1)直流数字电压表的基本参量.

① 量程.

一般数字式电表有多个不同的量程,除具有自动切换量程功能的仪表外,当被测电压超过量程时,数字显示屏不显示测量结果,只显示超量程符号.

测量相对误差最小的量程称为基本量程,基本量程的大小取决于模数转换器的基准电压. 当仪表的量程高于或低于基本量程时,需要(在输入回路中)配合使用衰减器或放大器,因此测量的相对误差一般会大于基本量程.

② 数字式电表的显示位数.

数字式电表的显示位数是一个与测量准确性相关的重要参数. 若数字显示屏上有 $m+1$ 个数位,每一位都能显示 0 到 9,则称该表为 $m+1$ 位数字表. 例如,若显示屏上全部 4 个数位最大可显示出 9 999,就称该表为 4 位数字表. 不过,这种数字电压表并不多见,常见的数字电压表的首位一般只能显示 0 或 1,此时称该位为半位,这种表叫 m 位半表,又称 $m\frac{1}{2}$ 位表. 例如,$m=3$ 时,称之为 3 位半或 $3\frac{1}{2}$ 位数字电压表,最大示数为 1 999. 最大显示结果为 39 999 的数字电压表,则称为 $4\frac{3}{4}$ 位数字电压表. 当采用一般符号表示时,可写成 $m\frac{n-1}{n}$.

③ 直流数字电压表的最大允许误差.

在通常情况下,直流数字电压表的测量准确程度与其数码显示位数有关,根据《直流数字电压表及直流模数转换器》(GB/T 14913—2008),当直流数字电压表的满度值(量程)为 V_m、测量读数为 V_x 时,最大允许误差 $\Delta_仪$ 为

$$\Delta_仪 = \pm(a\%V_x + b\%V_m) \tag{2-4-14}$$

式中 a 为与读数值有关的误差系数,b 为与满度值有关的误差系数,且应满足 $a \geqslant 4b$.

式(2-4-14)也可以写成

$$\Delta_仪 = \pm(a\%V_x + n) \tag{2-4-15}$$

式中 n 为以数字表示的绝对误差项,计量单位与显示数字末位数字的单位相同. 式(2-4-14)和式(2-4-15)中的 a、b 和 n 通常由仪器说明书给出.

(2) 直流数字电压表的测量读数与不确定度评定.

① 测量读数.

在通常情况下,直流数字电压表的测量分辨力和精度明显高于模拟指针式电压表,一只基本的 3 位半直流数字电压表的精度与 0.5 级模拟指针式电压表相当. 因此在测量读数过程中,当环境稍有波动或被测量稍有起伏时,其显示的数码值便会出现明显跳变,显示位数越多的数字电压表越明显. 当末位数字跳变范围过大时(如 ±4),需要采用多次测量读数取其平均值的方式以降低测量读数的分散性对测量结果的影响,如果末位数字基本没有跳变,就可以进行单次测量.

② 测量不确定度评定示例.

根据某 6 位半数字电压表的使用说明书可知,该仪器在校准后的 1 年内,式(2-4-14)中的误差系数分别为 $a=0.004\ 0$、$b=0.000\ 7$. 于校准后的第 10 个月在 1 V 量程上测量电压,一组独立重复测量值的算术平均值为 $\overline{V}=0.928\ 571$ V,其 A 类标准不确定度为 $u_A(V)=12\ \mu V$. 求测量结果的合成标准不确定度的过程如下.

a. A 类标准不确定度 $u_A(V)$.

$$u_A(V) = 12\ \mu V$$

b. B 类标准不确定度 $u_B(V)$.

首先计算最大允许误差 $\Delta_{仪}$. 根据式(2-4-14),有

$$\Delta_{仪} = \pm(a\%V_x + b\%V_m) = \pm(40\times10^{-6}V_x + 7\times10^{-6}V_m)$$

由于 $V_m = 1\ \text{V}, V_x = \overline{V} = 0.928\ 571\ \text{V}$,所以

$$\left|\Delta_{仪}\right| = 44.1\ \mu\text{V}$$

由于模数转换器的最大允许误差服从均匀分布,所以

$$u_B(V) = \frac{\left|\Delta_{仪}\right|}{\sqrt{3}} = \frac{44.1\times10^{-6}}{\sqrt{3}}\ \mu\text{V} = 25.5\ \mu\text{V}$$

c. 合成标准不确定度.

$$u_c(V) = \sqrt{u_A^2(V) + u_B^2(V)} = 28.2\ \mu\text{V}$$

③ 关于计算最大允许误差的特别提示.

有些产品的最大允许误差的给出方式没有完全遵照《直流数字电压表及直流模数转换器》(GB/T 14913—2008),常见表述形式为

$$\Delta_{仪} = \pm(a\%\text{F.S} + n\ \text{Digit}) \tag{2-4-16}$$

式中,F.S 表示满度值(量程),"n Digit"(有时用"n 字")的意义与式(2-4-15)中的"n"相同.

例如,某 $4\frac{1}{2}$ 数字电压表的使用手册注明:当满度值为 $V_{\text{F.S}} = 1.999\ 9\ \text{V}$ 时,最大允许误差计算公式为 $\Delta_{仪} = \pm(0.05\%\text{F.S} + 3\ \text{字})$,则

$$\Delta_{仪} = \pm(0.05\div100\times1.999\ 9 + 3\times0.000\ 1)\ \text{V} = \pm0.001\ 3\ \text{V}$$

必须指出的是,有些数字电压表采用 $\pm(a\%+n)$ 这种与式(2-4-15)相同的形式给出最大允许误差计算公式,但并未说明其中各个参量的意义,括号中的"$a\%$"既可能与"$a\%$ F.S"等价,也可能是"$a\%$读数"的意思. 对于一些进口仪器,中文说明书的译者可能会将英文说明书里计算公式"$\pm(\%\ \text{of reading} + \text{no. of digits})$"中的"of reading(读数)"忽略,当其中文说明书出现这种表述时最好查阅英文说明书. 无法确认时,应根据数字电压表的示值位数,利用表 2-4-3 计算出基本误差极限并将其作为本次测量的最大允许误差.

表 2-4-3 数字电压表的基本误差极限

示值位数	基本误差极限	示值位数	基本误差极限	示值位数	基本误差极限
$3(n-1)/n$	≤0.5%	$5(n-1)/n$	≤0.02%	$7\frac{1}{2}$	≤0.002%
$4(n-1)/n$	≤0.1%	$6(n-1)/n$	≤0.005%	$8\frac{1}{2}$	≤0.000 5%

(3) 数字式电表.

在模拟指针式电表中微安表是基本表头,而在数字式电表中数字电压表是基本表头. 在数字电压表的电压输入端并联一个电流采样电阻 R_i,由数字电压表测量出流过该电阻的电流 I 所产生的电压降 V_i,根据 $I = V_i/R_i$,即可得知电流 I 的大小.

数字式电表类型较多,使用前应仔细阅读仪器使用说明书. 对无自动保护的数字式电流表,绝不允许接在电源两端使用.

4. 电源

电源是提供电能的装置,有直流电源和交流电源两大类别.直流电源常用"DC"(使用"+"标注正极)来标注.交流电源常用"AC"来标注.在我国,除极特殊的应用外,通常使用的交流电是有效值为220 V、频率为50 Hz的工频交流电.下面主要介绍实验室中常用的将工频交流电转变为直流电的直流稳压电源.

直流稳压电源是一种由交流电源供电,为负载提供稳定直流电压的电子装置,当供电的电源电压或负载电阻变化时,由直流稳压电源输出的直流电压仍会保持稳定.

直流稳压电源根据基本电路的构成形式可以分成开关型稳压电源和串联负反馈型稳压电源(简称"线性稳压电源").开关型稳压电源的工作效率较高,一般可达80%甚至更高,而线性稳压电源的最高工作效率为50%,因此大功率应用场合一般使用开关型稳压电源.但由于开关型稳压电源的输出电压中的波纹电压明显高于线性稳压电源,所以物理实验教学中使用的直流稳压电源基本上都是线性稳压电源.单路输出的线性稳压电源框图及面板如图2-4-10所示.从框图可以看出,这种电源具有输出电流的控制功能.

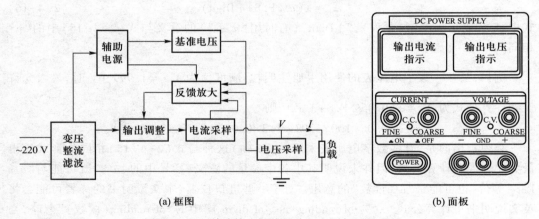

(a) 框图　　　　　　　　　　(b) 面板

图 2-4-10　单路输出的线性稳压电源框图及面板

(1) 工作原理简述.

反馈放大电路将电压采样电路获得的输出电压与基准电压相比较,控制输出调整电路维持输出电压 V 的稳定;根据电流采样电路获得的输出电流数据和所设定的控制参量,将最大允许输出电流限制在一个确定值 I_m 上.利用控制面板上的输出电压调节钮(VOLTAGE 钮),改变电压采样电路的参量便可以改变其输出电压 V,利用输出电流限制调节钮(CURRENT 钮),改变电流采样电路的参量便可以改变对输出电流 I 的限制值 I_m.电压和电流控制均具有粗调(COARSE 钮)和细调(FINE 钮)两种方式,细调的调节范围约为粗调的 1/10.

(2) 输出调节.

在外电路空载时按下电源开关(POWER 键)启动稳压电源后,输出电压调节指示灯(C. V.)点亮,表明电源处于电压调节控制状态下.调节 VOLTAGE 钮可以改变输出电压的大小,调节 CURRENT 钮输出参量不会改变,输出电流仍为零.

接通外电路负载后,如果当前的输出电压 V 与外电路负载 R 的比值 I 小于由 CURRENT 钮控制的电流采样电路所允许的最大输出电流 I_m,那么调节 VOLTAGE 钮仍然可以改变输出电压的大小,调节 CURRENT 钮输出参量不会改变.

当调节输出电压使得 I 大于由 CURRENT 钮控制的电流采样电路所允许的最大输出电流 I_m 时,电压调节指示灯(C.V.)熄灭,电流控制指示灯(C.C.)点亮,电源处于电流调节控制状态,此时调节 CURRENT 钮会改变电源的输出电流,而调节 VOLTAGE 钮输出参量不会改变.

在电源处于电流调节控制状态(C.C.灯点亮)时,逆时针调节 VOLTAGE 钮到一定程度会使电源返回电压调节控制状态(C.V.灯点亮,C.C.灯熄灭);顺时针调节 CURRENT 钮到一定程度则会使电源退出电流调节控制状态(C.V.灯点亮,C.C.灯熄灭).

(3) 注意事项.

① 更换交流 220 V 电源保险丝时,需将交流 220 V 电源插头拔下以防触电.

② 需准确调节到某个电压或电流的输出值时,应配合仔细调节相应的粗调钮和细调钮.

③ 为了提高电源低电压大电流时的工作效率,稳压电源输入变压器的次级通常设置多个输出电压不同的绕组,根据输出电压的大小利用继电器接通相应的次级绕组. 因此,在输出调节过程中产生继电器切换动作的声音属正常现象. 当继电器切换动作的声音过于频繁时,略微调高或降低输出电压即可消除该现象.

实验 A4 分压电路基本特性实验

[实验目的]

1. 连接分压电路,能够测量滑动变阻器的分压特性.
2. 能够正确使用万用表,能够正确读取电流表和电压表的读数.
3. 能够正确评估电表内阻、被测电阻阻值大小等因素对测量结果的影响.

[实验仪器]

数字万用表两块,ZX21 型电阻箱一个,滑动变阻器一个,稳压电源一台,导线若干,不同颜色的 LED(发光二极管)灯珠若干.

[实验内容]

1. 电流表和电压表的读数

以 ZX21 型电阻箱作为负载电阻 R_L,按图 A4-1 所示的电路连线.

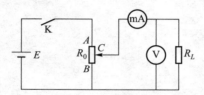

图 A4-1 分压电路特性实验电路图

(1)设置实验的初始状态.

将滑动变阻器的滑动端 C 滑动到 B 位置;打开稳压电源,并调节使其输出电压为 5 V;电压表和电流表分别取直流电压和直流电流挡;电流表插头插入“mA”孔,电阻箱的取值为 1 000 Ω.

(2)实验操作和读数.

闭合电路的开关 K,调节滑动变阻器的滑动端使 C 点电势逐渐升高,直到电压表和电流表的示值均超过量程的 2/3(本例中应分别超过 3.4 V 和 3.4 mA)后,便可以读取电压值和电流值.

(3)电流表和电压表示值的有效数字位数和读数规则.

根据实验室给出的数字万用表的仪器误差,计算出电流表和电压表示值的基本误差,由此即可确定示值中存疑数字所在的位置,进而确定示值的有效数字位数.

2. 研究滑动变阻器的分压特性

按表 A4-1 选取负载电阻 R_L 的大小和滑动变阻器的滑动端的位置,并将电压表的读数填入表 A4-1. 根据所测得的数据,绘制不同 R_L 取值下的 U_L 与 R_{CB} 之间的关系曲线,并讨论 R_L 与 R_0 为何种关系时,U_L 与 R_{CB} 之间的关系曲线基本上是一条直线.

实验中,为了实现对滑动变阻器 R_0 取不同的值 R_{CB},可以将 R_0 全电阻的长度分成 10 等分(利用滑动头边侧的标尺),滑动头每次移动 1 等分.

3. 测量不同颜色 LED 灯珠的特性

将负载电阻换成 LED 灯珠,增加电压,观察 LED 灯珠何时开始发光,记录不同 LED 灯珠发光时的电压和电流. 继续增加电压,观察并记录 LED 灯珠发光的特性.

[数据记录和处理]

(1) 实验室给出的万用表的仪器误差.

电流表读数为 5 mA 时,电流表的仪器误差:_____.

电压表读数为 3 V 时,电压表的仪器误差:_____.

(2) 测量并绘制滑动变阻器的分压特性曲线.

按照表 A4-1 测量数据,并绘制三条不同 R_L 取值时的滑动变阻器分压特性曲线. R_0 的值由实验室给出.

表 A4-1 研究滑动变阻器的分压特性记录表 $R_0 = $ _____

R_L	电压读数 U_L										
	滑动变阻器取值 R_{CB}										
	0	$\frac{1}{10}R_0$	$\frac{2}{10}R_0$	$\frac{3}{10}R_0$	$\frac{4}{10}R_0$	$\frac{5}{10}R_0$	$\frac{6}{10}R_0$	$\frac{7}{10}R_0$	$\frac{8}{10}R_0$	$\frac{9}{10}R_0$	R_0
$\frac{1}{5}R_0$											
$\frac{1}{2}R_0$											
R_0											
$5R_0$											
$10R_0$											
∞(开路)											

(3) 不同颜色 LED 灯珠的特性.

红色 LED 灯珠开始发光时的电流值:_____;电压值:_____.

绿色 LED 灯珠开始发光时的电流值:_____;电压值:_____.

紫色 LED 灯珠开始发光时的电流值:_____;电压值:_____.

改变电压过程中的现象:

_____

_____

_____

_____

_____

_____

_____ .

[注意事项]

1. 使用电流表时不能超量程,需要估算电路中的电流后再接入电流表.

2. 测量 LED 灯珠的特性时,要注意其正负极.

思考题

1. 欲测量一个约 4.8 V 的直流电压,要求最后的标准不确定度不大于 0.3%,选用量程和等级为多少的指针式电压表最合理?

2. 在 ZX21 型电阻箱(0.1 级)上,取用 31 000 Ω,8 000 Ω,700 Ω,40 Ω,4 Ω 和 0.8 Ω,分别写出取用值的表达式.

[拓展内容]

利用实验室提供的仪器,测量人体的电流和电压.

用万用表测量人体的电阻、电压和电流,观察并记录其规律.

2.5 发 光 强 度

2.5.1 发光强度的定义

光现象在生活中无处不在,定义以及测量光源的发光强度在光伏产业、地面辐射计量和激光技术等方面都具有重要的实际意义. 在人造稳定光源产生之前,不同的地区和国家使用不同的度量单位来表示发光的强度. 比较有代表性的是使用含有特定成分的蜡烛燃烧时的火焰的亮度来定义发光强度,或使用特殊设计的白炽灯丝的亮度来规定发光强度. 其中最著名的是标准烛光(standard candle).

但是这样的定义由于缺乏严格的标准,其衡量的结果差别很大,科学研究和工业中需要一个更加稳定的定义. 1881 年,维奥列(Jules Violle,1841—1923)提出 1 cm^2 的纯铂表面在其熔点时发出的光的强度为 1 Violle. 由于该定义中的光强是由黑体辐射产生的,因此其与设备结构无关. 而且高纯度的铂制备较容易,所以该方法定义的发光强度具有较好的可重复性和可操作性.

1937 年,国际照明委员会(CIE)和国际计量委员会(CIPM)提出将 Violle 除以 60 作为"新烛光"的单位. 1948 年,第 9 届国际计量大会将"新烛光"重新命名为坎德拉(Candela,单位符号为 cd,拉丁文意为"用兽油制作的蜡烛"). 1967 年,第 13 届国际计量大会修正了坎德拉的定义:

"坎德拉是在 101 325 牛顿/平方米的压力下,在凝固温度下的 1/600 000 平方米的黑体垂直方向上的发光强度."

在此定义下,一支普通蜡烛的发光强度约为 1 cd. 但是在 20 世纪 70 年代,在利用上述定义复现坎德拉的结果时,几个实验室的结果相差±1%,说明该定义中存在一定的未明确的系统误差. 因此,1979 年,第 16 届国际计量大会采用了新的坎德拉定义:

"坎德拉是一光源在给定方向上的发光强度,该光源发出频率为 540×10^{12} 赫兹的单色辐射,且在此方向上的辐射强度为 1/683 瓦特每球面度."

该定义中以单色光替代了原定义中的复色光,其中 540×10^{12} Hz 的光波波长约为 555 nm,它是人眼感觉最灵敏的黄绿色光波波长. 与通常测量辐射强度或测量能量强度的单位相比较,发光强度的定义考虑了人的视觉因素,是在人的视觉基础上建立起来的.

与发光强度相关的两个重要物理量分别是光通量(Φ)和照度(E). 光通量的单位是流明(lm),照度的单位是勒克斯(lx).

光通量与发光强度之间的关系是

$$1 \text{ cd} = 1 \text{ lm/sr}$$

即发光强度均匀的 1 cd 的光源在 1 sr(单位立体角)内的光通量为 1 lm,总的光通量为 4π lm. 需要明确的是,与发光强度相同,光通量是在考虑了人眼的感知能力的基础上建立的概念.

照度为单位面积上接收的光通量,其定义式为

$$E = \frac{\mathrm{d}\varPhi}{\mathrm{d}S}$$

式中 $\mathrm{d}S$ 为小面元,$\mathrm{d}\varPhi$ 为该面元上的光通量. 照度与光通量之间的关系为

$$1 \text{ lx} = 1 \text{ lm/m}^2$$

2018 年,第 26 届国际计量大会更新了坎德拉的定义:

"将频率为 540×10^{12} Hz 的单色辐射的发光效能 K_{cd} 固定为 683 lm·W^{-1},lm·W^{-1} 等于 cd·sr·W^{-1},即 cd·sr·kg^{-1}·m^{-2}·s^3,其中的千克、米和秒是以 h、c 和 $\Delta\nu_{\text{Cs}}$ 定义的."

坎德拉和定义所用常量之关系如下:

$$1 \text{ cd} = \frac{1}{683 \times 6.626\,070\,15 \times 10^{-34} \times 9\,192\,631\,770^2} K_{\text{cd}} h (\Delta\nu_{\text{Cs}})^2$$

该定义与之前的定义相比没有重大的变化,只是更新了米和秒等的定义. 虽然坎德拉是以秒和瓦特来定义的,但坎德拉仍然是 SI 基本单位.

以坎德拉为基础,可以导出一系列常用导出单位. 需要指出的是,坎德拉不是一个实

与坎德拉相关的导出单位

用的单位,因为它只适用于理想化的点光源. 在实际情况下,仪器直接测量的是有限区域传感器上的入射光,即以 lm/m^2(lx) 为单位的照度. 有关发光强度的进一步知识请参阅光度学方面的专业书籍.

关于可见光、X 射线、紫外线和红外线等其他电磁波辐射的计量的学科称为辐射度量学,其研究方法和定义与光度学有许多相似之处. 但是在辐射度量学中,排除了人的生理结构以及心理方面的影响因素,其反映的是辐射能本身的客观测量值.

2.5.2 光强的测量

在实际使用中,相比于发光强度,人们往往更加关心实际照度,因此在对光强进行测量时一般使用照度计对某一范围内的光通量进行测量.

在光敏探测器被广泛使用之前,照度的测量主要是将被测光源与标准光源相对比,利用人眼能够准确比较出照度是否相等的特性,改变被测光源与人眼的距离,即可确定被测光源的照度和发光强度. 这类光度计,典型的如陆末-布洛洪光度计(Lummer-Brodhun photometer,图 2-5-1)和本生油斑光度计(Bunsen's grease-spot photometer)等,但是由于这类光度计测量操作复杂,结果误差较大,所以人们已经基本不使用这类光度计.

目前,大多数光度计使用光敏电阻、光电二极管或光电倍增管等光电器件将光信号转换为电信号来实现对光照度的检测. 为了分析光谱分布,这些光电器件可与滤光片或单色仪等一起使用. 以硒光电池为例,当光线射到硒光电池表面时,入射光透过金属薄膜到达半

图 2-5-1 陆末-布洛洪光度计

导体硒层和金属薄膜的分界面,在分界面上产生光伏效应.产生的电压差与硒光电池受光表面上的照度成一定的比例关系,这时如果接上外电路,就会有电流通过,建立起该电池的光生电流与照度之间的关系后即可确定照度,并将其值通过数字仪表显示出来(图 2-5-2).

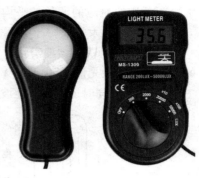

图 2-5-2　光电照度计

2.5.3 常用光学仪器

1. 光源

通常把能发射可见光的物体叫光源.物理学中将光源分为普通光源和激光光源.普通光源又分为热辐射光源和气体放电光源.在物理实验中以上几种光源都会用到.

(1) 热辐射光源.

由通电的炽热灯丝发光的光源叫热辐射光源,通常称为白炽灯.

① 普通灯泡.

普通灯泡中只有钨丝作为灯丝,通电后发出的光是白光,且为连续光谱.在灯泡前加滤色片后可得到单色光.

② 卤钨灯.

在普通灯泡内充入少量的卤族元素气体,如溴或碘的气体,这种灯泡叫卤钨灯.卤钨灯的发光效率比普通灯泡高得多,稳定性也较高.

(2) 气体放电光源.

这类光源利用某些金属物质的蒸气在电场作用下发光.

① 钠灯.

在物理实验中常用的是低压钠灯,其结构和电路如图 2-5-3 所示.

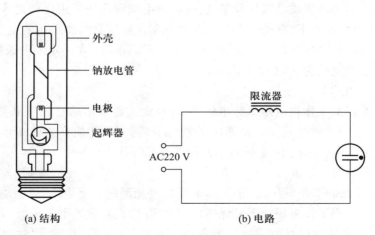

图 2-5-3　低压钠灯的结构和电路

低压钠灯用直流或交流 15 V 的电压供电,发光物质是钠蒸气.这种钠灯发出的光谱是线状光谱,主要由波长 $\lambda_1 = 589.0$ nm 和 $\lambda_2 = 589.6$ nm 的两条黄光谱线组成,实验时通常取两条谱线对应的波长的平均值 $\lambda = 589.3$ nm. 低压钠灯是一种单色性相当好的光源.

② 水银灯(汞灯).

图 2-5-4 所示即物理实验中常用的高压汞灯,这种光源的发光物质是汞蒸气,它发出的光谱也是线状光谱,其中波长 $\lambda_1 = 546.1$ nm 的绿光和 $\lambda_2 = 577.0$ nm、$\lambda_3 = 579.0$ nm 的黄光三条谱线最强,同时还存在其他波长的辐射,因此汞灯发出的光从整体上感觉接近白光.

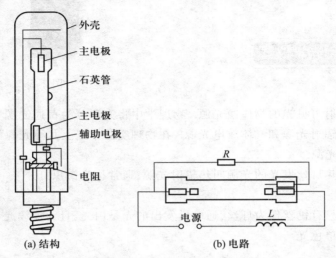

图 2-5-4　高压汞灯的结构和电路

(3) 激光光源.

激光光源是一种发光机制不同于热辐射光源和气体放电光源的新型光源. 激光具有方向性好、单色性好、相干性好和亮度高等优点,在光学实验中被广泛使用. 在实验室中常用的激光光源有氦氖激光器和半导体激光器.

① 氦氖激光器.

氦氖激光器的工作物质是氦气和氖气,在玻璃毛细管内按一定比例充入适当的氦气和氖气,在高压电场作用下,氖原子会发生受激辐射. 氦氖激光器采用的是气体泵浦源,氦气起着改善气体放电的条件、提高激光器输出功率的作用. 在一定的谐振腔条件下,氦氖激光器可以发出波长为 $\lambda = 632.8$ nm 的红色激光.

② 半导体激光器.

半导体激光器的工作物质是半导体材料,这种激光器采用的是粒子束泵浦源. 其工作的基本原理是,向工作物质注入高能电子或粒子后,工作物质产生受激辐射而发出激光. 半导体激光器具有体积小、重量轻和使用寿命长等优点.

(4) 使用光源的注意事项.

① 应注意光源的工作电压,如果工作电压超过光源的额定电压,就会缩短光源的寿命,甚至烧毁光源;当工作电压低于光源的额定电压时,光源发光不正常.

② 光源外壳多是玻璃材料,易碎,光源中灯丝纤细,易断裂. 使用时要注意轻拿轻放,避免撞击或剧烈震动.

③ 激光能量集中,切不可用裸眼正对激光观看.

④ 气体放电光源和激光光源通电后,须等片刻才能正常发光.

⑤ 严禁用手触摸光源的高压电源电极,高压电源外壳要接安全地线.

2．光学元件

（1）光学元件的特点.

在光学实验中,要用到很多光学元件,如各种透镜、棱镜、反射镜、激光扩束镜、光栅等.这些元件都是用光学玻璃材料经过精加工后再研磨而成的,有的光学面上还镀有一层特殊材料的光学薄膜(如增透膜、增反膜、半反半透膜等),使用中要注意不能用物体接触光学面,以免损坏或划伤光学面.

（2）注意事项.

① 严禁用手触及光学元件的光学面,用手拿光学元件时,只允许接触光学元件的非光学面(通常为磨砂面,毛面),如图 2-5-5 所示.

② 光学元件的材料易碎,操作时应当轻拿轻放,切勿碰撞和乱放.

③ 为了保证光学面不受磨损和划伤,清洁光学元件的光学面时,只允许使用专用清洁剂清洗,应急或必要时可以使用专用的软毛刷轻轻拂去灰尘或用麂皮、镜头纸轻轻擦拭(要求向同一方向擦拭,一张镜头纸上的一部分只能擦一次,不得来回擦拭).严禁用其他物品替代,更不允许用其他化学溶剂清洗光学面.严禁使用任何物体擦拭镀膜的光学面！

④ 光学元件不允许与腐蚀性气体接触,使用和存放都应当在尘埃少的清洁环境中,而且应当避免高温和高湿度的影响.

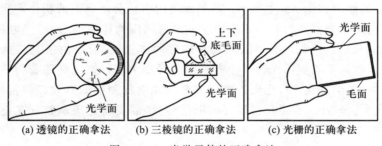

(a) 透镜的正确拿法　　(b) 三棱镜的正确拿法　　(c) 光栅的正确拿法

图 2-5-5　光学元件的正确拿法

3．光学仪器

光学仪器是由光学元件组成的光学系统与精密的机械部件构成的整套装置.无论是光学元件,还是机械部件,都是经过精加工、精细组装和调试的,因此光学仪器是非常精密的仪器,例如显微镜、望远镜、照相机、分光计、迈克耳孙干涉仪、摄谱仪等.使用及维护光学仪器时要倍加小心.

光学仪器的使用和维护注意事项除了与光学元件相同外,还包括以下几点：

（1）使用光学仪器前,必须仔细阅读仪器说明书,了解仪器的原理、结构、使用方法和操作要点,做到心中有数才能动手,严禁盲目乱动.

（2）严禁私自拆卸仪器.

（3）光学仪器在使用过程中若出现异常现象,应当立即停止使用,经检修正常后才能继续使用.

（4）金属部件应当保持光亮,防止生锈,表面要涂防锈脂,金属活动构件的配合面要涂抹相应的润滑油.

（5）光学仪器应尽量避免经常搬动,使用完毕应盖上防尘罩或防尘布.

实验 A5　激　光　监　听

声音是人类传递信息的有效手段之一,其本质是声源发出的机械波在空气中的传播与接收过程. 机械波的传播可以引起周围物体的振动,若通过装置将振动信号转换为光强的变化,再将光强的变化转换为电信号,则可实现对声音的远程监听或远距离传递.

[实验目的]

1. 了解振动信号与光信号变换的原理,能够调试光路实现激光监听.
2. 掌握光电转换的基本方法,能够分析影响监听质量的因素.
3. 理解光强测量的基本原理.

[实验仪器]

氦氖激光器,木箱,硅光电池,放大电路,扬声器等.

[实验原理]

激光监听的原理如图 A5-1 所示. 声源发出的声音会使周围的物体产生与声音有关的振动,若此时用激光器照射有一定平滑度的声源周围物体表面,调整光电探测器(接收器)可以接收到反射的光波. 虽然激光具有较好的准直性,但是由于其传播过程中会发生衍射,所以接收器接收到的光为一个有一定半径的光斑. 该光斑随着物体表面的振动会产生大小和位置的变化. 若光斑的变化完全在光电探测器的有效接收范围内,则产生的电信号变化会比较小. 若要获得较好的电信号,则需要将光斑调整到光电探测器的边缘处,如图 A5-2 所示.

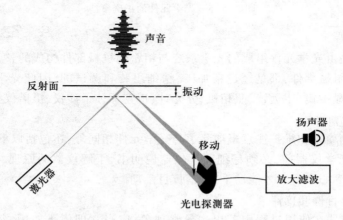

图 A5-1　激光监听原理图

光电探测器是根据光伏效应原理制作的,半导体材料内的载流子在吸收大于一定能量的光子后会从价带跃迁到导带,形成光生电动势. 若仪器设置得当,该光生电动势与原始的声音信号之间就会存在比较好的线性关系. 通过放大、滤波后,该信号即可用于驱动

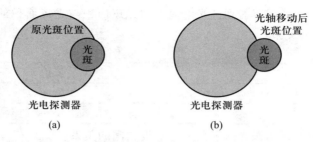

图 A5-2　理想的光斑与光电探测器位置关系

扬声器产生声音,该声音与原始声音相似.至此,通过该装置可以实现"声—振动—光—电—声"的转换,从而实现监听功能.

[实验内容]

1. 按图 A5-1 调整光路,调整激光与反射面之间的角度为 45°.

2. 用光电照度计测量激光光强分布,将数据填入表 A5-1,其中 R 为激光光斑的半径.

表 A5-1　激光光强分布

与激光光斑中心距离	0.2R	0.4R	0.6R	0.8R	1.0R	1.2R
照度/lx						

3. 打开放大电路和扬声器电源.打开木箱内的声源,测试扬声器是否有声音发出.

4. 细调光路,使扬声器发出的声音清晰.

5. 改变硅光电池与激光光斑之间的位置关系,仔细比较听到的声音,完成表 A5-2,并定性讨论照射到硅光电池上的光斑面积与光斑面积的比值与扬声器发出的声音响度之间的关系.

表 A5-2　照射到硅光电池上的光斑面积与光斑面积的比值与扬声器发出的声音响度之间的关系

照射到硅光电池上的光斑面积与光斑面积的比值	1/3	1/2	2/3	1
扬声器发出的声音响度(用 1、2、3、4 表示响度)				

6. 调整激光与反射面之间的角度,同时改变硅光电池的位置,仔细比较听到的声音,完成表 A5-3.定性说明激光入射角度与听到的声音响度之间的关系.注意此时照射到硅光电池上的光斑面积与光斑面积的比值取表 A5-2 中的最佳值.

表 A5-3　激光入射角度与响度之间的关系

激光入射角度	15°	30°	45°	60°
扬声器发出的声音响度(用 1、2、3、4 表示响度)				

[数据记录和处理]

1. 绘制激光光强与激光光斑半径之间的关系图.

2. 根据表 A5-2,说明照射到硅光电池上的光斑面积与光斑面积的比值与扬声器发出的声音响度之间的关系:

_____

_____

_____ .

3. 根据表 A5-3,说明激光入射角度与响度之间的关系:

_____

_____

_____ .

[注意事项]

1. 使用激光时,不要让激光直接照射眼睛.
2. 实验时要避免日光灯直接照射光电探测器.

思考题

1. 可否使用其他光源来实现监听?
2. 为了提高监听的质量,还有哪些因素可以改进?

[拓展内容]

1. 在硅光电池前加入透镜,研究透镜的加入位置以及焦距等参量对实验结果的影响.
2. 更换反射面的材质,研究材质对结果的影响.
3. 使用示波器和信号发生器对实验结果进行定量测量,分析各个因素之间的相互影响.

2.6　温　度

2.6.1　温度的定义

　　温度是表征物体冷热程度的物理量,在科学研究、生产和生活中都具有重要的意义.在微观上,温度反映了构成物体的原子、分子平均运动速度的快慢,原子、分子平均运动速度越快,物体的温度就越高.由于温度是原子、分子集体运动的表现,所以温度只能通过物体某些特性随着温度的变化规律来进行间接测量,量度物体温度的标度称为温标.国际单位制采用的是热力学温标(单位为开尔文,K).2018年,第26届国际计量大会对开尔文进行了重新定义:"将玻耳兹曼常量的值 k 固定为 $1.380\,649×10^{-23}$ J·K^{-1},J·K^{-1}等于 kg·m^2·s^{-2}·K^{-1},其中千克、米和秒是以 h、c 和 $\Delta\nu_{Cs}$ 定义的."

　　开尔文可以表述为下式:

$$1\text{ K}=\frac{1.380\,649×10^{-23}}{6.626\,070\,15×10^{-34}×9\,192\,631\,770}\frac{h\Delta\nu_{Cs}}{k}$$

　　新定义以基本物理常量代替了宏观物体,重新定义了热力学温标,使得该定义有更好的实际操作性和稳定性.

　　除了热力学温标外,日常生活中使用的温标还有摄氏温标(单位为摄氏度,℃),华氏温标(单位为华氏度,℉)和国际实用温标.各种温标规定了不同的温度零点和基本单位,它们之间可以相互转换,包括我国在内的多数国家常用摄氏温标,其规定一个大气压下的冰点为 0 ℃,水的沸点为 100 ℃,中间 100 等分.华氏温标是美国和一些英语国家常使用的温标,其以人体的平均温度为 100 ℉,氯化铵和冰水混合物的温度为 0 ℉,中间 100 等分.华氏度与摄氏度之间的转换关系为 $t_F/℉=(9/5)t/℃+32$.热力学温度与摄氏温度之间的转换相对简单,热力学温度值等于摄氏温度值加 273.15.国际实用温标是一个国际协议性温标,它与热力学温标相近,而且复现精度高,使用方便.

国际实用
温标

2.6.2　温度的测量

　　准确地测量温度对于生产和生活都有着重要的意义,温度的测量范围也比较广泛.

　　按照测量方式,测温仪器可以分为接触式和非接触式两大类.接触式测温仪器在使用中需要将温度计与被测物体接触,经过足够长的时间达到热平衡后,它们的温度相等.通过测量温度计的某一物理量与温度的关系,即可测得被测物体的温度.接触式温度计的优点是能够较准确地测量被测物体温度,并且一般造价低廉.常用的接触式温度计有膨胀式、压力式、热电阻与热电偶温度计等.非接触式测温仪器是利用物体热辐射随着温度的变化规律而制成的,能够在不改变被测物体状态的情况下完成测量,可以用于高

部分重要
的物理过
程对应的
温度

温测量.由于其使用辐射场测量被测物体的温度,所以其缺点在于需要对发热物体、中间介质以及仪器本身进行修正,因此其结构较复杂并且造价较高.常用的非接触式温度计有光学高温计、比色高温计和辐射高温计等.

2.6.3 常见的温度测量仪器

1. 液体温度计

液体温度计是膨胀式温度计中的一种,它是最早出现的温度测量装置之一,其测温物质为某种液体(水银、酒精或煤油等),这些测温物质的体积随着温度有较明显的变化,通过测量测温物质的体积变化即可测量出其接触的物体的温度,其结构如图 2-6-1 所示.常用的玻璃水银温度计按照精度和测温范围可以分为标准用、实验室用和工业用三种.标准用玻璃水银温度计的测温范围是 -30 ~ 300 ℃,最小分度值可以做到 0.05 ℃.实验室用玻璃水银温度计的测温范围与标准用玻璃水银温度计相同,最小分度值可以为 0.1 ℃ 或 0.2 ℃.工业用玻璃水银温度计的测温范围分为 0 ~ 50 ℃,0 ~ 100 ℃ 和 0 ~ 150 ℃等多种规格,其分度值一般为 1 ℃,在使用这种温度计时需要估读一位.

图 2-6-1 液体温度计

液体温度计使用时应当首先估计被测物体的温度,避免因为测量范围不够而损坏温度计.在读数时,应尽量使视线与液柱面在同一平面内,以消除视差.测量过程中应注意轻拿轻放,防止感温泡损坏.

2. 红外线温度计

红外线温度计是近年来发展起来的一种非接触式测温仪器.其测温原理是:当物体的温度大于绝对零度时,物体会由于原子、分子热运动而辐射红外线;红外线温度计接收物体发出的红外线,将其转换为电信号,再将电信号转换为数字信号,最后显示物体的表面温度分布或者温度的数值.红外线温度计测量温度准确、实时、快速,并且能够测量被测物体局部和整体的温度分布,在工业生产和日常生活中的应用越来越广泛.图 2-6-2 为手持型红外线温度计的实物图.红外线温度计主要有三种类型:红外线热像仪、红外线热电视和红外线测温仪(点温仪).在日常生活中使用范围较广的是红外线测温仪.红外线测温仪主要由光学系统、光电探测器、信号放大器及信号处理、显示输出等部分组成.光学系统汇集目标发射的红外线能量.由于红外线温度计是通过光学系统收集红外线能量的,因此存在视场的问题,即目标离温度计越近探测面积越小,反之则探测面积增大.在使用过

图 2-6-2 手持型红外线温度计

程中应当调整测量距离使得被测目标完全充满红外线温度计的视场,否则测量结果不可信. 为了解决这一问题,有的红外线温度计配备了激光瞄准系统,将红外线能量聚焦在光电探测器上并转变为相应的电信号,该信号经过放大器和信号处理电路按照仪器内部的算法和目标发射率校正后转变为被测目标的温度值. 在实际使用时,温度、污染和干扰等环境条件对红外线温度计的性能具有一定影响,需要进行一定的修正,具体的测量范围、误差、使用方法和环境参量可参阅相关仪器说明书.

实验 A6 热敏电阻温度特性的测量

一般而言,所有的电阻元件的电阻值都与其所处的环境温度有关,但是对于金属电阻等常用电阻,在较大范围内其电阻值随温度变化不明显. 热敏电阻是由半导体陶瓷材料构成的对温度非常敏感的元件,它的电阻值与温度之间的关系比较明显. 通过该特性,可以将温度测量转变为电阻阻值的测量,从而制作出低成本、体积小、结构简单的灵敏温度测量仪器. 热敏电阻在航空航天、深海探测、消费类电子产品和工业设备上都有着广泛的应用.

[实验目的]

1. 掌握热敏电阻元件的测温原理.
2. 测量负温度系数(NTC)热敏电阻的阻值与温度的关系,求得热敏电阻材料常量 B.

[实验仪器]

恒温水浴装置,温度计,数字万用表,电阻和导线等.

[实验原理]

1. 用恒压源法测量热敏电阻特性

用恒压源法测量热敏电阻特性电路如图 A6-1 所示.

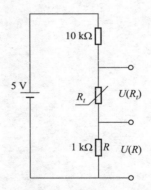

图 A6-1 用恒压源法测量热敏电阻特性电路

其中,R 为已知阻值的固定电阻,R_t 为热敏电阻. $U(R)$ 为 R 上的电压,$U(R_t)$ 为 R_t 上的电压. 假设回路电流为 I_0,根据欧姆定律,$I_0 = U(R)/R$,所以热敏电阻 R_t 的阻值为

$$R_t = \frac{U(R_t)}{I_0} = \frac{RU(R_t)}{U(R)} \tag{A6-1}$$

通过测量标准电阻和热敏电阻上的电压值即可求得热敏电阻的阻值.

2. 负温度系数热敏电阻温度传感器

热敏电阻是利用半导体电阻阻值随温度变化的特性来测量温度的,按电阻阻值随温度的变化,分为 NTC(负温度系数)热敏电阻、PTC(正温度系数)热敏电阻和 CTC(临界温度)热敏电阻. NTC 热敏电阻阻值与温度呈指数下降关系,但也可以找出热敏电阻某一较小的、线性较好的范围加以应用(如 35 ~ 42 ℃). 如需对温度进行较准确的测量,则需配置线性化电路进行校正. 以上三种热敏电阻特性曲线见图 A6-2.

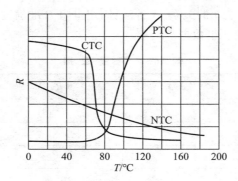

图 A6-2　热敏电阻特性曲线

在一定的温度范围内(小于 150 ℃)NTC 热敏电阻的阻值 R_T 与温度 T 之间有如下关系:

$$R_T = R_0 e^{B\left(\frac{1}{T} - \frac{1}{T_0}\right)} \qquad (A6-2)$$

式中,R_T、R_0 是温度为 T、T_0(热力学温度,单位为 K)时的阻值;B 是热敏电阻材料常量,一般情况下 B 为 2 000 ~ 6 000 K. 对一定的热敏电阻而言,B 为常量,对式(A6-2)两边取对数,则有

$$\ln R_T = B\left(\frac{1}{T} - \frac{1}{T_0}\right) + \ln R_0 \qquad (A6-3)$$

由式(A6-3)可见,$\ln R_T$ 与 $1/T$ 呈线性关系,作 $\ln R_T$-$1/T$ 图,用直线拟合,由斜率即可求出常量 B.

[实验内容]

1. 将热敏电阻及固定电阻、电源和电压表按照图 A6-3 连接.

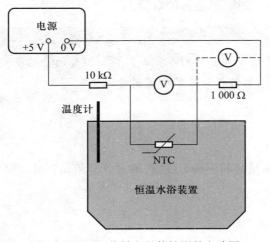

图 A6-3　NTC 热敏电阻特性测量电路图

2. 打开恒温水浴装置,开始加热. 记录室温,电压表选择 2 V 挡;从室温起开始测量,然后每隔 5.0 ℃ 设定一次温控器,待温度稳定后(2 min 内温度变化在 ±0.1 ℃ 以内),测量热敏电阻上的电压 $U(R_t)$ 以及固定电阻(1 000 Ω)上的电压 $U(R)$,将数据记入表 A6-1,根据公式(A6-1)求出 R_t 与 t 的关系. (备注:固定电阻 R 准确度为 0.1%.)

包括室温在内共记录 7 组数据.

表 A6-1 测 量 数 据 R = _____ Ω

t/℃	$U(R_t)$/V	$U(R)$/V	R_t/Ω

3. 作 $\ln R_T$ 与 $1/T$ 关系图,用作图法求出斜率.
4. 用最小二乘法线性拟合实验数据,由斜率求出常量 B,给出线性拟合的相关系数.

[数据记录和处理]

使用 Excel 或 Origin 处理实验数据,具体操作方法见 1.5 节.

[注意事项]

1. 电压表读数时应根据其最大仪器误差确定读数位数.
2. 使用过程中不要把水溅到仪器上.
3. 数据拟合时应注意横、纵坐标的取值.

📖 思考题

1. 实验中的主要误差来源有哪些? 如何提高测量的准确度?
2. 在实际使用中,如何利用热敏电阻测量温度?

[拓展内容]

分析实验中各个测量量的不确定度,并通过计算给出实验结果的不确定度表达式.

第三章
基础性实验

3.1 力 学 实 验

实验 B1 金属丝弹性模量的测量

弹性模量又称为杨氏模量(Young modulus),是表征各向同性材料在弹性范围内应力与应变之间的关系的物理量,是工程技术中常用的重要参量. 在各向异性材料中,杨氏模量可能具有不同的值,具体取决于施加的力相对于材料结构的方向.

对固体弹性的研究最初的动机是理解材料的断裂行为并进行有效的控制. 达·芬奇(Leonardo Da Vinci)曾在他的笔记中记载了测试绳索拉伸强度的一种实验,由于绳索中的缺陷分布,他认识到绳子的强度与长度可能存在依赖关系. 伽利略详细讨论了固体的形变和强度之间的关系,他研究了杆单向拉伸断裂时的载荷,得出了断裂载荷与杆长无关的结论. 1705 年,伯努利(Jacobi Bernoulli,瑞士数学家和力学家)在他生平的最后一篇论文中指出,要正确描述材料纤维在拉伸下的变形,就必须给出单位面积上的作用力(即应力),单位长度的伸长(即应变). 1727 年,欧拉(Leonhard Euler,瑞士数学家与力学家)给出了应力与应变之间的关系,确定了弹性模量的定义. 1782 年,意大利科学家里卡蒂(Giordano Riccati)第一个通过实验验证了弹性模量的定义. 托马斯·杨(Thomas Young)在 1807 年也在其著作中描述了弹性模量的特征,弹性模量在使用中常常被称为杨氏模量.

在弹性模量的定义确定之前,在工程应用中需要用胡克定律 $F = k\Delta x$ 来识别物体受已知载荷(F)影响的形变(Δx),其中要确定常量 k 需要考虑被测物体的几何形状和材料的种类,对每一个被测物体都要重新进行测试. 而弹性模量仅与材料本身有关,不取决于其几何形状,对其进行测量带来了工程应用上的革命.

弹性模量在科学和工程研究中具有广泛的应用,例如,在油井中需要测量油层到地面的距离,在油层的位置把套管射穿,使原油渗入井中进行开采. 由于油层埋藏深度大、厚度较小,所以对打孔的位置精度要求非常高. 打孔在非油层区,油井不产油;打孔在油层边缘,油井产油量少. 在测井过程中,一般需要将探测传感器系在钢丝绳一端放入井中,油层到地面的距离等于钢丝绳放入井中的长度. 但是由于传感器的重量和钢丝绳的自重,钢丝绳会被拉伸,油层到地面的距离大于钢丝绳的自然长度,因此在实际应用中需要测出钢丝绳的弹性模量,对钢丝绳的长度进行修正,方能给出油层到地面的准确距离,实现石油开采.

测量弹性模量的方法有很多,例如拉伸法、梁弯曲法、内耗法和振动法等,而且随着技术的发展,光学方法、超声方法和电学方法等都应用到了弹性模量的测量中.在本实验中,我们使用拉伸法测量弹性模量,通过实验可以学习用光杠杆放大法测量微小形变,同时能够用逐差法处理数据.

[实验目的]

1. 掌握用光杠杆放大法测量微小长度变化量的原理.
2. 学会测量弹性模量的一种方法.
3. 学会使用逐差法处理数据.

[实验仪器]

弹性模量测定仪,钢卷尺,千分尺,钢直尺,砝码等.

[实验原理]

设一柱状金属物体长为 L,截面积为 S,沿柱的纵向施力 F 后,物体的伸长或缩短量为 ΔL. 比值 F/S 称为应力,它决定了物体的相对形变大小. 在物体的弹性限度内应力和应变成正比,比例系数

$$E = \frac{F/S}{\Delta L/L} \tag{B1-1}$$

称为弹性模量. 由式(B1-1)可知,只要测出等式右边各物理量便可计算出物体的弹性模量. 在本实验中,物体长度、截面积以及加在物体上的力都可以通过基本测量仪器获得,然而物体的伸长量 ΔL 一般很小,用一般长度测量仪器直接测量不易测准,需要使用实验方法把伸长量 ΔL 放大后进行测量.

1. 弹性模量测定仪

如图 B1-1(a)所示,金属丝的上端固定在支架 A 处. T 为一个固定平台,其高度可调,中间开有一孔. C 为中间带有圆孔的圆柱,金属丝可从其中间沿轴线穿过,并被 C 卡住,C 可以在 T 平台孔中上下自由移动,金属丝下端挂着可放砝码的托盘. 实验时,金属丝随增减砝码而伸缩,并带动 C 一起运动. 弹性模量测定仪之所以能准确地测出金属丝的微小长度变化量,是因为利用了光杠杆的放大原理将 C 的位移大小转换成可观测的变换量.

2. 光杠杆放大原理

如图 B1-1(b)所示,假设开始时平面镜 M 的法线在水平位置,标尺 H 上的刻度 n_0 发出的光通过平面镜反射进入望远镜,在望远镜中能够观察到标尺上 n_0 的像. 当加砝码时,与金属丝联动的 C 由原来的位置移动到 C′位置,对应的金属丝被拉伸 ΔL. 由于光杠杆的后足与 C 联动,使平面镜 M 转过一个角度 α 至 M′位置,法线也转了同样的角度 α. 根据光的反射定律,此时只有从 n 发出的光才能通过平面镜反射到望远镜内. 即当增加砝码后,望远镜内观察到的读数将从 n_0 变为 n.

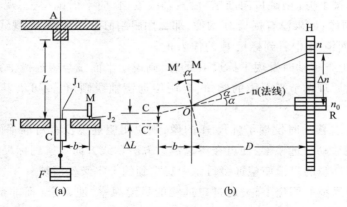

图 B1-1

J$_1$—光杠杆后足;J$_2$—光杠杆前足;M—光杠杆上的平面镜;

C—中间带有圆孔的圆柱;H—标尺;R—望远镜;T—固定平台

由图 B1-1(b)可知

$$\tan \alpha = \frac{\Delta L}{b}, \quad \tan 2\alpha = \frac{\Delta n}{D}$$

式中,b 为光杠杆的足间距,D 为标尺到平面镜的距离,$\Delta n = n - n_0$ 为标尺示数的变化. 由于 α 很小,所以 $\alpha \approx \frac{\Delta L}{b}, 2\alpha \approx \frac{\Delta n}{D}$,则

$$\Delta n = \frac{2D}{b} \Delta L \tag{B1-2}$$

此式即光杠杆的放大倍数公式. 可见,经光杠杆转换,难以测量的微小变化量 ΔL 的测量变成了相对较大的量 Δn 的测量,Δn 可以通过标尺读数变化直接测得. 光杠杆的放大倍数为 $\frac{2D}{b}$,在可测范围内光杠杆放大倍数为 50~60 倍.

将公式(B1-2)代入公式(B1-1),得

$$E = \frac{8FLD}{\pi d^2 b \Delta n} \tag{B1-3}$$

式中,d 为金属丝的直径. 对这些物理量进行测量即可得到金属丝的弹性模量.

[实验内容]

1. 仪器调节

(1) 检查弹性模量测定仪支架下平台上的水平仪气泡是否居中,若不居中则调整弹性模量测定仪下的三个螺丝使气泡居中,此时平台水平,支架竖直.

(2) 将光杠杆后足放在 C 的上端面上,不要与金属丝接触,也不要放到 C 与 T 的接缝处,两只前足放在平台的沟槽内. 粗调平面镜使之垂直于平台.

(3) 调节望远镜的高度,使望远镜光轴水平且与 M 的中心大致等高,调节标尺 H,使其竖直,且 0 刻度线与望远镜光轴大致等高.

（4）从望远镜上方（由缺口向准星）沿其轴线方向，向平面镜望去，观察平面镜 M 中是否有标尺 H 的像；如果没有标尺 H 的像，那么用眼睛盯住平面镜 M，视线向上下或左右移动，直到在平面镜 M 中看到标尺 H 的像为止.

注：若视线上下移动时发现了标尺 H 的像，则说明平面镜与望远镜垂直度偏离过大，应根据光的反射原理调节平面镜的倾角，再调望远镜轴线倾角，便可沿其轴线方向观察到标尺 H 的像.

若视线向左右移动时发现了标尺 H 的像，则说明望远镜没有对准平面镜，应向视线移动的方向慢慢移动望远镜架，便可在望远镜上方沿轴线方向观察到标尺 H 的像.

（5）旋转望远镜的目镜使望远镜目镜中观察到的十字叉丝清楚.

（6）粗调望远镜的调焦手轮，通过望远镜的目镜观察，使整个（而非部分）平面镜的像出现在目镜中，进而继续调节望远镜的调焦手轮即可调出清晰的标尺 H 的像.

（7）调节平面镜的倾角，使望远镜中标尺的 0 刻度线像在十字叉丝附近.

（8）为了方便读数，可以微调望远镜目镜底下的调节螺丝使望远镜十字叉丝的水平线与标尺的 0 刻度线对齐（不要动标尺，也可以不做此项调节）.

（9）眼睛对着目镜上下移动，若望远镜十字叉丝的水平线与标尺的刻度线有相对位移，则说明存在视差，细调调焦手轮和目镜可消除视差.

2. 测量

（1）仪器调节完毕后，光学系统不能改变，记下初始读数 n_0.

（2）在托盘上每次增加 1 kg 砝码，在望远镜中观察标尺的像，并逐次记下相应的读数 n_i. 然后逐次将砝码取下，记录相应的读数 n_i'.

（3）用钢卷尺测出金属丝的长度 L 和平面镜 M 到标尺 H 的距离 D.

（4）取下光杠杆，将其放在纸上，用力压光杠杆，将光杠杆的足迹印在纸上，连接两前足的印点，过后足印点作该线段的垂线，垂线的长度即光杠杆的足间距 b.

（5）在金属丝的不同位置上，用千分尺测金属丝的直径 d_i，要求测 6 次，测量前要读出千分尺的零点误差并记录.

[数据记录和处理]

1. 数据记录表格

将数据记入表 B1-1、表 B1-2 和表 B1-3.

表 B1-1　单次测量数据

被测量	测量值	标准不确定度 $u_c = u_B$	$\dfrac{u_c}{N}$	$N \pm u_c$
L/mm				
D/mm				
b/mm				

表 B1-2 金属丝直径数据 $\qquad d_0 = \underline{\qquad}$ mm

次数 n	1	2	3	4	5	6	$\bar{d}/\text{mm}$	u_B/mm
d_i/mm								
$\Delta d_i(=d_i-\bar{d})/\text{mm}$							—	—
$u_A(d)=\sqrt{\dfrac{\sum\limits_{i=1}^{n}(\Delta d_i)^2}{n(n-1)}}=$			$u_c(d)=\sqrt{u_A^2(d)+u_B^2(d)}=$			$\dfrac{u_c(d)}{\bar{d}}=$		$d=\bar{d}\pm u_c(d)=$

表 B1-3 标 尺 示 数

砝码质量/kg	0.000	1.000	2.000	3.000	4.000	5.000	6.000	7.000	8.000	9.000	10.00	11.00
加码读数$(n_i)/\text{mm}$												
减砝读数$(n_i')/\text{mm}$												
平均值$(\bar{n}_i)/\text{mm}$												
$\delta n_i(=\bar{n}_{i+6}-\bar{n}_i)/\text{mm}$							$\overline{\delta n}=\dfrac{1}{6}\sum\limits_{i=1}^{6}\delta n_i=$					
$\Delta\delta n_i(=\delta_{ni}-\overline{\delta n})/\text{mm}$							$u_A(\delta n)=\sqrt{\dfrac{1}{30}\sum\limits_{i=1}^{6}(\Delta\delta n_i)^2}=$					
$u_B(\delta n)=0.3$ mm		$u_c(\delta n)=\sqrt{u_A^2(\delta n)+u_B^2(\delta n)}=$					$\dfrac{u_c(\delta n)}{\delta n}=$					

2. 数据处理

在本实验中，$F=mg$，$m=1$ kg，$g=9.80772$ N/kg(大庆)，且 $u_c(F)=0.020$ N.

(1) 由式(B1-3)计算弹性模量的平均值 $\bar{E}$，其中 $\Delta n=\dfrac{1}{6}\overline{\delta n}$.

(2) 计算 E 的相对标准不确定度:

$$\frac{u_c(E)}{\bar{E}}=\sqrt{\left[\frac{u_c(F)}{\bar{F}}\right]^2+\left[\frac{u_c(L)}{\bar{L}}\right]^2+\left[\frac{u_c(D)}{\bar{D}}\right]^2+\left[\frac{2u_c(d)}{\bar{d}}\right]^2+\left[\frac{u_c(b)}{\bar{b}}\right]^2+\left[\frac{u_c(\delta n)}{\delta n}\right]^2}$$

标准不确定度为

$$u_c(E)=\bar{E}\cdot\frac{u_c(E)}{\bar{E}}$$

取 $k=2$，计算扩展不确定度:

$$U=2u_c(E)$$

写出结果表达式:

$$E=\bar{E}\pm U;\quad k=2$$

[注意事项]

1. 加砝码时,应尽量让砝码的缺口相互错开,避免砝码过多后倒塌.

2. 加减砝码时,如果金属丝和砝码一起晃动,会导致望远镜中观察到的像也跟着晃动,需要将其稳定后读数.

3. 由于金属丝存在部分的扭曲位置,导致金属丝在同一状态下的加码读数和减码读数可能差别较大,不必要求其完全相同.

4. 测量 L 时,要测量的是从圆柱 C 的上端面到支架 A 顶端的下固定点之间的金属丝的长度.

5. 实验过程中不要用手触摸光学仪器表面.

思考题

1. 光杠杆有什么优点?怎样提高光杠杆测量的灵敏度?

2. 何为视差?怎样判断与消除视差?

3. 为什么要用逐差法处理实验数据?

4. 在调节弹性模量测定仪时发现十字叉丝的水平线不指标尺的 0 刻度线,如何调节才能使之指零?

[拓展内容]

在本实验的基础上设计一种方法,不是使用望远镜,而是利用激光器测量金属丝的弹性模量.

实验 B2　液体黏度的测量

气体、液体都是具有黏性的流体,当液体流动时,平行于流动方向的各层液体之间的速度不尽相同,各液层之间存在相对运动,在层与层之间的接触面上将产生一对等值反向的摩擦力,阻碍液层间的相对运动. 液体的这种性质称为黏性,对应的摩擦力称为黏性力. 管道中流动的液体因受到黏性阻力流速变慢,必须用泵推动才能使其保持匀速流动;划船时也需要克服水对船的黏性阻力.

液体黏度的测定在实际工作中有重大意义. 在石油、化工、医药、冶金等行业中,其原料、中间产品及成品大多呈液态(图 B2-1),黏度是与这些液体性质相关的重要技术指标之一;在水利、热力工程中,黏度会影响水、石油、蒸汽等流体在管道中长距离输送时的能量损耗;在机械工业中,各种润滑油的选择要考虑其黏度应受温度影响较小;化学上测定高分子物质的分子量,医学上分析血液的黏度等,都需要测定相应液体的黏度;在基础研究中,黏度的测定也占有非常重要的地位. 如研究胶体稀溶液的黏度,有助于了解质点的大小与形状、质点与介质间的相互作用等.

图 B2-1　具有黏性的液体

由于内摩擦力和速度梯度不能直接测量,因此通常采用间接法测量黏度,常用的有落球法(斯托克斯法)、毛细管法、转筒法、杯式黏度计法等,每种测量方法均有各自的优缺点和适用范围. 其中落球法适合测量黏度较大并有一定透明度的液体,如蓖麻油、变压器油、机油、甘油等.

[实验目的]

1. 了解有关液体黏度的知识,用落球法测量液体的黏度.
2. 观察液体的内摩擦现象,了解小球在液体中下落的运动规律.
3. 掌握读数显微镜的使用方法.
4. 通过对零级近似理论公式计算结果的一、二级修正,了解其对测量结果的影响.

[实验仪器]

盛有蓖麻油的量筒,读数显微镜,游标卡尺,秒表,钢直尺,小钢球,有机玻璃板等.

[实验原理]

理论和实验表明,黏性力的方向沿液层的接触面,大小与两液层接触面积 S 及速度梯度 $\mathrm{d}v/\mathrm{d}x$ 成正比,即

$$F = \eta S \frac{\mathrm{d}v}{\mathrm{d}x} \tag{B2-1}$$

式中,η 称为黏性系数,又称为黏度,其单位为 Pa·s. 黏度是反映液体黏性的主要参量,

是反映液体流动行为特征的重要物理量之一. 黏度大的液体比较黏稠, 不易流动, 黏性力大; 黏度小的液体比较稀淡, 容易流动, 黏性力小. 黏度与液体的性质(组成)和温度有关, 组成液体的质点间相互作用力越大, 黏度越大. 组成不变时, 固体和液体的黏度随温度的上升而降低(气体与此相反).

一个在静止液体中缓慢下落的小球, 受到三个力的作用: 重力、浮力和摩擦阻力. 这里与运动方向相反的摩擦阻力就是黏性力. 如果小球很小、质量均匀, 在液体中下落时的速度很小, 液体黏度较大, 且在各方向上是无限广延的, 那么, 小球在运动过程中不产生涡流, 根据斯托克斯定律, 这时小球受到的黏性力为

$$F = 3\pi\eta dv \tag{B2-2}$$

式中, η 是液体的黏度, d 是小球的直径, v 是小球下落时的速度.

设小球的密度为 ρ, 体积为 V, 液体的密度为 ρ_0, 重力加速度为 g. 当小球在液体中下落时, 所受重力 $\rho V g$ 方向竖直向下, 浮力 $\rho_0 V g$ 和黏性力 F 方向竖直向上, 由式(B2-2)可知, F 随小球速度的增加而增大. 若小球从液面自由下落, 则在运动初期, 小球做加速运动. 当小球速度增加到某一值 v_0 时, 小球所受合力为零, 此后小球就以 v_0 匀速下落, 这时

$$V(\rho-\rho_0)g = 3\pi\eta dv_0 \tag{B2-3}$$

从而可以得黏度 η 为

$$\eta = \frac{(\rho-\rho_0)gd^2}{18v_0} \tag{B2-4}$$

v_0 是小球在无限广延的液体中匀速下落的速度, 称为终极速度.

实际的实验环境并不能完全满足式(B2-2)所要求的条件. 液体不可能是无限广延的, 而是置于如图 B2-2 所示的容器中, 需要考虑液体边界的影响. 设容器(量筒)的直径为 D, 小球通过上标线前已开始匀速运动, $v_0 = L/t$ (L 为量筒上、下标线间的距离, t 为小球通过距离 L 所用时间), 小球从量筒的中心线下落, 那么式(B2-4)应修正为

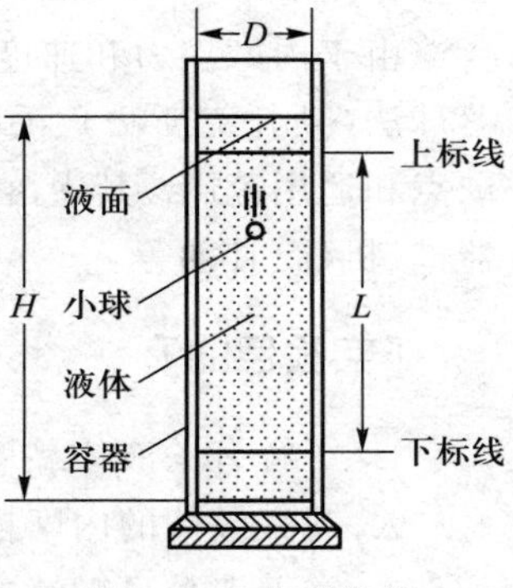

$$\eta = \frac{1}{18} \frac{(\rho-\rho_0)gd^2}{v_0\left(1+2.4\dfrac{d}{D}\right)\left(1+3.3\dfrac{d}{2H}\right)} \tag{B2-5}$$

图 B2-2　实验装置

在多数情况下, $d \ll H$, 与高度相关的修正项可以忽略, 则上式变为

$$\eta = \frac{1}{18} \frac{(\rho-\rho_0)gd^2t}{L\left(1+2.4\dfrac{d}{D}\right)} \tag{B2-6}$$

由式(B2-5)或式(B2-6)即可计算黏度 η.

应该指出的是, 式(B2-2)成立的另一个条件是小球下落过程中不会在液体内产生涡流或涡流的影响可以忽略.

当涡流的影响不能忽略时, 式(B2-2)应该改写成

$$F = 3\pi\eta dv\left(1+\frac{1}{16}Re-\frac{19}{1\,080}Re^2+\cdots\right) \tag{B2-7}$$

在式(B2-7)中,Re 称为"雷诺数",其定义为

$$Re = \frac{v_0 \rho_0 d}{\eta} \qquad (B2-8)$$

可以把式(B2-7)括号中的第二项和第三项,看成对斯托克斯公式的一级修正和二级修正,而式(B2-2)可以看成式(B2-7)的零级近似. 若 $Re = 0.1$,则零级近似与一级近似的值相差约 2%,二级修正很小可忽略不计;若 $Re = 0.5$,则零级近似与一级近似的值相差约 10%,二级修正仍可忽略不计.

当需要计算一、二级修正时,可以利用经过修正的斯托克斯公式,得到黏度一级近似值:

$$\eta' = \eta_0 - \frac{3}{16} v_0 \rho_0 d \qquad (B2-9)$$

式中 η_0 是液体黏度的零级近似值.

[实验内容]

1. 选择两种直径的小钢球各 3 个,用读数显微镜测量出这 6 个小钢球的直径 d. 每个小钢球直径测量三次,求其平均值.

2. 将小钢球依次放入量筒中心处,观察小钢球的运动情况,务必使小钢球沿量筒中心轴线下落,用秒表测量每个小钢球通过上、下标线间的距离所需的时间 t.

3. 用钢直尺测量量筒上、下标线之间的距离 L 一次.

4. 用游标卡尺测出量筒的内径 D.

5. 记录被测液体温度 T.

6. 记录液体黏度在温度 T 时的理论值.

[数据记录和处理]

1. 数据表格

将数据记入表 B2-1.

表 B2-1　测量数据记录表

上、下标线间距 $L =$ ＿＿＿＿＿ mm,温度 $T =$ ＿＿＿＿＿ ℃,黏度理论值 $\eta =$ ＿＿＿＿＿ Pa·s.

量筒内径/mm			
D_1	D_2	D_3	$\overline{D}$

序号	小钢球直径/mm				时间 t/s	黏度(零级近似值) $\eta_0/(\text{Pa·s})$
	x_1	x_2	d	$\overline{d}$		
1						

续表

序号	小钢球直径/mm				时间 t/s	黏度(零级近似值) η_0/(Pa·s)
	x_1	x_2	d	$\bar{d}$		
2						
3						
4						
5						
6						

其中,$\rho = 7.806 \times 10^3$ kg/m³,$\rho_0 = 9.690 \times 10^2$ kg/m³,$g = 9.807\,72$ m/s²(大庆).

2. 数据处理

(1)零级近似值. 利用式(B2-6)计算由每个小钢球所得到的被测液体黏度的零级近似值.

(2)利用式(B2-9),计算由两种不同直径小钢球所得到的被测液体黏度的一级近似平均值.

(3)将由两种不同直径小钢球所得到的被测液体黏度的零级近似平均值和一级近似平均值与给定的液体黏度值比较,并进行必要的讨论.

[注意事项]

1. 实验时,液体中应无气泡. 小钢球要圆而清洁. 小钢球要沿量筒轴线投入.

2. 因为液体的黏度随温度的变化较大,所以在实验过程中不要用手触摸量筒壁,并尽量缩短投球时间间隔.

3. 盛有蓖麻油的量筒尽量不要移动位置,防止损坏量筒或将蓖麻油洒落在实验台上.

4. 使用读数显微镜时,应注意测微鼓轮的回程(空转)误差.

5. 记录时间时,眼睛一定要平视标线.

思考题

1. 分析本实验产生误差的主要原因. 在测量过程中怎样做才能尽可能地减小误差?

2. 量筒的上标线是否可在液面位置? 为什么?

3. 为什么小钢球要沿量筒轴线下落?

4. 若小钢球表面粗糙或有油脂、尘埃等,将产生哪些影响?

[拓展阅读]

液体的黏度

实验 B3　用三线摆法测量刚体转动惯量

1687年,英国著名物理学家牛顿在其巨著《自然哲学的数学原理》里整理并重新表述了伽利略的惯性定律.牛顿第一定律指出,任何物体都具有惯性.而惯性的表现形式又因物体的运动形式不同而不同.对于质点的运动和低速情况下物体的平动来说,惯性可以用质量来量度;当刚体绕定轴转动时,转动惯性可用转动惯量来描述.转动惯量是刚体转动惯性的量度,是研究和描述刚体转动规律的重要物理量.

转动惯量在生产生活、科学实验、工程技术和航天等领域中有非常广泛的应用.例如,电动机的工作性能就依赖于转动惯量的正确设计,直升机的飞行稳定性则与飞轮的转动惯量密不可分.高空走钢丝运动员往往手里拿着一根很长的杆,用以增加转动惯量,从而保持自身平衡.

神舟十三号飞船进入预定轨道后,经过一系列的姿态调整,与天和核心舱完成交会对接,这是中国载人飞船在太空实施的首次径向交会对接,虽然只是方向变了90°,但是对接的难度却大了不少.这一系列状态调整中既有平动又有转动,为了实现对它的高精度、高效率的控制,就必须知道它的姿态参量,如它绕某一特定轴的转动惯量,这样才能建立动力学模型,进行有效的控制.除此之外,在炮弹、飞轮、发动机叶片等的设计中都需要测定其转动惯量.可见,在日常生活、常规武器以及尖端科技等领域,人们都离不开转动惯量的精确测量.

测定刚体转动惯量的实验方法有多种,如塔轮法、扭摆法、复摆法、三线摆法等,其中三线摆法具有物理思想清晰、设备简单、直观、测试方便等优点.

[实验目的]

1. 理解转动惯量的含义及应用.
2. 学会用积累放大法测量周期性运动的周期.
3. 学会用三线摆法测定物体的转动惯量.
4. 验证转动惯量的平行轴定理.

[实验仪器]

三线摆转动惯量实验仪,钢卷尺,游标卡尺等.

[实验原理]

1. 转动惯量的定义

刚体绕轴转动时,在合外力矩 M 的作用下,将获得角加速度 α,α 与 M 的大小成正比,并与转动惯量 I 成反比,这一关系称为刚体的转动定律,其数学表达式为

$$M = I\alpha$$

将刚体的转动定律与牛顿第二定律 $F = ma$ 相比较,可以看到,转动惯量与质点的质量的地位相当.

转动惯量 I 的定义式为

$$I = \sum_{i=1}^{n} \Delta m_i r_i^2 \tag{B3-1}$$

式中，Δm_i 代表该刚体内任一个质元的质量，r_i 代表该质元与转轴之间的距离（图 B3-1）．转动惯量 I 的量值取决于物体形状、质量分布及转轴的位置．

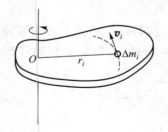

图 B3-1　刚体绕轴转动示意图

图 B3-2 列出了几种常见刚体的转动惯量．对于形状规则的刚体，可以通过几何形状的测量，再通过数学计算得到其转动惯量．而对于形状复杂的刚体，用数学方法比较困难，通常采用实验的方法测定其转动惯量．

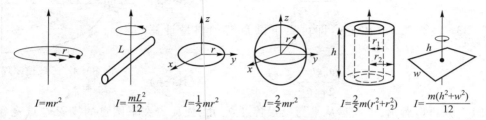

图 B3-2　几种常见刚体的转动惯量

2. 用三线摆法测量转动惯量

三线摆实验装置如图 B3-3 所示，上、下圆盘均处于水平状态，且悬挂在横梁上．三条对称分布的等长悬线将两圆盘相连．上圆盘固定，下圆盘可绕中心轴 OO' 做扭摆运动．当下圆盘转动角度很小，且忽略空气阻力时，扭摆运动可近似看成简谐振动．据能量守恒定律和刚体的转动定律可以导出物体绕中心轴的转动惯量．（常用单位是 $\text{kg} \cdot \text{m}^2$．）

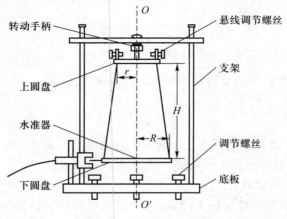

图 B3-3　三线摆实验装置

（1）下圆盘绕中心轴的转动惯量.

当质量为 m_0 的下圆盘绕中心轴 OO' 做简谐振动时，其运动方程为

$$\theta = \theta_m \sin \frac{2\pi}{T_0} t \qquad (B3-2)$$

式中，θ_m 为角振幅，T_0 为振动周期，当摆离开平衡位置最远时，其重心升高 h（如图 B3-4 所示）. 根据机械能守恒定律得

$$\frac{1}{2} I_0 \omega_0^2 = m_0 g h \qquad (B3-3)$$

转动角速度为

$$\omega = \frac{\mathrm{d}\theta}{\mathrm{d}t} = \frac{2\pi\theta_m}{T_0} \cos \frac{2\pi}{T_0} t \qquad (B3-4)$$

经过平衡位置时的最大角速度为

$$\omega_0 = \frac{2\pi\theta_m}{T_0} \qquad (B3-5)$$

将式（B3-5）代入式（B3-3）即可得下圆盘转动惯量计算公式：

$$I_0 = \frac{m_0 g h T_0^2}{2\pi^2 \theta_m^2} \qquad (B3-6)$$

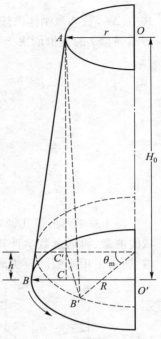

图 B3-4 三线摆原理

由图 B3-4 可以看出，下圆盘从平衡位置转过 θ_m 角，使 A 点在下圆盘的投影 C 点变到 C' 点，CC' 即下圆盘上升高度 h.

考虑到 $|AB| = |AB'|$，$|AC| + |AC'| \approx 2H_0$，又因为 θ_m 很小，所以 $\sin \theta_m \approx \theta_m$，则

$$h = |AC| - |AC'| = \frac{|AC|^2 - |AC'|^2}{|AC| + |AC'|}$$

由于

$$|AC|^2 = |AB|^2 - |BC|^2 = |AB|^2 - (R-r)^2$$
$$|AC'|^2 = |AB'|^2 - |B'C'|^2 = |AB|^2 - (R^2 + r^2 - 2Rr\cos\theta_m)$$

所以

$$h = \frac{Rr(1-\cos\theta_m)}{H_0} \approx \frac{Rr\theta_m^2}{2H_0}$$

将其代入式（B3-6）可得下圆盘转动惯量的计算公式：

$$I_0 = \frac{m_0 g R r T_0^2}{4\pi^2 H_0} \qquad (B3-7)$$

式中，m_0 为下圆盘质量，r、R 分别为上下悬点离各自圆心的距离，H_0 为平衡时上、下圆盘的垂直距离，T_0 为下圆盘做简谐振动的周期，g 为重力加速度.

（2）被测物体的转动惯量.

将质量为 m 的被测物体放在下圆盘上，并使被测物体的转轴与 OO' 轴重合，测定加入被测物体后下圆盘做简谐振动的周期 T_1，同理可求得被测物体和下圆盘对中心转轴

OO'的总的转动惯量为

$$I_1 = \frac{(m_0+m)gRrT_1^2}{4\pi^2 H} \qquad (B3-8)$$

式中，T_1为加入被测物体后下圆盘做简谐振动的周期，H为加入被测物体后上、下圆盘的垂直距离. 若忽略因重量变化而引起的悬线伸长，则有$H_0 \approx H$. 那么，被测物体绕中心轴OO'的转动惯量为

$$I = I_1 - I_0 = \frac{gRr}{4\pi^2 H_0}\left[(m_0+m)T_1^2 - m_0 T_0^2\right] \qquad (B3-9)$$

若被测物体为圆环，则圆环绕中心轴转动惯量理论值计算公式为$I_{理} = \frac{1}{2}m(R_1^2+R_2^2)$，通过比较$I$与$I_{理}$即可算出相对误差$E$.

（3）验证平行轴定理.

如图 B3-5 所示，若质量为m的刚体绕其质心轴的转动惯量为I_0，则当转轴平行移动距离x后，此刚体对新轴OO'的转动惯量为$I_{OO'} = I_0 + mx^2$，这一结论称为平行轴定理.

若把质量为m'、半径为R_x的两相同圆柱，对称地放在下圆盘上，测定加入两圆柱后下圆盘做简谐振动的周期T_x，同理可求得两圆柱和下圆盘对中心轴OO'的总的转动惯量为

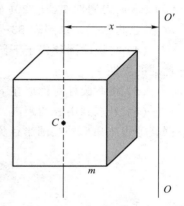

图 B3-5　平行轴定理

$$I_x = \frac{(m_0+2m')gRr}{4\pi^2 H_0}T_x^2 \qquad (B3-10)$$

则被测圆柱的转动惯量为

$$I_x' = \frac{1}{2}\left[\frac{(m_0+2m')gRr}{4\pi^2 H_0}T_x^2 - I_0\right] \qquad (B3-11)$$

如果测出圆柱中心与下圆盘中心之间的距离x以及圆柱的半径R_x，由平行轴定理得每个圆柱绕中心轴OO'的转动惯量为

$$I_x'' = m'x^2 + \frac{1}{2}m'R_x^2 \qquad (B3-12)$$

比较I_x''与I_x'的大小，可验证平行轴定理.

[实验内容]

1. 调整三线摆装置

（1）观察上圆盘上的水准器，并调节底座上的三个螺钉，直至上圆盘水准器中的气泡位于中央，此时上圆盘水平.

（2）观察下圆盘上的水准器，利用上圆盘上的三个旋钮改变三悬线的长度，直至下圆盘水准器中的气泡位于中央，此时下圆盘水平.

（3）适当调节光电传感器位置，使下圆盘的挡光杆能自由往返通过光电门槽口，并且能完全挡光.

2. 测量物体转动惯量

（1）接通 FB203A 型数显计时计数毫秒仪的电源,连接光电接收装置与毫秒仪.预置测量次数为 20 次(可根据实验需要从 1~99 次任意设置).

（2）设置测量次数时,可分别按"置数"键的十位或个位按钮进行调节,且数字调节只能按进位操作,设置完成后自动保持设置值,直到再次改变设置为止.

（3）在下圆盘处于静止状态时,双手扶稳上圆盘,将上圆盘转过一个小角度(小于 5°),带动下圆盘绕中心轴 OO' 做微小扭摆运动.摆动数次后,按"执行"键,毫秒仪开始计时,每计量一个周期,同时显示周期数值,直到计时结束,毫秒仪显示累计 20 个周期的时间 t_0,从而得周期 $T_0 = t_0/20$(毫秒仪计时范围:0~99.999 s,分辨率为 1 ms).重复以上测量 5 次,将数据记录到表 B3-1 中.进行重复测量时,先按"复位"键.

（4）将被测圆环置于下圆盘上,注意使两者中心重合,按同样的方法测出它们一起运动的周期 T_{x1}.

（5）将两圆柱对称放在下圆盘上,用上述方法测出摆动周期 T_{x2}.

（6）悬点到中心的距离 r 与 R 是通过测量上、下圆盘三悬点间的距离 a 和 b,然后根据其等边三角形外接圆半径关系计算得出的:

$$r = \frac{\sqrt{3}}{3}a \tag{B3-13}$$

$$R = \frac{\sqrt{3}}{3}b \tag{B3-14}$$

上、下圆盘三悬点间的距离 a 和 b 由钢卷尺测出.在不同位置测三次,求平均值.

（7）圆环宽度 $2R_1$ 与内直径 $2R_2$ 及圆柱直径 $2R_x$ 通过游标卡尺测出.在不同位置测三次,求平均值.用米尺测出上、下圆盘之间的垂直距离 H_0.

（8）记录下圆盘质量 m_0、圆环质量 m、圆柱质量 m'(只记一个)和下圆盘的半径 R_0(实验室给出).

[数据记录和处理]

1. 数据记录

将数据记入表 B3-1 至表 B3-3.

表 B3-1　周期测量数据记录表

	下圆盘	下圆盘加圆环	下圆盘加两圆柱
摆动 20 次所需时间 t_0/s	1	1	1
	2	2	2
	3	3	3
	4	4	4
	5	5	5
	平均值	平均值	平均值
周期/s	$T_0 =$	$T_{x1} =$	$T_{x2} =$

表 B3-2 有关长度测量数据记录表

次数	上圆盘悬点间距 a/cm	下圆盘悬点间距 b/cm	圆环		圆柱直径 $2R_x$/cm	放圆柱小孔间距 $2x$/cm
			宽度 $2R_1$/cm	内直径 $2R_2$/cm		
1						
2						
3						
平均值						

表 B3-3 其他物理量测量数据记录表

下圆盘半径 R_0/mm	上圆盘悬点到中心的距离 r/mm	下圆盘悬点到中心的距离 R/mm	上、下圆盘之间的垂直距离 H_0/mm	下圆盘质量 m_0/g	圆环质量 m/g	圆柱质量 m'/g

2. 数据处理

（1）由公式（B3-7）计算下圆盘的转动惯量，与理论计算值 $I_{理论}=\frac{1}{2}m_0R_0^2$ 相比较，计算相对误差.

（2）由公式（B3-9）计算圆环的转动惯量，与理论计算值 $I_{理论}=\frac{1}{2}m(R_1^2+R_2^2)$ 相比较，计算相对误差.

（3）由公式（B3-11）计算圆柱的转动惯量，与理论计算值 $I_{理论}=m'x^2+\frac{1}{2}m'R_x^2$ 相比较，计算相对误差.

相对误差 $E=\left|\dfrac{I_{测}-I_{理}}{I_{理}}\right|\times100\%$，$g=9.80772\ \mathrm{m/s^2}$（大庆）.

[注意事项]

1. 实验中三线摆摆角要小于 5°.
2. 不要让强光照射光电门，否则会影响计时准确度.
3. 要正确启动三线摆，否则会造成三线摆在扭动的同时左右晃动，使其不再是一个谐振系统，对结果影响很大. 正确启动的方法是，先使已调水平的下圆盘保持静止，然后轻轻拨动上圆盘的转动手柄（或轻轻转动上圆盘），这样通过悬线的带动就能使下圆盘平稳地扭动.

💬 思考题

1. 试分析本实验主要的系统误差.

2. 将一半径小于下圆盘半径的圆盘,放在下圆盘上,并使其中心一致,讨论此时三线摆的周期和空载时的周期相比是增大、减小还是不一定,并说明理由.

3. 三线摆在摆动中受到空气阻尼,振幅越来越小,它的周期是否会变化? 这对测量结果影响大吗? 为什么?

4. 是否可以测摆动一次的时间,将其作为周期值? 为什么?

5. 对于质量分布不均匀、形状不规则的物体,如何测量其转动惯量?

[拓展阅读]

与刚体转动相关的定律及定理

3.2 热学实验

实验 B4 空气比热容比的测量

比热容是热力学中常用的一个物理量,表示物质提高温度所需热量的多少,而不是吸收或者散热能力的量度. 它指单位质量的某种物质升高(或下降)单位温度所吸收(或放出)的热量. 物质的比热容越大,质量和温升相同时,就需要越多热量. 在国际单位制中,能量、功和热量的单位统一为 J(焦耳),温度的单位是 K(开尔文),因此比热容的单位为 $J \cdot kg^{-1} \cdot K^{-1}$(焦[耳]每千克开[尔文]). 比热容是物质的一种属性,可以用比热容来(粗略地)鉴别不同的物质.

气体的比热容比是指其比定压热容 C_p 与比定容热容 C_V 之比,通常用符号 γ 表示,即 $\gamma = C_p / C_V$,是描述气体热力学性质的一个重要参量. 除了在理想气体的绝热过程中起重要作用之外,它在热力学理论及工程技术的实际应用中也有着重要的作用,例如热机的效率、声波在气体中的传播特性都与之相关.

气体比热容比的传统测量方法是热力学方法(绝热膨胀法),其优点是原理简单,而且有助于加深对热力学过程中状态变化的了解,但是实验者的操作技术水平对测量数据影响很大,实验结果误差较大. 本实验采用振动法来测量,即通过测定物体在特定容器中的振动周期来推算出 γ 值. 用振动法测量具有实验数据一致性好,波动范围小等优点.

[实验目的]

1. 了解用振动法测量气体比热容比的原理.
2. 掌握智能计数计时器的使用方法.
3. 计算气体的比热容比及其不确定度.

[实验仪器]

智能计数计时器,滴管,二口烧瓶,储气瓶,气泵,直玻管,光电门,气管等.

[实验原理]

物质的比热容有如下特征:

(1)同一物质的比热容一般不随质量、形状的变化而变化. 如一杯水与一桶水,它们的比热容相同.

(2)对同一物质,比热容与状态有关,同一物质在同一状态下的比热容是一定的(忽略温度对比热容的影响),但在不同的状态时,比热容是不相同的. 例如水的比热容与冰的比热容不同.

(3)在温度改变时,比热容也有很小的变化,但一般情况下可以忽略这种变化. 在一般情况下,所给的比热容数值是物质在常温下的平均值.

（4）气体的比热容和气体的热膨胀有密切关系,在体积恒定与压强恒定时不同,故有比定容热容和比定压热容两个概念. 但对固体和液体来说,二者差别很小,一般就不再加以区分.

气体的比热容没有确定值,在温度确定时,通常使用比定压热容或比定容热容来反映空气比热容的大小,这两者都与温度有关(温差不太大时可认为两者基本相等). 气体比热容比 γ 是气体比定压热容 C_p 与比定容热容 C_V 的比值,又称为气体的绝热系数(通常也称为泊松比),在热力学过程特别是绝热过程中是一个很重要的参量. 在描述理想气体的绝热过程时,γ 是联系各状态参量(p、V 和 T)的关键参量.

基本实验装置如图 B4-1 所示,以二口烧瓶内的气体作为被研究的热力学系统. 在二口烧瓶正上方连接直玻管,并且其内有一可自由上下活动的小球,由于制造精度的限制,小球和直玻管之间有 0.01 mm 到 0.02 mm 的间隙. 为了弥补从这个小间隙泄漏的气体,通过气泵持续地从二口烧瓶的另一连接口注入气体,以维持瓶内压强. 在直玻管上开有一小孔,可使直玻管内外气体连通. 适当调节注入气体的流量,可以使小球在直玻管内在竖直方向上来回振动:当小球在小孔下方并向下运动时,二口烧瓶中的气体被压缩,压强增加;当小球经过小孔向上运动时,气体由小孔排出,压强减小,小球又落下,以后重复上述过程. 只要适当控制注入气体的流量,小球就能在直玻管的小孔上下做简谐振动,振动周期可利用光电计时装置测得.

瓶内的压强 p 满足

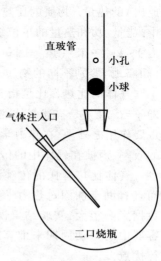

图 B4-1   基本实验装置

$$p = p_0 + \frac{mg}{\pi r^2} \tag{B4-1}$$

式中,p_0 为大气压强,m 为小球的质量,g 为重力加速度,r 为小球的半径. 若小球偏离平衡位置一个较小距离 x,容器内的压强变化 Δp,则小球的运动方程为

$$m \frac{d^2 x}{dt^2} = \pi r^2 \Delta p \tag{B4-2}$$

因为小球振动得相当快,所以该过程可以看成绝热过程,绝热过程方程为

$$p V^\gamma = C \tag{B4-3}$$

C 为常量. 对式(B4-3)求导数,得出

$$\Delta p = -\frac{p \gamma \Delta V}{V} \tag{B4-4}$$

其中体积变化量 ΔV 与 x 之间的关系为

$$\Delta V = \pi r^2 x \tag{B4-5}$$

将式(B4-4)、式(B4-5)代入式(B4-2),得

$$\frac{d^2x}{dt^2}+\frac{\pi^2r^4p\gamma}{mV}x=0 \tag{B4-6}$$

上式即简谐振动方程,它的解为

$$\omega=\sqrt{\frac{\pi^2r^4p\gamma}{mV}}=\frac{2\pi}{T} \tag{B4-7}$$

因此,

$$\gamma=\frac{4mV}{T^2pr^4}=\frac{64mV}{T^2pd^4} \tag{B4-8}$$

上式中各量均可方便测得(d 为小球直径),因此可算出 γ 值. 由气体动理论可知,γ 值与气体分子的自由度有关,单原子分子气体(如氩)只有 3 个平动自由度,双原子分子气体(如氢)除 3 个平动自由度外还有 2 个转动自由度. 多原子分子气体则额外具有 3 个转动自由度,比热容比 γ 与自由度 i 的关系为 $\gamma=\frac{i+2}{i}$. 不同气体比热容比与自由度的关系见表 B4-1.

表 B4-1 不同气体比热容比与自由度的关系

气体类型	自由度 i	γ 理论值	举例
单原子分子气体	3	1.67	Ar,He
双原子分子气体	5	1.40	N_2,H_2,O_2
多原子分子气体	6	1.33	CO_2,CH_4

给定气体类型,计算出 γ 值,可与理论值做比较.

[实验内容]

1. 用天平称量小球的质量 m(或采用直玻管标签上的参考值). 用千分尺多次测量小球的直径 d,将数据记录在表 B4-2 中.

2. 按附录图 B4-2 连接好仪器,调节光电门高度,使其与直玻管上的小孔等高. 调节实验架,使直玻管沿竖直方向.

3. 确保气管、储气瓶、二口烧瓶无漏气. 给智能计数计时器和气泵通电预热 10 min 后,由小到大调节气泵的输出流量,使小球有规律地均匀振动,直到观察到小球以小孔为中心做等幅振动. 光电门上的指示灯,应随着每次振动而有规律地闪烁.

4. 将智能计数计时器设置为"多脉冲"模式,待准备好后,按"确定"键,开始测量.

5. 待测量完成后,将数据向前翻一页,可以查看 99 次挡光脉冲的时间,将数据记录在表 B4-3 中.

6. 重复步骤 4 和 5,计算平均值.

7. 测量大气压强 p_0 或查询当地气象局查看大气压强值. 气体体积见二口烧瓶标签上的参考值.

8. 实验完成后将气泵流量调至最小,关闭电源,实验结束.

[数据记录和处理]

1. 实验数据记录表格

表 B4-2　测量小球直径

千分尺零点误差 $d_0 =$ _____ mm

序号 i	1	2	3	4	5	6	平均值
直径 $d_i/$mm							

表 B4-3　测量小球通过光电门 N 次的总时间

挡光次数 $N = 99$ 次

测量序号 i	1	2	3	4	5	平均值
测量时间 $t_i/$s						

注:小球振动周期 $T = 2t/N$.

2. 实验数据处理

(1) 计算气体的比热容比及其不确定度.

(2) 推导出式(B4-8)的不确定度传递公式,计算出不确定度,写出结果表达式.

💬 **思考题**

1. 将空气注入储气瓶,此过程可近似看成一个绝热过程,气体达到稳定状态后的过程可看成一个等容放热过程,试分析状态参量的变化. 打气的目的是什么? 打气对测量空气的比热容比有无影响?

2. 储气瓶放气后,瓶内的气体变化过程可近似看成一个绝热膨胀过程,气体再次达到稳定状态的过程可看成一个等容吸热过程,试分析状态参量的变化. 放气的目的是什么? 放气对测量空气的比热容比有什么影响?

3. 如何检查系统是否漏气? 如果漏气,对实验结果有何影响?

[附录]

气体比热容比测定仪结构

气体比热容比测定仪结构如图 B4-2 所示. 各组成部分的功能介绍如下:

1. 智能计数计时器:多脉冲模式下时间分辨率为 0.000 1 s,计数范围为 1~99.

2. 滴管:用于向二口烧瓶注入气体.

3. 底板部件:用于承托相关物体.

4. 二口烧瓶:容纳被测定的气体,气体体积见瓶口标签(大于 2 000 mL).

5. 立柱部件:与底板部件配合使用,形成支架主体.

6. 储气瓶:起缓冲减压作用,消除气源不均匀带来的误差.

7. 气泵:用于提供小气压气流,流量可调,排气量为 3.5 L/min,电源为 AC220 V.

8. 直玻管:限制小球做一维上下振动,其内壁与小球的间隙为 0.01~0.02 mm. 直玻管下部有一弹簧,阻挡小球继续下落,并起到一定的缓冲作用. 直玻管以小孔为中心贴有对称透明标尺. 直玻管顶端有防止小球冲出或滑出直玻管的管帽. 小球质量可自行称量,也可见直玻管上标签(小球质量约为 11 g,直径约为 14 mm).

9. 光电门部件:配合智能计数计时器用于测量小球的振动时间和次数.

10. 夹持爪:用于固定玻璃件.

11. 气管:将气泵输出的气体经储气瓶导入二口烧瓶.

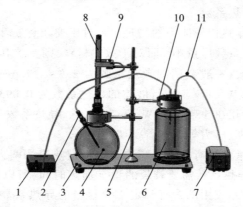

图 B4-2　气体比热容比测定仪结构

1—智能计数计时器;2—滴管;3—底板部件;4—二口烧瓶;5—立柱部件;
6—储气瓶;7—气泵;8—直玻管;9—光电门部件;10—夹持爪;11—气管

实验 B5　用准稳态法测量固体导热系数

在科学研究和工业生产中,材料往往要面对比较苛刻的环境,这对材料的热传导性能有着较高的要求. 例如宇宙飞船在探索月球和火星的任务中需要克服极端的冷热变化;我国在高海拔地区修建青藏铁路时,为了让火车平稳运行,要考虑材料在永久冻土层上的各种温度变化及其影响. 这些应用领域都要求在设计器件时充分了解材料的热物理特性. 材料的热物理参量主要有导热系数、导温系数、比热容等. 本实验主要通过实验测量固体材料的比热容、导热系数.

导热系数是表征物体热传导能力的物理量. 对于要求保护生态环境、节约能源的保温材料,一般需要其导热系数尽量小. 而对于散热材料,则要求其导热系数尽量大. 不同材料的导热系数相差很大,一般金属的导热系数为 $2.3 \sim 417.6$ W·m^{-1}·K^{-1};建筑材料的导热系数为 $0.16 \sim 2.2$ W·m^{-1}·K^{-1};液体的导热系数为 $0.093 \sim 0.7$ W·m^{-1}·K^{-1};而气体的导热系数最小,为 $0.005\,8 \sim 0.58$ W·m^{-1}·K^{-1}. 导热系数与材料的微观成分、结构以及材料所处的环境温度、压力等都有着密切的关系.

材料导热系数的测量方法有稳定热流法和非稳定热流法两大类,每大类中又有多种测量方法. 稳态法测量导热系数需要较长的稳定加热时间,所以只能测量干燥材料的导热系数,而对于工程上实际应用的含有一定水分材料的导热系数则无法测量. 基于不稳定态原理的准稳态法,由于测量所需时间短($10 \sim 20$ min),可以弥补稳态法的不足且可同时测出材料的导热系数、导温系数、比热容,所以在材料热物理特性测量中得到广泛应用. 以往测量导热系数和比热容大都用稳态法,使用稳态法要求温度和热流量均稳定,但在学生实验中实现这样的条件比较困难,因此测量的重复性、稳定性、一致性差,进而导致测量误差大. 本实验用准稳态法测量,准稳态法只要求温差恒定和温升速率恒定,不必通过长时间加热达到稳态,就可通过简单计算得到导热系数和比热容.

[实验目的]

1. 了解用准稳态法测量固体导热系数和比热容的原理.
2. 学习热电偶测量温度的原理和使用方法.
3. 用准稳态法测量不良导体的导热系数和比热容.

[实验仪器]

ZKY-BRDR 型准稳态法比热容导热系数测定仪、实验样品两套(橡胶和有机玻璃,每套四块),加热板两块,热电偶两只,导线若干,保温杯一个.

[实验原理]

1. 准稳态法测量原理

热传导是热传递三种基本方式之一. 导热系数定义为单位温度梯度下每单位时间内由单位面积传递的热量,单位为 W·m^{-1}·K^{-1}. 它表征物体的导热能力.

比热容是单位质量物质的热容. 单位质量的某种物质,在温度升高(或降低)1 ℃时所吸收(或放出)的热量,称为这种物质的比热容,单位为 $J \cdot kg^{-1} \cdot K^{-1}$.

如图 B5-1 所示,无限大不良导体平板厚度为 $2R$,初始温度为 t_0,现在平板两侧同时施加均匀指向中心面的热流密度 q_c,则平板各处的温度 $t(x,\tau)$ 将随加热时间 τ 而变化.

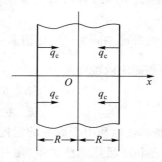

图 B5-1 理想的无限大不良导体平板

以平板中心为坐标原点,上述模型的数学描述可表达如下:

$$\begin{cases} \dfrac{\partial t(x,\tau)}{\partial \tau} = a\,\dfrac{\partial^2 t(x,\tau)}{\partial x^2} \\[2mm] \dfrac{\partial t(R,\tau)}{\partial x} = \dfrac{q_c}{\lambda} \\[2mm] \dfrac{\partial t(0,\tau)}{\partial x} = 0 \\[2mm] t(x,0) = t_0 \end{cases}$$

式中,$a = \dfrac{\lambda}{\rho c}$,$\lambda$ 为材料的导热系数,ρ 为材料的密度,c 为材料的比热容.

可以给出此方程的解为(参见本实验的拓展阅读):

$$t(x,\tau) = t_0 + \frac{q_c}{\lambda}\left[\frac{a}{R}\tau + \frac{1}{2R}x^2 - \frac{R}{6} + \frac{2R}{\pi^2}\sum_{n=1}^{\infty}\frac{(-1)^{n+1}}{n^2}\cos\frac{n\pi}{R}x \cdot e^{-\frac{an^2\pi^2}{R^2}\tau}\right] \quad (B5-1)$$

考查 $t(x,\tau)$ 的解析式(B5-1)可以看到,随加热时间的增加,样品各处的温度将发生变化,而且可以注意到式中的级数求和项由于指数衰减,会随加热时间的增加而逐渐变小,直至所占份额可以忽略不计.

定量分析表明,在 $\dfrac{a\tau}{R^2} > 0.5$ 后,上述级数求和项可以忽略. 这时式(B5-1)变成

$$t(x,\tau) = t_0 + \frac{q_c}{\lambda}\left(\frac{a\tau}{R} + \frac{x^2}{2R} - \frac{R}{6}\right) \quad (B5-2)$$

这时,在平板中心处 $x=0$,有

$$t(0,\tau) = t_0 + \frac{q_c}{\lambda}\left(\frac{a\tau}{R} - \frac{R}{6}\right) \quad (B5-3)$$

在平板加热面处 $x=R$,有

$$t(R,\tau)=t_0+\frac{q_c}{\lambda}\left(\frac{a\tau}{R}+\frac{R}{3}\right) \tag{B5-4}$$

由式（B5-3）和式（B5-4）可见，当加热时间满足条件$\frac{a\tau}{R^2}>0.5$时，在中心面和加热面

处温度和加热时间成线性关系，温升速率同为$\frac{aq_c}{\lambda R}$，此值是一个和材料导热性能和实验条

件有关的常量，此时加热面和中心面间的温度差为

$$\Delta t=t(R,\tau)-t(0,\tau)=\frac{1}{2}\frac{q_c R}{\lambda} \tag{B5-5}$$

由式（B5-5）可以看出，此时加热面和中心面间的温度差Δt和加热时间τ没有直接
关系，保持恒定．系统各处的温度和时间是线性关系，温升速率也相同，我们称此种状态
为准稳态．

当系统达到准稳态时，由式（B5-5）得到

$$\lambda=\frac{q_c R}{2\Delta t} \tag{B5-6}$$

根据式（B5-6），只要测量出进入准稳态后加热面和中心面间的温度差Δt，并由实验
条件确定相关参量q_c和R，就可以得到被测材料的导热系数λ．

另外，在进入准稳态后，由比热容的定义和能量守恒定律，可以得到下列关系式：

$$q_c=c\rho R\frac{\mathrm{d}t}{\mathrm{d}\tau} \tag{B5-7}$$

比热容为

$$c=\frac{q_c}{\rho R\dfrac{\mathrm{d}t}{\mathrm{d}\tau}} \tag{B5-8}$$

式中，$\frac{\mathrm{d}t}{\mathrm{d}\tau}$为准稳态条件下中心面的温升速率（进入准稳态后各点的温升速率是相同的）．

由以上分析可以得到结论：只要在上述模型中测量出系统进入准稳态后加热面和中
心面间的温度差和中心面的温升速率，即可由式（B5-6）和式（B5-8）得到被测材料的导
热系数和比热容．

2. 热电偶

热电偶结构简单，具有较高的测量准确度，可测温度范围为$-50\sim1\,600\,℃$，应用极为
广泛．

A、B两种不同的导体两端相互紧密地连接在一起，组成一个闭合回路，如图B5-2（a）
所示，当两接点温度不等（$T>T_0$）时，回路中就会产生电动势，从而形成电流，这一现象称
为热电效应，回路中产生的电动势称为热电势．

上述两种不同导体的组合称为热电偶，A、B两种导体称为热电极．两个接点，一个称
为工作端或热端（T），测量时将它置于被测温度场中，另一个称为自由端或冷端（T_0），一
般要求在测量过程中恒定在某一温度．

热电偶的热电势仅取决于热电偶的材料和两个接点的温度，与温度沿热电极的分布

以及热电极的尺寸与形状无关(热电极的材质要求均匀).

在 A、B 材料组成的热电偶回路中接入第三导体 C,只要引入的第三导体两端温度相同,就对回路的总热电势没有影响. 在实际测温过程中,需要在回路中接入导线和测量仪表,这相当于接入第三导体,常采用图 B5-2(b)或图 B5-2(c)的接法.

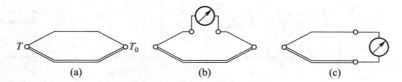

图 B5-2　热电偶原理及接线示意图

热电偶的输出电压与温度并不是线性关系. 对于常用的热电偶,其热电势与温度的关系由热电偶特性分度表给出. 测量时,若冷端温度为 0 ℃,由测得的电压,通过分度表,即可查得所测的温度. 若冷端温度不为 0 ℃,则通过一定的修正,也可得到温度值. 在智能式测量仪表中,将有关参量输入计算程序,则可将测得的热电势直接转换为温度并显示出来.

3. 实验仪器

(1) 设计考虑.

仪器设计必须尽可能满足理论模型. 在实际仪器中,无限大平板条件是无法满足的,实验中总是要用有限尺寸的试件来代替. 根据实验分析,当试件的横向尺寸超过试件厚度的六倍时,可以认为传热只在试件的厚度方向进行.

为了精确地确定加热面的热流密度 q_c,利用超薄型加热器作为热源,其加热功率在整个加热面上均匀并可精确控制,加热器本身的热容可忽略不计. 为了在加热器两侧得到相同的热阻,采用四个样品块的配置,可认为热流密度为功率密度的一半(图 B5-3).

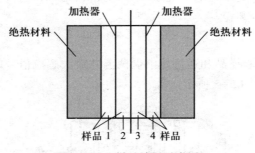

图 B5-3　样品放置示意图

为了精确地测量出温差和温升速率,将两个分别放置在加热面和中心面中心部位的热电偶作为传感器.

实验仪主要包括主机和实验装置,另有一保温杯用于保证热电偶的冷端温度在实验中保持一致.

(2) 主机.

主机是控制整个实验操作并读取实验数据的装置,主机前、后面板如图 B5-4(a)和图 B5-4(b)所示.

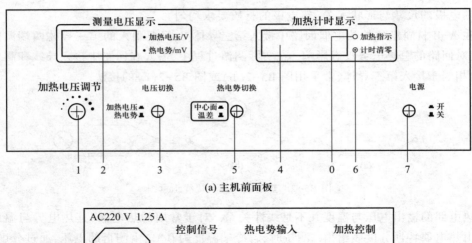

(a) 主机前面板

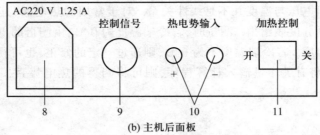

(b) 主机后面板

图 B5-4

0—加热指示灯:指示加热控制开关的状态,亮时表示正在加热,灭时表示加热停止;1—加热电压调节:调节加热电压的大小(范围:16.00~19.99 V);2—测量电压显示:显示两个电压,即"加热电压(V)"和"热电势(mV)";3—电压切换:在加热电压和热电势之间切换,同时测量电压显示表显示相应的电压数值;4—加热计时显示:显示加热的时间,前两位表示分,后两位表示秒,最大显示 99:59;5—热电势切换:在中心面热电势(实际为中心面与室温的温差热电势)和中心面与加热面的温差热电势之间切换,同时测量电压显示表显示相应的热电势数值;6—计时清零:当不需要当前计时显示数值而需要重新计时时,可按此键实现清零;7—电源开关:打开或关闭实验仪器;8—电源插座:接220 V,1.25 A 的交流电源;9—控制信号:为放大盒及加热薄膜提供工作电压;10—热电势输入:将传感器感应的热电势输入主机;11—加热控制:控制加热的开关

(3)实验装置.

实验装置是安放实验样品和通过热电偶测温并放大感应信号的平台. 实验装置采用卧式插拔组合结构,如图 B5-5 所示.

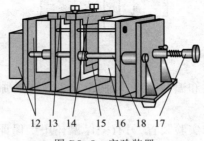

图 B5-5 实验装置

12—放大盒:将热电偶感应的电压信号放大并输入主机;13—中心面横梁:承载中心面的热电偶;14—加热面横梁:承载加热面的热电偶;15—加热薄膜:给样品加热;16—隔热层:防止加热样品时散热,从而保证实验精度;17—螺杆旋钮:推动隔热层压紧或松动实验样品和热电偶;18—锁定杆:实验时锁定横梁,防止未松动螺杆取出热电偶导致热电偶损坏

（4）接线原理图及接线说明.

实验时,将两只热电偶的热端分别置于样品的加热面和中心面,冷端置于保温杯中,接线原理如图 B5-6 所示.

放大盒的两个"中心面热端+"相互短接再与横梁的中心面热端"+"相连（绿-绿-绿）,"中心面冷端+"与保温杯的"中心面冷端+"相连（蓝-蓝）,"加热面热端+"与横梁的"加热面热端+"相连（黄-黄）,"热电势输出-"和"热电势输出+"则与主机后面板的"热电势输入-"和"热电势输出+"相连（红-红,黑-黑）;

横梁的两个"-"端分别与保温杯上相应的"-"端相连（黑-黑）;

后面板上的"控制信号"与放大盒侧面的七芯插座相连.

主机面板上的热电势切换开关相当于图 B5-6 中的切换开关,开关合在上边时测量的是中心面热电势（中心面与室温的温差热电势）,开关合在下边时测量的是中心面与加热面的温差热电势.

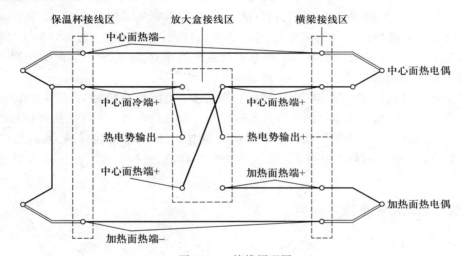

图 B5-6　接线原理图

[实验内容]

1. 安装样品并连接各部分连线

连接线路前,先用万用表检查两只热电偶冷端和热端的电阻值大小,一般为 3~6 Ω,若偏差大于 1 Ω,则可能是热电偶有问题,遇到此情况应请指导教师帮助解决.

戴好手套（手套自备）,以尽量保证四个实验样品初始温度一致. 将冷却好的样品放进样品架中. 热电偶的测温端应保证置于样品的中心位置,防止边缘效应影响测量精度.

注意:两个热电偶的中心面与加热面的位置不要放错,根据图 B5-3 所示,中心面热电偶应该放到样品 2 和样品 3 之间,加热面热电偶应该放到样品 3 和样品 4 之间. 同时要注意热电偶不要嵌入加热薄膜.

旋动螺杆旋钮以压紧样品. 在保温杯中加入自来水,水的体积约为保温杯容积的 3/5. 根据实验要求连接好各部分连线（包括主机与放大盒、放大盒与横梁、放大盒与保温杯、横梁与保温杯之间的连线）.

注意:在保温杯中加水时,不能将杯盖倒立放置,否则杯盖上热电偶处残留的水将倒流到内部接线处,导致接线处生锈,从而影响仪器性能和使用寿命.

2. 设定加热电压

检查各部分接线是否有误,同时检查后面板上的"加热控制"开关是否关闭(若已开机,则可以根据前面板上加热指示灯的亮和不亮来确定,亮表示加热控制开关打开,不亮表示加热控制开关关闭),若没有关闭则应立即关闭.

开机后,先让仪器预热 10 min 左右再进行实验. 在记录实验数据之前,应该先设定所需要的加热电压,步骤为:先将"电压切换"钮按到"加热电压"挡位,再由"加热电压调节"旋钮调节所需要的电压. (参考加热电压:18 V 或 19 V.)

3. 测定样品的温差和温升速率

将测量电压显示调到"热电势"的"温差"挡位,如果显示温差绝对值小于 0.004 mV,就可以开始加热了,否则应等到显示值降到小于 0.004 mV 再加热. (如果实验要求精度不高,显示为 0.010 mV 左右也可以,但不能太大,以免降低实验的准确性.)

保证上述条件后,打开"加热控制"开关并开始计数,将数据记入表 B5-1. (计数时,建议每隔 1 min 分别记录一次中心面热电势和温差热电势,这样便于后面的计算. 一次实验时间最好在 25 min 之内,一般在 15 min 左右为宜.)

需要换样品进行下一次实验时,其操作顺序是:关闭加热控制开关→关闭电源开关→调螺杆旋钮以松动实验样品→取出实验样品→取下热电偶→取出加热薄膜并冷却.

注意:在取样品时,必须先取出中心面横梁热电偶,再取出实验样品,最后取出加热面横梁热电偶. 严禁以热电偶弯折的方法取出实验样品,这样会大大减少热电偶的使用寿命.

[数据记录和处理]

1. 数据记录表格

表 B5-1　导热系数及比热容测定

时间 τ/min	1	2	3	4	5	6	7	8	9	10	11	12	13	14	15
温差热电势 V_t/mV															
中心面热电势 V/mV															
每分钟温升热电势 $\Delta V (= V_{n+1} - V_n)$/mV	—														

2. 数据处理

由测量出的温差热电势 V_t 及中心面的每分钟温升热电势 ΔV(准稳态的判定原则是温差热电势和温升热电势趋于恒定. 实验中有机玻璃一般在 8~15 min,橡胶一般在 5~12 min,处于准稳态),就可以由式(B5-6)和式(B5-8)计算导热系数和比热容.

式(B5-6)和式(B5-8)中各参量如下:

样品厚度：$R = 0.010$ m；有机玻璃密度：$\rho = 1\,196$ kg/m³；橡胶密度：$\rho = 1\,374$ kg/m³；热流密度：$q_c = \dfrac{V^2}{2Fr}$（W/m²），式中 V 为两并联加热器的加热电压，$F = \dfrac{1}{A} \times 0.09$ m $\times 0.09$ m 为边缘修正后的加热面积，A 为修正系数，对于有机玻璃和橡胶，$A = 0.85$；$r = 110$ Ω，为每个加热器的电阻.

铜-康铜热电偶的热电常量为 0.04 mV/K，即温度每差 1 ℃，温差热电势为 0.04 mV. 据此可将温差和温升速率的电压值换算为温度值. 温度差：$\Delta t = \dfrac{V_t}{0.04}$（K）；温升速率：$\dfrac{\mathrm{d}t}{\mathrm{d}\tau} = \dfrac{\Delta V}{60 \times 0.04}$（K/s）.

> **思考题**
>
> 1. 导热系数的物理意义是什么？
> 2. 试述用准稳态法测量导热系数的原理.
> 3. 分析引起测量误差的主要原因.

［拓展阅读］

热传导方程的求解

实验 B6　金属材料线膨胀系数的测量

物体的体积或长度随温度的升高而增大的现象称为热膨胀. 绝大多数物质都具有"热胀冷缩"的特性,这是由于物体内部分子热运动加剧或减弱造成的. 热膨胀系数是材料的主要物理性质之一,它是衡量材料的热稳定性的一个重要指标. 这个性质在工程结构的设计中,在机械和仪器的制造中,在材料的加工(如焊接)中,都应考虑到.

在实际应用中,当两种不同的材料彼此焊接或熔接时,选择材料的热膨胀系数尤为重要,例如玻璃仪器、陶瓷制品的焊接加工,要求两种材料具备十分相近的热膨胀系数. 在电真空工业和仪器制造工业中经常将非金属材料和各种金属焊接,要求两者有相适应的热膨胀系数. 如果所选择材料的热膨胀系数相差比较大,那么焊接时由于热膨胀的速度不同,在焊接处产生应力,会降低材料的机械强度和气密性,严重时会导致焊接处脱落、漏气或漏油.

在气温变化时,桥梁表面会出现收缩或膨胀的现象,纵向变形相对较大,车辆负载也会引起桥梁两端的转动和纵向位移. 这些变形对桥梁的危害极大,因此在桥梁端与桥台之间、挂梁两端及铰接处要预留必要的间隙,这就是伸缩缝. 其作用就是在混凝土收缩、气温变化、车辆负载、桥梁墩台沉降等外界环境影响下,使桥梁结构有足够的变形余量. 在工程施工之前应根据具体情况对伸缩量进行详细计算,这就包括材料的热膨胀系数. 因此,测定材料的热膨胀系数具有重要的意义.

材料的线膨胀是材料受热膨胀时,在一维方向上的伸长. 线膨胀系数是选用材料的一项重要指标. 特别是研制新材料时,要对其线膨胀系数进行测量. 本实验测量并计算不锈钢棒、紫铜棒等的线膨胀系数,证明不同材料的线膨胀系数是不同的.

[实验目的]

1. 学习金属材料线膨胀系数的测定原理.
2. 掌握千分表和温度控制器的使用方法.
3. 能够测量紫铜棒、不锈钢棒的线膨胀系数.

[实验仪器]

DH4608T 型热学综合实验仪(含温度控制器),透光真空管式炉,千分表,紫铜棒和不锈钢棒(尺寸为 $\Phi 8 \text{ mm} \times 150 \text{ mm}$).

[实验原理]

在一定温度范围内,原长为 L_0(在 $t_0 = 0 \text{ ℃}$ 时的长度)的固体受热而发生膨胀,在温度为 t 时,伸长量为 ΔL,它与温度的增加量 $\Delta t (= t - t_0)$ 近似成正比,与原长 L_0 也成正比,即

$$\Delta L = \alpha L_0 \Delta t \tag{B6-1}$$

此时的总长是

$$L_t = L_0 + \Delta L \tag{B6-2}$$

式中,α 为线膨胀系数,它是表征固体材料热学性质的一个物理量. 在温度变化不大时,α 是一个常量,可由式(B6-1)和式(B6-2)得

$$\alpha = \frac{L_t - L_0}{L_0 t} = \frac{\Delta L}{L_0} \cdot \frac{1}{t} \tag{B6-3}$$

由上式可见,α 的物理意义为:当温度每升高 1 ℃时,固体材料的伸长量 ΔL 与它在 0 ℃时的长度之比. α 是一个很小的量,附录 3 中列有几种常见的固体材料的 α 值. 当温度变化较大时,α 可用 t 的多项式来描述:

$$\alpha = A + B + Ct^2 + \cdots \tag{B6-4}$$

式中,A、B 和 C 为常量.

在实际测量中,只要测得物体在室温 t_1 下的长度 L_1 及其在温度 t_1 至 t_2 之间的伸长量,就可以得到线膨胀系数,这样得到的线膨胀系数是平均线膨胀系数:

$$\overline{\alpha} \approx \frac{L_2 - L_1}{L_1(t_2 - t_1)} = \frac{\Delta L_{21}}{L_1(t_2 - t_1)} \tag{B6-5}$$

式中,L_1 和 L_2 分别为物体在温度 t_1 和 t_2 下的长度,$\Delta L_{21} = L_2 - L_1$ 是长度为 L_1 的物体在温度从 t_1 升至 t_2 的伸长量. 在实验中,我们需要直接测量的物理量是 ΔL_{21}、L_1、t_1 和 t_2.

为了得到精确的测量结果,不仅要对 ΔL_{21}、L_1、t_1 和 t_2 进行精确测量,还要扩大到对 ΔL_{i1} 和相应的温度 t_i 的测量,即

$$\Delta L_{i1} = \overline{\alpha} L_1(t_i - t_1), \quad i = 1, 2, 3, \cdots \tag{B6-6}$$

在实验中,我们等间隔设置加热温度(如间隔 5 ℃或 10 ℃),测量对应的一系列 ΔL_{i1},将所得到的测量数据用最小二乘法进行直线拟合处理,从直线的斜率可得到一定温度范围内的平均线膨胀系数 $\overline{\alpha}$.

[实验内容]

1. 先将安置好温度传感器探头的被测样品从左端插入管式炉,在被测样品两端分别插入石英棒,使被测样品大致位于管式炉的中心. 将预紧微调组件和千分表固定套分别安装在左右锁紧机构中,并调节至合适位置,缓慢调节预紧微调螺钉,使千分表读数增加到约 0.2 mm.

2. 将被测样品测温 Pt100 输出插头插入"Pt100 转接输入插座",将"Pt100 转接输出插座"与温度控制器面板"Pt100"连接起来,将温度控制器面板"加热电流输出"与测试架"加热电流+"和"加热电流−"对应相连.

3. 开启加热控制,调节加热电流大小,设定控温点,记录样品上的实测温度值 t 和千分表上读数值 S(在被测样品温度趋于稳定后开始读数). 由于温度控制器控温过程存在超调情况,会导致千分表读数反复增加和减小,为了更准确地测量,建议将温度控制器直接设置到 105 ℃,把加热电流调节到合适值,使样品温度尽可能缓慢上升,这样可以同时读取温度计和千分表的读数.

4. 绘制 t-S 图线(t 为 x 轴,S 为 y 轴),对 t-S 图线做线性拟合,计算线膨胀系数.

5. 更换样品,测量并计算线膨胀系数,与附录 3 提供的参考值进行比较,计算出测量

的百分误差.

[数据记录和处理]

1. 测量紫铜棒的线膨胀系数,按照实验步骤和要求,安装并固定好测试棒.

2. 记录环境温度和千分表的初始读数,将温度控制器设定为不同温度值,待温度稳定后记录温度测量值和千分表读数,并将数据记录在表 B6-1 中.

表 B6-1 数据记录表

环境温度:_____ 被测样品:_____ $L_1 =$_____mm

样品温度 $t/℃$									
千分表读数 $S/\mu m$									

3. 根据表 B6-1 的数据绘制 t-S 图线,进行直线拟合,得到斜率 K,根据公式 $\bar{\alpha} = K/L_1$ 计算紫铜棒的线膨胀系数.

4. 测量不锈钢棒的线膨胀系数,按照实验步骤和要求,安装并固定好测试棒,重复以上步骤进行测量和计算.

[注意事项]

1. 本实验温度设置不应高于 105 ℃.

2. 样品要轻拿轻放,防止损坏透光真空管式炉.

3. 实验过程中不能晃动仪器和桌子,否则会影响千分表读数.

4. 千分表须适当固定(以表头无转动为准)且与实验样品有良好的接触.

5. 千分表的测头须与实验样品保持在同一直线上.

思考题

1. 试举出几个在日常生活和工程技术中应用线膨胀系数的实例.

2. 试分析哪一个量是影响实验结果精度的主要因素.

3. 若实验中加热时间过长,仪器支架受热膨胀,这对实验结果有何影响?

[拓展阅读]

热学综合实验仪

[附录1]

仪表操作说明

[附录2]

表 B6-2 铂电阻(Pt100)分度表　　　　$R(0\ ℃)=100.00\ \Omega$

温度/℃	0	1	2	3	4	5	6	7	8	9
	R/Ω									
0	100.00	100.39	100.78	101.17	101.56	101.95	102.34	102.73	103.12	103.51
10	103.90	104.29	104.68	105.07	105.46	105.85	106.24	106.63	107.02	107.40
20	107.79	108.18	108.57	108.96	109.35	109.73	110.12	110.51	110.90	111.29
30	111.67	112.06	112.45	112.83	113.22	113.61	114.00	114.38	114.77	115.15
40	115.54	115.93	116.31	116.70	117.08	117.47	117.86	118.24	118.63	119.01
50	119.40	119.78	120.17	120.55	120.94	121.32	121.71	122.09	122.47	122.86
60	123.24	123.63	124.01	124.39	124.78	125.16	125.54	125.93	126.31	126.69
70	127.08	127.46	127.84	128.22	128.61	128.99	129.37	129.75	130.13	130.52
80	130.90	131.28	131.66	132.04	132.42	132.80	133.18	133.57	133.95	134.33
90	134.71	135.09	135.47	135.85	136.23	136.61	136.99	137.37	137.75	138.13
100	138.51	138.88	139.26	139.64	140.02	140.40	140.78	141.16	141.54	141.91
110	142.29	142.67	143.05	143.43	143.80	144.18	144.56	144.94	145.31	145.69
120	146.07	146.44	146.82	147.20	147.57	147.95	148.33	148.70	149.08	149.46
130	149.83	150.21	150.28	150.96	151.33	151.71	152.08	152.46	152.83	153.21
140	153.58	153.96	154.33	154.71	155.08	155.46	155.83	156.20	156.58	156.95
150	157.33	157.70	158.07	158.45	158.82	159.19	159.56	159.94	160.31	160.95
160	161.05	161.43	161.80	162.17	162.54	162.91	163.29	163.66	164.03	164.40
170	164.77	165.14	165.51	165.89	166.26	166.63	167.00	167.37	167.74	168.11
180	168.48	168.85	169.22	169.59	169.96	170.33	170.70	171.07	171.43	171.80
190	172.17	172.54	172.91	173.28	173.65	174.02	174.38	174.75	175.12	175.49
200	175.86	176.22	176.59	176.96	177.33	177.69	178.06	178.43	178.79	179.16

[附录3]

表 B6-3　常见固体材料的线膨胀系数表

固体材料	温度/℃	线膨胀系数 $\alpha/(10^{-6}\ ℃^{-1})$
铝	0~100	22.0~24.0
铁	0~100	11.54~13.20
紫铜	0~100	17.0~17.5
青铜	0~100	17.10~18.02
黄铜	0~100	18.10~20.08
不锈钢	0~100	16.20~17.40

注:仅供参考,不同固体材料的线膨胀系数不同;在不同的温度区间也不同.

3.3　电磁学实验

实验 B7　线性及非线性元件伏安特性的测定

德国物理学家欧姆于 1827 年通过实验发现加在电阻两端的电压与流过电阻的电流成正比,其比值为电阻. 在欧姆从事研究工作时,还没有电动势、电流、电阻等明确概念,更没有可以精确测量它们的仪器. 在研究中,他把电流与热流、水流进行类比,想到电势差、温度差和高度差在形成电流、热流和水流的过程中起着类似的作用. 他从类比中受到启发,猜测电流与电势差成正比,并且设计实验验证了自己的猜测.

后来人们发现还有不满足欧姆定律的元件,例如二极管. 二极管是一种电流只能单向流动的电子元件. 19 世纪末,德国物理学家布劳恩制作出了第一个二极管. 1947 年,美国贝尔实验室的巴丁、布拉坦、肖克莱三人发明了点触型晶体管. 巴丁团队意识到多片 N 型和 P 型材料可一起组成一个半导体结,在半导体结上施加外部电压并进行电压调节,就可以控制半导体结的整体导电性. 这就是最终制作出晶体管的思路. 他们三人因此项发明获得了 1956 年诺贝尔物理学奖.

元件呈现的非线性伏安特性往往是与发光、温度变化或物质内部的能级跃迁等物理过程相关的,因此测量元件的伏安特性不仅能够为正确理解其工作原理提供帮助,而且能够为正确选择和使用元件提供参考.

[实验目的]

1. 了解常用电学仪器的使用方法,能够正确使用数字式电表进行测量.
2. 学习按回路接线的方法,掌握用伏安法测电阻时电流表内接、外接的条件,了解分压电路的连接方法和调节特性.
3. 测定线性及非线性元件伏安特性.

[实验仪器]

稳压电源,滑动变阻器,开关,数字万用表,导线,被测电阻,电阻箱,保护电阻,二极管等.

[实验原理]

1. 线性及非线性元件伏安特性

在某一电阻元件两端加上直流电压,元件内就有电流流过,流过的电流与其两端电压之间的关系称为电阻元件的伏安特性. 如果以电压为横坐标、电流为纵坐标作出该元件的电压和电流之间的关系曲线,那么该曲线称为电阻元件的伏安特性曲线.

实验室常用的绕线电阻、碳膜电阻和金属膜电阻等元件,加在其两端的电压 U 与流过的电流 I 成正比,即满足欧姆定律:

$$R = \frac{U}{I} \qquad\qquad (B7-1)$$

式中,I 代表流经被测电阻的电流,U 代表被测电阻两端电压,R 为元件的电阻.

这种服从欧姆定律的电阻称为线性电阻,其伏安特性曲线为一通过原点的直线. 凡不满足欧姆定律或加在其上的电压与通过的电流没有线性关系的元件,均称为非线性电阻元件,其伏安特性曲线为一曲线,如热敏电阻、二极管、场效应管等.

对于非线性电阻元件,其伏安特性曲线各点的电压与电流的比不是常量. 显然,这时说这个元件的阻值是多少,意义是不明确的. 只有在电压、电流等测量条件确定时,阻值才有确定的含义,或者说用任何一个阻值,都不能表明这种元件的特性,故一般用伏安特性曲线来反映非线性电阻元件的特性.

若对二极管加正向偏置电压,则二极管有正向电流流过(多数载流子导电),随着正向偏置电压增加,电流也增加. 开始时,电流随电压变化很缓慢,当正向偏置电压增至接近二极管的导通电压时(锗管为 0.2 V 左右,硅管为 0.7 V 左右),电流急剧增加,且在导通后,电压变化少许,电流就会有很大的变化. 而隧道二极管等元件还存在负阻特性区,在该区域内随着元件两端电压升高,流过元件的电流下降. 几种常用元件的伏安特性曲线见图 B7-1.

若给二极管一个反向偏置电压,则当电压较小时,二极管处于截止状态,反向(漏电)电流很小. 其值随反向偏置电压的增高而缓慢增加,几乎保持一恒定值. 在反向偏置电压增至二极管的击穿电压时,电流猛增,这称为二极管被反向击穿. 二极管被反向击穿后,两端的电压基本稳定在 U_Z 不再升高,如图 B7-1 所示. 稳压二极管就利用了二极管的这种反向击穿特性.

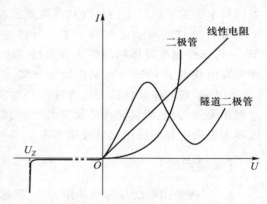

图 B7-1　常用元件的伏安特性曲线

对于线性电阻,用电压表测得电阻两端的电压 U,同时用电流表测出通过该电阻的电流 I,由式(B7-1)即可求得电阻 R. 这种用电表直接测出电压和电流,由欧姆定律计算电阻的方法,称为"伏安法". 伏安法原理简单、测量方便,尤其适用于测量非线性电阻元件的伏安特性. 但是,用这种方法进行测量时,由于电表存在内阻,采用不同的连接方式会对测量结果产生不同的影响,因此需要对实验电路进行选择.

2. 实验电路的选择

(1) 电流表内接和外接.

用伏安法测电阻,可采用如图 B7-2 所示的两种接线方法.

在图 B7-2(a)中,电流表的读数 I 为通过被测电阻 R_x 的电流 I_x,电压表的读数 U 不是 V_x,而是 $U = V_x + V_A$. 如果将电表的指示值 I、U 代入式(B7-1),那么被测电阻的测量值为

$$R = \frac{U}{I} = \frac{V_x + V_A}{I_x} = R_x + R_A = R_x\left(1 + \frac{R_A}{R_x}\right) \qquad\qquad (B7-2)$$

式中,R_A 为电流表的内阻,R_A / R_x 是电流表内阻给测量带来的相对误差. 可见,采用图

B7-2(a)的接法时,测得的电阻值 R 比实际值 R_x 偏大. 如果知道电流表的阻值 R_A,则被测电阻 R_x 可用下式计算:

$$R_x = \frac{U-V_A}{I} = R - R_A = R\left(1 - \frac{R_A}{R}\right) \tag{B7-3}$$

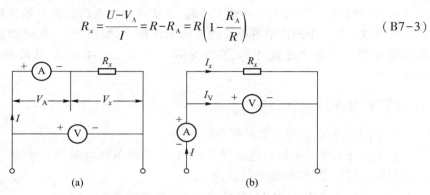

图 B7-2 用伏安法测电阻的两种接线方法

在图 B7-2(b)中,电压表的读数 U 等于电阻 R_x 两端的电压 V_x,电流表的读数 I 不等于 I_x,而是 $I=I_x+I_V$. 如果将电表的指示值 U、I 代入式(B7-1),那么被测电阻的测量值为

$$R = \frac{U}{I} = \frac{V_x}{I_x+I_V} = \frac{1}{\dfrac{I_x}{V_x}+\dfrac{I_V}{V_x}} = \frac{1}{\dfrac{1}{R_x}+\dfrac{1}{R_V}} = \frac{R_x R_V}{R_V+R_x} \tag{B7-4}$$

可见,采用图 B7-2(b)的接法时,测得的电阻值 R 比实际值 R_x 偏小. 如果知道 R_V,那么被测电阻 R_x 可由下式计算:

$$R_x = \frac{RR_V}{R_V-R} \tag{B7-5}$$

由以上讨论可见,用伏安法测电阻时,测得的电阻值总是偏大或者偏小,即存在一定的系统误差. 要确定究竟采用哪一种接线方法,必须事先对 R_x、R_A、R_V 三者的相对大小有粗略的估计. 当 $R_x \gg R_A$ 时,可采用图 B7-2(a)的接法,即电流表内接;当 $R_x \ll R_V$ 时,可采用图 B7-2(b)的接法,即电流表外接. 如果要得到被测电阻的准确值,应按式(B7-3)或式(B7-5)加以修正.

(2) 分压电路的接法.

根据实验需要,使用滑动变阻器调节电路中电流和电压,为了使电流和电压得到相应的控制和调节,我们必须按照实验中被测电阻的阻值和滑动变阻器的阻值大小以及实验中电压和电流的调节范围来确定采用限流电路还是分压电路,本实验采用分压电路.

如图 B7-3 所示,将滑动变阻器的两固定端 A 和 B 接到开关和直流电源负极上,而将滑动端和任一固定端(图中为 B 端)作为分压的两个输出端接至负载 R. 图中 B 端电势最低,C 端电势较高,CB 间的分压输出随滑动端 C 的位置改变而改变,可由电压表测出,输出电压的调节范围为零到电源电压. 滑动变阻器的这种接法称为分压电路接法. 分压电路的安全位置一般是将 C 滑至 B 端,这时分压为零.

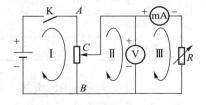

图 B7-3 分压电路接法示意图

（3）连接复杂电路.

在连接复杂电路时,可以将复杂电路分成若干回路,如图 B7-3 所示,分成 Ⅰ、Ⅱ、Ⅲ 三个回路,连接导线时要先从回路 Ⅰ 连起,即从电源所在的回路开始连接,然后再逐个回路连接导线. 每一个回路沿着电流的流向来连接,例如回路 Ⅰ,从电源正极引导线出来,按照电流的流向逐个连接开关、滑动变阻器的固定端 A 和 B,最后通过导线回到电源负极.

［实验内容］

1. 测定线性电阻的伏安特性曲线

（1）选择数字万用表合适的插孔和挡位,根据负载电阻的大小按图 B7-4 正确选择内、外接,连好线路,按回路连线.

（2）取负载电阻 R 为 2 000 Ω 左右,调节滑动变阻器,改变 R 两端的电压,电流随之改变,记录不同电压下的电流值.

（3）改变负载电阻,重复上述步骤,测量并记录数据.

2. 测定稳压二极管的伏安特性曲线

（1）正向特性的测定.

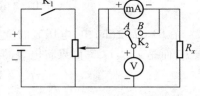

图 B7-4　用伏安法测电阻实验电路

由于二极管的正向特性呈低电阻,所以应加保护电阻并采用电流表外接法测量. 测量时流过被测二极管的电流不得超过它的最大允许电流. 在最大允许电流时,对于半导体二极管,正向电压只有 0.7 V 左右. 测量从 0 V 开始,每隔约 0.1 V 读取一次测量数据,直到二极管的电压为 0.7 V.

（2）反向特性的测定.

将二极管反接,由于反向特性呈高电阻,所以采用电流表内接法测量. 测量时加在二极管两端的反向电压必须小于它的反向击穿电压. 测量从 0 V 开始,每隔一定电压测量一次电流和电压值,直到二极管两端的电压为 3.3 V,将测量数据记于表格中.

［数据记录和处理］

1. 测定线性电阻的伏安特性曲线

（1）取负载电阻 R 为 2 000 Ω 左右,调节滑动变阻器,改变 R 两端的电压,记录不同电压下的电压值和电流值于表 B7-1 中.

表 B7-1　线性电阻的伏安特性数据记录

电压参考值/V	0	0.5	1.0	1.5	2.0	2.5	3.0	3.5	4.0	5.0
U/V										
I/mA										

（2）改变负载电阻,重复上述步骤,参考表 B7-1,将测得数据填入.

（3）在坐标纸上画出 U-I 曲线,并利用 U-I 曲线计算负载电阻阻值.

2．测定稳压二极管的伏安特性曲线

（1）要求自行设计测量电路，测定二极管的正向特性，将测得数据记录于表 B7-2.

表 B7-2　二极管的正向特性数据记录

电压参考值/V									
U/V									
I/mA									

（2）要求自行设计测量电路，测定二极管的反向特性，将测得数据记录于表 B7-3.

表 B7-3　二极管的反向特性数据记录

电压参考值/V	0	0.1	0.5	1.0	1.5	2.0	2.5	3.0	3.2	3.3
U/V										
I/mA										

（3）在同一张坐标纸上画出被测稳压二极管的正、反向伏安特性曲线．由于正、反向电流和电压特性曲线相差甚远，所以作图时对这两种情况可选用不同的比例尺.

［注意事项］

1．连接线路时应注意选择数字万用表合适的插孔和挡位，避免把电压表和电流表的接线柱和挡位选错.

2．接通电路时采用点试法．观察电表是否超出量程，如果超出量程，检查电路，做适当调整，防止电流过大烧毁电表.

3．实验中，稳压电源的输出电压最好不要超过 10 V.

4．实验完毕后，应先切断电源再拆除线路.

5．数字万用表使用完毕后，应注意关闭.

💬 思考题

1．总结线性电阻和稳压二极管的伏安特性，分析这两种元件的性质有什么不同.

2．在测量稳压二极管的反向伏安特性时，为什么电流表要内接？

3．列举几种常见的非线性电阻元件，简述其伏安特性.

［拓展阅读］

世界上最小的二极管

实验 B8　示波器的原理与使用

在科学研究和工程技术领域中,人们通常要对各种信号的特征和所携带的各种信息进行测量,而实际应用中很多非电学量都需要通过传感器转换为电信号后进行测量和应用.示波器是一种用途广泛的电子测量仪器,能够直接观测电信号.示波器不仅能直观显示信号的波形,还具有测量信号的幅度、周期、频率、两信号之间的延迟或相位差,显示两个变量之间的函数关系,捕捉非周期信号,对信号进行频谱分析等功能.

示波器分为模拟示波器与数字示波器两类(图 B8-1).模拟示波器是直接采集并连续显示被测信号的仪器.数字示波器则是先对被测信号进行数字化采样,然后再重建波形来显示被测信号的仪器.随着电子技术的进步,数字示波器已经是现在的主流,所以本实验在简单介绍模拟示波器的原理的基础上,重点介绍数字示波器的原理与使用方法.

(a) 模拟示波器　　　　　　　　　　(b) 数字示波器

图 B8-1　两类示波器

[实验目的]

1. 了解模拟示波器和数字示波器的主要结构及波形显示基本原理.
2. 掌握数字示波器和函数信号发生器的使用方法.
3. 观察正弦波、方波、三角波、脉冲波等信号的电压波形.
4. 通过示波器观察李萨如图形,加深对互相垂直的振动合成理论的理解.
5. 掌握使用示波器测量交流信号幅度、周期及相位差的方法.

[实验仪器]

数字示波器,函数信号发生器,电阻,电容,无源电压探头.

[实验原理]

1. 模拟示波器原理简介

(1) 模拟示波器的基本构造.

模拟示波器主要由示波管、垂直放大器(Y 轴放大器)、水平放大器(X 轴放大器)、扫描信号发生器、同步触发等几个基本部分组成,如图 B8-2 所示.

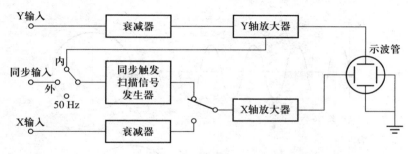

图 B8-2 模拟示波器的基本构造框图

① 示波管.

模拟示波器的核心部件是阴极射线管(cathode ray tube, CRT),主要由电子枪、偏转系统和荧光屏三部分组成,它们都密封在真空玻璃壳内,如图 B8-3 所示.

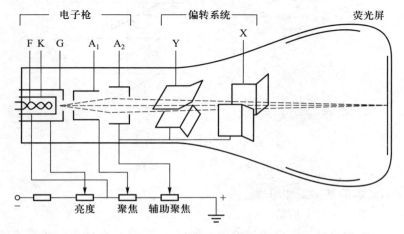

图 B8-3 示波管的结构简图

② 信号放大器和衰减器.

因为示波管本身的 X 轴、Y 轴偏转板的灵敏度不高,所以通过输入衰减器、Y 轴放大器和 X 轴放大器的作用以观察不同幅度的电信号.

③ 触发扫描同步系统.

该系统也称时基电路,其作用是产生一个随时间线性变化的锯齿波扫描电压. 这个电压经 X 轴放大器放大后加到示波管的水平(X 轴)偏转板上,使电子束产生水平扫描. 这样屏上的水平坐标变成时间坐标,Y 轴输入的被测信号波形就可以在时间轴上展开. 示波器通过触发电路稳定波形,当输入信号电压达到触发电平时扫描系统开始工作,可实现信号的稳定同步显示.

(2) 波形显示的原理.

如果只在垂直偏转板上加一交变正弦波电压,那么电子束的亮点将随电压的变化在竖直方向按正弦规律运动. 如果电压频率较高,那么看到的是一条竖直亮线,如图 B8-4(a)所示. 如果在水平偏转板上加一扫描电压(锯齿波电压),那么会使电子束所产生的亮点沿水平方向随时间线性拉开. 若两信号同时加上,则电子受竖直、水平两个方向力的作用,纵向按输入信号幅度偏转的同时,横向按时间规律展开为信号波形,如图 B8-4(b)所示.

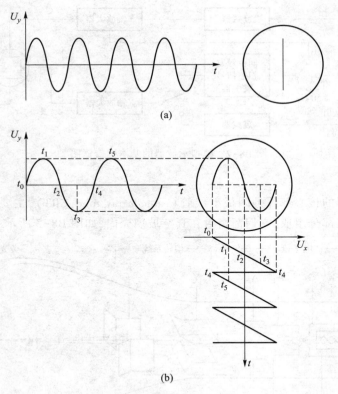

图 B8-4　波形显示的原理

2. 数字示波器的基本工作原理

（1）数字示波器的基本构造.

数字示波器实际上是数字电子技术的一种应用,其硬件部分为一块高速的数据采集电路板,能实现数据输入和处理. 数字示波器基本原理框图如图 B8-5 所示.

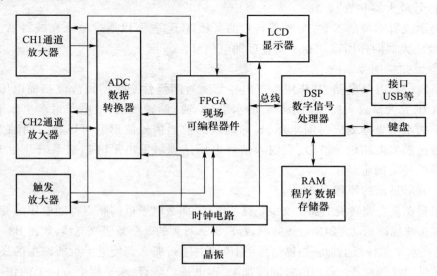

图 B8-5　数字示波器基本原理框图

从功能上可将硬件系统分为信号前端放大模块（可变增益放大器）、高速模数转换（ADC）模块、现场可编程门阵列（FPGA）逻辑控制模块、时钟分配模块、单片机控制模块、数据通信模块、液晶显示模块等。数字示波器从数据的采集、存储（写入）、读出（取出）、测量运算到显示等全过程都采用数字化技术进行处理。这使得数字示波器的一些操作和测量能够实现自动化或智能化，如亮度、对比度的调节，自动设置显示波形，被测信号的表征参量（如周期、频率、电压幅度、脉冲宽度、占空比等）可直接计算并显示于屏幕；还可以将屏幕显示的内容和测量结果以及面板设置等进行保存，如储存参考波形，输出到打印机、U 盘或计算机等。

（2）数字示波器的波形显示原理。

数字示波器显示输入信号波形及参量测量的处理过程如下。

被测信号首先经过衰减、平移、放大等处理（这称为信号的调理过程），以方便示波器观测幅度较大至幅度较小的输入信号。经过调理后的信号输入模数转换芯片，将模拟信号转换为数字信号。具体过程是，先由取样脉冲形成电路产生取样脉冲，取样脉冲控制取样门对被测信号 U_i 取样并保持，量化电压 U_1 经 ADC 数据转换器变为数字量 $D_0, D_1, \cdots, D_n$，然后依次将各数字量存入随机存储器（RAM）中首地址为 A_0 的 $n+1$ 个存储单元，此波形数据的取样和存储过程如图 B8-6 所示。模数转换速度称为示波器的采样率，进行模数转换的频率信号称为时基信号。为了观测更高频率信号，要求采样率更大、时基更快，前端信号调理的带宽也应更宽，这样才能尽可能不失真地观测到高频信号波形。信号是连续不断的，信号波形开始采集的动作称为触发，当满足触发条件时示波器开始采集波形。触发条件可以设定为被测信号的某个特征，比如超过 1 V 的上升沿、低于 1 V 的下降沿等，也可以以其他通道的信号作为触发信号源。如果上述触发条件都不能满足，那么示波器可以设定为自动触发模式，即在一个采样周期内没有触发条件满足时，会自动根据示波器内部更新时间开始一次采集。但是若被测信号与示波器内部更新时间没有固定

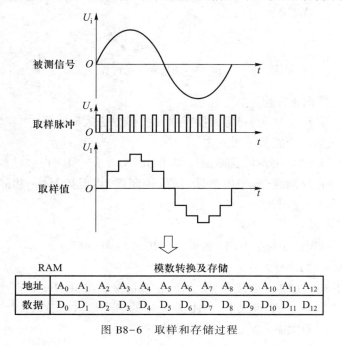

图 B8-6 取样和存储过程

的频率关系,则无法获得稳定的重复信号,因每次采集的起点都不一样.

被测模拟信号转换为数字信号后存入通道存储器,此存储器的容量称为存储深度,即能存储多少个采样点.存储的波形数据经过分析与处理,进行屏幕显示.波形数据的读出和显示过程可简述为,从 RAM 中找到数据首地址 A_0,依次读出所存数据 D_0,D_1,…,D_n,经锁存和数模转换,将数字量恢复成模拟量,量化电压 U_y 的每个阶梯的幅值与采样存储时的相应取样值成正比.处理器通过 X 通道的数模转换器输出线性上升的阶梯信号(即扫描电压信号 U_x),在 U_y 和 U_x 共同作用下,在屏幕上形成由不连续的光点合成的被测信号,此过程如图 B8-7 所示.读出显示速度可以任意选择.当采用低速存入、高速读出方式时,即使观测甚低频信号,也不会像模拟示波器那样产生波形闪烁.

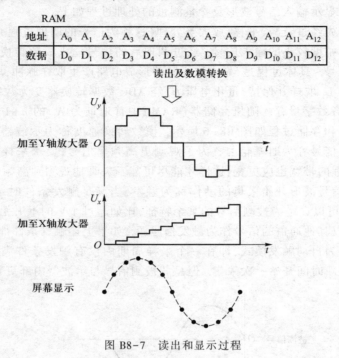

图 B8-7　读出和显示过程

3. 数字示波器面板介绍

示波器厂家各异、型号众多,但面板布局及操作方法大同小异,本实验以一种数字示波器为例,介绍其基本功能及使用方法.

GDS-1102A-U 型数字示波器前面板如图 B8-8 所示.前面板按功能可分为 8 个区,即液晶显示区、垂直控制区、水平控制区、触发控制区、运行控制区、功能菜单区、屏幕菜单选择区、信号输入-输出区.

(1) 液晶显示区.

5.6 英寸彩色薄膜晶体管(TFT)显示器,320×234 分辨率.

(2) 信号输入-输出区.

USB 接口,USB1.1&2.0 全速兼容;CAL,校准信号输出,1 kHz、2 V_{pp} 方波;CH1、CH2,被测信号输入端口,在 X-Y 模式下,CH1 为 X 轴的信号输入端,CH2 为 Y 轴的信号输入端;EXT TRIG,外部触发输入端,接收外部的触发信号.

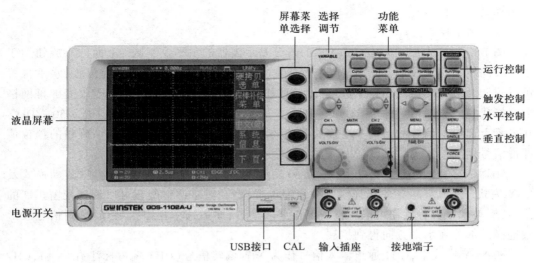

图 B8-8 GDS-1102A-U 型数字示波器前面板

（3）垂直控制区.

图 B8-9 中标注"VERTICAL"的部分是示波器的垂直控制区,其中左侧旋钮及按键控制 CH1 通道波形信号,按键由黄颜色标注,并与屏幕上 CH1 通道输入的信号波形颜色对应;右侧旋钮及按键控制 CH2 通道波形信号,按键由蓝颜色标注,并与屏幕上 CH2 通道输入的信号波形颜色对应.

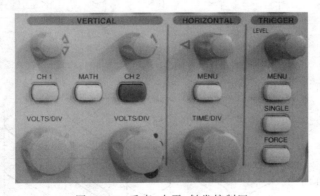

图 B8-9 垂直、水平、触发控制区

上面的小旋钮用于垂直方向上下移动波形. 下面的大旋钮为垂直刻度旋钮（VOLTS/DIV）,用于改变屏幕网格上每格代表的电压值,可采用 1-2-5 步进方式调整,范围为 2 mV/DIV～10 V/DIV. 读出信号在屏幕上垂直方向的格数,将格数乘以该旋钮的挡位值即得信号的幅度. CH1/CH2 键用于设置通道的耦合模式和屏幕上信号波形的显示与关闭. 按动按键即在屏幕右侧显示耦合方式,通过屏幕菜单选择键可在 DC 耦合、AC 耦合、接地耦合 3 种模式间切换.

中间的 MATH 键为数学运算操作键,可以对输入信号进行加、减、乘、FFT/FFT RMS 运算. 操作方法是:通过 CH1/CH2 按键或屏幕菜单选择键选中要处理的信源,按 MATH 键,通过屏幕菜单选择键选中运算类型即显示运算结果,再次按动 MATH 键从屏幕上清除运算结果.

（4）水平控制区.

图 B8-9 中标注"HORIZONTAL"的部分是示波器的水平控制区. 上面的小旋钮用于水平方向左右移动波形,同时显示器上方的位置指示符显示中间和当前位置,水平位置可以粗调、细调及重置. 下面的大旋钮为时基调整旋钮（TIME/DIV）,用于改变屏幕网格上每格代表的时间值,可采用 1-2.5-5-10 步进方式调整,范围为 1 ns/DIV～50 s/DIV. 在屏幕上读出与信号波形的一个周期对应的水平方向格数,将格数乘以该旋钮的挡位值即得信号周期.

MENU 键,水平菜单键. 按该键,屏幕显示主时基、视窗设置、视窗扩展、滚动模式及 X-Y 模式. 通过屏幕菜单选择键选中视窗设置,旋动时基调整旋钮可以调整视窗扩展的范围,旋动水平位移旋钮可以调整视窗扩展的位置,然后选中视窗扩展选项,则信号波形被选择的部分在水平方向得到扩展.

在 X-Y 模式下,CH1 通道输入信号作为 X 轴偏转信号（CH1 端口标注有"X"）,CH2 通道输入信号作为 Y 轴偏转信号（CH2 端口标注有"Y"）,此时示波器屏幕显示的是这两个互相垂直的信号合成的图形. 若这两个输入信号是正弦波信号且频率比为整数比,则合成的封闭图形称为李萨如图形,其形状与频率比、相位差有关. 图 B8-10 是频率相同、相位差不同时的李萨如图形,图 B8-11 是频率和相位差都不相同的情况.

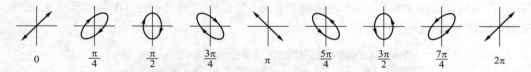

图 B8-10　频率相同、相位差不同时的李萨如图形

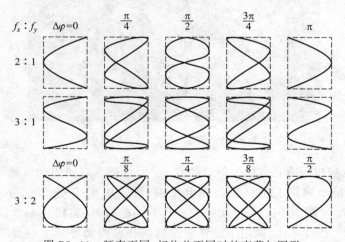

图 B8-11　频率不同、相位差不同时的李萨如图形

如果作李萨如图形的水平切线和垂直切线,其切点数分别为 N_x 和 N_y,则有 $N_x/N_y = f_y/f_x$,式中 f_x、f_y 分别是 X 轴、Y 轴输入信号的频率. 在李萨如图形上数出切点个数 N_x 和 N_y,若 f_x 为已知,则由上式即可算出 f_y,反之亦然,这就是用李萨如图形测量频率的方法. 若已知频率比,则可利用这种图形确定两信号间的相位关系.

（5）功能菜单区.

数字示波器较多的功能,可以通过功能菜单操作按键(如图 B8-12 所示),并结合屏幕菜单选择键及选择调节旋钮进行设置.

图 B8-12 功能菜单与运行控制区

Acquire 键,用于采样设置,通过屏幕菜单选择键可以选择普通、峰值检测、平均三种采样模式. 示波器采样处理的过程是采集模拟信号然后将其转为数字格式进行内部处理. 普通模式将所有的采集数据都用于绘制波形;峰值检测模式只显示每次采样间隔最大值和最小值,用于捕获信号中的异常点;平均模式将多组数据平均并形成波形,该模式适用于绘制无噪声波形,重复按动与此对应的屏幕菜单选择键可选择平均数(2、4、8、16、32、64、128、256).

Display 键,用于显示器设置. 显示类型有点、矢量两种,点为只显示采样点,矢量为显示采样点之间连线. 波形保持是指保存旧波形图像并将新波形绘制在旧波形上,以便于观察波形变动. 对比度要选中后通过选择调节旋钮设置,左旋降低、右旋增加. 显示器有三种格线选择,其中全格线方式中的每格代表的电压及时间值,与垂直刻度旋钮、时基调整旋钮对应的挡位值一致.

Utility 键,用于系统信息、语言及探头补偿、自校验的显示及设置.

Cursor 键,有水平和垂直两种测量光标. 光标线与当前所选信源信号的交点坐标会实时显示,横坐标为时间,纵坐标为电压. 通过两条水平测量光标可以测量信号的电压参量,如峰峰值、顶端值、过冲等,通过两条垂直测量光标可以测量信号的时间参量,如周期、正脉宽、频率等.

Measure 键,用于设置与运行自动测量功能. 屏幕右侧的菜单栏实时更新并显示 5 组自动测量项目. 屏幕上可以根据需要显示所有自动测量项目,其中可以测量的电压类型、时间类型及延迟类型的项目如图 B8-13 所示,共计 27 种,图中显示的是选中了时间类型里的第 5 个测量项目,为正脉宽.

Save/Recall 键,用于存储(调取)图像、波形或面板设定.

Hardcopy 键,用于将图像、波形或面板设定等快捷储存到 U 盘、SD 卡.

（6）运行控制区.

运行控制区有 Autoset、Run/Stop 两个按键.

Autoset 键通过系统判断,自动选择水平刻度、水平移动波形位置、选择垂直刻度、垂直移动波形位置、选择触发源、启动通道,实现信号

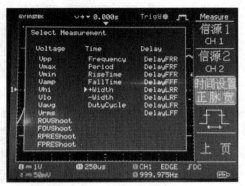

图 B8-13 自动测量项目

波形的屏幕自动显示. 但当输入信号频率低于 20 Hz、峰值小于 30 mV 时,该键不适用.

Run/Stop 键可切换 Run 与 Stop. 在触发运行(Run)模式下,示波器连续搜寻触发条件并且在符合条件时更新信号. 在触发中止(Stop)模式下,示波器停止触发,显示器保持最后一次所采集的波形,显示器顶端触发图标变为 Stop 模式.

(7)触发控制区.

触发控制区用于设置示波器捕获输入信号的条件,以稳定同步显示被测信号波形,包括触发电平旋钮(LEVEL)、触发菜单键(MENU)、单次触发键(SINGLE)、强制触发键(FORCE),如图 B8-9 右侧所示.

通过触发菜单键可以设定触发类型、触发源、触发方式、触发耦合及频率抑制等.

触发类型有边沿触发、脉冲触发、视频触发三种. 触发源有 CH1、CH2、Ext、Line,其中 CH1、CH2 为内触发,Ext 为外触发,Line 为交流触发.

旋动触发电平旋钮时,触发电平通过屏幕右侧的箭头"◄"指示,同时屏幕下方会短时出现当前触发电平的具体数值.

触发源选择原则:单路测试时,触发源必须与被测信号所在通道一致,例如,用 CH1 通道测试时触发源必须选 CH1,否则波形将不稳定. 两个同频信号同时测试时,应选信号强的一路作为触发信号源;两个有整倍数频率关系的信号同时测试时,应选频率低的一路作为触发信号源.

按动单次触发键时,示波器只采集一次输入信号,然后停止采样;再次按动该键则再次触发输入信号.

按动强制触发键时,无论在什么触发条件下均会强制产生一个触发信号并捕获一次信号,该功能主要应用在普通、单次触发模式中.

4. 数字示波器的测量方法

与模拟示波器不同,数字示波器除具有刻度测量方法外,还具有自动测量、光标测量方法,下面以正弦波信号的周期测量为例进行介绍.

在图 B8-14(a)中可见,读出正弦波信号一个周期对应的水平方向格数(4.00 DIV),再乘上水平时基值(250 μs/DIV),即得用刻度测量方法所得周期,图中右侧第一项是用自动测量方法显示的周期测量值. 图 B8-14(b)中右侧的"△"值是利用垂直光标测量的周期值.

5. 相位差的两种测量方法

相位差是两个同频率的物理量随时间做周期性变化的相位之间的差值,即初相之差. 当相位差为 0 或 π 的偶数倍时称之为同相,为 π 的奇数倍时称之为反相. 当两个量比较时,初相大的量超前于初相小的量(相位超前),初相

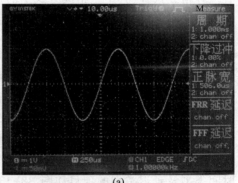
(a)

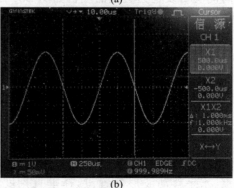
(b)

图 B8-14 数字示波器的测量方法

小的量落后于初相大的量(相位滞后).

（1）线性扫描法.

该方法利用示波器的多波形显示,是测量信号间相位差的最直观、最简便的方法.测量前将 CH1 和 CH2 的输入耦合开关置于"GND",调节 CH1 和 CH2 的垂直位移旋钮,使两时间基线重合,测量时再将输入耦合开关置于"AC",以防止直流电平的影响.两个频率相同的正弦电压信号 u_1 和 u_2 分别接入示波器的 CH1、CH2 输入端,在线性扫描情况下,可以在屏幕上得到以同一水平轴为标准的如图 B8-15(a)所示的两个稳定波形,则被测相位差为

$$\theta = \frac{t_1}{T} \cdot 360° = \frac{x_1}{x} \cdot 360° \qquad (\text{B8-1})$$

式中,x_1、x 分别为两信号同相点间及一个周期对应的水平方向的以网格(DIV)为单位的距离.因为 x_1、x 分别与延迟时间及信号周期成正比,所以也可以通过光标测量或自动测量方法进行测量.需要注意的是,自动测量方法中的延迟时间测量类型(Delay)有 8 种,包括 FRR、FRF、FFR、FFF、LRR、LRF、LFR、LFF,只有正确选择延迟时间测量类型,才能与两信号间的延迟时间相对应.在图 B8-15(a)中,可选择 FRR(通道 1 的第一个上升沿与通道 2 的第一个上升沿之间的延迟时间)或 FFF(通道 1 的第一个下降沿与通道 2 的第一个下降沿之间的延迟时间),因 CH1 通道信号 u_1 超前于 CH2 通道信号 u_2,故 FRR、FFF 均大于零.

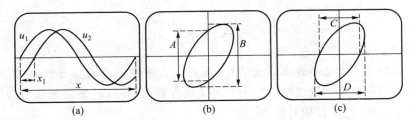

图 B8-15　相位差的测量方法

（2）椭圆法.

频率相同而相位差不同时的李萨如图形不同,如图 B8-10 所示.根据李萨如图形 [如图 B8-15(b)(c)所示],可以测量出信号间的相位差:

$$\theta = \arcsin \frac{A}{B} = \arcsin \frac{C}{D} \qquad (\text{B8-2})$$

式中,$A(C)$ 为李萨如图形被纵轴(横轴)相截的距离,$B(D)$ 为屏幕 Y(X) 轴方向的最大偏转距离.

[实验内容]

1. 各通道及无源电压探头的检查.

要养成良好的实验习惯.在使用示波器之前,要用校准信号观察每个通道,这样能够检测示波器测量是否准确,探头是否损坏或接触良好.

测量低频模拟信号时,将示波器探头衰减开关设置成"1×"挡,将校准信号分别接至示波器 CH1、CH2 两个输入端,按下自动设置(Autoset)键,屏幕会显示频率为 1 kHz、峰峰

值为 2 V 的方波信号. 注意:两个通道及三根探头线都需要测试. (若要进行脉冲的上升或下降时间的测量,探头还需要进行补偿调整.)

2. 根据"拓展阅读"的内容熟悉 F10 型信号发生器的使用方法,并使 F10 型信号发生器输出峰峰值 U_{pp} 在 1.5~2.0 V 之间、频率在 10~20 kHz 之间的正弦波. 利用两端带 BNC 接口的电缆将 F10 型信号发生器的输出信号("函数输出"端)连接到示波器的 CH1 或 CH2,观察其信号波形.

3. 结合数字示波器的原理,通过观察正弦波信号的波形,熟悉示波器各旋钮及控制按键的作用.

4. 使用 F10 型信号发生器,按下【shift】后再按下波形键,分别选择正弦波、方波、三角波、升锯齿波、脉冲波五种常用波形,调整示波器使其稳定同步显示波形并将波形描绘在实验报告纸上.

5. 正弦波信号的参量测量.

信号波形的显示,有手动设置与自动设置(Autoset)两种方式. 一般情况下均采用自动设置方式显示信号波形,但当采用自动设置方式不能获得稳定波形时,则要通过手动设置方式获取波形. 应让屏幕显示完整的一至两个以上周期波形,幅值不超过屏幕显示范围,但最好占据屏幕一半以上. 分别用刻度测量、自动测量、光标测量三种方法,测量同一个正弦波信号的周期、峰峰值,并将测量结果与 F10 型信号发生器显示值比较,计算相对误差:

$$E = \frac{\left| x_{测量} - x_{显示} \right|}{x_{显示}} \times 100\%$$

6. 测量直流电压值.

设置 F10 型信号发生器输出直流信号(正或负),注意通道耦合方式要选择"直流",自动测量功能的电压类型要选择"平均值"或"均方根值". 将示波器测量值与 F10 型信号发生器显示值比较,计算相对误差.

7. 测量脉冲信号的占空比.

设置 F10 型信号发生器输出脉冲信号,分别使用数字示波器的自动测量和光标测量功能测量占空比,并与 F10 型信号发生器显示值比较,计算相对误差.

8. 利用线性扫描法和椭圆法测量相位差.

图 B8-16 所示为阻容移相电路,将信号源的正弦波信号输出分别接入移相电路及示波器 CH1 通道,电阻上的电压信号作为阻容移相电路的输出信号接入示波器 CH2 通道. $\dot{U}_{BD}$ 信号滞后于输入信号 $\dot{U}_{AD}$,两者间相位差的理论值为 $\theta_{理论} = \arctan\left(\frac{1}{2\pi fRC}\right)$. 采用手动或自动方式设置示波器正确显示两路信号,利用示波器自动测量方法分别测量输入信号的周期及两信号的延迟时间,利用公式(B8-1)计算相位差,并与理论值比较,计算相对误差;通过示波器水平设置,使两路信号合成椭圆,利用示波器光标测量功能分别测量图形被纵轴(横轴)相截的距离和在屏幕 Y(X)轴方向的最大偏转距离,利用公式(B8-2)计算相位差,并与理论值比较,计算相对误差.

9. 观察李萨如图形.

利用两台信号源,分别将两路正弦波信号接入示波器 CH1、CH2 通道,通过示波器水

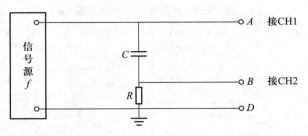

图 B8-16　阻容移相电路

平设置,使两路信号合成李萨如图形.改变输入信号的频率比,观察屏幕上李萨如图形的变化并将其描绘在实验报告纸上.

*10. 附加测量项目.

利用声音传感器观察乐音信号波形并进行频谱分析.

正确进行触发设置,利用数字示波器捕捉直流信号上电时或动态电路换路时的单次瞬变信号波形.

[数据记录和处理]

将测量结果记入表 B8-1 至表 B8-6.

表 **B8-1**　常用信号波形的描绘

信号	耦合方式	VOLTS/DIV	TIME/DIV	波形
正弦波				
方波				
三角波				
升锯齿波				
脉冲波				

表 **B8-2**　正弦信号峰峰值、周期的测量

刻度测量	H/DIV	VOLTS/DIV	$U_{pp测量}$/V	$U_{pp显示}$/V	E
	L/DIV	TIME/DIV	$T_{测量}$/ms	$T_{显示}$/ms	E
光标测量	水平光标 Y1/V	水平光标 Y2/V	$U_{pp测量}$/V	$U_{pp显示}$/V	E
	垂直光标 X1/μs	垂直光标 X2/μs	$T_{测量}$/ms	$T_{显示}$/ms	E
自动测量	$U_{pp测量}$/V	$U_{pp显示}$/V	$T_{测量}$/ms	$T_{显示}$/ms	E

表 B8-3　直流信号幅值的测量

刻度测量	H/DIV	VOLTS/DIV	$U_{测量}$/V	$U_{显示}$/V	E
光标测量	水平光标 Y1/V	水平光标 Y2/V	$U_{测量}$/V	$U_{显示}$/V	E
自动测量	U_{avg}/V	U_{rms}/V	U_{pp}/V	$U_{显示}$/V	E

表 B8-4　脉冲信号占空比的测量

光标测量	垂直光标 X1/μs	垂直光标 X2/μs	垂直光标 X3/μs	$DC_{测量}$	$DC_{显示}$
自动测量	周期/μs	正脉宽/μs	负脉宽/μs	$DC_{测量}$	$DC_{显示}$

表 B8-5　相位差的测量

移相器参量	R/Ω	C/μF	f/kHz	$\theta_{理论}$/(°)	—
线性扫描法	周期/μs	延迟/μs	$\theta_{测量}$/(°)	E	—
椭圆法	A/V	B/V	C/V	D/V	E

表 B8-6　李萨如图形的描绘

$f_1:f_2$	1:1	1:2	1:3	2:3
李萨如图形 （任一时刻）				

[注意事项]

1. 每次将无源探头连接到输入通道时,都应使用校准信号检验是否正常,并要经常查看补偿结果.

2. 当输入信号改变时,可按"自动设置"按钮查看稳定的波形.

3. 为使测量结果更准确,应手动进行垂直和水平控制,以显示更多的波形细节.

4. 读取自动测量结果时,数据后面有"?"时说明结果不准确,应进行自动设置或手动调节,待"?"消失后读数.

5. 降噪方式选择:噪声滤波、带宽限制.

6. 为防止触电及损坏仪器,切勿用普通无源探头测量市电,浮地测量也不可以.

思考题

1. 示波器输入耦合方式有几种? 测量直流信号应如何选择?

2. 怎样测量一个信号的直流成分?

3. 若屏幕上信号波形向左或向右跑动,原因是什么? 如何调整设置才能使其稳定下来?

4. 如何测量示波器校准信号的上升时间与下降时间?

5. 对于数字示波器,若采样率不足会产生什么后果?

6. 能否用正常触发模式测量直流信号?

7. 示波器最常用的触发方式是什么?

8. 如何观测一个机械开关闭合时的抖动过程? 应怎样设置示波器?

[拓展阅读]

F10 型数字合成函数信号发生器/计数器使用简介　　　　示波器的发展简史

实验 B9　用惠斯通电桥测量中值电阻

惠斯通电桥是在 1833 年由英国发明家克里斯蒂（Samuel Hunter Christie）发明的，1843年由英国物理学家惠斯通（Charles Wheatstone）改进并应用于电阻的测量。惠斯通电桥由于结构简单，无需精确的电压基准或高阻仪表就可以精确地测量电阻的阻值，随后得到了广泛的应用。惠斯通电桥既不是串联电路，也不是并联电路，一般情况下其电路中的电流分布情况需要使用基尔霍夫定律求解。但是，当其各桥臂电阻满足一定的特殊关系时，中间桥臂中的电流为零，计算得到简化，从而可以非常方便并精确地测量未知电阻的阻值。

随着电学技术的发展，现今电桥的种类很多，按工作电源可以分为直流电桥和交流电桥；按电路结构可以分为单臂电桥和双臂电桥；按测量方式可以分为平衡电桥和非平衡电桥。

惠斯通电桥是单臂、直流、平衡电桥，是电桥中最基本的一种，适合测量中等阻值电阻，测量范围为 $10^2 \sim 10^6$ Ω。开尔文电桥是直流、双臂、平衡电桥，更适合测量 $10^{-5} \sim 10^{-2}$ Ω 的低值电阻。

交流电桥则用来测量各种交流阻抗，如电容、电感等。此外还可利用交流电桥平衡条件与频率的相关性来测量与电容、电感有关的其他物理量，如互感、磁导率、电容的介质损耗、介电常量和电源频率等，其测量准确度和灵敏度都很高，在电磁测量中应用极为广泛。

平衡电桥适合测量具有相对稳定状态的物理量，但在很多实际应用和科学实验中，许多物理量是连续变化的，这就需要使用非平衡电桥进行测量。非平衡电桥利用桥式电路与各种传感器来工作，根据电桥输出的不平衡电压，经过计算得到引起电阻变化的其他物理量，如温度、压力、形变等。

[实验目的]

1. 了解电桥的分类和使用条件。
2. 掌握惠斯通电桥平衡条件和测电阻的原理。
3. 学会使用惠斯通电桥测定中等阻值电阻的零位测量法和比较测量法。
4. 了解提高电桥灵敏度和保证测量准确度所需要考虑的因素。

[实验仪器]

电阻箱，被测电阻，检流计，直流稳压电源，开关，箱式电桥等。

[实验原理]

惠斯通电桥是最常用的直流电桥，图 B9-1 是其电路图。图中 R_1、R_2 和 R_3 是已知电阻，它们和被测电阻 R_x 联成一个四边形，每一边称为电桥的一个臂。对角 A 和 B 之间接电源 E，对角 C 和 D 之间接检流计 G。

当三个已知桥臂电阻取值合适时，调节 R_3 使检流计电流为零，即 C 点和 D 点电势相等，电桥达到平衡状态。

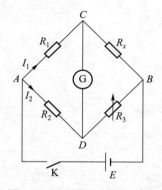

图 B9-1　惠斯通电桥电路图

这时可得

$$I_1 R_1 = I_2 R_2, \quad I_1 R_x = I_2 R_3 \qquad (B9-1)$$

两式相除可得

$$R_x = \frac{R_1}{R_2} R_3 \qquad (B9-2)$$

被测电阻 R_x 可以由上式求出,它仅依赖于较高等级的 3 个电阻的值,而与电源无关. 电桥 4 个臂的这种关系就是电桥的平衡条件. 通常把 R_1、R_2 称为比例臂,把 R_1/R_2 称为倍率,把 R_3 称为测定臂.

在检流计指零时,电桥才平衡,公式(B9-1)方成立. 这种方法为零位测量法. 所谓零位测量法,是指调整一个或几个与被测量有已知平衡关系的(或已知其值的)量,用平衡法确定被测量值的测量方法. 由式(B9-2)还可以看出,R_x 的值和 R_x 的测量不确定度,也完全取决于 R_1、R_2、R_3,它们是较高等级的电阻,在电桥中起标准电阻的作用,所以这又是一种比较测量法. 所谓比较测量法,是指通过将被测的未知量与已知的标准量进行比较从而达到测量目的的方法. 零位测量法和比较测量法是两种重要的基本实验方法.

式(B9-2)是由电桥平衡条件导出的,在实验中测试者依据检流计 G 的指针有无偏转来判断电桥是否平衡. 然而,检流计的灵敏度是有限的. 例如,选用电流灵敏度为 1 μA/格的检流计作为指零仪,当通过检流计的电流小于 10^{-7} A 时,指针偏转不到 0.1 格,观察者难于观察,就认为电桥已达到平衡状态,因而带来测量误差. 通常可以引入电桥灵敏度的概念,它的定义为

$$S = \frac{\Delta d}{\dfrac{\Delta R_x}{R_x}} \qquad (B9-3)$$

式中,ΔR_x 是在电桥平衡后 R_x 的微小增量,Δd 是相应的检流计偏转格数,电桥灵敏度 S 的单位是刻度盘上的"格",S 越大,在 R_x 的基础上增减 ΔR_x 能引起的检流计偏转格数越多,电桥越灵敏,测量误差越小.

电桥的灵敏度不仅与检流计的灵敏度有关,而且与线路参量(R_1、R_2、R_3、R_x)以及电源电压有关. 电源电压越大,电桥灵敏度就越高. 一般来说,在用电桥测电阻时,人们期望电桥有较高的灵敏度. 在检流计和电源一定的情况下,各桥臂电阻的取值及倍率,都会影响电桥的灵敏度. 因此,要合理确定桥臂倍率 R_1/R_2,使测量结果有效数字位数足够多,一般应比由误差决定的位数多一位.

当电桥的四个臂的阻值接近相等时,电桥具有较高的灵敏度,且能保证有足够多的有效数字位数. 因此,建议倍率 $R_1/R_2 = 1$,同时,在测试中,应不断改变 R_1 和 R_2 的阻值,使之不断趋近 R_x 的阻值.

[实验内容]

1. 用自行组装的电桥,测量被测电阻

(1)按图 B9-1 连好电路.(注意:连线时不要带电操作,开关要处于断开状态.)

(2)根据 R_x 的大约数值(实验室给出)和原理中所述原则取 R_3(应保证测量数据有 5 位有效数字),取 $R_1 = R_2 = 2\ \text{k}\Omega$.

（3）先"试触"开关,同时观察检流计指针是否偏转,若偏转较大超过量程,应立即断开开关,检查电路连接和 R_3 取值是否有问题,直到指针偏转在量程范围内为止. 调节 R_3 直到检流计指针指零为止,即电桥处于平衡状态. 此时读取 R_3 的数值并将数值记入表 B9-2.

（4）按上述步骤对 R_{x1}、R_{x2} 及 R_{x1} 和 R_{x2} 的串、并联电阻进行测量（注意:更换被测电阻时要先断开开关.）

（5）计算 R_{x1} 和 R_{x2} 及其不确定度. 因为是单次测量,所以自组电桥的基本相对误差用下式计算:

$$\frac{\Delta R}{R} = \sqrt{\left(\frac{\Delta R_1}{R_1}\right)^2 + \left(\frac{\Delta R_2}{R_2}\right)^2 + \left(\frac{\Delta R_3}{R_3}\right)^2} = \sqrt{\left(\frac{a}{100}\right)^2 + \left(\frac{a}{100}\right)^2 + \left(\frac{a}{100}\right)^2}$$

上式中 a 为电阻箱的等级. 因此用自组电桥测电阻时,其基本误差为

$$\Delta R = \sqrt{3}\, R\, \frac{a}{100}$$

由于电阻箱的基本误差大体上服从均匀分布,而本实验的直接测量量均为单次测量量,所以不确定度仅存在 B 类分量,95% 置信概率的扩展不确定度为

$$U_{0.95} = 0.95 \Delta R$$

2. 用箱式电桥测量被测电阻

（1）箱式惠斯通电桥的面板及使用方法.

箱式惠斯通电桥有多种型号. 本实验所用的是 QJ19 型 0.05 级单、双臂两用精密直流电桥. 本实验中只使用单臂桥,它要求配用的检流计电流常量小于 $5×10^{-9}$ 格/A,其灵敏度为 $2×10^8$ 格/A.

图 B9-2 是 QJ19 型电桥作为单臂电桥使用时的原理图,其面板及接线图如图 B9-3 所示. 实验中,根据被测电阻的大小,按表 B9-1 中参量选取各桥臂电阻和电源电压.（电源电压过大或过小会产生什么问题?）

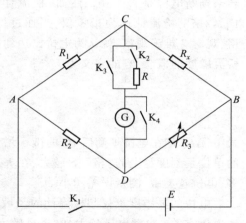

图 B9-2　QJ19 型单臂电桥原理图

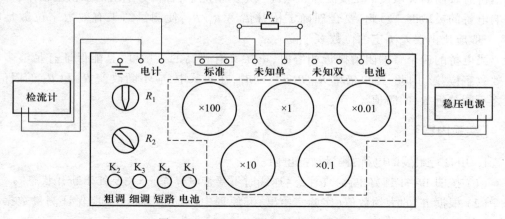

图 B9-3　QJ19 型电桥面板及接线图

表 B9-1　QJ19 型电桥参量要求

R_x/Ω	比例臂电阻		电源电压
	R_1/Ω	R_2/Ω	E/V
$10 \sim 10^2$	10^1	10^2	1.5
$10^2 \sim 10^3$	10^2	10^2	3
$10^3 \sim 10^4$	10^3	10^2	6
$10^4 \sim 10^5$	10^4	10^2	10
$10^5 \sim 10^6$	10^4	10^1	20

（2）用箱式电桥测量被测电阻.

① 熟悉 QJ19 型电桥各部件的功能且连好线路;熟悉检流计面板上各个开关、旋钮的功能和使用方法. 预习时,根据图 B9-3,熟悉 4 个操作开关（K_1、K_2、K_3 及 K_4）的功能和作用,并将其写在预习报告上.

② 测电阻 R_{x1} 和 R_{x2} 及它们的串、并联值 $R_{串}$、$R_{并}$.

检查 K_1、K_2、K_3 及 K_4 是否处于弹起状态,将卡住的开关弹起（逆时针旋转 90° 弹起）. 根据自组电桥测得的被测电阻阻值 R_x,选好相应的桥臂倍率,将 R_3 取到自组电桥测得的 R_x 值上后,把 K_1（电池开关）按下去顺时针转 90° 卡住,即接通电源. 将检流计灵敏度先调至较小挡位,然后按下粗调 K_2,调节 R_3,直到检流计指零;再切断 K_2,按下细调 K_3,这时检流计一般不指零,通常情况下调 R_3 的后两个转盘,直到检流计再次指零为止. 然后将检流计逐步升至最灵敏挡位,调 R_3 直到检流计指零或出现下述现象为止,即当 R_3 改变量在最小一挡增加或减小一格时,检流计指针在零点两侧跳动,此时即可认为电桥处于平衡状态. 将数据填入表 B9-3.

若检流计超量程,则应马上放开 K_2 或 K_3,检查电路并重新从粗调开始逐步调节 R_3.

电桥使用完毕后,应将 K_1、K_2、K_3 及 K_4 全部切断,即让开关弹起.

③ 计算 4 个被测电阻值及其不确定度.

QJ19 型电桥的基本误差（仪器误差）用下式表示:

$$\Delta R = \pm \frac{a}{100}\left(KR_3 + \frac{R_N}{10}\right)$$

式中,a 为 QJ19 型电桥等级（0.05）,K 为倍率（R_1/R_2）. 对 QJ19 型电桥,R_N 规定取值为 1 000 Ω. 由于 Q19 型电桥的基本误差大体上服从均匀分布,所以在单次测量情况下,95% 包含概率的扩展不确定度为 $U_{0.95} = 0.95\Delta R$.

[数据记录和处理]

电阻箱型号_____,等级_____;电桥型号_____,等级_____.

表 B9-2　自组电桥数据表

	R_{x1}/Ω	R_{x2}/Ω	$R_{串}/\Omega$	$R_{并}/\Omega$
R_1/Ω				

续表

	R_{x1}/Ω	R_{x2}/Ω	$R_{串}/\Omega$	$R_{并}/\Omega$
R_2/Ω				
R_3/Ω				
R_x/Ω				

表 B9-3 箱式电桥数据表

	R_{x1}/Ω	R_{x2}/Ω	$R_{串}/\Omega$	$R_{并}/\Omega$
R_1/R_2				
R_3/Ω				
R_x/Ω				

结果表达式: $R_x = (\overline{R}_x \pm U)$(计量单位); $k=2$.

[注意事项]

1. 用电桥测量电阻,给检流计通电之前,为保护检流计,要确定电路连接正确无误,并且将 R_1、R_2、R_3 取至合适数值,试触开关,若检流计指针偏转超量程,则应断开开关检查,排除问题后方能继续操作.

2. 在调节 R_3 阻值使电桥平衡的过程中,应从 R_3 的低阻值挡位开始逐级向高阻值挡位连续调节.

3. 用箱式电桥测量电阻时,若满足注意事项 1 所述情况仍不能调至平衡状态,则需要检查箱式电桥面板上的两个标准接线柱,使其处于短接状态.

> 思考题
>
> 1. 电桥由哪几部分组成?电桥的平衡条件是什么?
>
> 2. 若被测电阻 R_x 的一端没有连接(或断头),电桥是否能调平衡?为什么?
>
> 3. 为了能更好地测准电阻,在使用自组电桥时,假如要测一个约 $1.2\ \mathrm{k}\Omega$ 的电阻,应该考虑哪些因素?仪器参量应如何选取?

[拓展阅读]

惠斯通电桥的应用

实验 B10　导体电阻率的测量

在科学研究和生产实践中,除了要准确测量器件的电阻之外,在选用器件以及材料时往往还需要对材料的电阻率有所了解并进行测量. 材料的电阻率的变化常常对应于材料的结构和性质变化,因此对其进行的测量能够转化为对材料结构和性质的测量. 例如,金属焊接后电阻率的变化可能影响其热效应及性能;可以通过测量非常规油气储集层的电阻率对其中油藏情况进行评定等.

通常,1 Ω 以下的电阻称为低值电阻,在 1 Ω ~ 1 000 kΩ 之间的电阻称为中值电阻,1 000 kΩ 以上的电阻称为高值电阻. 对于不同阻值的电阻,测量方法是不同的. 例如,在用惠斯通电桥(单臂电桥)测中值电阻时,可以忽略导线本身的电阻和接点处的接触电阻(总称附加电阻)的影响,而当测量低值电阻时,接触电阻和导线电阻与被测的低值电阻阻值接近,其阻值就不能忽略了. 对惠斯通电桥加以改进而成的双臂电桥(又称开尔文电桥)消除了附加电阻的影响,适用于 $10^{-5} \sim 10^2$ Ω 电阻的测量.

本实验通过双臂电桥测量导体的电阻率.

[实验目的]

1. 学习用双臂电桥测低值电阻的原理及方法.
2. 了解金属材料电阻率的测量方法.

[实验仪器]

直流单、双臂两用电桥,四端电阻器,标准电阻,电子指零仪,被测金属棒,千分尺,开关.

[实验原理]

若一段横截面积为 S 的圆柱形导体的长度为 L、直径为 d、电阻为 R_x,则其电阻率 ρ 为

$$\rho = R_x \frac{S}{L} = \frac{\pi d^2}{4L} R_x \qquad (\text{B10-1})$$

导体的 L 和 d 可以利用游标卡尺和千分尺来测量,R_x 可以采用电桥法或伏安法来测量,进而可以求得导体的电阻率. 根据电阻率的定义,电阻率只与导体材料和环境等因素有关,而与导体尺寸无关.

由于被测导体的电阻 R_x 很小,采用伏安法测量时,连入电路的导线电阻和接触电阻与被测电阻接近,因此无法对其电阻进行测量,所以本实验采用双臂电桥测量被测导体的电阻 R_x.

单臂电桥原理见图 B10-1. 由图可见,桥路有十三根导线和 A、B、C、D 四个接点. 其中由 A、B 到电源和由 C、D 到检流计的导线电阻可并入电源和检流计的"内阻",

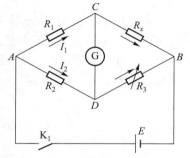

图 B10-1　单臂电桥原理图

对测量结果没有影响. 但桥臂的八根导线和四个接点的电阻会影响测量结果.

在电桥中, 由于比率臂 R_1 和 R_2 可用阻值较高的电阻, 因此和这两个电阻相连的四根导线(即由 A 到 R_1、R_2, 由 C 到 R_1, 由 D 到 R_2 的导线)的电阻不会给测量结果带来多大误差, 可以略去不计. 当被测电阻 R_x 是一个低值电阻时, 测量臂 R_3 也应该用低值电阻, 于是和 R_x、R_3 相连的导线电阻及接触电阻就会较大地影响测量结果.

为了消除上述电阻的影响, 可以采用如图 B10-2 所示的线路. 在图 B10-2 中, R_x 和 R_N 分别是被测低值电阻和低阻值的标准电阻, R'、R'_1、R'_2、R'_{3A}、R'_{3B} 分别是相应的引线和触点的附加电阻. 被测低值电阻 R_x 被制成四端器件, 如图 B10-3 所示, 其中 1、2、3、4 为接入被测金属棒的 4 个端子, 并分别与接线柱端点 C_1、P_1、P_2、C_2 相对应, 不同金属棒被测电阻的大小可通过移动端子 3 进行改变. P_1、P_2 两端的电阻为 R_x, 低阻值标准电阻的结构与此相同. 端点 A_1、B_1 及 C_1、C_2 分别是标准电阻 R_N 和被测电阻 R_x 的大电流端子, A_2、B_2 及 P_1、P_2 分别是标准电阻 R_N 和被测电阻 R_x 的弱电流端子. 这种结构可以避免将流过较大电流的触点电压降引入测量回路.

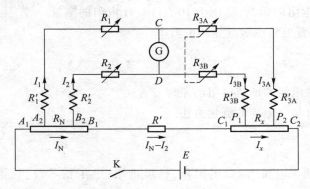

图 B10-2 双臂电桥原理图

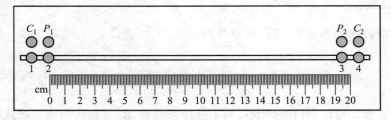

图 B10-3 被测低值电阻结构示意图

调节电桥平衡的过程, 就是调整电阻 R_1、R_2、R_{3A}、R_{3B} 和标准电阻 R_N 使检流计 G 中的电流等于零的过程. 当电桥达到平衡时, 通过 R_1 和 R_{3A} 的电流相等, 即 $I_1 = I_{3A}$; 通过 R_2 和 R_{3B} 的电流相等, 即 $I_2 = I_{3B}$; 通过 R_x 和 R_N 的电流也相等, 即 $I_x = I_N$. 因为 C、D 两点的电势相等, 所以有

$$\left.\begin{array}{l} I_1(R'_1 + R_1) = I_2(R'_2 + R_2) + I_N R_N \\ I_1(R'_{3A} + R_{3A}) = I_2(R'_{3B} + R_{3B}) + I_N R_x \\ I_2(R_2 + R'_2 + R_{3B} + R'_{3B}) = (I_N - I_2)R' \end{array}\right\} \qquad (\text{B10-2})$$

在通常情况下, 导线及接触点的附加电阻低于 10^{-2} Ω, 当桥臂 R_1、R_2、R_{3A}、R_{3B} 为

$10^2\ \Omega$ 左右时, R'_1 、 R'_2 、 R'_{3A} 、 R'_{3B} 可以忽略,有

$$\left.\begin{aligned} I_1R_1 &= I_2R_2 + I_NR_N \\ I_1R_{3A} &= I_2R_{3B} + I_NR_x \\ I_2(R_2+R_{3B}) &= (I_N-I_2)R' \end{aligned}\right\} \qquad\text{(B10-3)}$$

求解方程组(B10-3)得

$$R_x = \frac{R_{3B}}{R_1}R_N + \frac{R_2R'}{R_{3A}+R_2+R'}\left(\frac{R_{3B}}{R_1} - \frac{R_{3A}}{R_2}\right) \qquad\text{(B10-4)}$$

实验中,满足

$$\frac{R_{3B}}{R_1} = \frac{R_{3A}}{R_2} \qquad\text{(B10-5)}$$

时,式(B10-4)化简为

$$R_x = \frac{R_{3B}}{R_1}R_N \qquad\text{(B10-6)}$$

附加电阻 R' 对测量结果的影响被消除.

为了保证式(B10-5)在电桥使用过程中始终成立,QJ19 型电桥被制成一种特殊的结构,见图 B10-4,其外形及接线图见图 B10-5.从图中可以看到, R_{3A} 和 R_{3B} 是两组相同的 5 位十进制同轴转动电阻箱(图 B10-5 中的 R_3),由于转臂同轴,在任一位置上都保持 R_{3A} 和 R_{3B} 始终相等,因此,只要事先设定 $R_1=R_2$,选择适当的标准电阻 R_N ,调整 R_3 (即同步调整 R_{3A} 和 R_{3B})使电桥平衡,即可利用式(B10-6)得到被测电阻 R_x 的大小,即

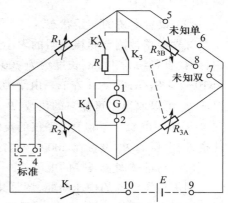

图 B10-4　QJ19 型电桥内部结构示意图

$$R_x = \frac{R_3}{R_1}R_N \qquad\text{(B10-7)}$$

QJ19 型电桥在作为单臂电桥(惠斯通电桥)使用时,标准电阻的 3、4(标准)接线柱要用短路片连接,被测电阻连接到 5、6(未知单)接线柱上,见图 B10-5;在作为双臂电桥

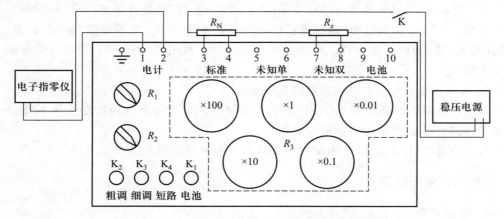

图 B10-5　QJ19 型电桥外形及测量电阻率时的接线图

（开尔文电桥）使用时,应断开 3、4 接线柱间的短路片,接入标准电阻的一对电压端子（弱电流端子）,被测低值电阻的一对电压端子（弱电流端子）连接到 7、8（未知双）接线柱上.

[实验内容]

1. 被测金属棒电阻值的测量

（1）线路连接.

先将 QJ19 型电桥上的 K_1 至 K_4 按键全部释放弹出,使其处于断开状态,然后按图 B10-5 连接线路. 将被测金属棒通过四端电阻器做成"四端电阻",内侧弱电流端子连接到 QJ19 型电桥的"未知双"接线柱上,再将标准电阻的弱电流端子（两个红色端或两个黑色端均可）连接到 QJ19 型电桥的"标准"接线柱上. 用一条导线将被测金属棒上的一个外侧连接点连接到标准电阻的一个大电流接线端,利用开关（处于断开状态）和导线将被测金属棒和标准电阻的剩余接线端与稳压电源相连接. 将电子指零仪接到 QJ19 型电桥的"电计"接线柱上.

（2）设置电桥的初始状态.

首先根据被测金属棒电阻的大小选定 R_1 和 R_2 的大小. 本实验中的被测金属棒为铜制材料,直径约为 4 mm,长度约为 200 mm,电阻约为 0.02 Ω. 标准电阻为 0.02 Ω,根据式（B10-7）,R_3/R_1 应为 1 左右. 由于 QJ19 型电桥的 R_3 的最大取值约为 10^2 Ω,所以为了保证 R_3 可以取得尽可能多的位数,R_1 和 R_2 应取 10^2 Ω. 如果长度约为 400 mm,那么 R_1 和 R_2 应取 10^3 Ω. 将电子指零仪的灵敏度开关设置在 10 μV/DIV 挡,调节调零旋钮使指针指零,电桥的 R_3 设置在 200 Ω 左右.

（3）测量被测金属棒的电阻值.

利用稳压电源的稳压功能,调整其电压控制旋钮,使其输出电流为 2 A 左右. 快速按下并弹起电桥的粗调键 K_2,同时观察电子指零仪指针的偏转情况,若指针偏转过大,则应调节 R_3 的"×10""×100"转盘,直到指针处于量程范围内后锁定 K_2. 继续调节 R_3 转盘,直到指针指零. 按下细调键 K_3,调 R_3 的"×0.1""×0.01"转盘直到指针指零.

然后将电子指零仪的灵敏度调节到 5 μV/DIV 挡. 按下电桥的细调键 K_3,调 R_3 的"×0.1""×0.01"转盘,直到电子指零仪指针指零,或 R_3 的"×0.01"转盘在某两挡之间转换时,指针在平衡点（零点）两侧跳动,此时电桥已被调节到平衡状态. 电桥调节到平衡状态后,弹起（释放）粗、细调键 K_2 和 K_3,读取并记录 R_3 的值,利用式（B10-7）,即可得到被测金属棒电阻 R_x.

2. 被测圆柱形导体长度和横截面积的测量

从四端电阻器的刻度尺上直接读出圆柱形导体的电势接点间的长度 L,利用千分尺测量导体的直径 d,进而可得到横截面积 S.

利用测得的 R_x、L、d 和式（B10-1）,即可得到被测导体的电阻率 ρ.

[数据记录和处理]

1. 数据表格

将数据记入表 B10-1 和表 B10-2.

表 B10-1　测量金属导体直径表

次数	1	2	3	4	5	6	$\bar{d}/mm$
$d_{铝}/mm$							
$d_{铜}/mm$							
$d_{钢}/mm$							

表 B10-2　测量金属导体电阻率表

金属	L/mm	R_1/Ω	R_3/Ω	R_x/Ω	$\rho/(\Omega \cdot m)$	$\bar{\rho}/(\Omega \cdot m)$
铝	200					
	400					
铜	200					
	400					
钢	200					
	400					

2. 数据处理

（1）计算出三种圆柱形导体直径的平均值 $\bar{d}$，进而计算出横截面积的平均值 $\bar{S}$.

（2）利用 $\bar{S}$、R_x 和式（B10-1），计算出三种导体的电阻率，将测量值与标准值（$\rho_{铜} = 1.7 \times 10^{-8}\ \Omega \cdot m$，$\rho_{铝} = 2.82 \times 10^{-8}\ \Omega \cdot m$，$\rho_{钢} = 1.6 \times 10^{-7}\ \Omega \cdot m$）比较，计算相对误差 E.

（3）根据实验室给出的条件，自行推导不确定度计算公式，并计算铜的电阻率测量结果的不确定度.

[注意事项]

1. 实验中为了保护电子指零仪和电桥等设备，在开启稳压电源前必须仔细检查线路连接的正确性和电桥初始状态的设置，操作必须严格遵循先粗调后细调的步骤进行.

2. 本实验被测圆柱形导体有铜、铝、钢三种，电阻 R_x 可以采用单次测量法，直径 d 的测量应不少于 6 次.

▣▣ 思考题

1. 在双臂电桥中，导线本身的电阻和接触电阻的影响是怎样消除的？试简要说明.

2. 在双臂电桥中，哪部分宜用短而粗的导线？为什么？

实验 B11　铁磁材料动态磁滞回线和基本磁化曲线的测量

　　磁性是与物质中电荷运动或粒子的自旋相关的一种基本属性,物质在外磁场作用下,都会出现磁化现象. 按照物质在外磁场中的表现可以将物质分为顺磁性物质、抗磁性物质、铁磁性物质、亚铁磁性物质和反磁性物质五类. 虽然自中国战国时期开始就有关于磁现象的记载,并且磁性材料在人类科学技术发展过程中起着至关重要的作用,但是对于为何有的材料表现出铁磁性,而有的材料表现出顺磁性或抗磁性的理论解释,直到近代量子力学产生后才逐渐明确. 物质在外磁场中的磁化过程与原子中电子的自旋和泡利不相容原理等直接相关.

　　目前应用最为广泛的铁磁材料中,存在着明显的磁滞现象,即铁磁材料(如铁、镍或钴)在磁化和去磁过程中,磁化强度不仅依赖于外磁场的强度,还依赖于其经历的磁化过程的现象. 铁磁材料在外磁场中的磁化过程可以通过磁滞回线和磁化曲线来描述,磁滞回线和磁化曲线也是磁性材料选择和设计的重要依据. 不同的铁磁材料,其磁滞回线的形状也有所区别. 可以根据磁滞回线的不同将铁磁材料分为软磁材料、硬磁材料和矩磁材料. 软磁材料的磁滞回线窄而长,剩余磁感应强度和矫顽力都很小,其基本特征是磁导率高,易于磁化及退磁. 软铁、硅钢及某些合金属于这一类,它们常用来制造变压器及电机的转子. 硬磁材料的磁滞回线较宽,剩磁和矫顽力都较大,其剩磁可保持较长时间. 铁、钴、镍等元素的合金属于硬磁材料,常用于制造永久磁铁. 矩磁材料的磁滞回线接近矩形,其特点是剩磁接近饱和磁感应强度,矫顽力小. 若使矩磁材料在不同方向的磁场中磁化,当磁化电流为零时,它仍能保持两种不同方向的剩磁. 矩磁材料常用做记忆元件,如电子计算机中存储器的芯片等.

　　动态磁滞回线是指在交变磁场磁化下得到的材料 B-H 关系曲线,描绘磁性材料的交流磁特性,在工业上有重要应用,因为交流电动机、变压器的铁芯都是在交流状态下工作的. 磁学量通常被转换为电学量进行测量,本实验将利用示波器对铁磁材料的动态磁滞回线进行观测.

[实验目的]

1. 加深对铁磁材料的磁滞、磁化机理及有关概念的理解.
2. 掌握铁磁材料动态磁滞回线测试的原理与方法.
3. 深入学习数字示波器的使用.

[实验仪器]

磁滞回线实验仪,数字示波器,无源电压探头,专用连接线.

[实验原理]

1. 铁磁材料的磁特性

铁磁材料的磁性主要来源于电子自旋产生的磁偶极矩(电子绕原子核的角动量也有一定的贡献). 原子中的每个电子都像一个微小的磁铁,根据量子力学,电子仅能处于自旋"向上"或"向下"的两个状态之一. 当物质中的磁偶极子指向同一方向时,它们的微小磁场相互叠加增强,物质在宏观上显现磁性.

然而,根据泡利不相容原理,同一轨道上成对存在的电子具有相反的自旋,因此每对电子产生的磁矩相互抵消,只有不成对的电子才能使物质具有净磁矩,因此铁磁性仅体现在具有部分填充壳层的材料中. 有的材料中磁偶极子有序性差,当施加外部磁场时,磁偶极子倾向于平行于外部磁场方向,体现出顺磁性. 然而,在没有外加磁场时,铁磁物质中磁偶极子在局部倾向于自发排列,从而产生局部自发磁化的磁畴. 在每个磁畴区域内,磁偶极矩是对齐的,但是每个独立区域的自旋指向不同的方向,并且它们的磁场抵消,因此物体不表现出磁性. 图 B11-1 为磁光克尔效应下金属表面磁畴的不同磁场方向,不同的带状区域为不同的磁化方向.

当对铁磁材料施加足够强的外部磁场时,磁畴的磁化方向将重新排列,从而使更多的磁偶极子与外部磁场对齐. 当外部磁场减弱时,这些磁畴的磁化方向的改变受到晶格缺陷等限制将部分保持原来的磁化对齐方向,从而产生磁场变化的滞后现象,即磁滞现象.

铁磁材料的磁化曲线和磁滞回线的特性对铁磁材料的应用和研制是很重要的,它反映了该材料的重要特性,也是设计和选用材料的重要依据. 研究铁磁材料的磁化规律通常是测定铁磁材料的磁感应强度 B(或 M、μ_r)与外加磁场强度 H 之间的关系,图 B11-2 为铁磁材料(即铁磁质)的磁感应强度 B 与外加磁场强度 H 之间的关系曲线.

图 B11-1　磁光克尔效应下金属表面
磁畴的不同磁场方向

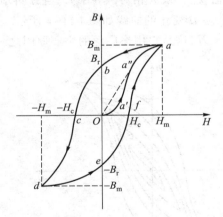

图 B11-2　铁磁材料起始磁化
曲线和磁滞回线

在磁场为零时,铁磁质处于未磁化的状态,即 $B=H=0$. 当 H 逐渐增加时,B 先是缓慢地增加(图 B11-2 中 Oa' 段),然后经过一段急剧增加的过程($a'a''$ 段),又逐渐缓慢增加($a''a$ 段),最后当 H 达到最大时 B 逐渐趋于饱和($a''a$ 段中趋近 a 点的一段). 从未磁化到饱和磁化的这段磁化曲线 Oa,称为铁磁质的起始磁化曲线,饱和值 B_m 称为铁磁质的饱和磁感应强度. 在 B 达到饱和值 B_m 后,如果使 H 逐渐减小,那么 B 不是沿起始磁化曲线返回,而是沿 ab 段曲线减小. 当 H 减小至零时,磁感应强度仍保留一定值 B_r,该值称为剩余磁感应强度(简称剩磁). 为使 B 减小到零,必须加一反向磁场强度 H_c,该值称为矫顽力. 从具有剩磁的状态到完全退磁的状态的一段曲线 bc,称为退磁曲线. 当反向磁场继续增强时,B 又将逐渐达到反向饱和值(d 点).如果再使反向磁场逐渐减小到零,随后再使正向磁场逐渐增加,则铁磁质将沿 $defa$ 回到正向饱和状态 a.在磁场强度 H 在正、反两个方向上往复变化一周的过程中,B-H 曲线构成一个闭合曲线,称之为磁滞回线.由磁滞回线可以看出,铁磁质的 B 与 H 的依赖关系不仅不是线性的,而且不是单值的,且磁化是不可逆过程.铁磁质在处于交变磁场中时,将沿磁滞回线反复磁化→去磁→反向磁化→反向去磁.由于巴克豪森效应,铁磁质在此过程中要消耗额外的能量,能量以热的形式从铁磁材料中释放,这种损耗称为磁滞损耗.可以证明,当铁磁质的磁化状态沿磁滞回线变化一周时,电源因为磁滞损耗对单位体积材料做的功与 B-H 曲线包围的面积成正比.

如果铁磁质处于起始磁化曲线上某一未达到饱和的磁化状态,使磁场强度由此状态的对应值变化一周,那么将得到在饱和磁滞回线内的另外一条局部磁滞回线,如图 B11-3 所示.由于磁化过程不同,铁磁质可以有不同的剩磁.在饱和磁滞回线中的 B_r 是最大剩磁,H_c 是最大矫顽力,它们是铁磁质的重要磁性参量.在图 B11-3 中亦可见,对磁中性铁磁材料,在交变磁场强度由弱到强依次进行磁化时,可以得到面积由小到大向外扩展的一簇磁滞回线.这些磁滞回线顶点的连线($Oa_1a_2a_3\cdots a_n$)称为铁磁质的基本磁化曲线.由基本磁化曲线可近似确定其相对磁导率 $\mu_r = B/\mu_0 H$,由于磁化曲线是非线性的,所以当 H 的数值由 0 开始增加时,μ_r 由某一数值 μ_{ri}(起始相对磁导率)开始增加,然后接近某一最大值 μ_{rmax}(最大相对磁导率).当 H 再增加时,由于磁化接近饱和,所以 μ_r 数值急剧减小,μ_r 随 H 变化的曲线如图 B11-4 所示.铁磁材料的相对磁导率 μ_r 可高达数千、数万乃至数十万,这是它用途广泛的主要原因之一.

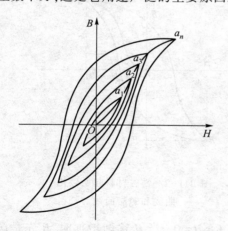

图 B11-3 同一铁磁材料的一簇磁滞回线

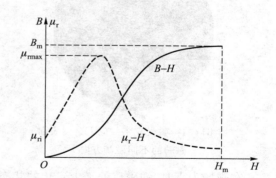

图 B11-4 铁磁材料磁化曲线和 μ_r-H 曲线

加热然后冷却(退火)磁化材料,通过锤击使其受到振动,或利用消磁线圈施加快速振荡逐渐减小的磁场,可以将磁畴的磁化状态从固定状态中释放出来,进而使材料回到最初的能量最低状态,从而使材料消磁.

2. 磁滞回线的测量

(1)磁场强度的测量.

设环状样品的平均周长为 l,磁化线圈均匀缠绕在样品上,其匝数为 N_1,其电阻可以忽略,如图 B11-5 所示,R_1 为磁化电路中的串联电阻,亦称取样电阻.当磁化线圈输入交流电压 U_{R_1} 时,就产生交变的磁化电流 i_1,根据安培环路定理,其磁场强度 H 可以表示为

$H = \dfrac{N_1}{l} i_1$,又 $i_1 = \dfrac{U_{R_1}}{R_1}$,所以 $H = \dfrac{N_1}{R_1} U_{R_1}$,即

$$U_H = U_{R_1} = \frac{R_1 l}{N_1} H \tag{B11-1}$$

式中,R_1、l 和 N_1 均为常量,可见 U_H 与 H 成正比.因此示波器屏幕上水平方向信号的大小与样品中的磁场强度成正比.

(2)磁感应强度的测量.

交变的磁场强度 H 将在样品中产生交变的磁感应强度 B.设样品的截面积为 S,穿过该截面的磁通量为 $\Phi = BS$,由法拉第电磁感应定律可知,如图 B11-5 所示,在匝数为 N_2 的副线圈中将产生感应电动势:

$$\mathcal{E} = -N_2 \frac{\mathrm{d}\Phi}{\mathrm{d}t} = -N_2 S \frac{\mathrm{d}B}{\mathrm{d}t} \tag{B11-2}$$

则 $B = -\dfrac{1}{N_2 S} \displaystyle\int \mathcal{E}\mathrm{d}t$,因此只有对 $\mathcal{E}$ 积分才能得到 B 值,可采用如图 B11-5 所示的 $R_2 C$ 积分电路.副线圈回路的电路方程为

$$\mathcal{E} = i_2 R_2 + U_C + i_2 \omega L_2 \tag{B11-3}$$

式中,i_2 为副线圈中的电流,U_C 为电容两端的电压.由于副线圈匝数 N_2 较小,所以其电感很小,可以忽略不计.如果 R_2、C 取值适当,那么积分电路的时间常量 $R_2 C$ 将远大于激励交流信号的周期,即 $R_2 \gg \dfrac{1}{\omega C}$,这使得 U_C 相对于 U_{R_2} 可以忽略不计,则式(B11-3)变为

$$\mathcal{E} \approx i_2 R_2 \tag{B11-4}$$

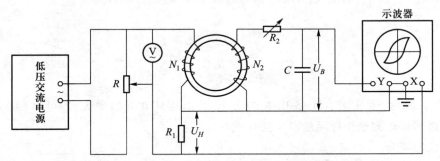

图 B11-5　用示波器观测动态磁滞回线原理电路图

回路电流 i_2 的大小主要由 R_2 决定.又因 $i_2 = \dfrac{\mathrm{d}Q}{\mathrm{d}t} = C \dfrac{\mathrm{d}U_C}{\mathrm{d}t}$,故有

$$\mathcal{E} = R_2 C \frac{\mathrm{d}U_C}{\mathrm{d}t} \tag{B11-5}$$

由式(B11-2)和式(B11-5)联立可得

$$-N_2 S \frac{\mathrm{d}B}{\mathrm{d}t} = R_2 C \frac{\mathrm{d}U_C}{\mathrm{d}t} \tag{B11-6}$$

对上式两边积分可推导出

$$U_B = U_C = -\frac{N_2 S}{R_2 C} B \qquad \text{(B11-7)}$$

由此可见，U_B 与 B 成正比.

由于示波器屏幕上水平及垂直方向的信号大小分别与 H、B 成正比,在磁化电流变化的一个周期内,示波器的光点将描绘出一条完整的磁滞回线,每个周期都将重复此过程,所以在示波器屏幕上将看到一个稳定的磁滞回线图形. 磁滞回线的顶点 (H_m, B_m) 与 U_H、U_B 的峰值 U_{Hm}、U_{Bm} 相对应,可以用交流毫伏表或双踪示波器测量. 在本实验中,利用数字示波器可以直接测量出 U_{Hm}、U_{Bm},观测到的信号波形和磁滞回线如图 B11-6 所示.

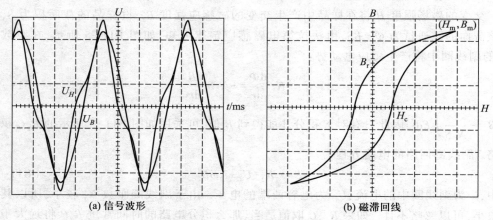

(a) 信号波形   (b) 磁滞回线

图 B11-6 信号波形和磁滞回线

（3）基本磁化曲线和动态磁滞回线的测量.

测量出 U_{Hm}、U_{Bm},利用式（B11-1）和式（B11-7）可以分别得到

$$H_m = \frac{N_1}{l R_1} U_{Hm} \qquad \text{(B11-8)}$$

$$B_m = -\frac{R_2 C}{N_2 S} U_{Bm} \qquad \text{(B11-9)}$$

在对样品去磁后,改变图 B11-5 中 R 的大小,使电压从 0 开始增大,即可得到一系列的 H_m、B_m,进而可以测绘出样品的基本磁化曲线.

3. 仪器简介

DH4516 型磁滞回线实验仪面板如图 B11-7 所示,实验线路连接图如图 B11-8 所示.

DH4516 型磁滞回线实验仪的被测样品有两种,均为 E 型的铁芯. 本实验采用 50 Hz 工频交流电经过变压器降压后作为样品的励磁信号,利用 U 选择开关可以改变励磁信号强度. 励磁电流 I_H 的采样电阻 R_1 由 10 个 0.5 Ω 的电阻串联而成,利用 R_1 选择开关可以改变加在示波器 X 轴信号 U_H 的大小. 样品内部的磁场强度 H 为

$$H = \frac{I_H N_1}{l} \qquad \text{(B11-10)}$$

式中,N_1 为通过励磁电流 I_H 的样品初级线圈匝数,l 为样品的平均磁路长度. 由于 $U_H = I_H R_1$,所以

$$H = \frac{N_1}{lR_1} U_H \tag{B11-11}$$

由于样品初级线圈匝数 N_1 和平均磁路长度 l 是已知的,而励磁电流 I_H 的采样电阻 R_1 可以由 DH4516 型磁滞回线实验仪上的 R_1 选择开关直接读数,所以利用数字示波器测量出 U_H 的瞬时值,就可以得到当时的磁场强度 H. 由于采用交流电对样品进行磁化,所以磁场强度 H 也是时间的函数,可以写成 $H(t)$.

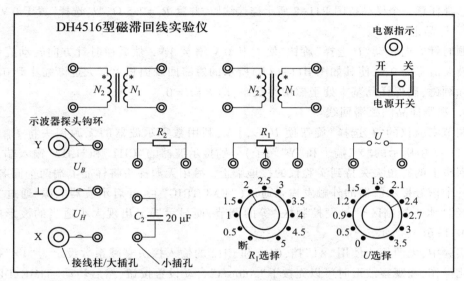

图 B11-7　DH4516 型磁滞回线实验仪面板

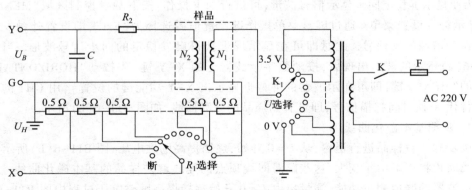

图 B11-8　实验线路连接图

根据式(B11-7),有

$$B = -\frac{R_2 C}{N_2 S} U_B \tag{B11-12}$$

由于样品次级线圈匝数 N_2、铁芯的截面积 S、积分电阻 R_2 和积分电容 C 均是已知的,所以利用数字示波器测量出 U_B 的瞬时值,就可以得到当时的磁感应强度 B. 磁感应强度 B

也是时间的函数,可以写成 $B(t)$.

利用所测得的 U_H 和 U_B,由式(B11-11)和式(B11-12)所得到的 B-H 曲线即磁滞回线,其形状与 U_B-U_H 曲线相同,所以在绘制曲线时不必利用式(B11-11)和式(B11-12)将全部数据换算成 H、B 值,只对一些特征点(如 H_m、B_m、$H=0$ 时的 B_r、$B=0$ 时的 H_c 等)进行数据转换和标示即可.

[实验内容]

1. 连接线路

选择任意一个样品按图 B11-8 所示连接线路,并置 $R_1=2.5\ \Omega$,"U 选择"置于 0 V 位.

2. 样品退磁

顺时针方向转动"U 选择"旋钮,使 U 从 0 V 增至 3 V. 然后逆时针方向转动旋钮,将 U 从最大值降为 0 V,使其如图 B11-6(b)所示的磁滞回线面积由最大逐渐缩小到 0,目的是消除剩磁,确保样品基本处于磁中性状态,即 $B=H=0$.

3. 观测样品的磁滞回线

调节实验仪的"U 选择"旋钮使 $U=2.1$ V,利用数字示波器的无源探头将 U_H 和 U_B(图 B11-7 中所示的"X"端子和"Y"端子)分别接示波器的"CH1"和"CH2"输入端,并将两个探头上的鳄鱼夹夹持到实验仪的接地端上. 另用无源探头将样品上端两个同名端中的任一个信号接示波器的外触发输入通道("EXT TRIG"). 开启示波器电源,通过"垂直控制区""水平控制区""触发控制区"等的调节,使显示屏上出现大小适当的波形曲线,如图 B11-6(a)所示.

实验中,无源探头使用"×1"挡,CH1 和 CH2 的输入探头衰减系数设定为"1×"挡,为了简化操作,在观察波形时可以先按下"Autoset"自动设置按钮,然后转动"TIME/DIV"旋钮使显示屏上出现 2~3 个完整的波形,此时屏幕上显示的信号波形往往不能稳定地显示. 为使显示屏稳定同步显示信号波形,可进行如下操作:按下触发控制区域"MENU"按钮,显示触发设置菜单. 通过屏幕菜单操作键设置信源选择为"Ext",即设置外触发输入通道作为信源触发信号. 此时即可在显示屏上获得触发稳定的同步信号波形. 当如图 B11-6(a)所示的波形出现后,按动数字示波器上的 X-Y 键(先按动"HORIZONTAL"区域内的"MENU"键,即可在示波器的屏幕上显示出 X-Y 功能键的位置),用 CH1 的输入信号替代 X 轴时间扫描信号,即可看到样品的磁滞回线,如图 B11-6(b)所示.

4. 观测基本磁化曲线

按步骤 2 对样品进行退磁,从 $U=0$ 开始,逐挡提高励磁电压,图 B11-6(b)所示的磁滞回线面积将逐渐由小变大,这些磁滞回线顶点的连线就是样品的基本磁化曲线. 利用数字示波器的峰值测量功能,测量出由 $U=0$ 开始逐挡提高励磁电压过程中图 B11-6(a)所示信号 U_B、U_H 波形的峰值,代入式(B11-8)、式(B11-9)即可得到基本磁化曲线的数据. 样品的基本数据为 $l=75$ mm,$S=120$ mm^2,$N_1=150$ 匝,$N_2=150$ 匝,$C=20\ \mu$F,$R_2=10\ \text{k}\Omega$.

5. 测绘 B-H 曲线(样品的磁滞回线)

调节 $U=3.0$ V,$R_1=2.5\ \Omega$,测定 1 个样品的一组 U_B、U_H 值. 数据测量次数 n 至少为 30,并且在曲线拐点处应多测量几次.

6. 测绘 μ_r-H 曲线

依次测定 $U=0.5\,\mathrm{V},0.9\,\mathrm{V},\cdots,3.5\,\mathrm{V}$ 时的十组 U_{Bm}、U_{Hm} 值. 在测绘样品 1 的基本磁化曲线及 μ_r-H 曲线时,在 U 较小时可以适当增加平均获取方式的次数.

7. 比较两个样品的磁化性能

[数据记录和处理]

1. 数据记录

$$R_1 = \underline{\qquad}\ \Omega,\ U = \underline{\qquad}\ \mathrm{V}.$$

将数据记入表 B11-1 和表 B11-2.

表 B11-1　测绘样品 B-H 曲线数据表

次数	U_H/mV	H/(A·m^{-1})	U_B/mV	B/kGs
1				
2				
...				
30				

表 B11-2　测绘样品基本磁化曲线及 μ_r-H 曲线数据表

U/V	U_{Hm}/mV	H/(A·m^{-1})	U_{Bm}/mV	B/kGs	μ_r
0.5					
0.9					
1.2					
1.5					
1.8					
2.1					
2.4					
2.7					
3.0					
3.5					

2. 数据处理

(1) 将测量数据 U_H、U_B 转换成相应的 H、B,用坐标纸或 Excel 绘制样品 1、2 的 B-H 曲线,并标注饱和磁感应强度 B_m、剩磁 B_r 及矫顽力 H_c 等参量. 若用 Excel 等计算机软件绘图,则测量次数 n 还可适当增加.

(2) 将测量数据 U_{Hm}、U_{Bm} 转换成相应的 H、B,并计算出相应的相对磁导率 μ_r,用坐标纸或 Excel 分别绘制样品 1 的基本磁化曲线及 μ_r-H 曲线.

[注意事项]

1. 为了顺利进行实验,课前要熟悉数字示波器的使用,掌握相应的操作要领和数据读取方法. 特别是为防止测量的偏差或错误,在使用前要对示波器配套的无源电压探头进行补偿调节,即利用示波器的校准信号通过频率补偿调节达到探头与示波器相应通道的匹配.

2. 经教师检查电路连接无误后,才可打开实验仪电源.

3. 为了减少示波器显示信号中的随机或无关噪声,应在实时采样或等效采样方式下采集数据,然后通过平均获取方式将多次采样的波形平均计算,平均次数应大于 16.

4. 本实验仅使用"Autoset"自动设置功能往往并不能使图 B11-6(a)中的信号波形稳定显示,同时通过平均获取方式获得的信号波形亦可能由于误触发而不稳定,特别是当样品所加的励磁电压较小时这种情况更为严重. 为此应正确设置触发信源,即要将较强的样品近端信号接入示波器外触发输入通道作为信源触发信号.

5. 实验完成后,要注意关闭电源,特别要注意检查专用连接线的数目.

思考题

1. 在测量基本磁化曲线时为什么先对样品退磁? 机理是什么?

2. 一个钢制部件不慎被磁化,请设计一种退磁方案.

3. 什么是磁化过程的不可逆性? 原因是什么?

4. 比较样品的基本磁化曲线和 μ_r-H 曲线的特点,说明掌握样品 μ_r-H 曲线参量的重要意义.

[拓展阅读]

稀土永磁材料

实验 B12　用电流场模拟静电场

　　电场是电荷及变化磁场在周围空间激发的一种特殊物质,它虽然不是由分子、原子所组成的,但却是客观存在的,具有通常物质所具有的力和能量等客观属性,如放入电场中的任何带电体都将受到电场力的作用;电场能使放入电场中的导体产生静电感应现象等.

　　利用静电场的静电感应、高压静电场的气体放电等效应和原理,可以实现多种加工工艺和加工设备. 这些工艺和设备在电力、机械、轻工、纺织、航空航天以及其他高技术领域中有着广泛的应用. 如静电除尘和分选就是利用静电场的作用,使气体中悬浮的尘粒带电而被吸附,并将尘粒从烟气中分离出来而将其去除的,可用于各种工厂的烟气除尘. 另外,研究和设计一定的电场有助于了解静电场的各种物理现象和控制带电粒子的运动. 这对于生产和科研都是极其有用的,如在设计显像管、示波管中的电子枪时,需要考虑电极取什么形状、如何配置等,从而得到所需的电场分布. 这些问题在理论上求解往往是很难办到的,而用实验的方法则比较容易解决.

[实验目的]

　　1. 学习用电流场模拟静电场的方法.

　　2. 测绘模拟场的等势线,根据等势线绘出电场线,从而加深对静电场一些重要性质的形象化理解.

　　3. 掌握实验数据的处理及作图的基本方法.

[实验仪器]

　　ZD-Ⅲ型静电场描绘实验仪 1 套,水,数字电压表(数字万用表) 1 台,毫米坐标纸 1 张.

[实验原理]

　　静电场是由静止电荷激发的电场. 静电场是有源场. 该静止电荷被称为场源电荷,简称为源电荷. 静电场的电场线起始于正电荷或无穷远处,终止于无穷远处或负电荷. 静电场的电场线方向和场源电荷有着密切的关系. 当场源电荷为正电荷时,该电场的电场线呈发散状;当场源电荷为负电荷时,该电场的电场线呈收敛状(图 B12-1). 电场力移动电荷所做的功具有与路径无关的特点.

　　对于带电导体在空间形成的静电场,除几何形状简单、规则的带电体外,一般很难找出它的数学模型,所以往往借助实验的方法来测定它. 但是,直接测量静电场会遇到很大的困难. 这是因为一方面磁电式电表对静电一般不起作用;另一方面任何仪表引入静电场中,都会改变原静电场的分布. 因此,人们通常采用一种间接测量的方法——模拟法.

　　模拟法是指不直接研究自然现象或过程的本身,而用与这些自然现象或过程相似的模型来进行研究的一种方法. 用电流场模拟静电场基于两种不同的场所遵守的物理规律在数学表达形式上完全一致的原理. 这样,对容易测量的场进行研究,以代替对不易测量的场的研究. 用电流场模拟静电场是研究静电场的一种方便的方法.

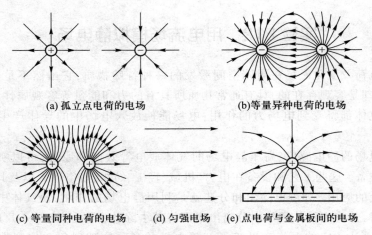

(a) 孤立点电荷的电场   (b) 等量异种电荷的电场

(c) 等量同种电荷的电场   (d) 匀强电场   (e) 点电荷与金属板间的电场

图 B12-1   不同种类电荷形成的电场

　　静电场和电流场虽是两种不同的场,但它们的分布都遵守拉普拉斯方程. 也就是说,如果有一个静电场,它是由几个带电导体激发的,每个导体的位置、形状和电势均已知,那么就可以把同样形状的良导体按同样的位置放到导电介质(自来水、石墨粉等)中,并在各良导体上加直流电压,使它们的电势与上述静电场中带电导体的电势对应相等,这样得到的电流场中任一点的直流电势就跟静电场中对应点的静电势完全一致. 由于电流场中的电势容易测出,所以对应的静电场电势也就可以确定了. 静电场中带电导体表面是一个等势面,这就要求电流场中的导体表面也是一个等势面,这只有在良导体电极的电导率远大于导电介质的电导率时才能实现. 所以导电介质的电导率不宜过大,通常用自来水(其中含少量离子)或石墨粉的混合物作为导电介质.

　　不良导电介质内的导电机构是正、负离子,从宏观上看,在任何一个体积元内,正、负离子数是相等的,即在无源区内满足

$$\oint_S \boldsymbol{j} \cdot \mathrm{d}\boldsymbol{S} = 0, \qquad \oint_l \boldsymbol{j} \cdot \mathrm{d}\boldsymbol{l} = 0$$

在静电场的无源区内,电场强度 $\boldsymbol{E}$ 满足

$$\oint_S \boldsymbol{E} \cdot \mathrm{d}\boldsymbol{S} = 0, \qquad \oint_l \boldsymbol{E} \cdot \mathrm{d}\boldsymbol{l} = 0$$

式中,$\boldsymbol{j}$ 为电流密度,$\boldsymbol{E}$ 为电场强度. 由此可知,在这种导电机构是正、负离子的特定情况下,电流场和静电场分布的数学模型相同.

　　通常电场分布在三维空间中,而本实验测绘的电场则分布在一个平面内.

　　1. 长同轴柱面(电缆线)的电场

　　(1) 静电场.

　　如图 B12-2(a) 所示,在真空中有一个半径为 r_1 的长圆柱导体(电极)A 和一个半径为 r_2 的长圆柱导体(电极)B,它们的中心轴重合. 设电极 A、B 的电势分别为 $U_A = U_0$ 和 $U_B = 0$,两电极各带等量异号电荷,则在两电极之间产生电流场,这种电流场可视为静电场. 由于对称性,在垂直于轴线的任一截面 S 内,有均匀分布的辐射状电场线,见图 B12-2(b). 不在这个平面内的其他电场线,以同样的分布位于与 S 面平行的其他平面内. 电场线位于一平面内而不与其余平面内的电场线相交,这样的平面(如 S 面)以及

与 S 面平行的平面称为电场线平面. 用 S 表示真空中的电场线平面,电场的等势面是许多同轴管状柱面,都穿过每一个电场线平面,并与电场线平面相交,其交线是同心圆,即圆等势线. 圆等势线与电场线正交,共同组成一幅形象化的电场分布图,见图 B12-2(b).

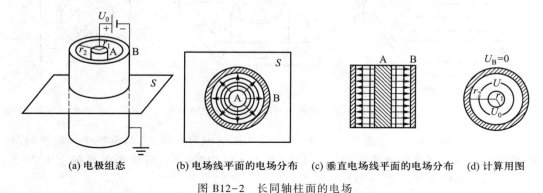

(a) 电极组态　　　(b) 电场线平面的电场分布　(c) 垂直电场线平面的电场分布　(d) 计算用图

图 B12-2　长同轴柱面的电场

　　显然含电极轴线的任一平面也是电场线平面,在这些平面内,直线电场线与电极轴线垂直,直线等势线与电极轴线平行,见图 B12-2(c). 可见,电场线与等势线相互正交.

　　应用高斯定理和电场强度、电势的关系可得两柱面间与轴线相距 r 的各点的电势:

$$U_r = U_0\, \frac{\ln \dfrac{r_2}{r}}{\ln \dfrac{r_2}{r_1}} \quad 或 \quad \frac{U_r}{U_0} = \frac{\ln \dfrac{r_2}{r}}{\ln \dfrac{r_2}{r_1}} \eqno(B12-1)$$

式中,r_1 为"同轴电缆"模型电极的内导体线径,r_2 为外导体的内径,r 为等势圆半径的实验测量值,式(B12-1)表示柱面之间的电势 U_r 和 r 的函数关系. 可以看出,U_r 和 $\ln r$ 是线性关系,并且相对电势 U_r/U_0 仅是坐标 r 的函数.

　　(2) 模拟场.

　　在使用特种导电介质的情况下,用电流场可以直接获得静电场的分布图. 在通常情况下,同轴柱面(或其他形状)电极是用铜制成的. 电阻率远大于铜的导体称为不良导体,例如,自来水和稀硫酸等,都是不良导体.

　　如图 B12-3(a)所示,在电极 A、B 间有电场的空间内填满均匀的不良导体. 这样,在真空静电场中电场线平面,如 $S_1,S_2,\cdots,S_5$ 等,被埋没在不良导体中,在图中将它们分别用 $S_1',S_2',\cdots,S_5'$ 来表示,以示区别.

　　若将真空静电场中任意两个相距 t 的电场线平面 S_m 和 S_n(即 S_m' 和 S_n' 面)剖开,则得到一个厚度为 t 的不良导体(连同电极在一起)薄块,见图 B12-3(b). 在电极上接上电源 U_0 后,不良导体中就产生了电流,好像这薄块尚留在图 B12-3(a)中一样,电流从电极 A 均匀辐射状地流向电极 B. 电流密度 j 的大小和方向遵循欧姆定律的微分形式:

$$j = \sigma E'$$

式中,E' 是不良导体内的电场强度,σ 是不良导体的电导率,其倒数用 ρ 表示,称为电阻率. 图 B12-3(b)所示的装置就是所需要的"模拟模型".

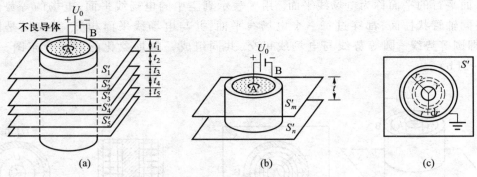

图 B12-3 同轴柱面电场模拟模型的获得

通过计算可证明：有电流存在时，模拟模型 S' 面的电势分布 U'_r 与真空中无电流时静电场的电场线平面 S 的电势分布 U_r [见式(B12-1)]相同；不良导体中电场强度 E' 与真空中静电场的电场强度 E 也是相同的.

设不良导体薄块的厚度为 t，材料电阻率为 ρ，则半径为 $r \sim r+\mathrm{d}r$ 的圆环薄块的电阻为

$$\mathrm{d}R = \rho\,\frac{\mathrm{d}r}{s} = \frac{\rho\mathrm{d}r}{2\pi rt} = \frac{\rho}{2\pi t}\cdot\frac{\mathrm{d}r}{r}$$

由上式积分可得到半径为 r 的圆周到半径为 r_2 的外柱面之间的电阻

$$R_{rr_2} = \frac{\rho}{2\pi t}\int_r^{r_2}\frac{\mathrm{d}r}{r} = \frac{\rho}{2\pi t}\ln\frac{r_2}{r} \tag{B12-2}$$

同理可得到半径为 r_1 的内柱面到半径为 r_2 的外柱面的总电阻

$$R_{12} = \frac{\rho}{2\pi t}\ln\frac{r_2}{r_1} \tag{B12-3}$$

于是，从内柱面到外柱面的总电流

$$I_{12} = \frac{U_0}{R_{12}} = \frac{2\pi t}{\rho\ln\dfrac{r_2}{r_1}}U_0$$

则外柱面$(r=r_2，U_2=0)$至半径为 r 的柱面的电势

$$U'_r = I_{12}R_{rr_2} = \frac{U_0}{R_{12}}R_{rr_2} \tag{B12-4}$$

将式(B12-2)和式(B12-3)代入式(B12-4)并整理后得

$$U'_r = U_0\frac{\ln\dfrac{r_2}{r}}{\ln\dfrac{r_2}{r_1}} \quad\text{或}\quad \frac{U_r}{U_0} = \frac{\ln\dfrac{r_2}{r}}{\ln\dfrac{r_2}{r_1}} \tag{B12-5}$$

式(B12-5)和式(B12-1)相同，即静电场与模拟场的电势分布相同. 因为 $U_r = U'_r$，所以 $E' = -\dfrac{\mathrm{d}U'_r}{\mathrm{d}r} = -\dfrac{\mathrm{d}U_r}{\mathrm{d}r} = E$. 因此，不良导体内的电场强度与真空中的静电场的电场强度也相同.

实际上并不是每一种电极组态的静电场和模拟场的电势分布函数都能计算出来，只

有在极简单的情况下,静电场分布才能计算出来,正因为这样,用实验来测定静电场分布的方法(模拟法)是非常必要的.

2. 长平行导线(传输电线)的电场

如图 B12-4(a)所示,两根圆柱长平行导线 A、B 各带等量异号电荷,电势分别为 $+U_0$、$-U_0$. 由于对称性,静电场中存在许多水平并与导线垂直的电场线平面,图 B12-4(a)中的 S 平面就是其中一个. S 平面的电场分布见图 B12-4(b). 同时,还有一个包含两根导线轴线的、唯一的垂直电场线平面 P(图中未画出).

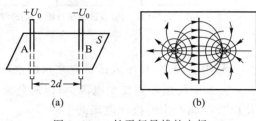

图 B12-4 长平行导线的电场

以均匀的不良导体填满整个有电场的空间(指除电极本身之外的无穷大空间),并在电极 A 和 B 上接入电动势为 $2U_0$ 的电池. 不良导体内的电场分布,在有稳定电流的情况下不会改变,于是可以将 S 面直接改写为 S' 面.

前面提到的"不良导体",是相对电极的良导体来说的. 因为只有当电极的电导率比薄层的电导率大得多时,电流通过电极本身而产生的电势差才能忽略不计. 这样,在静电场中电极是等势体的现象才能在模拟场中得以近似实现.

3. 实验仪器

本实验使用的 ZD-Ⅲ型静电场描绘实验仪由描绘仪(图 B12-5)、专用电源(图 B12-6)和实验电极(图 B12-7)等组成. 图 B12-6(a)是专用电源的面板示意图,图 B12-6(b)是专用电源的内部电路图.

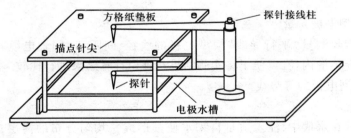

图 B12-5 描绘仪

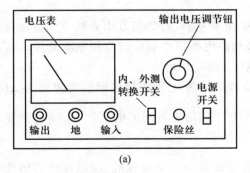

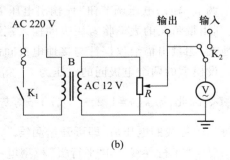

图 B12-6 专用电源

(a) 平行导线　(b) 直线与平行板　(c) 平行板　(d) 同轴电缆　(e) 示波管聚焦电极

图 B12-7　实验电极

利用实验仪,在注入适量自来水的水槽中可以模拟描绘出 5 种不同电极模型的等势线.实验中使用低频交流电源,可以避免金属电极在液体中因电解作用而引起的显著氧化以及由此产生的极化电场的干扰.

将实验电极连接到专用电源的输出极与地之间,便可以在实验电极的两极间产生交流电场,利用电压表可以测量出描绘仪探针与连接到专用电源接地端的电极间的电压,调节专用电源的输出电压调节钮可以改变实验电极间的电压,利用"内、外测转换开关"和电压表可以监视专用电源的输出电压或测量描绘仪探针与接地电极间的电压(由于 ZD-Ⅲ型静电场描绘实验仪的电压表的等级低、测量误差大,会使所测绘的等势线严重变形,所以本实验中采用数字万用表进行测量).

根据实验电极间的电压,可以将电极间的等势线分成 5~10 条,并确定每条等势线相对于接地电极的电压.实验中,将描绘仪的探针接线柱连接到专用电源的输入接线柱上,移动描绘仪的探针座,当电压表显示某一条等势线所对应的电压值时,按动"描点针尖",在方格纸上标示这条等势线的一个等势点,用光滑曲线连接各等势点即可得到这条等势线.

[实验内容]

1. 测量模型电极参量

利用游标卡尺测量"平行导线"模型电极的线径、间距和"同轴电缆"模型电极的内导体线径和外导体的内径,以便于将实测结果与理论计算结果进行比较.

2. 测绘模型电极的等势线

(1) 一般要求.

将电极安置在水槽中,注入适量自来水使其形成一均匀分布的薄层,电极下部处处与水接触,测绘出 5 种电极的等势线分布图.

(2) 操作要点.

调节"输出电压调节钮"使输出电压 U_0 为 10 V 左右,将数字万用表调节到电压测量挡,利用带鱼夹的表笔将万用表的输入端连接到静电场描绘实验仪专用电源的输入端及接地端,测量出描绘仪探针与接地电极间的电压.

设模型的两个电极间的电压为 U_0、等势线的条数为 n,则等势线间的电势差为 $\Delta U = \dfrac{1}{n+1}U_0$,因此,第 $k(k=1,2,3,\cdots,n)$ 条等势线相对于接地电极间的电压为 $U_k = k\Delta U$.在确定每条等势线的电压后,即可开始测绘.

对于"平行导线"和"平行板"模型电极,等势线的分布是对称的,所以可将等势线的条数选为奇数,测绘时仅测绘中心等势线及其一侧的等势线,根据对称规律即可得到全部的等势线.

[数据记录和处理]

1. 在毫米坐标纸上画出被测电场的等势线,根据静电场中电场线与等势面垂直的关系,画出相应的电场线,并标明方向.

2. 对"同轴电缆"模型电极的等势线,选几个等势圆,测出它们各自半径 r 的平均值,将数据记入表 B12-1,并代入式(B12-1),算出各自电势的理论值,并与实验值比较,计算相对误差.

表 B12-1　数据记录表格

次数	$2r_1$/mm	$2r_2$/mm
1		
2		
3		
平均值		

[注意事项]

1. 探针必须垂直插入溶液,移动时需保持和液面垂直.
2. 注入的自来水要适量,避免放入电极后溢出水槽.

📖 思考题

1. 分析本实验产生误差的主要原因. 在测量过程中怎样做才能尽可能地减小该误差?

2. 如果电极上所加电压增加一倍,等势线、电场线的形状是否会改变?

3. 模拟法的特点是什么? 它的适用条件是什么?

4. 如果水的深度不均匀或者电极与水接触不良,会出现什么现象?

5. 将极间电压正、负极交换一下,所作等势线的形状和分布会有变化吗? 如果有变化,会如何变化?

[拓展阅读]

静电学的发展史

实验 B13　利用霍尔效应测磁场

1879 年,霍尔(E. H. Hall)在阅读麦克斯韦著作中关于电流和磁铁之间作用关系时,对其中磁场到底是与导体作用还是与电流本身作用的论述产生了疑问. 他在导师罗兰的帮助下研究了载流导体在磁场中的受力性质,通过实验发现磁场中载流的薄金属带上出现了微小的横向电压. 他的发现证明导体中实际流动的是带负电荷的粒子,而且可以通过横向电压测量载流子的密度或磁场. 后来这一发现以他的名字命名为霍尔效应. 霍尔效应的广泛应用,是在大约 70 年后伴随着半导体技术的兴起才开始的. 用半导体材料制成的霍尔元件,具有对磁场敏感、结构简单、体积小、频率响应范围宽、输出电压变化大和使用寿命长等优点,在测量、电子、自动化等领域都有着广泛的应用.

1959 年,第一个商品化的霍尔器件问世,1960 年就发展出了近百种通用型的测量仪器. 目前其可以测量从 10^{-7} T 到 10 T 的恒定磁场或高频磁场. 霍尔器件使用方便,精度高,尤其适合小空间测量. 利用霍尔效应可测量半导体材料的参量,如载流子浓度、电导率、迁移率,并可判别半导体材料的导电类型;还可测量温度、位移、压力、角度、转速、加速度等非电学量. 利用等离子体霍尔效应制造磁流体发电机,可能是今后取代火力发电的一个研究方向.

对于霍尔效应的深入研究和探索仍在继续. 1985 年,德国物理学家冯·克利青因发现量子霍尔效应而获得诺贝尔物理学奖. 1998 年,诺贝尔物理学奖颁给了施特默、劳克林和华裔物理学家崔琦以表彰他们对分数量子霍尔效应的贡献. 2005 年,海姆和诺沃肖洛夫发现了石墨烯中的半整数量子霍尔效应,他们于 2010 年获得诺贝尔物理学奖. 2013 年,清华大学薛其坤团队宣布在实验上首次发现了量子反常霍尔效应,从而可能制作出新一代的低功耗器件.

[实验目的]

1. 掌握霍尔效应产生的机理和测量磁场的原理.
2. 学习测量霍尔电压及消除副效应的方法.
3. 用霍尔效应法测试亥姆霍兹线圈的励磁特性.
4. 了解霍尔效应的应用.

[实验仪器]

DH4512 型霍尔效应组合实验仪.

[实验原理]

1. 霍尔效应

在一块长方形的薄金属(或半导体)板两边的对称点 1 和 2 之间接上一个灵敏电流计,如图 B13-1 所示. 沿 x 轴方向通以电流 I_s(称之为控制电流),在 z 轴方向加上磁场 B,则电流计立即有偏转,这说明 1 和 2 两点之间存在电势差 U_H. 霍尔发现这个电势差与电流 I_s 及磁感应强度的大小 B 成正比,与板的厚度 d 成反比,即

$$U_{\mathrm{H}} = R_{\mathrm{H}} \frac{I_{\mathrm{S}} B}{d} = K_{\mathrm{H}} I_{\mathrm{S}} B \qquad\qquad (\mathrm{B}13\text{-}1)$$

式中，U_{H} 为霍尔电压；R_{H} 为霍尔系数；K_{H} 为霍尔元件的灵敏度，表示该元件在单位磁感应强度和单位控制电流时输出的霍尔电压．这种现象称为霍尔效应，用以产生霍尔效应的元件称为霍尔元件．

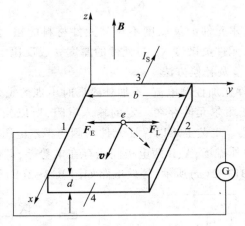

图 B13-1　霍尔效应示意图

2. 霍尔效应的物理解释

霍尔效应是导体中定向运动的自由电荷在磁场中受洛伦兹力作用而产生的．设霍尔元件为 N 型半导体，当它通以电流 I_{S} 时，半导体中的电子受到磁场的洛伦兹力 F_{L} 作用，其大小为

$$F_{\mathrm{L}} = -evB \qquad\qquad (\mathrm{B}13\text{-}2)$$

式中，e 为电子的电荷量，v 为电子速度的大小，B 为垂直于霍尔元件表面的磁感应强度的大小．在 F_{L} 的作用下，电子向垂直于 B 和 v 的方向偏移，在元件的某一端面积聚负电荷，在另一端面积聚正电荷．积聚的电荷将产生静电场，即霍尔电场，该静电场对电子的作用力 F_{E} 与洛伦兹力方向相反，将阻止电子继续偏转，其大小为

$$F_{\mathrm{E}} = -eE_{\mathrm{H}} = -e \frac{U_{\mathrm{H}}}{b} \qquad\qquad (\mathrm{B}13\text{-}3)$$

E_{H} 为霍尔电场强度的大小，b 为霍尔元件的宽度．当 $F_{\mathrm{L}} = F_{\mathrm{E}}$ 时，元件两侧电荷的聚集就达到平衡，即 $evB = e \dfrac{U_{\mathrm{H}}}{b}$，所以 $U_{\mathrm{H}} = bvB$．当流过霍尔元件的电流为 I_{S} 时，有

$$I_{\mathrm{S}} = \frac{\mathrm{d}Q}{\mathrm{d}t} = bdvn(-e)$$

式中，Q 为电流 I_{S} 所迁移的电荷量，n 为单位体积内的自由电子数（载流子浓度），bd 为与电流方向垂直的截面积．

$$U_{\mathrm{H}} = -\frac{I_{\mathrm{S}} B}{ned} \qquad\qquad (\mathrm{B}13\text{-}4)$$

与式（B13-1）比较，霍尔系数为

$$R_H = -\frac{1}{ne}$$

由于金属导体内的载流子浓度大于半导体内的载流子浓度,所以半导体的霍尔系数大于导体. 霍尔元件的灵敏度 K_H 为

$$K_H = \frac{R_H}{d}$$

由上述讨论可知,霍尔元件的灵敏度不仅与元件材料的霍尔系数有关,还与霍尔元件的几何尺寸有关,霍尔元件灵敏度 K_H 与元件的厚度 d 成反比.

3. 霍尔元件零位误差及补偿方法

零位误差是霍尔元件在加控制电流、不加外磁场时出现的霍尔电势. 不平衡电势 U_0 是主要的零位误差. 由于霍尔元件存在一定的输入电阻,所以当控制电流 I_S 通过时,两端将会产生一定的电势差. 工艺上难以保证元件两侧的霍尔电压输出电极焊接在同一等势面上,这导致即使未加外磁场,A、B 两电极间仍存在电势差,此电势差称为不等势电势(不平衡电势)U_0,如图 B13-2(a) 所示,等效电路如图 B13-2(b) 所示.

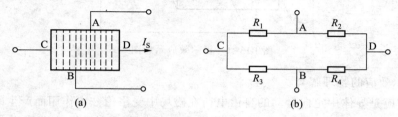

图 B13-2　霍尔效应不等势电势示意图

为了补偿不等势电势,可在阻值较大的桥臂上并联可调电阻,如图 B13-3(a) 所示,或在两个桥臂上同时并联电阻,如图 B13-3(b) 所示.

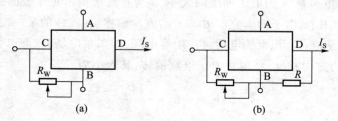

图 B13-3　不等势电势补偿原理图

根据不等势电势产生的机理,还可以保持控制电流 I_S 的大小不变,而改变其方向,分别测量出电流方向改变前后的霍尔电压 U_H'、U_H'',则可以通过如下运算消除不等势电势的干扰:

$$U_H = \frac{U_H' + U_H''}{2} \tag{B13-5}$$

如果知道了霍尔元件的灵敏度 K_H,在消除不等势电势后,用仪器测出 U_H 和 I_S,利用式(B13-1)就可以算出磁感应强度 B,这就是利用霍尔效应测磁场的原理.

4. 实验装置和磁感应强度的测量

本实验所使用的装置是 DH4512 型霍尔效应组合实验仪,由实验架和测试仪两个单元构成.

（1）实验架的基本功能.

实验架由产生磁场的亥姆霍兹线圈、半导体霍尔芯片及位移调整架、电流方向切换及输出控制开关等构成,如图 B13-4、图 B13-5 所示.

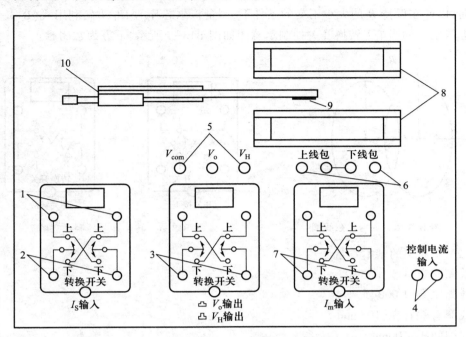

图 B13-4　实验架俯视图

1—霍尔芯片控制电流接线柱(到芯片);2—霍尔芯片控制电流接线柱(到测试仪);

3—霍尔电压输出接线柱(到测试仪);4—转换开关控制继电器工作电流输入;

5—霍尔芯片控制电流接线柱(到芯片);6—亥姆霍兹线圈激励(内部已连接);

7—亥姆霍兹线圈激励(到测试仪);8—亥姆霍兹线圈;9—霍尔芯片;10—霍尔芯片位移调整架

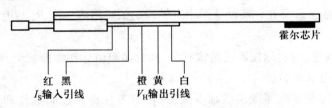

图 B13-5　霍尔芯片接线图

亥姆霍兹线圈(图 B13-6)由两个间距与线圈的半径相等的等直径同轴线圈构成,且流过两个线圈电流的大小及方向相同,在两线圈间的中点附近可以获得均匀磁场. 当线圈的半径为 R、电流为 I_m 时,两线圈间中点的磁感应强度大小为

$$B_0 = \frac{8}{5^{3/2}} \frac{\mu_0 I_m}{R} = 0.715\,5\,\frac{\mu_0 I_m}{R} \qquad （\text{B13-6}）$$

在离开中点 $\dfrac{R}{4}$ 的两侧 P 点的磁感应强度大小为

$$B_P = 0.712\,5\,\frac{\mu_0 I_m}{R}$$

由此可见,在中点附近轴线上的磁感应强度分布基本是均匀的.

按下或释放图 B13-4 中的 I_m 转换开关可以改变亥姆霍兹线圈中的电流方向,即可以改变磁感应强度 **B** 的方向.按下或释放 I_S 转换开关可以改变霍尔芯片中控制电流 I_S 的方向,以便在保持 **B** 的大小不变的条件下,测量霍尔芯片的 U'_H、U''_H,利用式(B13-5)消除不等势电势的影响.转换开关控制示意图如图 B13-7 所示,下方为常闭触点.

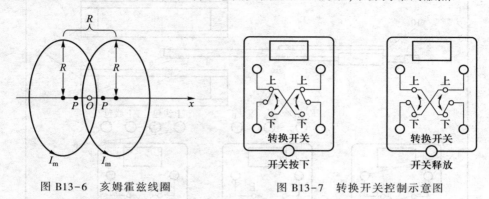

图 B13-6　亥姆霍兹线圈　　　　　图 B13-7　转换开关控制示意图

（2）实验架的基本参量.

线圈额定电流:0.5 A.

线圈匝数:1 000 匝.

线圈有效直径:105 mm.

线圈间距:50 mm.

霍尔芯片(N 型半导体)额定电流:5 mA.

霍尔芯片位移调整架可移动距离:垂直 10 mm、水平 90 mm.

为了利用较小的电流产生较强的磁场,本仪器使用了多层多匝线圈,线圈间距与线圈直径的设置难以满足式(B13-6)所要求的条件,所以不能利用式(B13-6)计算两线圈间的中点轴线上的磁感应强度 B_0.实际线圈中点轴线上的磁感应强度 B_0 与电流 I_m 的关系为

$$B_0 = K_B I_m \qquad\qquad (B13-7)$$

式中,K_B 为仪器常量,与实际仪器的结构有关,其具体数值标在实验架上,量纲为 $T\cdot A^{-1}$.

（3）测试仪的基本功能.

测试仪为亥姆霍兹线圈提供激励电流、为霍尔芯片提供控制电流和测量霍尔芯片电势的大小,其前面板如图 B13-8 所示.其后面板还有一个两芯同轴插座,可为实验架上的转换开关继电器提供工作电源.

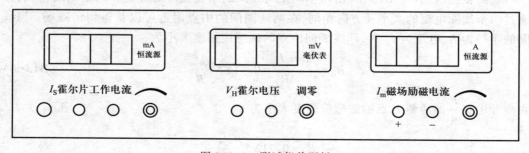

图 B13-8　测试仪前面板

（4）测试仪的基本参量.

霍尔芯片控制电流 I_S 恒流源：额定电压为 24 V、输出电流为 0~10 mA.

磁场激励电流 I_m 恒流源：额定电压为 24 V、输出电流为 0~0.5 A.

霍尔电压测量电压表：输入阻抗大于 10 MΩ、量程为 20 mV.

电压和电流均为 3 位半 LED 显示，0.5% 准确度.

测试仪前面板左边的第一按钮是电源开关；两侧的两对接线柱/插孔分别为霍尔芯片控制电流（工作电流）I_S 和亥姆霍兹线圈激励电流 I_m 的输出接线柱/插孔，由两个旋钮分别调节其大小；中间一对接线柱/插孔为霍尔电压输入，调节其调零旋钮可以使上方的数字毫伏表调零.（注意：不是将霍尔芯片的零点输出调零.）

[实验内容]

1. 连接线路与仪器预热

（1）实验架内部线路的连接.

霍尔芯片与转换开关连接时，I_S 转换开关上部红色接线柱与芯片的红色导线相连、黑色接线柱与橙色导线相连，芯片的黑色导线与 V_H 转换开关上部黑色接线柱（V_{com} 接线柱）相连、白色导线与 V_H 转换开关上部红色接线柱（V_H 接线柱）相连.

（2）实验架与测试仪的连接.

将测试仪前面板上的"I_S"输出、"I_m"输出和"V_H"输入 3 对接线柱分别与实验架上对应的接线柱相连，将实验架上继电器工作电源接线柱（"控制电流输入"接线柱）连接到测试仪后面板的两芯插孔上.

（3）仪器预热.

仪器通电预热前，应将"I_S"调节旋钮和"I_m"调节旋钮逆时针旋到底，使其通电后输出电流趋于零，然后才能开机预热. 开机预热数分钟后即可以进行实验，实验结束关机前，也应将"I_S"调节旋钮和"I_m"调节旋钮逆时针旋到底.

2. 研究半导体霍尔芯片的激励特性并测量空间磁场分布

（1）保持亥姆霍兹线圈所产生的磁感应强度大小 B 不变（I_m 不变），改变控制电流 I_S，研究霍尔芯片的 U_H-I_S 特性.

（2）保持控制电流不变，改变亥姆霍兹线圈的激励电流 I_m，研究 U_H-B 特性.

（3）绘制 U_H-I_S 及 U_H-$I_m(B)$ 特性曲线，确定芯片的灵敏度 K_H. [提示：在（1）（2）两个过程中，选择相同的 I_S 和 I_m，可以绘制出 U_H-$I_S(B)$ 曲线，利用最小二乘法求其斜率，即可得到 K_H.]

（4）研究半导体霍尔芯片的不等势电势 U_0 与控制电流 I_S 间的关系，绘制 U_0-I_S 曲线.

（5）利用半导体霍尔芯片测量亥姆霍兹线圈中点附近与 x 轴垂直方向的磁场分布.

[数据记录和处理]

装置正确设置后，记录数据于表 B13-1 至表 B13-4 并进行处理.

1. 绘出霍尔元件的 U_H-I_S 曲线

用毫米方格坐标纸描点画图或用 Excel 画图.

表 B13-1 测绘 U_H-I_s 曲线($I_m =$ _____ mA)

I_s/mA	+B,+I_s	-B,+I_s	-B,-I_s	+B,-I_s	$U_H\left(= \dfrac{|U_1|+|U_2|+|U_3|+|U_4|}{4}\right)$/mV
	U_1/mV	U_2/mV	U_3/mV	U_4/mV	
0.50					
1.00					
...					
5.00					

2. 绘出霍尔元件的 U_H-I_m 曲线,确定其灵敏度 K_H

用毫米方格坐标纸描点画图或用 Excel 画图. 用图解法或最小二乘法求 K_H.

表 B13-2 测绘 U_H-I_m 曲线($I_s =$ _____ mA)

I_m/mA	+B,+I_s	-B,+I_s	-B,-I_s	+B,-I_s	$U_H\left(= \dfrac{|U_1|+|U_2|+|U_3|+|U_4|}{4}\right)$/mV
	U_1/mV	U_2/mV	U_3/mV	U_4/mV	
100					
150					
...					
500					

3. 绘制 U_0-I_s 曲线

用毫米方格坐标纸描点画图或用 Excel 画图.

表 B13-3 测绘 U_0-I_s 曲线(零磁场下)

I_s/mA	1.00	1.50	2.00	2.50	3.00	3.50	4.00	4.50
U_0/mV								

4. 绘制亥姆霍兹线圈中点附近与 x 轴垂直方向的磁场分布图

用毫米方格坐标纸描点画图或用 Excel 画图,绘制 x 轴中心位置的纵向磁场分布图.

表 B13-4 测绘亥姆霍兹线圈纵向磁场分布

x_1/mm	x_2/mm	+B,+I_s	-B,+I_s	-B,-I_s	+B,-I_s	U_H/mV	B/kGs
		U_1/mV	U_2/mV	U_3/mV	U_4/mV		
-20.0	0.0						
	2.0						
	...						
	10.0						

续表

x_1/mm	x_2/mm	$+B$,$+I_s$	$-B$,$+I_s$	$-B$,$-I_s$	$+B$,$-I_s$	U_H/mV	B/kGs
		U_1/mV	U_2/mV	U_3/mV	U_4/mV		
0.0	0.0						
	2.0						
	…						
	10.0						
20.0	0.0						
	2.0						
	…						
	10.0						

[注意事项]

1. 霍尔芯片性脆易碎,电极甚细易断,严防撞击或用手触摸,否则极易损坏.在需要调节霍尔芯片位置时,必须谨慎,防止霍尔芯片与磁极面摩擦而受损.通过霍尔芯片的电流 I_s 不能超过 5 mA,使用时应细心.

2. 开机前,测试仪的"I_s"调节旋钮和"I_m"调节旋钮均应置于零位(即逆时针旋到底),严禁将测试仪的"I_m"输出连接到实验架的"I_s"输入上,否则开机加电即可能烧毁霍尔芯片.因此,接完线需经指导教师检查后方可开启测试仪电源.

•••• 思考题

1. 若磁场方向不与霍尔元件的法线方向一致,对测量结果有何影响?
2. 如何根据 I_s、B 和 U_H 的方向,判断所测样品是 N 型半导体还是 P 型半导体?
3. 用霍尔元件怎样测量交变磁场?
4. 用霍尔元件设计汽车里程计,给出简要设计方案.
5. 举例说明一种能产生匀强磁场或梯度磁场的方法.

[拓展阅读]

霍尔效应中副效应的消除方法和集成霍尔传感器

实验 B14　*RLC* 串联电路的暂态特性

当电路中含有无源储能元件(电容、电感)时,由于这些元件的电压与电流的约束关系是以微分形式或积分形式来表示的,因此描述电路特性的方程将是以电压、电流为变量的微分方程. 凡以微分方程描述的电路都称为动态电路. 当动态电路中电源接入或断开,或元件参量、电路结构改变时(统称为"换路"),电路会从一个稳定状态变化到另一个稳定状态,这需要经历一个过程,这个过程称为暂态过程,在工程上称为过渡过程. 对暂态过程的研究是我们了解电路中能量转移过程及信号加工处理过程的基础. 在动态电路中会出现过电流、过电压、振荡等现象,有些实际电路和电气设备就是基于这些现象而工作的. 反之,在有些情况下却要设法避免这些现象的出现,以防止由此而造成的危害.

[实验目的]

1. 考查 *RC* 和 *RL* 串联电路的暂态过程,加深对电容和电感特性的认识.
2. 考查 *RLC* 串联电路的暂态过程,加深对阻尼运动规律的理解.
3. 熟悉数字示波器的使用.

[实验仪器]

DH4503 型 *RLC* 电路实验仪,数字示波器,专用连接线,BNC 接头电缆.

[实验原理]

分析动态电路过渡过程的经典方法是根据基尔霍夫电流定律(KCL)、基尔霍夫回路电压定律(KVL)和支路电路元件的电流电压关系的方程(VCR)建立描述电路的微分方程,通过换路定则确定此微分方程的初始条件,解此微分方程即可得到电路中变量随时间的变化关系.

本实验使用的 DH4503 型 *RLC* 电路实验仪带有多功能信号源,实验中利用了它输出的矩形波信号,这相当于通过自动开关交替输出极性相反的直流信号. 因为在换路前电路始终与激励源接通,故电路为非零起始状态,换路后接至另一激励源,所以需要分析动态电路的全响应.

1. *RC* 串联电路的暂态过程

RC 串联电路暂态过程可以分为充电过程和放电过程,首先研究充电过程.

在图 B14-1 所示的电路中,设换路前开关 K 接至 2,电容器 *C* 已充电至 $-U_2$,即电容器电压 $u_C(0_-) = -U_2$. 换路后,即开关 K 拨到 1 后,接通电压源 U_1,电压源 U_1 便通过电阻 *R* 对电容器 *C* 进行正向充电,设回路电流为 *i*,电容器两端电压为 u_C,根据 KVL,有

$$u_R + u_C = U_1 \qquad (B14-1)$$

由于 $i = C\dfrac{\mathrm{d}u_C}{\mathrm{d}t}, u_R = iR$,所以式(B14-1)可以写为

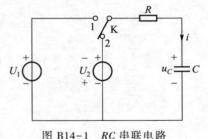

图 B14-1　*RC* 串联电路

$$RC\frac{\mathrm{d}u_c}{\mathrm{d}t}+u_c=U_1 \tag{B14-2}$$

根据换路定则可确定其初始条件为

$$u_c(0_+)=u_c(0_-)=-U_2$$

方程的通解为 $u_c=u_c'+u_c''$，取换路后达到稳定状态的电容器电压为特解，则 $u_c'=U_1$，u_c'' 为上述微分方程对应的齐次方程的通解 $u_c''=Ae^{-\frac{t}{\tau}}$，所以有

$$u_c=U_1+Ae^{-\frac{t}{\tau}}$$

根据初始条件 $u_c(0_+)=u_c(0_-)=-U_2$，得积分常量为 $A=-U_2-U_1$，所以电容器电压为

$$u_c=U_1-(U_1+U_2)e^{-\frac{t}{\tau}} \tag{B14-3}$$

这就是电容器电压在 $t\geqslant0$ 时的全响应（以上结果亦可通过三要素法分析得到）.

从以上表达式可见，电容器电压 u_c 按指数规律增加，变化曲线如图 B14-2 所示，最终趋近于恒定值 U_1，到达该稳态后，电压和电流不再变化，电容相当于开路，电流为零. 式中 $\tau(=RC)$ 的单位为 s，取决于电路的结构和元件参量，τ 反映了动态电路过渡过程的进展快慢程度，称为时间常量. 当 $t=\tau=RC$ 时，

$$u_c=U_1-(U_1+U_2)e^{-1}=0.632U_1-0.368U_2 \tag{B14-4}$$

动态电路过渡过程的进展快慢程度还可以通过半衰期 $T_{1/2}$ 来衡量. $T_{1/2}$ 指在电容充电过程中，电压增加到 $(U_1-U_2)/2$ 所需的时间. 当 $t=T_{1/2}$ 时，由式（B14-3）得

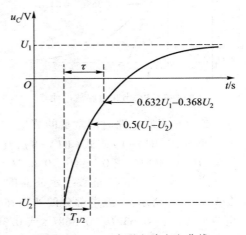

图 B14-2　RC 串联电路充电曲线

$$\frac{1}{2}(U_1-U_2)=U_1-(U_1+U_2)e^{-\frac{T_{1/2}}{\tau}}$$

整理后得到

$$T_{1/2}=\tau\ln2=0.693\tau \tag{B14-5}$$

在实验中测定 $T_{1/2}$ 后，由上式可得时间常量 $\tau=1.4427T_{1/2}$.

在图 B14-1 所示的电路中，当开关 K 接至 1，电容器充电至 U_1，即电路达到稳态后换路，将开关 K 拨到 2，接通电压源 U_2，电容器 C 便通过电阻 R 进行放电，设回路电流为 i，电容器两端电压为 u_c，根据 KVL 及元件 VCR，有

$$RC\frac{\mathrm{d}u_c}{\mathrm{d}t}+u_c=-U_2 \tag{B14-6}$$

根据换路定则可确定其初始条件为 $u_c(0_+)=u_c(0_-)=U_1$. 解此微分方程可得电容器电压为

$$u_c=-U_2+(U_1+U_2)e^{-\frac{t}{\tau}} \tag{B14-7}$$

当 $t=\tau=RC$ 时，

$$u_C = -U_2 + (U_1 + U_2)e^{-1} = 0.368U_1 - 0.632U_2 \qquad (B14\text{-}8)$$

放电过程 $u_C(t)$ 如图 B14-3 所示. 在矩形波激励下 RC 串联电路 $u_C(t)$ 全响应如图 B14-4 所示. 时间常量 τ 还可在 $u_C(t)$ 曲线上用几何的方法求得. 在图 B14-3 中, AC 为过曲线上任一点 A 的切线, 则过 $-U_2$ 的时间轴上 BC 的长度即等于时间常量.

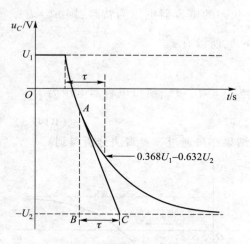

图 B14-3 RC 串联电路放电曲线　　　图 B14-4   矩形波激励下 RC 串联电路 u_C 响应波形

2. RC 串联电路时间常量的测量

根据式(B14-4)或式(B14-8), 在充、放电过程中, 当电容器两端的电压 u_C 达到 $0.632U_1 - 0.368U_2$ 或 $0.368U_1 - 0.632U_2$ 时, 充电或放电所经历的时间 t_0 即回路的时间常量 τ, 即 $t_0 = \tau = RC$. 调整数字示波器的 TIME/DIV 旋钮、VOLTS/DIV 旋钮使得图 B14-2 及图 B14-3 所示充、放电部分的波形在屏幕中占适当比例, 使用光标测量功能测量出充电或放电达到 $0.632U_1 - 0.368U_2$ 或 $0.368U_1 - 0.632U_2$ 所经历的时间 t_0, 即可得到时间常量 $\tau = RC$.

亦可利用光标测量方式, 将光标定位在电压坐标为 $(U_1 - U_2)/2$ 处, 测出与此电压坐标对应的时间坐标, 然后减去充、放电起始点的时间坐标, 即可得到相应的半衰期 $T_{1/2}$, 由式(B14-5)可得时间常量 τ.

将式(B14-3)进行变换可以得到

$$\ln(U_1 - u_C) = \ln(U_1 + U_2) - \frac{1}{\tau}t \qquad (B14\text{-}9)$$

令 $x = t$, $y = \ln(U_1 - u_C)$, 则上式为一直线方程, 用图解法或最小二乘法求出直线的截距 a 和斜率 b, 则由

$$a = \ln(U_1 + U_2)$$

$$b = -\frac{1}{\tau}$$

可得到 $U_1 + U_2 = e^a$, $\tau = -\dfrac{1}{b}$.

将式(B14-7)进行变换可以得到

$$\ln(U_2 + u_C) = \ln(U_1 + U_2) - \frac{1}{\tau}t \qquad (B14\text{-}10)$$

同理可得 $U_1+U_2=\mathrm{e}^a$，$\tau=-\dfrac{1}{b}$.

根据式（B14-7），在放电过程中，在 $t=t_a$ 时刻，电容器两端的电压 $u_C(t_a)$ 应为

$$u_C(t_a)=-U_2+(U_1+U_2)\,\mathrm{e}^{-\frac{t_a}{\tau}}$$

在 $t=t_b$ 时刻，电容器两端的电压 $u_C(t_b)$ 为 $u_C(t_b)=-U_2+(U_1+U_2)\,\mathrm{e}^{-\frac{t_b}{\tau}}$，变换可得

$$\frac{U_2+u_C(t_a)}{U_2+u_C(t_b)}=\mathrm{e}^{-\frac{t_a-t_b}{\tau}}=\mathrm{e}^{-\frac{\Delta t}{\tau}}$$

式中，$\Delta t=t_a-t_b$. 两边取对数，整理得

$$\ln\frac{U_2+u_C(t_b)}{U_2+u_C(t_a)}=\frac{1}{\tau}\Delta t$$

由上式可知，当 $\Delta t=t_{a1}-t_{b1}=t_{a2}-t_{b2}=\cdots$ 为常量时，$\ln\dfrac{U_2+u_C(t_b)}{U_2+u_C(t_a)}$ 也为常量.

由上式可得到

$$\tau=\frac{\Delta t}{\ln\dfrac{U_2+u_C(t_b)}{U_2+u_C(t_a)}} \tag{B14-11}$$

同理，根据充电过程公式（B14-3），亦可得到时间常量 τ 的表达式：

$$\tau=\frac{\Delta t}{\ln\dfrac{U_1-u_C(t_b)}{U_1-u_C(t_a)}} \tag{B14-12}$$

在实验中，利用数字示波器的光标测量功能，测量出在 $\Delta t=t_a-t_b$ 的始末两个时刻电压的比值 $\dfrac{U_2+u_C(t_b)}{U_2+u_C(t_a)}$ 或 $\dfrac{U_1-u_C(t_b)}{U_1-u_C(t_a)}$，根据式（B14-11）、式（B14-12）即可得到时间常量 $\tau=RC$.

3. RL 串联电路的暂态过程

在图 B14-5 中，设换路前开关 K 接至 2，已达到稳态，电路中电流为 $i(0_-)=-U_2/R$. 换路后，即开关 K 拨到 1 后，接通电压源 U_1，电压源 U_1 便通过电阻 R 对电感器 L 进行正向充电。回路电流为 i，电感器两端电压为 u_L，根据 KVL 及元件 VCR，即 $u_R=iR$，$u_L=L\dfrac{\mathrm{d}i}{\mathrm{d}t}$，可以得到电路的微分方程为

$$L\frac{\mathrm{d}i}{\mathrm{d}t}+iR=U_1$$

根据换路定则可得初始条件为 $i(0_+)=i(0_-)=-\dfrac{U_2}{R}$.

所以

$$i=\frac{U_1}{R}-\frac{1}{R}(U_1+U_2)\,\mathrm{e}^{-\frac{t}{\tau}}$$

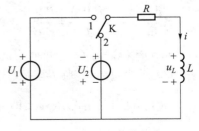

图 B14-5 RL 串联电路

电阻 R 两端的压降 u_R 为

$$u_R = U_1 - (U_1 + U_2) e^{-\frac{t}{\tau}} \tag{B14-13}$$

时间常量为 $\tau = \dfrac{L}{R}$, $u_R(t)$ 曲线形状与图 B14-2 相同.

当开关 K 处于位置 1 的时间足够长,电感器 L 两端的压降为 0 后,电阻上的压降 $u_R = U_1$. 此时将开关 K 接至 2,电感器 L 中的磁场能量将通过电阻 R 释放. 同理,根据 KVL 及元件 VCR,即 $u_R = iR, u_L = L\dfrac{\mathrm{d}i}{\mathrm{d}t}$,可以得到回路的微分方程为 $L\dfrac{\mathrm{d}i}{\mathrm{d}t} + iR = -U_2$,根据换路定则可得初始条件为 $i(0_+) = i(0_-) = \dfrac{U_1}{R}$. 所以 $i = -\dfrac{U_2}{R} + \dfrac{1}{R}(U_1 + U_2) e^{-\frac{t}{\tau}}$. 则电阻 R 两端电压为

$$u_R = -U_2 + (U_1 + U_2) e^{-\frac{t}{\tau}} \tag{B14-14}$$

$u_R(t)$ 曲线形状与图 B14-3 相同.

参照 RC 串联电路时间常量的测量方法,可以测量出 RL 串联电路的时间常量 $\tau = \dfrac{L}{R}$.

4. RLC 串联电路的暂态过程

RLC 串联电路中含有两个储能元件,是以二阶微分方程描述的电路,称为二阶电路. 由于充放电过程十分相似,只是最后趋向的平衡位置不同,所以此处只求解正向充电的全响应.

在图 B14-6 中,设换路前开关 K 接至 2 已达到稳态. 电容器 C 充电到 $u_c(0_-) = -U_2, i(0_-) = 0$. 换路($t=0$)后,即开关 K 拨到 1 后接通电压源 U_1,电压源 U_1 便通过电阻 R 对电容器 C 进行正向充电. 根据 KVL 及元件 VCR 可以得到回路微分方程为

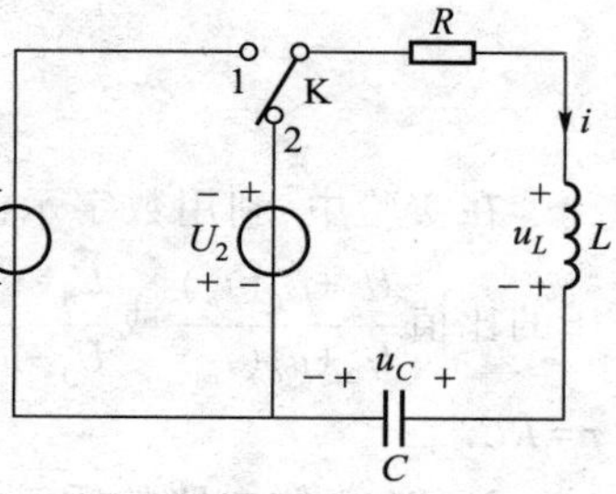

$$LC\frac{\mathrm{d}^2 u_c}{\mathrm{d}t^2} + RC\frac{\mathrm{d}u_c}{\mathrm{d}t} + u_c = U_1$$

写成线性常微分方程的标准形式为

图 B14-6 RLC 串联电路

$$\frac{\mathrm{d}^2 u_c}{\mathrm{d}t^2} + 2\alpha \frac{\mathrm{d}u_c}{\mathrm{d}t} + \omega_0^2 u_c = \omega_0^2 U_1 \tag{B14-15}$$

式中 $\alpha = \dfrac{R}{2L}, \omega_0 = \dfrac{1}{\sqrt{LC}}$. 根据换路定则,可确定此方程的两个初始条件为 $u_c(0_+) = u_c(0_-) = -U_2, \dfrac{\mathrm{d}u_c}{\mathrm{d}t}\bigg|_{t=0_+} = \dfrac{i(0_+)}{C} = \dfrac{i(0_-)}{C} = 0$,此方程的解可表示为强制分量和自由分量之和,即 $u_c(t) = u_{c_q}(t) + u_{c_z}(t)$. 可确定此方程的强制分量为 $u_{C_q}(t) = U_1$,按特征根的不同,自由分量可表示为过阻尼、临界阻尼、欠阻尼、无阻尼等四种不同情况.

(1)过阻尼情况,$\alpha > \omega_0$,即 $R^2 > \dfrac{4L}{C}$.

$$u_c = U_1 - U_2 e^{-\alpha t}\left[\frac{\alpha}{\alpha_d}\mathrm{sh}(\alpha_d t) + \mathrm{ch}(\alpha_d t)\right] \tag{B14-16}$$

其中 $\alpha_d = \sqrt{\alpha^2 - \omega_0^2}$. $u_C(t)$ 曲线如图 B14-7 中曲线 I 所示,以非振荡方式由一个稳态 $-U_2$ 单调地过渡到另一个稳态 U_1.

（2）临界阻尼情况,$\alpha = \omega_0$,即 $R^2 = \dfrac{4L}{C}$.

$$u_C = U_1 - U_2(1 + \alpha t)\,e^{-\alpha t} \qquad (B14-17)$$

$u_C(t)$ 曲线如图 B14-7 中曲线 II 所示,以非振荡方式由一个稳态 $-U_2$ 以最快速度单调过渡到另一个稳态 U_1.

（3）欠阻尼情况,$\alpha < \omega_0$,即 $R^2 < \dfrac{4L}{C}$.

$$u_C = U_1 - \dfrac{\omega_0}{\omega_d}U_2 e^{-\alpha t}\sin(\omega_d t + \beta) \qquad (B14-18)$$

其中 $\omega_d = \sqrt{\omega_0^2 - \alpha^2}$,$\beta = \arctan\dfrac{\omega_d}{\alpha}$. 此式表明,$u_C$ 是其振幅以 $\pm\dfrac{\omega_0}{\omega_d}U_2 e^{-\alpha t}$ 为包络依指数衰减的正弦函数,它的角频率为 ω_d. α 也称为衰减系数,其值越大,振幅衰减越快;ω_0 称为无阻尼自然振荡角频率;ω_d 称为有阻尼自然振荡角频率. $u_C(t)$ 曲线如图 B14-7 中曲线 III 所示,以振幅衰减的振荡方式由一个稳态 $-U_2$ 过渡到另一个稳态 U_1.

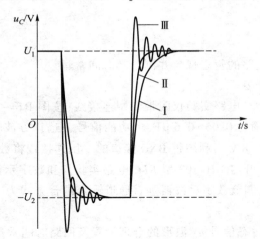

图 B14-7 *RLC* 串联电路矩形波激励 u_C 响应曲线

（4）无阻尼情况,$\alpha = 0$,即 $R = 0$.

$$u_C = U_1 - U_2 \cos\omega_0 t \qquad (B14-19)$$

因为电路无阻尼,所以响应是不衰减的正弦振荡.

5. 实验装置

本实验所使用的 DH4503 型 *RLC* 电路实验仪如图 B14-8 所示,主要由多功能信号源（含频率计）、5 位十进制电阻箱、4 位十进制电容箱、2 位十进制电感箱、4 只整流二极管（IN4007）和 2 只电解电容器等构成.

多功能信号源可以输出直流（2~10 V 可调）、正弦波和方波（幅度 0~10 V_{PP} 可调）信号,其他有关参量已标明在实验仪的面板上. 本实验将会使用到实验仪的多功能信号源、电阻箱、电容箱和电感箱等单元.

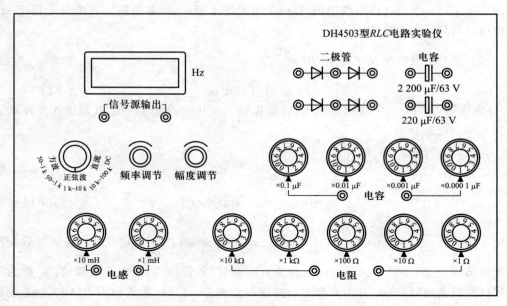

图 B14-8　DH4503 型 *RLC* 电路实验仪

[实验内容]

1. 观察 *RC* 串联电路的暂态现象并测量其时间常量

（1）实验线路的连接.

利用 DH4503 型 *RLC* 电路实验仪附带专用连接线，按图 B14-1 连接线路，选择 *R* 范围为 200~600 Ω、*C* 范围为 0.05~0.6 μF，多功能信号源选择方波输出，通过幅度调节旋钮使输出方波幅度为 4~8 V$_{pp}$，利用带 BNC 接口的专用连接线将数字示波器的 CH1 通道连接到电容器 *C* 两端. 开启 DH4503 型 *RLC* 电路实验仪和数字示波器的电源，按动"Autoset"自动设置按钮，并调节数字示波器垂直通道输入耦合方式为"直流"，设定示波器输入探头衰减系数为 1×.

（2）*RC* 串联电路暂态信号 u_c 波形的合理设置及回路时间常量的测量.

为了便于测量回路的时间常量，要适当设置输入方波信号的幅度、频率，设置 *R*、*C* 的参量以及通过示波器的 VOLTS/DIV 旋钮、TIME/DIV 旋钮等的适当调节，使得示波器屏幕上显示的信号波形的过渡过程部分在半个周期内占较大的比例（50% 以上）. 获得形状合适的过渡过程曲线后，为提高测量准确程度，可采用不少于 16 次的平均获取方式，然后按动 RUN/STOP 按钮停止波形采样. 此时即可利用光标测量功能测出过渡过程曲线上尽可能多的数据点，描绘过渡过程曲线并根据以下方法测量回路的时间常量 τ.

测量出过渡过程曲线起始点的水平（时间）坐标，然后根据式（B14-4）、式（B14-5）、式（B14-8）指定的垂直（幅度）坐标测量出其水平（时间）坐标，两者之差即 τ 或 $T_{1/2}$.

测量出一系列过渡过程曲线上点的坐标，根据式（B14-9）利用图解法或最小二乘法求出直线的截距 a 和斜率 b，直线的斜率 b 倒数的相反数就是回路的时间常量 τ.

根据式（B14-11）、式（B14-12），Δt 与 $\ln \dfrac{U_2+u_C(t_b)}{U_2+u_C(t_a)}$ 或 $\ln \dfrac{U_1-u_C(t_b)}{U_1-u_C(t_a)}$ 成线性关系，直线的斜率为回路的时间常量 τ．测量出时间间隔 Δt 的始末时刻 t_a、t_b 所对应的 $u_C(t_a)$、$u_C(t_b)$，即可得到回路的时间常量 τ．实验中为了降低噪声等偶然因素的影响，可以取一系列的 $\Delta t_i=t_{bi}-t_{ai}(i=0,1,2,\cdots,n)$ 及所对应的 $u_C(t_a)$、$u_C(t_b)$，利用最小二乘法求得回路的时间常量 τ．

若采用计算机描绘实验曲线，则亦可采用 e 指数拟合求电路的时间常量 τ．

2. 观察 RL 串联电路的暂态现象并测量其时间常量

（1）实验线路的连接．

按图 B14-5 连接线路，选择 R 为 200~600 Ω、L 为 1~5 mH，多功能信号源选择方波输出，利用 BNC 接口专用连接线将数字示波器的 CH1 通道连接到电阻 R 两端（为了防止 L 的自感电动势产生过高的电压击穿示波器的输入端，切不可将数字示波器的 CH1 通道连接到电感器 L 两端），其他设置与 RC 串联电路的实验相同．

（2）RL 串联电路暂态信号 u_C 波形的合理设置及回路时间常量的测量．

参照 RC 串联电路的实验方法，测绘出过渡过程曲线并测量电路的时间常量 τ．

3. 观察 RLC 串联电路的暂态现象

（1）实验线路的连接．

按图 B14-6 连接线路，多功能信号源选择方波输出，利用 BNC 接口专用连接线将数字示波器的 CH1 通道连接到电容器 C 两端（为了防止 L 的自感电动势产生过高的电压击穿示波器的输入端，切不可将数字示波器的 CH1 通道连接到电感器 L 两端），其他设置与 RC 串联电路的实验相同．

（2）RLC 串联电路暂态过程的观测．

为便于暂态过程的观测，要适当设置输入矩形波信号的幅度、频率，通过示波器的 VOLTS/DIV 旋钮、TIME/DIV 旋钮等的适当调节，使得示波器屏幕上显示的信号波形的过渡过程部分在半个周期内要占较大的比例（50%以上）．获得形状合适的过渡过程曲线后，为提高测量准确程度，可采用不少于 16 次的平均获取方式，然后按动 RUN/STOP 按钮停止波形采样．此时即可利用光标测量功能测出过渡过程曲线上尽可能多的数据点，描绘过渡过程曲线并进行其他参量的测量．

方波信号频率取 50~200 Hz，电容取 0.2~200 μF，电感取 10~100 mH，以上数据选定后，改变电阻 R 值，在示波器上观测三种阻尼状态的波形．

实验时电阻 R 由小逐渐增大，最初出现欠阻尼状态波形，当电阻数值增大到某一数值（R_K）时，波形刚好不出现振荡，电路处于临界阻尼状态，记录临界电阻 R_K，继续增大电阻，便出现过阻尼状态．

利用光标测量模式即可测绘出欠阻尼、临界阻尼及过阻尼状态的过渡过程曲线．在欠阻尼状态下要将光标定位在波形上相邻的或间隔几个的波峰位置，测量出其坐标（包括垂直坐标和水平坐标）．利用两个水平坐标之差即可计算出有阻尼自然振荡周期 T_d 及频率 f_d，利用公式 $\alpha=\dfrac{1}{T}\ln\dfrac{u_{1p}}{u_{2p}}$ 可计算出有阻尼自然振荡的衰减系数，式中 u_{1p}、u_{2p} 为欠阻尼振荡波形相邻波峰的交流峰值．

[数据记录和处理]

1. 数据记录

（1）RC 串联电路过渡过程.

将数据记入表 B14-1.

$$R = \underline{\hspace{2cm}} \Omega, C = \underline{\hspace{2cm}} \mu F, U_{top} = \underline{\hspace{2cm}} V, U_{base} = \underline{\hspace{2cm}} V.$$

表 B14-1　RC 串联电路过渡过程数据

n（充电）	1	2	3	4	5	6	7	8	9	10	…	20	…
u_c/V													
t/ms													
n（放电）	1	2	3	4	5	6	7	8	9	10	…	20	…
u_c/V													
t/ms													

$$\tau_{理论} = RC = \underline{\hspace{2cm}}, \tau_{测量} = t(0) - t[u_C(\tau)] = \underline{\hspace{2cm}}, E = \underline{\hspace{2cm}}.$$

$$T_{1/2} = t(0) - t[u_C(1/2)] = \underline{\hspace{2cm}}, \tau_{测量} = \underline{\hspace{2cm}}, E = \underline{\hspace{2cm}}.$$

最小二乘法（或图解法）求出的直线：$b = \underline{\hspace{2cm}}, \tau_{测量} = \underline{\hspace{2cm}}, E = \underline{\hspace{2cm}}.$

$$\tau_{测量} = \frac{\Delta t}{\ln \dfrac{U_1 - u_C(t_b)}{U_1 - u_C(t_a)}} = \underline{\hspace{2cm}}, E = \underline{\hspace{2cm}}.$$

在以上数据表格中要包含一些特殊点（过渡过程起点、一倍时间常量 τ 的对应点、半衰期的对应点、稳态数据点等）的数据并做标记.

（2）RL 串联电路过渡过程.

将数据记入表 B14-2.

$$R = \underline{\hspace{2cm}} \Omega, L = \underline{\hspace{2cm}} mH, U_{top} = \underline{\hspace{2cm}} V, U_{base} = \underline{\hspace{2cm}} V.$$

表 B14-2　RL 串联电路过渡过程数据

n（充电）	1	2	3	4	5	6	7	8	9	10	…	20	…
u_R/V													
t/ms													
n（放电）	1	2	3	4	5	6	7	8	9	10	…	20	…
u_R/V													
t/ms													

$$\tau_{理论} = L/R = \underline{\hspace{2cm}}, \tau_{测量} = t(0) - t[u_R(\tau)] = \underline{\hspace{2cm}}, E = \underline{\hspace{2cm}}.$$

$$T_{1/2} = t(0) - t[u_R(1/2)] = \underline{\hspace{2cm}}, \tau_{测量} = \underline{\hspace{2cm}}, E = \underline{\hspace{2cm}}.$$

最小二乘法（或图解法）求出的直线：$b = \underline{\hspace{2cm}}, \tau_{测量} = \underline{\hspace{2cm}}, E = \underline{\hspace{2cm}}.$

$$\tau_{测量} = \frac{\Delta t}{\ln \dfrac{U_1 - u_R(t_b)}{U_1 - u_R(t_a)}} = \underline{\hspace{2cm}}, E = \underline{\hspace{2cm}}.$$

在以上数据表格中要包含一些特殊点(过渡过程起点、一倍时间常量 τ 的对应点、半衰期的对应点、稳态数据点等)的数据并做标记.

(3) RLC 串联电路过渡过程.

将数据记入表 B14-3.

$$L = \underline{\hspace{2cm}} mH, C = \underline{\hspace{2cm}} \mu F, U_{top} = \underline{\hspace{2cm}} V, U_{base} = \underline{\hspace{2cm}} V.$$

表 B14-3 RLC 串联电路充电过渡过程数据

$R_1 = \underline{\ \ }\ \Omega$	1	2	3	4	5	6	7	8	9	10	…	20	…
u_C/V													
t/ms													
$R_2 = \underline{\ \ }\ \Omega$	1	2	3	4	5	6	7	8	9	10	…	20	…
u_C/V													
t/ms													
$R_3 = \underline{\ \ }\ \Omega$	1	2	3	4	5	6	7	8	9	10	…	20	…
u_C/V													
t/ms													

$$f_{d理论} = \frac{1}{2\pi}\sqrt{\frac{1}{LC} - \frac{R^2}{4L^2}} = \underline{\hspace{2cm}}, f_{d测量} = \underline{\hspace{2cm}}, E = \underline{\hspace{2cm}}.$$

$$R_{K理论} = \underline{\hspace{2cm}}, E = \underline{\hspace{2cm}}.$$

$$\alpha_{理论} = \underline{\hspace{2cm}}, \alpha_{测量} = \frac{1}{T}\ln\frac{u_{1p}}{u_{2p}} = \underline{\hspace{2cm}}, E = \underline{\hspace{2cm}}.$$

在以上数据表格中,在($R_1 = \underline{\hspace{2cm}}\ \Omega$)欠阻尼部分要包含一些特殊点(波峰点、波谷点、电压值与顶端值幅度相等的点、稳态数据点等)的数据并做标记.

2. 数据处理

根据测量的数据用坐标纸(或计算机)描绘各个过渡过程曲线,并用多种方法计算回路时间常量 τ,计算欠阻尼振荡的频率和衰减系数,并与理论值比较.

[**注意事项**]

1. 在观测 RL 暂态过程时,电路电阻 R 的取值不可小于 $100\ \Omega$,以防止烧坏电感器 L. 切不可将电感器 L 直接连接到电源上.

2. 实验中示波器的垂直通道耦合方式应选择直流,使被测信号含有的直流分量和交流分量都能通过. 若选择交流耦合方式,则由于信号的低频分量不能得到正确传输,会导致信号有很大的失真,在输入方波频率较低时失真会更加严重.

3. 实验操作前,必须先学习数字示波器的使用方法,避免盲目操作.

» 大学物理实验

4. 注意信号源及示波器各输入端的"共地问题".

📑 思考题

1. 在 RLC 暂态过程中,临界阻尼暂态过程的波形与欠阻尼、过阻尼有何差异? 实验中可以采用什么方法使 u_C 曲线逼近临界阻尼?

2. 在图 B14-1 所示的电路中,电阻 R 两端电压 u_R 暂态曲线与电容器 C 两端电压 u_C 暂态曲线有何差异? 在图 B14-5 所示的电路中,电阻 R 两端电压 u_R 暂态曲线与电感器 L 两端电压 u_L 暂态曲线有何差异?

3. 请说明如何测量方波发生器的内阻.

4. 图 B14-9(a)是用振荡法测小电感的原理图. 图中 C 为无感电容器,L 是被测装置的等效电感,电阻 R 为总的等效电阻. 测量的方法是先将开关 K 合向位置 a,对电容器充电,然后再将开关断开,并迅速合向位置 b. 用数字示波器记录电容器电压 u_C 的波形如图 B14-9(b)所示. 由波形图测得 $U_{m1} = 4.444 \text{ V}$,$U_{m2} = 4.115 \text{ V}$,$T = 154.0 \text{ μs}$. 试由实验数据求参量 L 和 R.

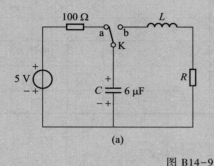
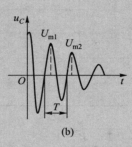

图 B14-9

实验 B15   *RLC* 串联电路的稳态特性

在交流电或电子电路的研究中,人们常需要通过电阻、电感和电容元件的不同组合来构建电路,从而改变输入正弦信号和输出正弦信号之间的相位差,或构成放大电路、振荡电路、选频电路、滤波电路等. 因此,研究 *RLC* 电路及其过程,在物理学、无线电技术上都有重要意义. *RLC* 电路分为串联电路和并联电路两大类,本实验研究 *RC*、*RL*、*RLC* 串联电路的稳态特性.

[实验目的]

1. 观测 *RC*、*RL* 和 *RLC* 串联电路的幅频特性与相频特性.
2. 学习测量两个同频率信号相位差的原理和方法.
3. 熟悉数字示波器的使用.

[实验仪器]

DH4503 型 *RLC* 电路实验仪,数字示波器,专用连接线.

[实验原理]

相量图可以直观地反映电路中各电压和电流的大小和相位关系,所以在较简单的正弦稳态电路分析中,画出电路中相关电压、电流的相量图可对问题的分析有所帮助. 在一些较复杂的交流电路中,利用相量法,即根据元件约束(VCR)和拓扑约束(KCL、KVL)列出相量形式的电路方程并求解,便可得到电路的正弦稳态响应.

由于电容和电感在交流电路中的容抗和感抗与频率有关,所以在交流电路中有电感和电容存在时,各元件上的电压和电路中的电流都会随频率的变化而发生变化,且回路中的总电压和总电流的相位差也和频率有关. 电压、电流的幅度与频率间的关系称为幅频特性;电源电压与电流之间以及电源电压与各元件上的电压之间的相位差和电源频率的关系称为相频特性. 本实验研究的是 *RLC* 串联电路的稳态特性. 电路的稳态是指电路在接通正弦交流电源一段时间(一般为电路时间常量的 5~10 倍)以后,电路中的电流和元件上的电压的波形已经发展到保持与电源电压波形相同且幅值稳定的状态.

1. *RC* 串联电路

RC 串联电路如图 B15-1(a)所示,以回路电流 $\dot{I}$ 为参考相量,作电阻两端电压 $\dot{U}_R$、电容两端电压 $\dot{U}_C$ 及输入电压 $\dot{U}_i$ 的相量图,见图 B15-1(b). 回路中,R 与 C 的复阻抗分别为 $Z_R = R$、$Z_C = 1/\mathrm{j}\omega C$,则

$$\left.\begin{array}{l} \tan \varphi_C = -\dfrac{U_R}{U_C} = -\dfrac{I\,|\,Z_R\,|}{I\,|\,Z_C\,|} = -\omega RC \\[3mm] \dfrac{U_C}{U_i} = \cos \varphi_C = \dfrac{1}{\sqrt{1+(\omega RC)^2}} \\[3mm] \dfrac{U_R}{U_i} = \sin \varphi_C = \dfrac{1}{\sqrt{1+\left(\dfrac{1}{\omega RC}\right)^2}} \end{array}\right\} \qquad (B15-1)$$

式中，ω 为 $\dot{U}_i$ 的角频率，φ_C 为 $\dot{U}_C$ 相对于 $\dot{U}_i$ 的相移（负号表示 $\dot{U}_C$ 的相位滞后于 $\dot{U}_i$），U_i 和 U_C、U_R 分别是交流信号 $\dot{U}_i$ 和 $\dot{U}_C$、$\dot{U}_R$ 的有效值，I 是回路电流 $\dot{I}$ 的有效值.

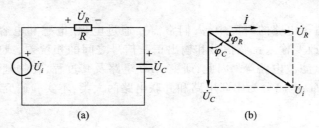

图 B15-1 RC 串联电路及相量图

由式（B15-1）可以得到 RC 串联电路的幅频特性与相频特性曲线，如图 B15-2 所示. 改变输入信号的频率，$\dot{U}_C$ 和 $\dot{U}_R$ 的有效值将随之变化，都是频率的函数. 当频率很低 $\left(\dfrac{1}{\omega C} \gg R\right)$ 时，电源电压主要降落在电容上；当频率很高 $\left(\dfrac{1}{\omega C} \ll R\right)$ 时，电源电压主要降落在电阻上. 可以利用 RC 串联电路的这种幅频特性组成各种滤波电路. 同样，可以利用 RC 串联电路的相频特性组成移相电路.

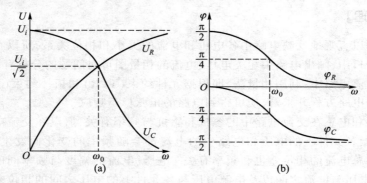

图 B15-2 RC 串联电路的幅频特性与相频特性曲线

设 $\dot{U}_C$ 与 $\dot{U}_R$ 的有效值相等时的有效值分别为 U_{C0} 与 U_{R0}，$\dot{U}_i$ 的频率为 $f_0 = \dfrac{\omega_0}{2\pi}$（即等幅频率），根据式（B15-1）得

$$U_{C0} = U_{R0} = \frac{1}{\sqrt{2}} U_i$$

$$\omega_0 = \frac{1}{RC} \tag{B15-2}$$

由此可得，电路的时间常量为 ω_0 的倒数，即

$$RC = \frac{1}{\omega_0} = \frac{1}{2\pi f_0} \tag{B15-3}$$

2. RL 串联电路

RL 串联电路如图 B15-3（a）所示，仍然以回路电流 $\dot{I}$ 为参考相量，作 $\dot{U}_R$、$\dot{U}_L$ 及 $\dot{U}_i$ 的相量图，如图 B15-3（b）所示. 在电路中，电感 L 的复阻抗为 $Z_L = \mathrm{j}\omega L$，则

$$\left. \begin{array}{l} \tan \varphi_R = -\dfrac{U_L}{U_R} = -\dfrac{I|Z_L|}{I|Z_R|} = -\dfrac{\omega L}{R} \\[3mm] \dfrac{U_R}{U_i} = \cos \varphi_R = \dfrac{1}{\sqrt{1+\left(\dfrac{\omega L}{R}\right)^2}} \\[5mm] \dfrac{U_L}{U_i} = \sin \varphi_R = \dfrac{1}{\sqrt{1+\left(\dfrac{R}{\omega L}\right)^2}} \end{array} \right\} \tag{B15-4}$$

式中,ω 为 $\dot{U}_i$ 的角频率,φ_R 为 $\dot{U}_R$ 相对于 $\dot{U}_i$ 的相移(负号表示 $\dot{U}_R$ 的相位滞后于 $\dot{U}_i$),U_L 为 $\dot{U}_L$ 的有效值. RL 串联电路的幅频特性和相频特性曲线如图 B15-4 所示.

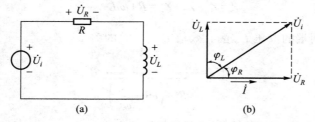

图 B15-3　RL 串联电路及相量图

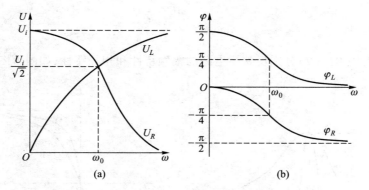

图 B15-4　RL 串联电路的幅频特性与相频特性曲线

由式(B15-4)可知,RL 串联电路的等幅频率及相应有效值为

$$U_{L0} = U_{R0} = \frac{1}{\sqrt{2}} U_i$$

$$\omega_0 = \frac{R}{L}$$

则电路的时间常量为

$$\frac{L}{R} = \frac{1}{\omega_0} = \frac{1}{2\pi f_0} \tag{B15-5}$$

3. RLC 串联电路

RLC 串联电路及相量图如图 B15-5 所示,与 RC、RL 串联电路中所用相量分析的方

法相比,利用阻抗分析的方法更为简便.

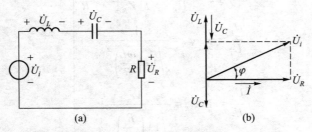

图 B15-5 *RLC* 串联电路及相量图

已知电阻的阻抗为 Z_R、电容的阻抗为 Z_C、电感的阻抗为 Z_L,所以回路的总阻抗 Z 为

$$Z = Z_R + Z_L + Z_C = R + j\omega L + \frac{1}{j\omega C}$$

由此可得电阻 R 两端的电压 $\dot{U}_R$ 的有效值 U_R 与 U_i 的关系:

$$U_R = \frac{U_i}{\sqrt{R^2 + \left(\omega L - \frac{1}{\omega C}\right)^2}} R \tag{B15-6}$$

$\dot{U}_R$ 与 $\dot{U}_i$ 的相位差 φ 的正切值为 Z 的虚部与实部之比:

$$\tan\varphi = \frac{\omega L - \frac{1}{\omega C}}{R} \tag{B15-7}$$

式(B15-6)和式(B15-7)分别反映了电路的幅频特性和相频特性,如图 B15-6 所示.

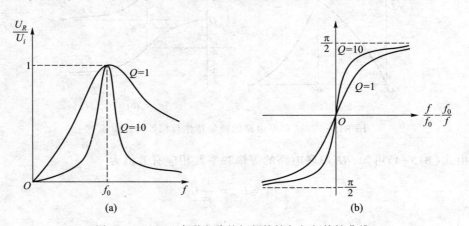

图 B15-6 *RLC* 串联电路的幅频特性与相频特性曲线

RLC 串联电路按感抗与容抗大小的不同,可分为下列三种情况:

(1)当 $\omega L = \frac{1}{\omega C}$ 时,$\varphi = 0$,输入电压与电流同相位,电路中阻抗最小,呈纯电阻性,此时电路中电流为最大值,同时电阻端电压有效值亦达到最大,这个现象称为谐振现象. 发生谐振时的频率 f_0 称为串联谐振频率,即

$$f_0 = \frac{\omega_0}{2\pi} = \frac{1}{2\pi\sqrt{LC}} \tag{B15-8}$$

（2）当 $\omega L - \frac{1}{\omega C} > 0$ 时，电路呈电感性，$\varphi > 0$，表示输入电压相位超前于电流，φ 随 ω 增加而趋于 $\frac{\pi}{2}$.

（3）当 $\omega L - \frac{1}{\omega C} < 0$ 时，电路呈电容性，$\varphi < 0$，表示输入电压相位落后于电流，φ 随 ω 减小而趋于 $-\frac{\pi}{2}$.

由式（B15-8）可知，RLC 串联电路的谐振频率仅与电路中 L、C 有关，与 R 无关. 发生串联谐振时，回路的复阻抗 $Z = R + \mathrm{j}\left(\omega L - \frac{1}{\omega C}\right) = R$ 最小，电流 $\dot{I}$ 与电压 $\dot{U}_i$ 同相，电流有效值 $I = I_0 = \frac{U_i}{R}$ 达到最大值. 谐振时感抗与容抗的绝对值相等，为 $\omega_0 L = \frac{1}{\omega_0 C} = \sqrt{\frac{L}{C}} = \rho$，$\rho$ 称为串联谐振电路的特性阻抗. 电工技术中将 ρ 与回路电阻 R 之比定义为该谐振电路的品质因数 Q，即

$$Q = \frac{\rho}{R} = \frac{\omega_0 L}{R} = \frac{1}{\omega_0 RC}$$

串联谐振时电路中各元件上的电压有效值为

$$\left.\begin{array}{l} U_{R0} = RI_0 = R\dfrac{U_i}{R} = U_i \\[2mm] U_{L0} = \omega_0 LI_0 = \omega_0 L\dfrac{U_i}{R} = \dfrac{\rho}{R}U_i = QU_i \\[2mm] U_{C0} = \dfrac{1}{\omega_0 C}I_0 = \dfrac{1}{\omega_0 C}\dfrac{U_i}{R} = \rho\dfrac{U_i}{R} = QU_i \end{array}\right\} \tag{B15-9}$$

可见，谐振时电感电压与电容电压的绝对值相等，相位相反，外加电压全部降落在电阻上，因此串联谐振又称电压谐振. 当 $\rho \gg R$ 时，$Q \gg 1$，U_{L0} 和 U_{C0} 远大于输入电压 U_i. 在无线电技术中，人们常将微弱信号输入串联谐振回路，从电容或电感两端便可获得比输入电压高得多的电压信号.

为了显示品质因数 Q 对频率特性的影响，可将谐振曲线中的坐标变量 ω 改为 $\eta = \omega/\omega_0$，则式（B15-6）、式（B15-7）便可改写成以下形式：

$$\frac{U_R}{U_i} = \frac{R}{\sqrt{R^2 + \left(\omega L - \frac{1}{\omega C}\right)^2}} = \frac{R}{\sqrt{R^2 + \left(\frac{\omega\omega_0 L}{\omega_0} - \frac{\omega_0}{\omega\omega_0 C}\right)^2}}$$

$$= \frac{R}{R\sqrt{1 + Q^2\left(\frac{\omega}{\omega_0} - \frac{\omega_0}{\omega}\right)^2}} = \frac{1}{\sqrt{1 + Q^2\left(\frac{f}{f_0} - \frac{f_0}{f}\right)^2}}$$

$$\varphi = \arctan \frac{\omega L - \dfrac{1}{\omega C}}{R} = \arctan \frac{\dfrac{\omega \omega_0 L}{\omega_0} - \dfrac{\omega_0}{\omega \omega_0 C}}{R} \tag{B15-10}$$

$$= \arctan Q\left(\frac{\omega}{\omega_0} - \frac{\omega_0}{\omega}\right) = \arctan Q\left(\frac{f}{f_0} - \frac{f_0}{f}\right)$$

在图 B15-6 中可见,品质因数 Q 不同,谐振曲线的尖锐程度不同,这反映了 Q 值对谐振电路选择性的影响.

4. 实验装置与测量方法

本实验所使用的 DH4503 型 RLC 电路实验仪的性能参量可参阅 RLC 串联电路的暂态特性实验,数字示波器的使用方法详见示波器的原理与使用实验.

(1) 幅频特性的测量方法.

回路的幅频特性 $A(f)$,是回路增益与信号频率之间的关系,也就是输出、输入信号有效值的比值与信号频率之间的关系,即

$$A(f) = \frac{U_0(f)}{U_i(f)} \tag{B15-11}$$

对于 RC 串联电路,取电容 C 两端电压 $U_c(f)$ 作为输出信号时,

$$A(f) = \frac{U_c(f)}{U_i(f)} \tag{B15-12}$$

对于 RL 串联电路,取电阻 R 两端电压 $U_R(f)$ 作为输出信号时,

$$A(f) = \frac{U_R(f)}{U_i(f)} \tag{B15-13}$$

将电路输入信号 $\dot{U}_i$ 的频率 f 由较低频率 f_{Lm} 逐步调节到较高频率 f_{Hm},利用数字示波器的 CH1 和 CH2 两个通道在观察电路输入、输出信号波形的同时,测量出输入、输出信号的峰峰值 $U_{i\,\mathrm{pp}}(f)$ 和 $U_{o\,\mathrm{pp}}(f)$(可以利用数字示波器的自动测量功能,实测结果如图 B15-7 所示),根据式(B15-11)、式(B15-12)和式(B15-13)即可得到回路的幅频特性 $A(f)$.

在图 B15-7 下侧,分别显示出 CH1 和 CH2 两个通道的输入耦合方式及灵敏度(直流耦合,灵敏度分别为 2 V/div 和 1 V/div)、水平时基

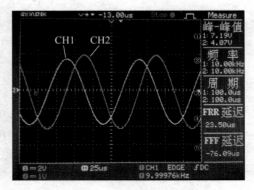

图 B15-7　幅频特性的测量

(扫描速度为 25 μs/div)、触发位置(触发信源 CH1,上升沿,DC 触发耦合). 在实际的显示屏中 CH1 和 CH2 两个通道输入信号的颜色不同,在右侧上部标①位置处有两个峰峰值,分别与 CH1、CH2 两个通道输入信号相对应,表示各自波形的峰峰值. 图 B15-7 中所示的测量功能可以通过下述操作来实现.

按动 Autoset 键(自动选择合适的扫描速度和垂直灵敏度,如波形不理想可以手动调整)→按动 Measure 键(选择自动测量功能)→分别按动屏幕右侧的选择按键(如图 B15-7 所示,屏幕右侧可同时显示 5 种测量项目,可通过屏幕右侧的对应选择按键选择)→旋动

屏幕菜单旋钮(选中"电压类型"中的峰峰值测量项目)→按动 Measure 键(在屏幕上同时显示 CH1、CH2 两个通道信号的峰峰值,图 B15-7 中 CH1 通道的为 7. 19 V,CH2 通道的为 4. 07 V).

(2) 相频特性的测量方法.

电路的相频特性 $\varphi(f)$,是电路的输出信号 $\dot{U}_o$ 相对于输入信号 $\dot{U}_i$ 的相移 φ 与输入信号频率之间的关系. 若测得信号周期为 T,当输入信号的频率为 f 时,$\dot{U}_o$ 相对于 $\dot{U}_i$ 的延迟为 $\Delta T(f)$,则

$$\varphi(f) = 2\pi \frac{\Delta T(f)}{T} \qquad (\text{B15-14})$$

用角度表示时,

$$\varphi(f) = 360° \frac{\Delta T(f)}{T} \qquad (\text{B15-15})$$

将电路输入信号的频率 f 由较低频率 f_{Lm} 逐步变化到较高频率 f_{Hm},利用数字示波器的 CH1 和 CH2 两个通道在观察电路输入、输出信号波形的同时,测量出输入信号周期 T 和输出信号相对于输入信号的延迟 $\Delta T(f)$(可以利用数字示波器的自动测量功能,实测结果如图 B15-7 所示),根据式(B15-14)或式(B15-15)即可得到电路的相频特性 $\varphi(f)$.

在图 B15-7 中,信号周期定义为 CH1 曲线相邻两次由正到负过零点的时间间隔,图中采用示波器自动测量功能,已在③处显示(当然也可以采用光标测量方式). 延迟时间的自动测量选项,如图 B15-8 所示,共有 8 种可以选择,不同延迟时间的定义在屏幕右侧有图示说明. 在图 B15-7 中的④和⑤处分别显示选择的是 FRR 和 FFF. FRR 是指 CH1 通道的第一个上升沿与 CH2 通道的第一个上升沿之间的延迟时间,因图中 CH1 信号超前,故为正值 23. 50 μs. 而 FFF 是指 CH1 通道的第一个下降沿与 CH2 通道的第一个下降沿之间的延迟时间,因图中 CH2 信号的第一个下降沿超前于 CH1 信号的第一个下降沿,故为负值 -76. 09 μs. 此实例中,因为 FFF 测量的不是最近邻的两个下降沿过零点的延迟时间,所以不能选择此测量值.

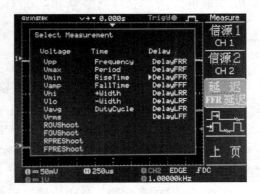

图 B15-8 延迟测量项目的设置

[实验内容]

1. 观测 RC 串联电路幅频特性与相频特性曲线并测量其时间常量

(1) 实验线路的连接.

利用 DH4503 型 RLC 电路实验仪附带的专用连接线,按图 B15-1 将 DH4503 型 RLC 电路实验仪连接成 RC 串联电路,R 的选择范围为 200~400 Ω,C 的选择范围为 0. 5~1. 0 μF,DH4503 型 RLC 电路实验仪的多功能信号源置为正弦波(50 Hz~1 kHz)输出.

(2) 测量 RC 串联电路的时间常量.

利用带 BNC 接口的专用连接线将数字示波器的 CH2 通道连接到电容器 C 两端,

CH1 通道连接到电阻 R 两端,CH1 与 CH2 输入的公共地端特别要选择为电容器 C 与电阻 R 的连接点.

打开数字示波器和 DH4503 型 RLC 电路实验仪的电源,按动示波器的"Autoset"键使示波器显示合适的信号波形. 利用数字示波器的自动电压测量功能,测量两个通道输入信号的峰峰值(见图 B15-7).

将实验仪的多功能信号源所输出正弦波信号频率由低逐渐调高,直到 CH1 与 CH2 两个通道的输入信号的峰峰值相等,读出正弦波信号的频率 f_0,此频率即 RC 串联电路在当前参量下的等幅频率,根据式(B15-3)即可得到时间常量 RC.

(3) 观测 RC 串联电路幅频特性与相频特性曲线.

将数字示波器的 CH1 通道改接到多功能信号源的输出端,CH2 通道仍然连接到电容器 C 两端,但 CH1 与 CH2 输入的公共地端特别要选择为电容器 C 与信号源输出端的连接点.

在 50 Hz 到 $10f_0$ 之间选择 20 个左右测量点,根据"实验原理"中第 4 部分所介绍的测量方法,测量回路的幅频特性与相频特性曲线. 为了节省时间,$A(f)$ 和 $\varphi(f)$ 的测量可以在同一测量点上交叉进行.

2. 观测 RL 串联电路幅频特性与相频特性曲线并测量其时间常量

(1) 实验线路的连接.

利用 DH4503 型 RLC 电路实验仪附带的专用连接线,按图 B15-3 将实验仪连接成 RL 串联电路,R 的选择范围为 $70\sim 200\ \Omega$,L 的选择范围为 $20\sim 40\ \text{mH}$,实验仪的多功能信号源置为正弦波(50 Hz~1 kHz)输出.

(2) 测量 RL 串联电路的时间常量.

利用带 BNC 接口的专用连接线将数字示波器的 CH2 通道连接到电阻 R 两端,CH1 通道连接到电感器 L 两端,CH1 与 CH2 输入的公共地端特别要选择为电感器 L 与电阻 R 的连接点.

打开数字示波器和 DH4503 型 RLC 电路实验仪的电源,按动示波器的"Autoset"键使示波器显示合适的信号波形. 利用数字示波器的自动电压测量功能,测量两个通道输入信号的峰峰值(见图 B15-7).

将实验仪的多功能信号源所输出正弦波信号频率由低逐渐调高,直到 CH1 与 CH2 两个通道的输入信号峰峰值相等,读出正弦波信号的频率 f_0,此频率即 RL 串联电路在当前参量下的等幅频率,根据式(B15-5)即可得到时间常量 $\dfrac{L}{R}$.

(3) 观测 RL 串联电路幅频特性与相频特性曲线.

将数字示波器的 CH1 通道改接到多功能信号源的输出端,CH2 通道仍然连接到电阻 R 两端,但 CH1 与 CH2 输入的公共地端特别要选择为电阻 R 与信号源输出端的连接点.

在 50 Hz 到 $10f_0$ 之间选择 20 个左右测量点,根据"实验原理"中第 4 部分所介绍的测量方法,测量回路的幅频特性与相频特性曲线. 为了节省时间,$A(f)$ 和 $\varphi(f)$ 的测量可以在同一测量点上交叉进行.

3. 观测不同品质因数 Q 的 RLC 串联电路幅频特性与相频特性曲线

（1）实验线路的连接.

利用 DH4503 型 RLC 电路实验仪附带专用连接线，按图 B15-5 将实验仪连接成 RLC 串联电路. 将数字示波器的 CH1 通道连接到多功能信号源的输出端，CH2 通道连接到电阻 R 两端，CH1 与 CH2 输入的公共地端特别要选择为电阻 R 与信号源输出端的连接点. R 的选择范围为 $0 \sim 100\ \Omega$，L 的选择范围为 $0 \sim 10\ \text{mH}$，C 的选择范围为 $0 \sim 1\ \mu\text{F}$，实验仪的多功能信号源置为正弦波（$50\ \text{Hz} \sim 1\ \text{kHz}$）输出.

（2）测量 RLC 串联电路的谐振频率.

将实验仪的多功能信号源所输出正弦波信号频率由低逐渐调高，直到 CH1 和 CH2 两个通道的输入信号的峰峰值基本相等（此时 CH2 输入信号的峰峰值与 CH1 输入信号的峰峰值的比最大），此时信号的频率即 RLC 串联电路的谐振频率 f_0.

由于 RLC 串联电路在谐振频率下，R 两端的电压与输入电压同相，所以其谐振频率的测量还可以采用相位比较法. 将示波器置于 X-Y 显示状态，调节正弦波的输出频率，当示波器显示的李萨如图形成为一条处于一、三象限的直线时，信号源输出频率即谐振频率 f_0.

（3）观测 RLC 串联电路的幅频特性与相频特性曲线.

在 $50\ \text{Hz}$ 到 $10 f_0$ 之间选择 30 个测量点，根据"实验原理"中第 4 部分所介绍的测量方法，测量回路的幅频特性与相频特性曲线. 为了节省时间，$A(f)$ 和 $\varphi(f)$ 的测量可以在同一测量点上交叉进行.

由于在谐振频率 f_0 附近输出信号的延迟 ΔT 极小，不可避免的测量误差会使 ΔT 的测量极不可靠，所以在谐振频率 f_0 附近可以不必测量两个信号的相位差.

在以上测量中，只可通过电阻的调节来改变电路的品质因数 Q，而不改变谐振频率 f_0 及输入电源的频率范围等条件，以利于比较不同参量下 RLC 串联电路的幅频特性与相频特性，体会不同的品质因数 Q 对 RLC 串联电路选择性的影响.

［数据记录和处理］

1. 数据记录

将数据记入表 B15-1 至表 B15-4.

表 B15-1　RC 串联电路幅频与相频特性曲线及时间常量测量数据表

n	f/Hz	实测周期 T/ms	延迟时间 $\Delta T/\text{ms}$	实测相移 $\varphi/(°)$	U_i/V	U_c/V
1						
2						
...						
20						

$R =$ _____ Ω，$C =$ _____ μF.

等幅频率：$f_{0理论} = \dfrac{1}{2\pi RC} =$ _____ Hz，$f_{0测量} =$ _____ Hz，$E = \dfrac{\left| f_{0测量} - f_{0理论} \right|}{f_{0理论}} \times 100\% =$ _____.

表 B15-2 *RL* 串联电路幅频与相频特性曲线及时间常量测量数据表

n	f/Hz	实测周期 T/ms	延迟时间 $\Delta T/\mathrm{ms}$	实测相移 $\varphi/(°)$	U_i/V	U_R/V
1						
2						
...						
20						

$R =$ _____ Ω, $L =$ _____ mH.

等幅频率：$f_{0理论} = \dfrac{R}{2\pi L} =$ _____ Hz, $f_{0测量} =$ _____ Hz, $E = \dfrac{|f_{0测量} - f_{0理论}|}{f_{0理论}} \times 100\% =$ _____.

表 B15-3 品质因数 Q_1 的 *RLC* 串联电路幅频与相频特性曲线测量数据表

n	f/Hz	理论周期 T'/ms	实测周期 T/ms	延迟时间 $\Delta T/\mathrm{ms}$	实测相移 $\varphi/(°)$	U_i/V	U_R/V	U_R/U_i
1								
2								
...								
20								

$R_1 =$ _____ Ω, $C =$ _____ μF, $L =$ _____ mH, $U_{i0} =$ _____ V, $U_{L0} =$ _____ V, $U_{C0} =$ _____ V.

品质因数：$Q_{1理论} = \dfrac{1}{R_1}\sqrt{\dfrac{L}{C}} =$ _____, $Q_{1测量} = \dfrac{U_{L0}(U_{C0})}{U_i} =$ _____, $E = \dfrac{|Q_{1测量} - Q_{1理论}|}{Q_{1理论}} \times$

$100\% =$ _____.

谐振频率：$f_{0理论} = \dfrac{1}{2\pi\sqrt{LC}} =$ _____ Hz, $f_{0测量} =$ _____ Hz, $E = \dfrac{|f_{0测量} - f_{0理论}|}{f_{0理论}} \times 100\% =$ _____.

表 B15-4 品质因数 Q_2 的 *RLC* 串联电路幅频与相频特性曲线测量数据表

n	f/Hz	理论周期 T'/ms	实测周期 T/ms	延迟时间 $\Delta T/\mathrm{ms}$	实测相移 $\varphi/(°)$	U_i/V	U_R/V	U_R/U_i
1								
2								
...								
20								

$R_2 =$ _____ Ω, $C =$ _____ μF, $L =$ _____ mH, $U_{i0} =$ _____ V, $U_{L0} =$ _____ V, $U_{C0} =$ _____ V.

品质因数：$Q_{2理论} = \dfrac{1}{R_2}\sqrt{\dfrac{L}{C}} =$ _____, $Q_{2测量} = \dfrac{U_{L0}(U_{C0})}{U_i} =$ _____, $E = \dfrac{|Q_{2测量} - Q_{2理论}|}{Q_{2理论}} \times$

$100\% = \underline{\hspace{3cm}}.$

谐振频率：$f_{0理论} = \dfrac{1}{2\pi\sqrt{LC}} = \underline{\hspace{1.5cm}}$ Hz，$f_{0测量} = \underline{\hspace{1.5cm}}$ Hz，$E = \dfrac{|f_{0测量} - f_{0理论}|}{f_{0理论}} \times 100\% = \underline{\hspace{1.5cm}}.$

2. 数据处理

在测绘幅频与相频特性曲线时，测量次数 n 要大于等于 20，并且在曲线拐点处应增加测量点；用坐标纸绘制曲线.（由于数据较多，建议利用计算机软件分析处理.）

[注意事项]

1. 实验中，利用实验仪上 R、L、C 器件的标称值，计算出回路的"等幅频率"或"谐振频率"的概值，可以加快"等幅频率"或"谐振频率"的测量.

2. 选择合适的测量点，可以利用较少的测量点获得较为理想的测量曲线. 对于一些特殊的测量点，可以通过计算而获得其频率值. 通常可将"等幅频率"或"谐振频率"、$\varphi = \pm 45°$、$\varphi = \pm 60°$、$\varphi = \pm 75°$ 或 $\varphi = \pm 80°$ 等频点选为测量点，当 $|\varphi| > 80°$ 以后，应该增加测量点. 另外，若采用计算机软件绘图，则测量次数还可适当增加.

3. 注意信号源及示波器各输入端的"共地问题".

💬 思考题

1. 如何利用双踪示波器所显示的波形判别信号相位的超前与滞后？

2. 在 RC 串联电路中，如何测量 $\dot{U}_c$ 和 $\dot{i}$ 的相位差？试画出电路图并加以说明.

3. 由式（B15-6）可知，当信号频率为谐振频率 f_0 时，$U_R = U_i$，但图 B15-6 中的曲线和你的实测结果却与此不符，且均为 $U_R < U_i$，这是为什么？

4. 请设计利用示波器验证 RLC 串联电路谐振时 $\dot{U}_L$ 与 $\dot{U}_c$ 大小相等、相位相反的实验电路和测量方法.

5. 说明 RC、RL 和 RLC 串联电路的滤波特性.

6. 请推导公式（B15-1），并标出图 B15-1 中 $\dot{i}$ 与 $\dot{U}_i$ 的相位关系.

实验 B16　电表的改装

1820 年,奥斯特意外地观察到当电流在相邻的电线中流动时,罗盘磁针的指向会发生偏转,从而发现了电与磁之间的作用力. 依据此现象,施韦格(Johann Schweigger)发明了利用磁场测量电流的检流计,他将一个磁针悬挂在悬丝上,当与其平行的导线内有电流通过时,磁针会发生偏转,根据偏转的角度可以测量出电流的大小. 但是这个装置由于产生的磁场很弱,所以容易受到地磁场的影响. 安培(André-Marie Ampère)使用多圈导线增强了导线产生的磁场,扩展了检流计的使用范围. 1826 年,波根多夫(Johann Christian Poggendorff)通过增加镜面反射装置提高了测量的灵敏度. 随后,汤姆孙(William Thomson)在 1849 年亥姆霍兹(Hermann von Helmholtz)设计的基础上做出了改进,于 1858 年申请了第一个检流计的专利,他的装置中使用磁铁代替了指南针,电流的微小变化通过光放大法变为可观测的显微镜中的读数变化.

1888 年,韦斯顿(Edward Weston)改进了检流计的设计. 他用螺旋弹簧替代游丝提供回复扭矩,并用永磁体产生磁场,用可以直接读数的刀刃指针取代了光束和镜子,并在指针下方安装平面反射镜来消除视差. 最后,他将线圈缠绕在由导电金属制成的轻质线框上,当其中有电流时该装置能够在永磁体产生的磁场中旋转,进而测量电流. 根据这种设计制作的仪表在使用时,受安装位置、运输和环境的影响很小,其结构成为现代磁电式仪表的标准结构.

电表作为最基本的电学测量工具之一,是电磁学实验中最常用的实验仪器. 实验室中使用的微安表,大部分是磁电式仪表,具有灵敏度高、功耗小、受磁场影响小、刻度均匀、读数方便等优点. 未经改装的微安表,其满度电流(或电压)很小,一般只能测量很小的电流值或电压值. 常用的直流电流表、直流电压表、交流电压表、电阻表和万用表等,都是通过微安表改装而成的. 另外,一些测量非电学量的仪表,如温度表、压力表和流速表等都可以通过表头设计改装制成. 经过改装后的仪表在使用前必须与标准仪表比较,校准其量程和等级,校准是一项非常重要的技术.

[实验目的]

1. 掌握将微安表改装成较大量程电流表和电压表的原理和方法.
2. 了解欧姆表的测量原理和刻度方法.
3. 学习校准电流表和电压表的原理与方法.

[实验仪器]

微安表(待改装表),电压表(标准表),电流表(标准表),电阻箱,滑动变阻器,稳压电源和单刀开关,导线等.

[实验原理]

1. 改装微安表为电流表

微安表的满刻度值 I_g 称为微安表的量程. I_g 越小,微安表的灵敏度越高. 微安表内

的线圈电阻 R_g 称为微安表的内阻. 微安表能够测量的电流是很小的, 要使微安能够测量较大的电流, 就必须扩大它的量程. 扩大量程的办法是把微安表并联一个分流电阻 R_S (如图 B16-1 所示). 这样就使微安表满量程时, $I-I_g$ 的电流从分流电阻流过, 而微安表中的电流仍为原来允许通过的最大电流 I_g.

设微安表改装后的量程为 I, 于是有

$$(I-I_g)R_S = I_g R_g$$

$$R_S = \frac{I_g R_g}{I-I_g} = \frac{R_g}{\dfrac{I}{I_g}-1}$$

设 $\dfrac{I}{I_g} = n$, n 为扩大量程的倍数, 有

$$R_S = \frac{R_g}{n-1} \qquad (B16-1)$$

在微安表上并联不同的分流电阻, 便可制成多量程电流表, 如图 B16-2 所示.

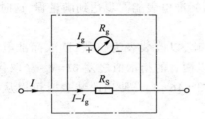

图 B16-1 并联分流电阻将微安表改装成电流表   图 B16-2 多量程电流表电路

测量电流时, 必须将电流表串联接入电路, 为了不致因电流表串入电路后而改变原电路中电流大小, 电流表的内阻越小越好.

2. 改装微安表为电压表

由 I_g、R_g 可知, 微安表可以用来测量微小电压, 为了能测量较大的电压, 需要在微安表上串联一个分压电阻 R_H, 如图 B16-3 所示. 这样可使微安表满量程时 $U-I_g R_g$ 的电压降落在分压电阻 R_H 上, 微安表上的电压降仍保持原来的 $I_g R_g$ 不变.

欲将量程为 I_g、内阻为 R_g 的微安表改装成量程为 U 的电压表, 由图 B16-3 可知

$$I_g(R_g + R_H) = U$$

所以

$$R_H = \frac{U}{I_g} - R_g \qquad (B16-2)$$

可见, 要将量程为 I_g 的微安表改装成量程为 U 的电压表, 只需在微安表上串联一个阻值为 $R_H = \dfrac{U}{I_g} - R_g$ 的分压电阻.

若想将微安表改装成量程分别为 U_1, U_2, U_3, $\cdots$ 的多量程电压表, 只需按式 (B16-2) 算出不同的分压电阻. 图 B16-4 所示的就是一个 3 量程电压表的电路.

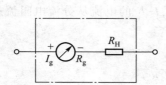 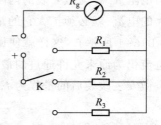

图 B16-3　串联分压电阻将微安表改装成电压表　　　图 B16-4　多量程电压表电路

测量电压时,必须将电压表和被测负载(如电阻)并联.为了不致因并联电压表而改变原来负载上的电压值,电压表的内阻越大越好.

3．电表的校准

由于微安表内阻 R_g 的测量误差,计算得到的 R_S 和 R_H 值可能与实际要求值不符,因此必须通过实验加以校准,使 R_S 和 R_H 值与实际要求值相符.所谓校准,是指让已改装的电表与标准电表同时测量一定的电流或电压,使其示值与标准电表的示值相比较.校准方法是,使标准电表指示满量程,观察改装的电表是否指示满量程,若不是,可略调整分流电阻 R_S 或分压电阻 R_H,使改装的电表与标准电表能同步达到满量程,这时 R_S 或 R_H 就是所要求的分流或分压电阻.

使改装的电流表由满刻度到零等间隔变化,以改装表为整数,读取标准电流表上的示值 I_0,然后在毫米坐标纸上以 I 为横坐标,以两者的指示值之差 $\delta I = I_0 - I$(取代数值)为纵坐标,将各点连成折线,即得校准曲线(见图 B16-5).使用改装表时可以从校准曲线上查出其读数的偏差,从而对其读数进行修正.

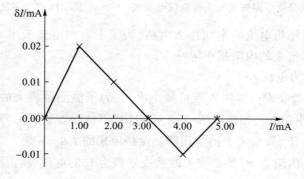

图 B16-5　校准曲线

通过对改装表的校准,还可以确定其准确度等级.改装表的准确度等级应由它的最大绝对误差及其量程决定,其最大允许误差等于它相对于标准表的最大绝对误差与标准表本身的基本(绝对)误差的方和根,即 $\Delta_{改} = \sqrt{\delta I_{max}^2 + \Delta_{标}^2}$ [标准表选用模拟表或数字万用表,其中,$\Delta_{模标} = \pm a\% F \cdot S$,$\Delta_{数标} = \pm(a\% F \cdot S + n\mathrm{Digit})$],改装表等级为 $a = \dfrac{\Delta_{改}}{改装表的量程} \times 100$.电流表和电压表的准确度等级为 0.05、0.1、0.2、0.3、0.5、1.0、1.5、2.0、2.5、3.0、5.0,共分 11 个准确度等级.

4. 改装微安表为电阻表

用来测量电阻大小的电表称为电阻表,其电路如图 B16-6 所示. 图中 E 为电池,其端电压为 U,它与固定电阻 R_0、可变电阻 R 及微安表串联,R_x 是被测电阻. 用电阻表测电阻时,首先需要调零,即将 a、b 两点短路(相当于 $R_x=0$),调节可变电阻 R,使表头指针偏转到满刻度. 这时电路中的电流即微安表的量程 I_g. 由欧姆定律得

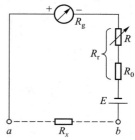

图 B16-6 电阻表电路

$$I_g = \frac{U}{R_g+R_0+R} = \frac{U}{R_g+R_r} \qquad\qquad (B16-3)$$

式中,R_g 为微安表内阻,$R_r=R_0+R$. 可见,电阻表的零点在微安表的满刻度处,而电流表和电压表的零点在微安表的零刻度处. 在 a、b 间接入被测电阻 R_x 后,电路中的电流为

$$I = \frac{U}{R_g+R_r+R_x} \qquad\qquad (B16-4)$$

当电池端电压 U 保持不变时,被测电阻 R_x 和电流 I 有一一对应的关系. 也就是说,接入不同的电阻 R_x,微安表的指针就指示不同的读数. 如果微安表的刻度是预先按已知电阻而刻的,它就可以直接用来测量电阻. 因为被测电阻 R_x 越大,电流 I 就越小,当 $R_x\to\infty$ 时(相当于 a、b 开路),$I=0$,即微安表的指针指在零刻度处,所以电阻表的刻度由右到左,对应的刻度值为由 $0\to\infty$,由式(B16-4)可知,R_x 与 I 是非线性关系,所以刻度是不均匀的,R_x 越大,刻度线间隔越小(图 B16-7).

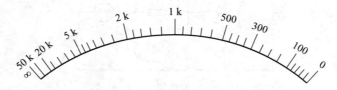

图 B16-7 电阻表的刻度

因电池的端电压 U 在使用中会不断下降,而表头的内阻 R_g 为常量,所以 $R_r=R_0+R$ 也要随之改变才能满足式(B16-4),即 $R_x=0$ 时,通过微安表的电流为 I_g. 在 $R_x=0$ 时,微安表的指针偏转到满刻度是通过调节可变电阻 R 来实现的. 为防止可变电阻 R 调得过小而烧坏微安表,用固定电阻 R_0 与其串联,这样即使 R 调到零,$R_r(=R_0)$ 也不会是零,从而限制了通过微安表的电流,起到了保护微安表的作用.

电阻表中的电池,其端电压有效使用范围为 $1.3\sim1.65$ V,为使调节更有余地,可取电池的最高电压 $U_{max}=1.70$ V,最低电压 $U_{min}=1.25$ V. 端电压低于 1.25 V 时,电池内阻很大,不能再使用. 由式(B16-3)可求得相应的 R_{rmax} 和 R_{rmin},即求得 R_r 的上下限. 例如,R_r 在 $1\,150\sim1\,600$ Ω 之间时,变化范围为 450 Ω,可以取 500 Ω 的可变电阻作为 R,取 1.15 kΩ 的固定电阻作为 R_0.

将上述改装的电流表、电压表和电阻表组合在一起,共用一块微安表,再用一只单刀多掷开关控制,就构成了简易的万用表,其电路如图 B16-8 所示.

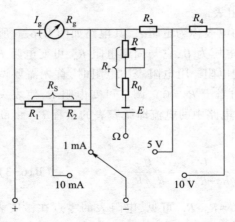

图 B16-8　万用表电路

[实验内容]

1. 用万用表测量待改装微安表的内阻 R_g.

2. 将量程为 100 μA 的微安表改装成量程为 1 mA、2 mA、5 mA、10 mA 的电流表和量程为 1 V、2 V、5 V、10 V 的电压表, 分别计算出所需的分流电阻阻值 $R_{S理}$ 和分压电阻阻值 $R_{H理}$. 校准电流表电路示意图如图 B16-9 所示.

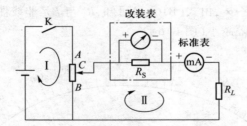

图 B16-9　校准电流表电路示意图

3. 校准改装后的电流表和电压表, 给出校准曲线, 并计算改装表的等级.

[数据记录和处理]

1. 数据记录表格

将数据记入表 B16-1 和表 B16-2.

表 B16-1　校准电流表数据表

改装表读数/mA	标准表读数/mA			误差 ΔI/mA
	减小时	增大时	平均值	
20				
40				
60				

续表

改装表读数/mA	标准表读数/mA			误差 ΔI/mA
	减小时	增大时	平均值	
80				
100				

表 B16-2　校准电压表数据表

改装表读数/V	标准表读数/V			误差 ΔU/V
	减小时	增大时	平均值	
0.2				
0.4				
0.6				
0.8				
1.0				

2. 数据处理

（1）记录标准表的等级.

（2）记录 R_s 的理论值和校准后的实验值.

（3）记录电流表和电压表的校准值.

（4）计算改装表的等级.

（5）用坐标纸画出校准曲线.

💬 思考题

1. 校准电流表时,如果发现改装的电流表的读数总是高于标准表的读数,分流电阻应调大还是调小? 为什么?

2. 校准电压表时,如果发现改装的电压表的读数总是低于标准表的读数,分压电阻应调大还是调小? 为什么?

3. 试证明用电阻表测电阻时,如果表头指针正好指在表盘刻度尺的中心,那么此时电阻表的指示值正好等于该电阻表的内阻值.

3.4　光　学　实　验

实验 B17　薄透镜焦距的测量

自从人类开始探究宇宙和生命奥秘以来,"什么是光,光如何传播,如何控制光"就一直是科学技术研究的热点. 在古希腊和古罗马时期,人们就发现天然透明材料(水、石英和水晶等)能够放大物体和会聚阳光引燃火种. 古罗马哲学家塞内卡记载了"水晶球可以放大字母". 我国早在西汉时期也有用冰生火的记载.《淮南万毕术》记载:"削冰令圆,举以向日,以艾承其影,则火生."

随后,人们开始使用透明材料研磨透镜,搭建光学系统. 16 世纪末,荷兰人詹森(Zaccharias Janssen)和他的儿子用两个凸透镜制作了第一台显微镜. 1609 年,伽利略用两块透镜分别作为物镜和目镜制作了第一台天文望远镜,伽利略把他的天文观测成果以及望远镜的原理写成了《星座信使》,引领了对星体观测的热潮. 之后,牛顿、胡克(Robert Hooke)和列文虎克(Antonie van Leeuwenhoek)等科学家都设计并制造了精妙的光学仪器,极大地拓展了人类的视野,带动了科学技术的全面发展.

随着光学技术的进一步发展,利用特殊材料、消色差和镀膜等技术制作的各类多层复合透镜已经在日常生活、航空航天、生物医学、自动化检测和国防军事等方面发挥了不可替代的作用. 学习并理解单片透镜的基本成像规律和参量特点,是进一步掌握常见光学仪器的构造和原理的基础. 广义上来说,凡是具有会聚或发散作用的器件均可称为透镜,例如光学透镜、声透镜和磁透镜等.

[实验目的]

1. 能够正确使用光学仪器和元件.
2. 可以根据透镜的成像规律判断透镜的类型.
3. 能够分析光学现象产生的原因,并掌握光路的调节方法.
4. 能够利用几种方法测量薄透镜的焦距,并评估测量不确定度.

[实验仪器]

凸透镜,凹透镜,平面镜,光源,物屏,像屏,光具座等.

[实验原理]

1. 透镜成像规律和基本概念

透镜通常是指表面外凸或内凹的可将光会聚或发散的光学元件. 一般成像系统中的透镜(如照相机、摄像机、望远镜、显微镜的镜头)可分为球面透镜和非球面透镜两类. 球面透镜的表面曲面具有恒定的曲率,而非球面透镜的表面曲面则是从中心到边缘的曲率圆对称连续改变,本实验主要考虑球面透镜.

根据平行光穿过透镜后的表现,可以把透镜分为会聚透镜和发散透镜两类. 会聚透镜又称为**凸透镜**,其结构特点是中心厚、边缘薄;发散透镜又称为**凹透镜**,其结构特点是中心薄、边缘厚. 当透镜的中心厚度相对其焦距可以忽略不计时,该透镜称为**薄透镜**.

几何光学是研究光的传播和成像规律的重要光学分支,其基本定律包括"直线传播定律""独立传播定律""反射定律"和"折射定律". 透镜的成像规律可以通过这些定律推导出来.

通过透镜两个面中心的直线称为透镜的主光轴,简称主轴或光轴. 若任意入射光线经过透镜系统的某一点后其传播方向不发生改变,则该点称为**光心**. 对称的球面薄透镜,其中心可近似看成光心.

在近轴条件(光线与系统光轴的夹角 α 的正弦值可用角的弧度值代替,$\sin \alpha \approx \tan \alpha \approx \alpha$)下,可以推导出无限远处轴上物体发出的单色光线经过球面组成的凸透镜或凹透镜成像于轴上一点,该点称为**焦点**. 透镜的焦点到光心的距离称为焦距,物体到透镜光心的距离称为物距,物体经透镜所成的像到光心的距离称为像距. 经过推导可以得到如下物像关系:

$$\frac{1}{v} - \frac{1}{u} = \frac{1}{f} \tag{B17-1}$$

式中,u 为物距,v 为像距,f 为焦距. 凸透镜的成像如图 B17-1 所示. 根据国家标准 GB/T 1224—2016《几何光学术语、符号》,物距、像距和焦距的正负规定为"线段默认从左向右和由下向上为正,反之为负",一般选择透镜的光心为原点. 焦距为正值时是会聚系统,焦距为负值时是发散系统.

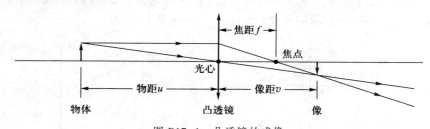

图 B17-1 凸透镜的成像

例 1 对于凸透镜,物体位于透镜左侧 20 cm,成像于透镜右侧 20 cm,求其焦距.
根据符号规则,选取光心为原点,则物距 $u=-20$ cm,像距 $v=20$ cm,代入公式有

$$\frac{1}{20\ cm} - \frac{1}{-20\ cm} = \frac{1}{f} \tag{B17-2}$$

解得焦距 $f=10$ cm,焦距为正值表示焦点在光心右侧,透镜为会聚透镜.

例 2 对于凹透镜,物体位于透镜中心左侧 20 cm,成像于透镜左侧 10 cm,求其焦距.
根据符号规则,选取光心为原点,则物距 $u=-20$ cm,像距 $v=-10$ cm,代入公式有

$$\frac{1}{-10\ cm} - \frac{1}{-20\ cm} = \frac{1}{f} \tag{B17-3}$$

解得焦距 $f=-20$ cm,焦距为负值表示焦点在光心左侧,透镜为发散透镜.

2. 凸透镜焦距的测量

(1)自准法.

自准法是光学仪器调节中的一种重要方法,也是一些光学仪器进行测量的依据,如

分光计的调整、大型机床导轨的平直度的测量等.

当光点（物）在凸透镜焦平面上时，发出的光线通过透镜后将成为一束平行光. 若用与主光轴垂直的平面镜将此平行光反射回去，则反射光再次通过透镜后，仍会聚于透镜的焦平面上，其会聚点与物点关于光轴对称，成一个倒立的等大的实像，如图 B17-2 所示. 需要指出的是，该方法中所成像的位置和大小与平面镜的位置无关，但改变平面镜的位置会影响所成像的亮度.

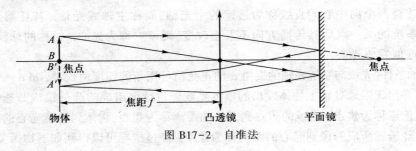

图 B17-2　自准法

（2）物距像距法.

物体发出的光线，经过凸透镜折射后将成像在另一侧. 测出物距 u 和像距 v，代入公式（B17-1）即可算出透镜的焦距.

（3）共轭法.

如图 B17-3 所示，设物和像屏间的距离为 L（要求 $L>4f$），并保持不变，移动透镜，当它在 O_1 处时，屏上将出现一个清晰的放大像（设此时物距为 u，像距为 v）；当它在 O_2 处时，屏上又将出现一个清晰的缩小像（设 O_1O_2 之间的距离为 e）.

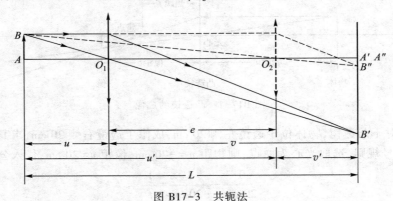

图 B17-3　共轭法

根据公式（B17-1），在 O_1 处有

$$\frac{1}{L-u}-\frac{1}{u}=\frac{1}{f} \tag{B17-4}$$

在 O_2 处有

$$\frac{1}{v-e}-\frac{1}{u+e}=\frac{1}{f} \tag{B17-5}$$

因式（B17-4）和式（B17-5）等号右边相等，而 $v=L-u$，解得

$$u=\frac{L-e}{2} \tag{B17-6}$$

将式(B17-6)代入式(B17-5),得

$$\frac{2}{L-e} - \frac{2}{L+e} = \frac{1}{f} \qquad (B17-7)$$

即

$$f = \frac{L^2 - e^2}{4L} \qquad (B17-8)$$

这个方法的优点是,把对焦距的测量归结为对可以精确测量的 L 和 e 的测量,避免了在测量 u 和 v 时,由于估计透镜光心位置不准所带来的误差(因为在一般情况下,透镜的光心与它们的对称中心并不重合).

3. 凹透镜焦距的测量

凹透镜焦距通常采用物距像距法测量. 如图 B17-4 所示,从物点 A 发出的光线经过凸透镜 L_1 后会聚于 B. 若在凸透镜 L_1 和像点 B 之间插入一个焦距为 f 的凹透镜 L_2,则由于凹透镜的发散作用,光线的实际会聚点将移到 B' 点. 令 $O_2B = u$,$O_2B' = v$,按照符号规则,u 和 v 均为正值,由公式(B17-1)可以求得焦距 f,焦距为负值,透镜为发散透镜.

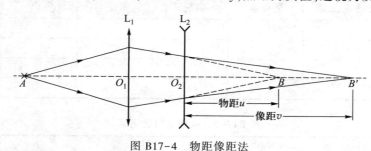

图 B17-4　物距像距法

[实验内容]

1. 凸透镜焦距的测量

(1) 自准法.

将被光源照亮的物、凸透镜和平面镜依次放在光具座的支架上(平面镜要尽量靠近凸透镜),然后移动凸透镜,即改变凸透镜到物的距离,直至物下方的观察屏上出现清晰的倒立实像为止. 测出此时光源到透镜中心的距离,即透镜的焦距. 重复测量 3 次取平均值.

(2) 物距像距法.

物体发出的光线经过凸透镜后将成像在透镜另一侧的屏上,测出物距和像距,利用式(B17-1)即可算出透镜的焦距. 分别成两次放大像和两次缩小像,求焦距的平均值.

(3) 共轭法.

保持物屏与像屏之间的距离 L 不变,且令 $L>4f$,移动透镜,可以在像屏上观察到二次成像:一次成放大的倒立实像,一次成缩小的倒立实像. 分别记录成放大实像和缩小实像时透镜所在位置 O_1、O_2,即可求 O_1、O_2 之间的距离 e,根据式(B17-8)可算出透镜的焦距.

2. 凹透镜焦距的测量

(1) 先用辅助凸透镜使物体成一个缩小的实像,以此实像作为凹透镜的虚物,记录此虚物的位置 B.

（2）在凸透镜与虚物之间放上凹透镜（每次略改变位置），后移像屏再次找到清晰的实像，记录位置 B'，凹透镜位置为 O_2。根据公式（B17-1）即可算出凹透镜的焦距。

[数据记录和处理]

1. 凸透镜焦距的测量

将数据记入表 B17-1 至表 B17-3。

表 B17-1　自准法数据记录　　　　　　　　　　　　单位：cm

次数	物位置	透镜位置	焦距 f	焦距平均值 $\bar{f}$
1				
2				
3				

表 B17-2　物距像距法数据记录　　　　　　　　　　单位：cm

物位置	透镜位置	屏位置	物距 u	像距 v	焦距 f	焦距平均值 $\bar{f}$

表 B17-3　共轭法数据记录　　　　　　　　　　　　单位：cm

次数	物屏距离 L	O_1	O_2	e	f	$\bar{f}$
1	物位置：					
2						
3	屏位置：					
4						
5	物屏距离：					
6						

对于间接测量量 f，可推导出相对标准不确定度传递公式：

$$\frac{u_c(f)}{\bar{f}} = \sqrt{\left[\frac{L^2+e^2}{L(L^2-e^2)}\right]^2 u_c^2(L) + \left(\frac{2e}{L^2-e^2}\right)^2 u_c^2(e)} \qquad （B17-9）$$

由于 L 是单次测量量，所以仅处理 B 类分量，即 $u_c(L)=u_B(L)$；e 是多次测量量，利用第一章学过的知识，先计算出 $u_A(e)$，则

$$u_c^2(e) = u_A^2(e) + u_B^2(e)$$

$u_c(L)=3$ mm，$u_B(e)=3$ mm，代入上式得 f 的相对标准不确定度 $\dfrac{u_c(f)}{\bar{f}}$，进而求得标准不确定度 $u_c(f)$。取包含因子 $k=2$，计算 f 的扩展不确定度 $U=2u_c(f)$，写出结果表达式：

$$f = \bar{f} \pm U（计量单位）；\quad k=2$$

2. 凹透镜焦距的测量

将数据记入表 B17-4.

表 B17-4　物距像距法数据记录　　　　　　　　　　　　　单位：cm

次数	O_2	B	B'	u	v	f	$\bar{f}$
1							
2							
3							

[注意事项]

1. 在测量前要检查光路是否共轴，若不共轴则需要先进行共轴调节.

2. 使用光学仪器时，不能用手、铅笔等物体触碰透镜表面，仪器要轻拿轻放，避免损坏.

3. 使用透镜时不要用手摸透镜的厚薄来判断透镜为凸透镜还是凹透镜，可以利用透镜的成像规律来判断.

4. 用自准法测量凸透镜焦距时，会观察到透镜在不同的 2 个位置时，观察屏上均可接收到倒立等大实像. 要注意区分哪个像与图 B17-2 相符，哪个是要测量的像，哪个是干扰像.

思考题

1. 试分析三种测量凸透镜焦距的方法. 哪种最好？为什么？

2. 在用共轭法测量凸透镜焦距的实验中，根据实际结果，直接测量量 L 和 e 哪个对最后结果影响最大？应如何改变 L 来减小测量不确定度？

3. 测量凹透镜焦距时，能否准确判断成像位置？如何改进才能提高测量的准确性？

4. 测量凸透镜的焦距时，可以测得多组 u、v 值，以 v/u（即像的放大率）作纵轴，以 v 作横轴，画出实验曲线. 试问这条实验曲线是什么形状？怎样由这条曲线求出凸透镜的焦距？

5. 除了以上方法，还有哪些方法可以用来测量透镜的焦距？请简要说明其测量原理.

6. 在自准法中出现的干扰像是由什么原因导致的？能否利用该现象进行拓展测量？

7. 当透镜的焦距在几毫米范围内时，如何测量透镜的焦距？

8. 如果光学成像系统不满足近轴条件，会对成像效果带来哪些影响？如何减小该影响？

[拓展阅读]

常见透镜的焦距

实验 B18　光的干涉——牛顿环和劈尖

1637 年,法国科学家笛卡儿提出了光的微粒说,并在其著作《屈光学》中,提出了光是机械微粒的观点,第一次给出了具有现代形式的光的折射定律.后来牛顿成为微粒说的代表人物,认为光是一种微粒流,微粒从光源中飞出来,在均匀介质内遵循力学定律做匀速直线运动.

1678 年,惠更斯在法国科学院的一次演讲中公开反对了牛顿的光的微粒说.他指出,如果光是微粒性的,那么两束光在相交时就会因发生碰撞而改变方向.可当时人们并没有发现这种现象,而且利用微粒说解释折射现象时,将得到与实际相矛盾的结果.因此,惠更斯在 1690 年出版的《光论》一书中正式提出了光的波动说,建立了著名的惠更斯原理.

牛顿的微粒说与惠更斯的波动说构成了关于光的两大基本理论,并由此产生了激烈的争论,科学家们就光是波动还是微粒这一问题展开了旷日持久的论战.整个 18 世纪,微粒说与波动说之间的争论一直持续,因牛顿在学术界的权威和盛名,微粒说一直占据着主导地位,波动说基本上处于停滞状态.直到 19 世纪初,英国科学家托马斯·杨进行了著名的双缝干涉实验,成功证实了光具有波动性的特点.

光的干涉为光的波动性提供了有力的实验证据.当两束具有平行振动分量、固定相位差的同频率光束在空间相遇时,就会产生干涉现象.利用透明薄膜(空气层)上下表面对入射光的依次反射,入射光将被分成振幅不同且有一定光程差的两部分,这是一种获得相干光的重要途径,由于两束反射光在相遇时的光程差取决于产生反射光的薄膜的厚度,同一级次的干涉条纹所对应的薄膜厚度相同,所以这种干涉称为等厚干涉.

牛顿环是等厚干涉的一种典型情况,牛顿在 1675 年制作天文望远镜时,偶然把一个望远镜的物镜放在平板玻璃上,他发现在两个镜片相交位置有彩色环状条纹产生,这就是牛顿环.牛顿环的产生可以很好地用光的干涉理论解释.

光的干涉广泛应用于科学研究、工业生产和检验技术中,如利用光的干涉进行薄膜厚度、微小角度、曲率半径等物理量的精密测量,检测工件表面的光洁度和平整度及机械零件的内力分布等.

本实验通过牛顿环和劈尖装置,利用光的干涉测量透镜的曲率半径和微小长度.

[实验目的]

1. 观察等厚干涉现象及其特点,加深对光的波动性的理解.
2. 学会用牛顿环测量透镜的曲率半径.
3. 掌握用劈尖测微小长度的方法.
4. 学会使用读数显微镜.

[实验仪器]

牛顿环,劈尖,读数显微镜,钠灯.

[实验原理]

1. 牛顿环

将一块曲率半径较大的平凸透镜的凸面置于平板玻璃上,在透镜的凸面和平板玻璃的上表面间就形成了一层空气薄膜,其厚度从中心接触点到边缘逐渐增加,当平行单色光垂直入射时,入射光将在此薄膜上下两表面依次反射,产生具有一定光程差的两束相干光,由图 B18-1 可知,该光程差为

$$\delta = 2e + \frac{\lambda}{2} \qquad (B18-1)$$

式中,e 为空气薄膜厚度,$\lambda/2$ 来自光在平板玻璃上表面反射时产生的半波损失. 在 e 相同处,光程差相同,因此形成以接触点为中心的一系列明暗交替的同心圆环——牛顿环. 设平凸透镜的曲率半径为 R,则 $R^2 = r^2 + (R-e)^2$,化简得到 $r^2 = 2eR - e^2$. 如果空气薄膜厚度 e 远小于平凸透镜的曲率半径,即 $e \ll R$,则可忽略 e^2,于是有

$$e = \frac{r^2}{2R} \qquad (B18-2)$$

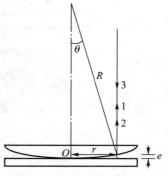

图 B18-1 牛顿环光路示意图
1—反射光 1;2—反射光 2;3—入射光

将式(B18-2)代入式(B18-1),得 $\delta = \frac{r^2}{R} + \frac{\lambda}{2}$,由干涉条件可知,当 $\delta = \frac{r^2}{R} + \frac{\lambda}{2} = (2k+1)\frac{\lambda}{2}$ 时,干涉条纹为暗条纹,于是得第 k 级暗环半径为

$$r_k^2 = kR\lambda, \quad k = 0, 1, 2, \cdots \qquad (B18-3)$$

如果已知入射光的波长为 λ,并测得第 k 级暗环的半径 r_k,则可由式(B18-3)计算出平凸透镜的曲率半径 R.

观察牛顿环时会发现,牛顿环中心是一个边缘不甚清晰的暗圆斑. 其原因可能是透镜和平板玻璃接触时,存在的接触压力引起形变,或因接触面有灰尘导致圆环中心有形变. 这将导致很难测准干涉中心圆环的半径,因此改测第 k 级干涉圆环直径 D_k,以便消除其影响.

由式(B18-3)得

$$D_k^2 = 4kR\lambda \qquad (B18-4)$$

考虑 k 值不易确定,采用相减法消去 k,即 $D_{k+1}^2 - D_k^2 = 4(k+1)R\lambda - 4kR\lambda = 4R\lambda$,又考虑到测量两相邻暗环直径时,误差较大,故改测两不相邻暗环直径 $D_m^2 - D_n^2 = 4(m-n)R\lambda$,式中,$D_m$、$D_n$ 分别为第 m 级暗环和第 n 级暗环的直径. 因此,透镜的曲率半径为

$$R = \frac{D_m^2 - D_n^2}{4(m-n)\lambda} \qquad (B18-5)$$

2. 劈尖

如图 B18-2 所示,将两块平板玻璃叠在一起,在一端插入薄片(或细丝),则在两玻璃板间形成一个空气劈尖,当用单色光垂直照射时,劈尖上下两表面反射的两束光发生干涉. 其光程差由式(B18-1)表示,即 $\delta = 2e + \frac{\lambda}{2}$,产生的干涉条纹是一系列与两平板玻璃

交接线平行且间隔相等的平行条纹,如图 B18-2 所示. 显然,当 $\delta=2e+\dfrac{\lambda}{2}=(2k+1)\dfrac{\lambda}{2}$, $k=0,1,2,\cdots$时,为干涉暗条纹.

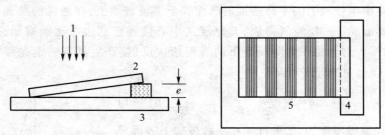

图 B18-2　劈尖干涉示意图

1—入射光 1;2—上玻璃片;3—下玻璃片;4—薄片;5—干涉条纹

与 k 级暗条纹对应的薄膜厚度为

$$e=k\frac{\lambda}{2} \tag{B18-6}$$

由于平板玻璃相接处为 0 级暗条纹,所以 $k=\dfrac{L}{\Delta x}$(L 为条纹区域横向宽度). 代入式(B18-6)可得到厚度 e:

$$e=k\frac{\lambda}{2}=\frac{L\lambda}{2\Delta x} \tag{B18-7}$$

利用式(B18-7)即可求出薄片厚度或细丝直径等微小量.

[实验内容]

实验装置如图 B18-3 所示,由于干涉条纹间隔很小,所以精确测量需要用读数显微镜. 读数显微镜的使用方法及注意事项参见第二章.

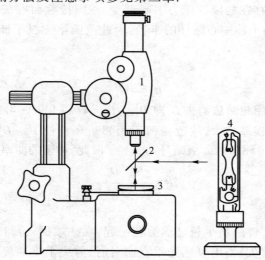

图 B18-3　测量牛顿环的装置

1—读数显微镜;2—反光玻璃片;3—牛顿环装置;4—钠灯

1. 用牛顿环测平凸透镜的曲率半径

（1）调节测量装置.

① 打开钠灯，预热 5 min.

② 调节牛顿环装置使牛顿环大致处于装置的中心位置. 具体做法是：用白炽灯作为光源，利用光的反射原理，移动牛顿环装置，从装置上能看到一斑点（仔细观察能看到干涉条纹），调节装置上的三个调节螺丝（不可过紧或过松），使斑点移至中心位置，并使斑点尽量小些.

③ 将牛顿环装置放在读数显微镜的物镜下面.

④ 调节牛顿环装置上方反光玻璃片的反光角度，使显微镜视野中亮度最大. （注意：反光玻璃片的大致角度应如图 B18-3 所示，即钠灯发出的光照射反光玻璃片后向下反射照亮牛顿环装置，而不应该将光直接反射入显微镜镜筒，否则虽然在显微镜中观察到了最亮的视野，但是并不能观察到牛顿环的干涉图样.）

⑤ 因反射光干涉条纹产生在空气薄膜上表面，故显微镜应对上表面调焦，方能找到清晰的干涉图样.

⑥ 调焦时，显微镜镜筒应自下而上缓慢上升，直到看清干涉条纹为止. 如果观察到的只是细细的干涉条纹，那么需左右移动牛顿环装置，使牛顿环中心出现在视野内.

⑦ 定性观察条纹的分布特征. 例如，各级条纹的粗细是否一致，条纹间距有无变化，牛顿环中心是亮斑还是暗斑？分别做出解释.

（2）测量牛顿环的直径.

① 转动读数显微镜的测微鼓轮，熟悉其读数方法；调整目镜，使十字叉丝清晰，并使其水平线与主尺平行. （判断的方法是：转动读数显微镜的测微鼓轮，观察目镜中的十字叉丝竖线与牛顿环的切点连线是否始终与移动方向平行.）

② 为了避免测微鼓轮的回程（空转）误差，在整个测量过程中，测微鼓轮只能向一个方向旋转. 为此，应从 0 级暗环起，将十字叉丝竖线向左（或右）移动，并准确数到第 26 级暗环. 然后再回到第 24 级暗环，并开始记数（见图 B18-4）. 此后所有读数过程只能向同一方向旋转测微鼓轮，否则需要重新记录数据.

③ 应尽量使十字叉丝的竖线对准暗环中央后再读数.

④ 测量时，每隔一个暗环记录一次数据.

⑤ 由于计算 R 时只需要知道环数差 $m-n$，因此以哪一暗环作为第一环均可，但对任一暗环，其直径必须是对应的两切点坐标之差.

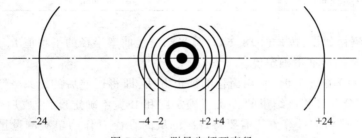

图 B18-4　测量牛顿环直径

2. 用劈尖干涉法测微小长度

(1) 将被测薄片夹在两平板玻璃之间,然后置于显微镜载物台上. 同调节牛顿环干涉条纹步骤一样,调节反光玻璃片,使显微镜视场中亮度最大. 再对空气劈尖上表面调焦并调整两平板玻璃的相对位置,即可观察到间距相等的直条纹,该条纹应平行于两平板玻璃的交线. (为获得清晰的平行于交线的干涉条纹,需反复按压平板玻璃,使其接触紧密.)

(2) 测量条纹间距. 转动读数显微镜的测微鼓轮,使十字叉丝对准某暗条纹中央位置,记下坐标 x_0,然后按同一方向继续转动测微鼓轮,并记录移过的条纹数,到第 10 个条纹时记下坐标 x,由此可以计算出条纹间距 $\Delta x = |x-x_0|/10$. 为了减小随机误差,重复测量 7 组数据,测量时应注意避免回程误差.

(3) 测量薄片到交线的距离 L. 转动读数显微镜的测微鼓轮,从看清交线起,到可看清薄片(即能够观察到干涉条纹的整个区域),必要时可转动一下调焦手轮,使两侧都清楚. 仿照步骤(2)测量出薄片边缘到交线的距离 L.

(4) 由式(B18-7)计算薄片厚度 e.

[数据记录和处理]

1. 用牛顿环测平凸透镜的曲率半径
将数据记入表 B18-1.

表 B18-1 平凸透镜曲率半径测量记录

环的级数	m	24	22	20	18	16
环的位置/mm	右					
	左					
环的直径/mm	D_m					
环的级数	n	14	12	10	8	6
环的位置/mm	右					
	左					
环的直径/mm	D_n					
$y_i(=D_m^2-D_n^2)/\text{mm}^2$						
$\overline{y}(=\overline{D_m^2-D_n^2})/\text{mm}^2$				$\overline{R}/\text{mm}$		

(1) 根据测得数据,按式(B18-5)计算平凸透镜曲率半径的平均值 $\overline{R}$.

(2) 计算 R 的标准不确定度.

在计算 R 的不确定度时,采用简化的评定方法,即将逐差后的结果 y_i 近似看成等精度测量的结果,分别计算该结果的 A 类不确定度和 B 类不确定度,合成后可以得到 R 的标准不确定度. 严格的计算方法需要将每次测量的直径 D 作为单次测量量,并分别评估对每一级条纹测量的 B 类不确定度,然后根据误差传递公式给出 R 的标准不确定度,该计算相对复杂,在此不做要求,但是鼓励读者自行推导并评价简化方法与严格计算方法的结果的差别.

根据式(B18-5),R 的测量不确定度主要来源于直径测量的不确定度和波长测量的不确定度. 根据不确定度传递公式,有

$$\frac{u_c(R)}{\overline{R}} = \sqrt{\left[\frac{u_c(y)}{\overline{y}}\right]^2 + \left[\frac{u_c(\lambda)}{\overline{\lambda}}\right]^2}$$

式中,$u_c(y) = \sqrt{u_A^2(y) + u_B^2(y)}$,$u_A(y) = \sqrt{\dfrac{\sum(\overline{y}-y_i)^2}{n(n-1)}}$,$u_B(y) = 0.070\ 7\ \text{mm}^2$,$n=5$,$u_c(\lambda) = 0.3\ \text{nm}$,$\overline{\lambda} = 589.3\ \text{nm}$.

说明:在给定 $u_B(y)$ 时,按不确定度传递公式对仪器测量的 B 类不确定度做了传递并用 $\overline{D}$ 代入进行计算. 但是这样的计算方式可能对不确定度做了重复累加,导致不确定度偏大. 实验中使用的钠黄光的光谱主要是由两条谱线 589.0 nm 和 589.6 nm 构成的,因此当取波长平均值为 589.3 nm 时,极限误差为 0.3 nm,取波长的极限误差为不确定度,其与波长的平均值之比为 0.051%,计算时需要注意比较该值与 y 的相对不确定度之间的量级差别,若 y 的相对不确定度比该值大一个数量级,则该值可以忽略不计.

(3)计算 R 的扩展不确定度. 取包含因子 $k=2$(注意:此处 k 的意义不是条纹级次),计算 R 的扩展不确定度 $U = 2u_c(R)$.

(4)写出结果表达式:$R = \overline{R} \pm U$(计量单位);$k=2$.

2. 用劈尖干涉法测微小厚度

将数据记入表 B18-2.

表 B18-2　薄片厚度测量记录　　　　　　单位:mm

次数	x_0	x	$\Delta x = \mid x - x_0 \mid /10$	$\overline{\Delta x}$	L
1					
2					
3					
4					
5					
6					
7					

(1)计算薄片厚度的平均值.

$$\overline{e} = \frac{L\lambda}{2\overline{\Delta x}} \quad (\lambda = 589.3\ \text{nm})$$

(2)薄片厚度 e 的标准不确定度:

$$\frac{u_c(e)}{\overline{e}} = \sqrt{\left[\frac{u_c(L)}{L}\right]^2 + \left[\frac{u_c(\Delta x)}{\overline{\Delta x}}\right]^2}$$

其中, $u_A(\Delta x) = \sqrt{\dfrac{\sum\limits_{i=1}^{7}(\overline{\Delta x}-\Delta x_i)^2}{n(n-1)}}$, $n=7$, $u_B(\Delta x) = 0.004$ mm (综合考虑读数显微镜的最大允许误差、显微镜十字叉丝与条纹中心对齐的误差以及测量的条纹个数等因素后给出的综合评定值), Δx 的标准不确定度 $u_c(\Delta x) = \sqrt{u_A^2(\Delta x)+u_B^2(\Delta x)}$, $u_c(L) = u_B(L) = 0.04$ mm, $u_c(e) = \bar{e} \cdot \dfrac{u_c(e)}{\bar{e}}$.

（3）求出 e 的扩展不确定度 U.

取包含因子 $k=2$, 计算 e 的扩展不确定度 $U=2u_c(e)$.

（4）写出结果表达式：

$$e = \bar{e} \pm U(\text{计量单位}); \quad k=2$$

> **思考题**
>
> 1. 透射光牛顿环是如何形成的？如何观察它？画出光路示意图.
>
> 2. 在牛顿环实验中, 假如平板玻璃上有微小凸起, 则凸起处空气薄膜厚度减小, 导致等厚干涉条纹发生畸变, 试问这时的牛顿环（暗纹）将局部内凹还是局部外凸？为什么？
>
> 3. 用白光照射时能否看到牛顿环和劈尖干涉条纹？此时的条纹有何特征？

实验 B19　迈克耳孙干涉仪

19 世纪的物理学家们普遍认为光作为一种波动也像机械波一样在介质中传播,而光可以在真空中传播的现象是当时的物理理论无法解释的. 因此,人们认为真空中充满了光的传播介质——"以太". 但是以传统的观点来定义的以太具有一些比较"奇特"的性质. 首先,以太必须是无质量的,与除了光之外的物质没有任何可观测的相互作用,否则它会明显影响物质的运动规律;其次,光波的振动频率是非常高的(10^{14} Hz 以上),因此要传播这样的波动,按照经典理论其刚性要远高于钢铁. 虽然以太的特性存在如此大的矛盾,但是当时的科学理论仍然对其存在性深信不疑.

1881 年,美国物理学家迈克耳孙设计并制作了一台构思巧妙的干涉仪器来测量地球的公转和自转导致的在以太中不同方向的光速差异,他的初步实验结果显示光在以太中运动不会产生速度差异. 但是波蒂埃以及洛伦兹指出,其最初使用的仪器产生的误差很大,不足以验证由于以太理论导致的干涉条纹移动. 1885 年开始,迈克耳孙与化学家莫雷合作,共同设计并制造了更加精密的仪器用于检测条纹的漂移. 1887 年,在新建的干涉仪上,他们利用白光的零级干涉条纹(由于其产生条件苛刻,特征明显,所以很容易观测到条纹的变化)来观测条纹的移动. 他们没有观察到因为以太的存在和地球的自转和公转产生的光在不同传播方向上的差异,从而否定了以太理论. 其他科学家进一步对该实验进行完善,都没有获得以太存在的结果. 该实验因此成为历史上最著名的"失败"实验. 但是该实验引发了人们对以太这一概念的重新思考,进而为洛伦兹变换和狭义相对论的产生奠定了实验基础.

迈克耳孙设计的精密光学干涉仪,对光谱学和近代物理学是一项巨大的贡献. 迈克耳孙在 1907 年由于其发明的"光学精密仪器以及在它们的帮助下进行的光谱和计量研究"而获得诺贝尔物理学奖. 迈克耳孙干涉仪对计量技术也有着重要的影响,它不但可以用来测量微小长度、折射率和光波波长等,而且在光谱线精细结构的研究和用光波标定标准米尺等实验中也都有着重要的应用. 现代的一些干涉仪如激光比长仪、傅里叶变换光谱仪也是在此基础上发展的,它们被广泛应用在物理学、化学、生物学和医学等领域.

[实验目的]

1. 了解迈克耳孙干涉仪的结构、原理及调节方法.
2. 观察等倾干涉图样,用激光校准干涉仪的精密丝杠.
3. 观察白光干涉图样,利用白光干涉测定透明薄膜的厚度.
4. 用迈克耳孙干涉仪测钠光双黄线的波长差.

[实验仪器]

迈克耳孙干涉仪,氦氖激光器,钠灯,白炽灯,扩束镜,毛玻璃板.

[实验原理]

1. 迈克耳孙干涉仪的结构

图 B19-1 是迈克耳孙干涉仪光路图. 从激光光源发出的光线可以近似看成平行光,

平行光经由小焦距凸透镜后会聚于 S 点后发散,等效于由点光源 S 发出的光. 光线射至分束板 G_1,G_1 是前后表面严格平行的玻璃板,后表面镀有半反射膜. 光经半反射膜被分成透射和反射两束. 透射和反射光束分别经过相互垂直的两个平面反射镜 M_2 和 M_1,反射后再经 G_1 分别反射和透射后在屏 E 处相遇,在满足相干条件时可以形成干涉条纹. G_2 是补偿板,它的材料和厚度与 G_1 完全相同,其作用是补偿光束 1 在玻璃板内多经过的光程,使光束 1 和光束 2 经过的光学物质完全相同,从而可以使白光照射时,不同波长的光在玻璃板内的色散被补偿,达到观察零级条纹的目的.

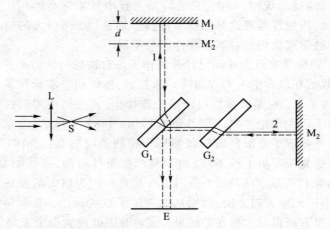

图 B19-1　迈克耳孙干涉仪光路图

图 B19-2 是迈克耳孙干涉仪结构图. G_2、G_1 和 M_2 处于同一镜架上并与仪器固定在一起. M_1 装在拖板上,拖板由精密丝杠带动沿导轨前后移动. 转动粗调手轮和微调鼓轮都可使丝杠转动. M_1 的位置由三个尺读出. 主尺每格 1 mm,在导轨上,其数值由拖板上的标示线指示. 毫米以下读数由两套测微螺旋读出,第一套在丝杠的一端,丝杠螺距是

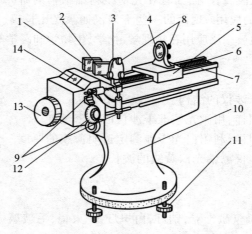

图 B19-2　迈克耳孙干涉仪结构图

1—分光板 G_1;2—补偿板 G_2;3—固定反射镜 M_2;4—可动反射镜 M_1;
5—拖板;6—精密丝杠;7—导轨;8—反射镜调节螺丝;9—固定反射镜的水平和垂直微调拉簧螺丝;
10—底座;11—底座水平调节螺丝;12—微调鼓轮;13—粗调手轮;14—读数窗

1 mm,刻度盘上有 100 格,每转过一格 M_1 移动 0.01 mm;第二套在微调鼓轮上,其圆周上也分 100 格,每转一周 M_1 移动 0.01 mm,故微调鼓轮每转一格,M_1 移动 10^{-4} mm. 因此,仪器最小分度值为 10^{-4} mm,读数时应对测微鼓轮刻度再估读一位.

反射镜 M_1 和 M_2 的倾角调节:粗调时调其背面的三个螺丝,细调只能对 M_2 进行,用其镜架下的两个拉簧螺丝调节. 反射镜 M_1 背面的螺丝实验室已调好,一般不宜再调.

2. 产生干涉的等效光路

如图 B19-1 所示,移除观察屏,观察者自 E 向反射镜 M_1 看去,除看到 M_1 外还能看到 M_2 经 G_1 镀膜面反射的像 M_2'. 这样,两束光好像是同一束光分别经 M_1 和 M_2' 反射而来的. 干涉现象可以等效地看成光源在 M_1 和 M_2' 两个反射镜中的虚光源 S_1' 和 S_2' 发出的光相互干涉的结果. S' 是等效光源,如图 B19-3 所示. 设 M_1 和 M_2' 之间的距离为 d,则 $S_1'S_2' = 2d$. 当倾角为 θ 时,由 S_1' 和 S_2' 发出的相干光的光程差为 $\Delta = n_0 \cdot 2d\cos\theta \approx 2d\cos\theta$(空气折射率 $n_0 \approx 1$).

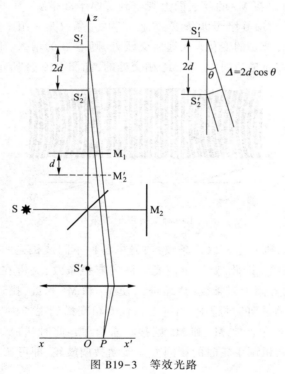

图 B19-3　等效光路

3. 单色点光源产生的干涉

如图 B19-3 所示,在远离 S_1' 和 S_2' 的观察屏 xx' 上,光程差为 $\Delta = k\lambda$(k 为整数)的各点,两束光相干加强成为亮条纹,$\Delta = \left(k + \dfrac{1}{2}\right)\lambda$ 各点为暗条纹. 在 S_1' 和 S_2' 连线上的 O 点,两束光的光程差最大,$\Delta = 2d$. 随着 OP 的增加,光程差减小,且 θ 相同处光程差相同. 因此,屏上的干涉条纹是环绕 O 点的同心圆环. 越靠近环心 O,条纹的级次越高(即 k 越大). 由于这种干涉条纹是从虚光源发出的倾角相同的光线干涉的结果,所以称之为等倾干涉条纹. 产生明暗条纹的条件为

$$2d\cos\theta = \begin{cases} k\lambda & (\text{明条纹}) \\ \left(k+\dfrac{1}{2}\right)\lambda & (\text{暗条纹}) \end{cases} \quad k=0,\pm1,\pm2,\cdots$$

可见,当 d 增加时,第 k 级干涉条纹的倾角 θ 必然增大,在屏上将看到条纹沿半径向外移动,即条纹从圆心向外"涌出",反之则"缩进". 每当 d 改变 $\Delta d=\dfrac{\lambda}{2}$ 时,就从圆心"涌出"或"缩进"一个条纹.

4. 等厚干涉、白光干涉

当光源为面光源,M_1 和 M_2' 之间不严格平行,而有一个很小的角度时,M_1 和 M_2' 之间形成空气劈尖,用肉眼将观察到等厚干涉条纹. 空气劈尖上厚度相同的各点具有相同的光程差,这些等厚点的连线平行于 M_1 和 M_2' 的交线,所以等厚干涉条纹是一些平行于 M_1 和 M_2' 交线的直线. 如果改用扩展光源照射分束板,那么经过 M_1 位置的调节,由接收屏处直接向 M_1 望去,可以在 M_1 的反射面上观察到等厚干涉条纹.

M_1 和 M_2' 交线处对应 0 级干涉条纹,光程差为零,条纹是一组平行直条纹. 在交线附近 d 很小,光程差取决于 d 的变化. 在远离交线处,随着 d 的增大,干涉条纹逐渐发生弯曲,并且条纹的弯曲方向是凸向 M_1 和 M_2' 相交处的,如图 B19-4 所示.

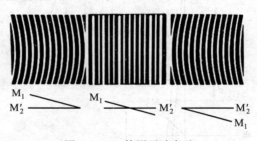

图 B19-4 等厚干涉条纹

若用白光作光源,则对于高级次条纹,白光中各种不同波长光的干涉条纹互相重叠,不再出现彩色干涉条纹. 因此,要调出白光干涉的彩色条纹,关键在于寻找低级次条纹. 可以借助氦氖激光的等倾干涉条纹的"缩进",使 M_1 和 M_2' 趋近,找到 $d\to0$ 的位置. 在转动粗调手轮使条纹"缩进"的过程中,当屏上条纹变粗变稀到视场中只有一条或不到一条条纹,且条纹边缘已不清晰时,M_1 和 M_2' 就接近重合了. 此时让白炽灯通过毛玻璃板照射分光板,沿上述转动粗调手轮时的相同方向转动微调鼓轮,即可调出彩色条纹.

[实验内容]

1. 用激光调节迈克耳孙干涉仪,校准精密丝杠
(1) 转动粗调手轮,使 M_1 和 M_2 到分光板的距离大致相等.
(2) 调节 M_2 背面的螺丝,使每个螺丝的位置适中(即可进可退). 调节 M_2 的拉簧螺丝,使它们也处于适中位置.
(3) 使激光束以水平方向射向 M_2 中部,激光返回光点在激光器出射口附近,反射光线和透射光线在 M_1 和 M_2 中部.
(4) 调节 M_2 背面的螺丝,使在 M_1 中观察到的两排光点中的两个较亮的光点重合,

并在重合光点内看到干涉条纹(有暗线).

(5) 将屏 E 立起,观察屏上出现的干涉条纹.若干涉条纹的圆心在视场之外,则可轻微调节 M_2 背面的螺丝,使条纹变宽,环心向视场趋近.当环心已接近视场中央时,可进一步调节 M_2 的拉簧螺丝,使条纹变成完整的圆环,环心在视场中央.

(6) 缓慢转动粗调手轮,使 M_1 从 M_2' 外部到 M_2' 内部,观察干涉条纹的变化规律,并练习正确读取 M_1 的位置坐标.

(7) 沿同方向转动微调鼓轮,使条纹开始"缩进"或"涌出".读取此时 M_1 的位置,将其作为初始位置,每变化 50 条读一次 M_1 的位置,共记录 8 组数据.

2. 利用白光干涉的彩色条纹测定透明薄膜的厚度

(1) 在前面实验(校准精密丝杠)的基础上,保证 M_1 在 M_2' 的外部,逆时针转动粗调手轮,干涉条纹"缩进",即让 M_1 从远处向 M_2' 靠近,直到条纹变宽变稀,视场内仅能容纳一条甚至不是一条完整的环为止,此时记住 M_1 大概的位置.为使仪器达到此状态,可同时配合调节 M_2 背面的螺丝和拉簧螺丝.

(2) 用白炽灯透过毛玻璃板照射分光板,继续缓缓逆时针转动微调鼓轮,就可在 M_1 反射面上观察到白光干涉的彩色条纹.仔细地把彩色条纹中部的黑色或暗紫色条纹调到叉丝交点处,读取 M_1 的位置 x_1.

在 M_1 前平行地放入透明薄膜.此时经 M_1 反射的光路光程增加了 $\Delta = 2s(n-n_0)$ (s 为薄膜厚度,n 为薄膜的折射率),彩色条纹消失.必须继续沿原方向转动微调鼓轮,再次出现彩色条纹,同样把中部的黑色或暗紫色条纹调到叉丝交点处,读取这时的 M_1 位置 x_2.测量过程中要防止产生回程误差.

放入薄膜后,再次出现彩色条纹时 M_1 移动的距离为 $\Delta d = |x_1 - x_2|$,相应的光程减少了 $\Delta' = 2n_0\Delta d$,减少的光程刚好等于因薄膜放入而增加的光程,即

$$2n_0\Delta d = 2s(n-n_0)$$

故薄膜的厚度为

$$s = \Delta d\left(\frac{n}{n_0}-1\right)^{-1} \tag{B19-1}$$

(3) 为重复测量 s,取下薄膜,顺时针转动微调鼓轮,在转动过程中,要观察 M_1 的反射面,出现彩色条纹后再稍调过一点,再逆时针转动微调鼓轮即可重复上面步骤,再测 x_1 和 x_2,共测 6 组.注意:代入式(B19-1)中的 Δd 是经过修正后的量值.

3. 测量钠光双黄线的波长差

设钠光两条光谱线的波长分别为 λ_1 和 λ_2,移动 M_1,当两列光波的光程差恰为 λ_1 的整数倍,而同时又为 $\frac{\lambda_2}{2}$ 的奇数倍,即

$$k_1\lambda_1 = \left(k_2+\frac{1}{2}\right)\lambda_2 \tag{B19-2}$$

时,λ_1 光波生成亮环的地方,恰好是 λ_2 光波生成暗环的地方.若两列光波的强度相等,则在此处干涉条纹的可见度为零(条纹消失).干涉场中相邻两次可见度为零时,光程差的变化量应为

$$2\Delta d = k\lambda_1 = (k+1)\lambda_2 \quad (k\text{ 为一较大的整数}) \tag{B19-3}$$

由此得

$$\Delta\lambda = \lambda_1 - \lambda_2 = \frac{\lambda_1\lambda_2}{2\Delta d} \qquad (B19-4)$$

设 $\overline{\lambda}$ 为 λ_1、λ_2 的平均波长,因为 λ_1 与 λ_2 的值很接近,所以近似有 $\sqrt{\lambda_1\lambda_2} \approx \overline{\lambda}$. 则上式可写为

$$\Delta\lambda = \frac{\overline{\lambda}^2}{2\Delta d} \qquad (B19-5)$$

对于视场中心来说,如果测出相继两次可见度最小时,M_1 移动的距离 Δd,就可以由式(B19-5)求得钠光双黄线的波长差.

[数据记录和处理]

1. 校准精密丝杠

将数据记入表 B19-1.

表 B19-1 条纹变化数与其对应坐标值记录表

条纹变化数	0	50	100	150
M_1 位置 x_i/mm				
条纹变化数	200	250	300	350
M_1 位置 x_i/mm				

以激光波长为准,计算条纹变化 50 条时 M_1 移动的理论长度 d. 由测量的 M_1 的 8 个位置,用逐差法求出条纹变化 50 条时 M_1 移动的实际长度 d'.

条纹变化 50 条时 M_1 移动的理论长度为

$$d = 50 \cdot \frac{\lambda}{2}$$

条纹变化 50 条时 M_1 移动的实际长度为

$$d' = \frac{(x_4 - x_0) + (x_5 - x_1) + (x_6 - x_2) + (x_7 - x_3)}{4 \times 4}$$

这样,由于丝杠加工缺陷所引起的读数相对误差为

$$E_d = \frac{d' - d}{d}$$

当进行长度测量时,应对测量值进行修正,修正后的长度值应为

$$L = L' + E_d L'$$

式中,L' 为仪器测量的长度. E_d 应该有正负之分,为了较准确地修正,E_d 不应只保留一位有效数字,保留位数由 $d' - d$ 的位数决定.

2. 测定透明薄膜的厚度

将数据记入表 B19-2.

表 B19-2　薄膜厚度测量记录

次数	M_1 位置/mm		$\Delta d_i (= \lvert x_1 - x_2 \rvert)$/mm	平均值 $\overline{\Delta d}$/mm	修正后 $\Delta d (= \overline{\Delta d} + E_d \overline{\Delta d})$/mm
	x_1	x_2			
1					
2					
3					
4					
5					
6					

（1）将修正后的 Δd 代入式（B19-1），得薄膜厚度 s，式中，$n_0 = 1.000$，$n = 1.461$.

（2）厚度 s 的不确定度.

Δd 的 A 类标准不确定度为

$$u_A(\Delta d) = \sqrt{\dfrac{\sum\limits_{i=1}^{n} (\overline{\Delta d} - \Delta d_i)^2}{n(n-1)}}$$

式中 $n=6$. 微调鼓轮的估读误差和黑色条纹的对准误差引起的不确定度应含在 $u_A(\Delta d)$ 内. 仪器误差中的丝杠与螺母的螺距误差已得到修正. 仪器误差中的其他因素引起的不确定度，即 Δd 的 B 类标准不确定度，估计为 $u_B(\Delta d) = 2 \times 10^{-4}$ mm. Δd 的标准不确定度为

$$u_c(\Delta d) = \sqrt{u_A^2(\Delta d) + u_B^2(\Delta d)}$$

忽略 n_0 和 n 的误差，厚度 s 的标准不确定度为

$$u_c(s) = \left(\dfrac{n}{n_0} - 1 \right)^{-1} u_c(\Delta d)$$

取包含因子 $k=2$，s 的扩展不确定度为

$$U = 2u_c(s)$$

写出 s 的结果表达式：

$$s = \bar{s} \pm U (计量单位); \quad k = 2$$

3. 测量钠光双黄线波长差

将数据记入表 B19-3.

表 B19-3　钠光双黄线波长差测量记录　　　　单位:mm

	x_1	x_2	x_3	x_4
可见度最低时 M_1 位置				
	x_5	x_6	x_7	x_8
可见度最低时 M_1 位置				

用逐差法计算 Δd：

$$\Delta d = \frac{(x_8 - x_4) + (x_7 - x_3) + (x_6 - x_2) + (x_5 - x_1)}{4 \times 4}$$

然后根据式(B19-5),计算出 $\Delta \lambda$.

[注意事项]

1. 反射镜背面的螺丝不可旋得太紧,以防止镜面变形.

2. 光学元件的光学表面(尤其是镀膜面)不得玷污或触摸,拖板不得移动到精密丝杠端头,以防损伤精密丝杠.

3. 若两套测微螺旋的读数不配合(即微调鼓轮指零时,粗调手轮的测微螺旋没有刚好对齐某一刻线),则读数前必须调整零点. 先把微调鼓轮沿测量时要转动的方向转到零位,再沿同方向转动粗调手轮,使其测微螺旋对齐某一刻线.

📖 **思考题**

1. 本实验观察到的环形干涉条纹,从外观上看,与牛顿环有哪些相似之处?从产生的原因和由内向外级次的变化来看,二者有何不同?

2. 在 M_1 如图 B19-5 所示的移动过程中,条纹的疏密和运动情况有何变化?

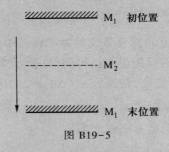

图 B19-5

3. 在白光照射下,M_1 在 G_1 和 M_2' 之间逐渐向 M_2' 移动的过程中,能否观察到彩色干涉条纹?可否用这种方法来测量薄膜厚度?为什么?

[拓展阅读]

引力波探测装置

实验 B20　分光计的调节和三棱镜折射率的测量

在公元 10 世纪,中国人把经日光照射以后能够产生彩色的天然透明晶体称为"五光石"或"放光石",并且认识到"就日照之,成五色如虹霓". 这是世界上对光的色散现象的最早认识,表明人们已经将光的色散现象从神秘中解读出来,知道它是一种自然现象,这是对光的认识的一大进步. 约七百年后,牛顿进行了著名的三棱镜分光实验,证明了白光是由多种颜色的光复合而成的. 通过这一实验,牛顿揭示了颜色的本质,并且为光的色散理论奠定了基础.

1814 年,夫琅禾费发明了分光计. 夫琅禾费在测试自制的镜片时发现橙色的火光照射在镜片上产生的色散光中存在一条明亮的线. 为了确定太阳光中是否存在和火光中相同的亮线,他利用分光计观察了太阳光谱. 与预想不同的是,他在太阳光谱中发现了 574 条暗线. 他进一步对其他明亮的恒星光谱做了研究,发现其他恒星的光谱中也有类似的暗线,但是其排布与太阳的稍有不同. 根据这些实验,他得出了这些暗线是与恒星的性质有关的结论,即光谱中携带了恒星的信息. 科学家们通过他的发现建立了恒星光谱学,恒星光谱学为人们研究恒星的成分提供了有力的工具. 为了纪念夫琅禾费,太阳光谱中的这些谱线被称为夫琅禾费线.

19 世纪中期,本生和基尔霍夫改进了分光计的结构,提高了测量精度. 他们通过实验发现不同的元素会吸收特定波长的光,这种吸收就像元素的指纹一样,对每种元素都是独特的. 他们进而确定了夫琅禾费线中的部分谱线是由钠元素引起的,并发现了铯和铷元素,解释了光谱中的发射线和吸收线的机理. 他们的工作开创了利用光学方法检验元素的先河,为后续物理和化学等多个领域提供了先进的研究手段.

分光计作为一种常用的光学仪器广泛应用于光学测量、光谱分析以及其他科学研究领域. 本实验在掌握分光计的结构以及调节方法的基础上,利用其进行三棱镜折射率的测量.

[实验目的]

1. 熟悉分光计的结构,并能把分光计调节到正常的工作状态.
2. 可以使用分光计准确测量角度.
3. 掌握测量三棱镜顶角及折射率的方法,测定三棱镜的折射率.

[实验仪器]

分光计,钠灯,三棱镜,双面平面镜等.

[实验原理]

图 B20-1 为单色光入射三棱镜的光路图,AB 与 AC 分别是三棱镜的两个光学表面(又称折射面),BC 为粗磨面(又称三棱镜的底面). 两光学表面的夹角称为三棱镜的顶角,记为 α. 一束平行的单色光 LD 经三棱镜两次折射后,沿 ER 方向射出. i_1 和 i_2 分别为光线在界面 AB 的入射角和折射角,i_3 和 i_4 分别为光线在界面 AC 的入射角和折射角. 入射光线 LD 和出射光线 ER 所成的角称为偏向角,记为 δ. 理论证明,如果入射光线和出射光线处于三棱镜的对称位置(即 $i_1 = i_4$),那么偏向角 δ 的值达到最小,这时的偏向角称为最小偏向角,用 $\delta_{\min}$ 表示.

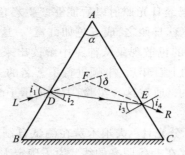

图 B20-1 单色光入射三棱镜光路图

由图 B20-1 中的几何关系可知

$$\delta = (i_1 - i_2) + (i_4 - i_3) \tag{B20-1}$$

当 $i_1 = i_4$ 时,由折射定律可知

$$i_2 = i_3 \tag{B20-2}$$

则此时有

$$\delta_{\min} = 2(i_1 - i_2) \tag{B20-3}$$

由图中几何关系又知

$$\alpha = i_2 + i_3 \tag{B20-4}$$

再由式(B20-2)可知

$$i_2 = \frac{\alpha}{2} \tag{B20-5}$$

由式(B20-3)和式(B20-5)可得

$$i_1 = \frac{\alpha + \delta_{\min}}{2} \tag{B20-6}$$

设空气的折射率为 $n_0 = 1$,三棱镜的折射率为 n,则根据折射定律可得

$$n_0 \sin i_1 = n \sin i_2 \tag{B20-7}$$

即

$$n = \frac{\sin i_1}{\sin i_2} = \frac{\sin \dfrac{\alpha + \delta_{\min}}{2}}{\sin \dfrac{\alpha}{2}} \tag{B20-8}$$

因此,只要测出三棱镜的顶角 α 和最小偏向角 $\delta_{\min}$,就可以求出三棱镜的折射率 n.

[实验内容]

1. 了解分光计的结构,学会分光计的调节和使用方法

(1) 分光计的结构.

分光计是用来准确测量角度的仪器,由平行光管、载物台、望远镜、游标盘及刻度盘、

三足底座等组成,分光计的结构如图 B20-2 所示.

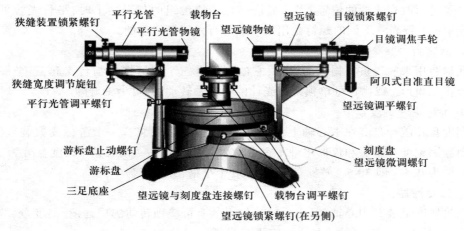

图 B20-2　分光计结构示意图

① 望远镜.

望远镜采用的是阿贝式自准直望远镜,其结构如图 B20-3 所示,由物镜和物镜圆筒(镜筒)、目镜、全反射棱镜、分划板、十字、光源等组成. 分划板下侧紧贴一块全反射棱镜(45°直角三棱镜),在棱镜的直角面上有一层不透光薄膜,刻有一个空心十字.

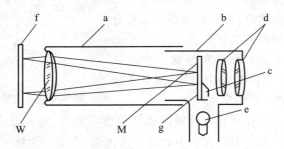

图 B20-3　阿贝式自准直望远镜结构示意图

a—物镜圆筒;b—套筒;c—全反射棱镜;d—目镜;e—光源;f—平面镜;g—十字;M—分划板;W—物镜

光源发出的光经棱镜的斜面反射照亮空心十字,空心十字即发光物体. 十字和分划板上的刻度线在同一平面上,调整镜筒,当分划板处于物的焦平面时,光源发出的光经过物镜后成为平行光射向平面镜. 当平面镜垂直于望远镜的光轴时,平行光会被反射,反射光再次通过望远镜物镜,仍会聚在焦平面内,形成亮十字像,如图 B20-4 所示. 此时可以看到分划板的上十字叉丝会出现一个绿色的十字像,与空心十字物的位置对称于光轴,分居于光轴的上下. (思考:为什么物与像对称时,光轴与平面镜垂直?)望远镜镜筒下面的螺钉是用来调节望远镜的倾斜度的,当望远镜调好后,可以固定不动.

② 平行光管.

平行光管的主要作用是产生平行光,在它的一端装有消色差的透镜组,另一端装有一个可伸缩的套

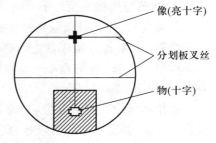

图 B20-4　望远镜观测到的物和像

筒,套筒的末端有一狭缝,通过调节旋钮可改变狭缝的宽度. 用光源把狭缝照亮,调整套筒的位置进而改变狭缝的位置,当狭缝恰好位于透镜组的焦平面上时,平行光管可产生平行光束. 平行光管下侧的螺钉是用来调节平行光管倾斜度的.

③ 载物台.

载物台用来放置被测物体的圆盘,它的下方有三个螺钉把载物台支起,三个螺钉形成一个正三角形. 载物台可单独绕分光计的中心轴转动,并可沿轴升降.

④ 游标盘及刻度盘.

刻度盘和游标盘套在中心轴上,在同一直径的两端各装有一个游标读数装置,这样可以消除因刻度盘中心和仪器主轴不重合所引起的误差——偏心差. 刻度盘分为360°,最小刻度为0.5°(即30′). 游标盘上刻有30个小格,分度值为1′.

⑤ 三足底座.

三足底座上装有中心轴(又称主轴),轴上装有可绕轴转动的望远镜、刻度盘、游标盘和载物台,其中一个底足的立柱上装有平行光管.

(2) 分光计的调节和使用方法.

要想准确测量角度,分光计必须满足以下条件:平行光管出射平行光,望远镜接收平行光;平行光管和望远镜的光轴必须平行于刻度盘且垂直于仪器主轴. 分光计的调节需要借助双面平面镜(这里简称平面镜).

将平面镜放置于载物台上,其位置如图B20-5所示. 平面镜正压一个螺钉,另外两个螺钉对称分布于平面镜两侧. 这样放置的好处是:在调节平面镜的仰俯时,只调节两个对称分布的螺钉中的任意一个即可,并且若平面镜放置倾斜,只调节正压螺钉,不会改变平面镜的仰俯角度.

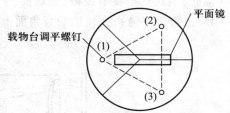

图 B20-5　平面镜在载物台上的位置

调节分粗调和细调. 任何仪器的粗调都是特别重要的,粗调好,实验就成功了一半,因此在进行粗调时要认真细致. 先调节载物台的水平,调节三个螺钉使载物台水平,平面镜才能竖直. 然后调节望远镜调平螺钉,通过目测判断其水平. 粗调完成后,可以进行细调.

分光计的细调一般分几步进行. 第一步,调节望远镜光轴与平面镜垂直. 第二步,调节平面镜与仪器主轴平行,这时望远镜的光轴就垂直于仪器主轴了. 第三步,调节平行光管的光轴与望远镜的光轴重合,这时平行光管和望远镜的光轴平行于刻度盘且垂直于仪器主轴.

① 调节望远镜光轴与平面镜垂直.

接通电源,照亮目镜分划板和物十字,调节望远镜的目镜调焦手轮,使分划板上的刻度线清晰. 然后松开游标盘止动螺钉,使游标盘能自由转动. 旋转游标盘使平面镜垂直于望远镜的光轴. 左右微小移动游标盘,在望远镜中寻找分划板上的十字物反射回来的自准像,如图B20-4所示.

在望远镜中找到自准像后,若不清晰,应松开目镜锁紧螺钉,前后移动目镜,对望远镜进行调焦,使亮十字成清晰像,此时绿十字像正好落在分划板刻度线的平面上. 当眼睛略做移动时,绿十字像与刻度线之间无相对位移即无视差,说明望远镜已聚焦于无穷远处,即平行光聚焦在分划板的平面上,然后锁紧目镜锁紧螺钉.调节望远镜调平螺钉,使像成在如图 B20-4 所示的位置,这时望远镜的光轴与平面镜垂直.

② 调节平面镜与仪器主轴平行.

使游标盘连同载物台一起转动 180°(利用游标盘上的刻度准确转过 180°),如果平面镜和仪器主轴平行,那么转动 180° 后仍能找到自准像,且成像在同一位置.如果转动 180° 后找不到自准像或自准像不在同一位置,那么说明平面镜与仪器主轴不平行.

当能够观察到自准像,但是自准像不在同一位置时,采用各半调节法.各半调节法是设十字像位置与上十字叉丝交点的位置之间距离为 h,如图 B20-6 所示,调节平面镜两侧对称分布的螺钉中的任意一个,使绿色十字像靠近十字叉丝交点至 $h/2$,再调节望远镜调平螺钉使绿色十字像与上十字叉丝交点重合.再使游标盘连同载物台一起转动 180°,观察平面镜的另一面反射得到的自准像,如果绿色十字像与上十字叉丝交点不重合,那么继续使用各半调节法,直到平面镜两面反射得到的绿色十字像都和上十字叉丝交点重合,即两面反射得到的像在同一点,此时可判断平面镜与仪器主轴平行.因为前面已经调节望远镜的光轴与平面镜垂直,所以这时望远镜的光轴垂直于仪器主轴.

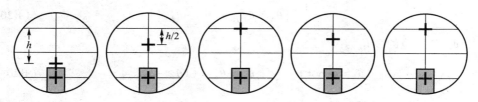

图 B20-6　各半调节法示意图

如果平面镜分别转动两侧后目镜中都未出现绿色十字像或只有一面出现,那么说明平面镜的仰俯角过大,或望远镜光轴倾斜过大,像偏上或偏下,没有在镜筒中成像.调节方法为,使眼睛与望远镜光轴等高,看向平面镜,在外部观察绿色十字像的位置,仍使用各半调节法,将绿色十字像调整到望远镜光轴的高度,这时我们在望远镜中就可观察到绿色十字像.

经过上面的调节,望远镜光轴已经达到垂直于仪器主轴和平面镜的状态,所以它们的上下位置绝不能再动(左右、前后可动).

③ 平行光管的调节.

首先,调节平行光管使其产生平行光.将已聚焦于无穷远处的望远镜作为标准.取下平面镜,打开钠灯,照亮狭缝,左右转动望远镜,当望远镜和平行光管光轴在同一直线时,在望远镜中可看到狭缝的像.松开狭缝装置锁紧螺钉,前后移动平行光管的套筒,直至从望远镜中能看到清晰的狭缝像,并且狭缝像和分划板刻度线间无视差,此时狭缝位于平行光管物镜的焦平面上,出射光为平行光.

然后,调节平行光管与望远镜的光轴共轴.转动狭缝宽度调节旋钮,使狭缝的宽度合适.转动平行光管的套筒,将狭缝横置,调节平行光管调平螺钉,上下移动狭缝的像,使其与中间的水平叉丝重合,然后将狭缝恢复到竖直状态,如图 B20-7 所示.左右移动望远镜,使狭缝的像和分划板的竖线重合,此时平行光管与望远镜的光轴共轴.

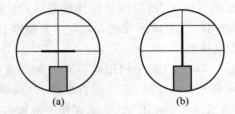

图 B20-7　平行光管光轴和望远镜光轴调节示意图

2. 测量三棱镜的顶角

（1）自准法.

将三棱镜置于已调好的分光计的载物台上,固定载物台和刻度盘,转动望远镜使其分别垂直于三棱镜的光学表面 AB 和 AC,如图 B20-8 所示. 确认垂直的方法是在望远镜内看到三棱镜的光学表面 AB 或 AC 反射回来的自准像,即亮十字的像与亮十字处于共轭位置,如图 B20-4 所示.

设与 AB 面垂直的位置为位置 1,分光计的左右游标的读数为 $\theta_{左1}$ 与 $\theta_{右1}$;与 AC 面垂直的位置为位置 2,分光计的左右游标的读数为 $\theta_{左2}$ 与 $\theta_{右2}$,则角位移 γ 为

$$\gamma = \frac{1}{2}\left[\,|\theta_{左2}-\theta_{左1}|+|\theta_{右2}-\theta_{右1}|\,\right] \tag{B20-9}$$

因此,三棱镜的顶角为

$$\alpha = \pi-\gamma = \pi-\frac{1}{2}\left[\,|\theta_{左2}-\theta_{左1}|+|\theta_{右2}-\theta_{右1}|\,\right] \tag{B20-10}$$

（2）反射法.

把三棱镜放在分光计载物台的中央,使它的顶角 A 对准平行光管,用钠灯照亮狭缝,通过平行光管产生平行光,将其投射到三棱镜的两个光学表面 AB 和 AC 上,并被它们反射出来,如图 B20-9 所示.

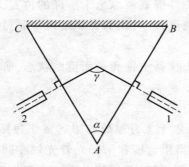

图 B20-8　用自准法测三棱镜顶角

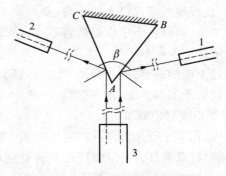

图 B20-9　用反射法测三棱镜顶角

将望远镜转到位置 1 处,观测 AB 面反射的光,其方位角 θ_1 可用分光计测得. 具体方法是,将望远镜十字叉丝的竖线对准反射光线（即狭缝像）,分别从左右两个游标上读出 $\theta_{左1}$ 和 $\theta_{右1}$,再将望远镜转到位置 2 处,观测 AC 面反射的光,其方位角为 θ_2,分别从左右两个游标上读出 $\theta_{左2}$ 和 $\theta_{右2}$,两条反射光线的夹角 β 应为

$$\beta = \theta_2-\theta_1 = \frac{1}{2}\left[\,|\theta_{左2}-\theta_{左1}|+|\theta_{右2}-\theta_{右1}|\,\right] \tag{B20-11}$$

可以证明, 顶角 α 与 β 的关系是

$$\alpha = \frac{\beta}{2} = \frac{1}{4}\left[\,|\,\theta_{左2}-\theta_{左1}\,| + |\,\theta_{右2}-\theta_{右1}\,|\,\right] \quad\quad (B20-12)$$

在调节望远镜观测反射光时, 可用望远镜微调螺钉进行细调. 微调时应先锁紧望远镜与刻度盘紧固螺钉, 否则望远镜微调螺钉不起作用. 同时要注意, 转动望远镜时, 须先松开望远镜与刻度盘紧固螺钉. 操作时应注意, 三棱镜的顶角应尽量位于分光计的主轴中心处, 否则反射光的偏转中心过度偏离分光计的主轴, 会带来较大的测量误差.

3. 测量三棱镜的最小偏向角

按图 B20-10 所示放置三棱镜, 用钠灯照亮平行光管的狭缝. 来自平行光管的钠光经三棱镜折射而偏转, 用望远镜观察此折射光线, 其角坐标为 θ, 这时偏向角 δ 可能不是最小. 然后慢慢转动放置三棱镜的载物台, 使折射光线 (黄色亮线) 向入射光方向 (θ_0) 靠近, 即偏向角减小 (望远镜也要跟着转动, 不要使黄色亮线离开望远镜视场, 否则无法观测). 当载物台转到某一位置时, 偏向角达到最小偏向角 δ_{min}, 如果再继续旋转载物台, 那么折射光线将反方向回转, 使偏角变大. 在最小偏向角 δ_{min} 处, 用望远镜十字叉丝的竖线对准折射光线 (黄色亮线), 利用左右游标读出 $\theta_左$ 和 $\theta_右$ (测量时必须留意折射光线是否处于最小偏向角的位置), 即可得到折射光线的方位角 θ.

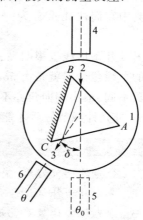

图 B20-10　最小偏向角的测量
1—载物台；2—入射光；3—折射光；
4—平行光管；5、6—望远镜

取下三棱镜, 将望远镜对准平行光管, 微调望远镜, 使叉丝对准狭缝像中央, 利用左右游标读出 $\theta_{左0}$ 和 $\theta_{右0}$, 即可得到入射光线的方位角 θ_0. 最小偏向角 δ_{min} 为

$$\delta_{min} = \frac{1}{2}\left[\,|\,\theta_左-\theta_{左0}\,| + |\,\theta_右-\theta_{右0}\,|\,\right] \quad\quad (B20-13)$$

4. 计算三棱镜的折射率

将测得的顶角 α 和最小偏向角 δ_{min} 代入式 (B20-8), 即可计算出三棱镜的折射率 n.

[数据记录和处理]

1. 自行绘制数据记录表格, 直接测量量的测量次数不应小于 6 次, 正确记录测量数据.

2. 计算三棱镜顶角 α 和最小偏向角 δ_{min} 的平均值 $\bar{\alpha}$ 和 $\overline{\delta_{min}}$.

3. 计算折射率 n 的平均值 $\bar{n}$.

4. 估算三棱镜顶角 α、最小偏向角 δ_{min} 和折射率 n 的测量不确定度, 写出相应的结果表达式.

[注意事项]

1. 转动望远镜和载物台时, 应注意松开相应锁紧螺钉, 避免野蛮操作. 不得直接大力掰动望远镜的镜筒, 正确的方法是抓住望远镜的支架进行转动. 当用望远镜对准狭缝

像读数时,应锁紧相应的锁紧螺钉,利用微调螺钉进行调节.

2. 不要用手触摸光学元件(如目镜、三棱镜和双面平面镜等)的光学表面. 光学表面被污染时,应用镜头纸向同一方向轻轻擦拭.

3. 玻璃器件应轻拿轻放,不要将玻璃器件移离桌面,以防落地摔坏.

4. 调节平行光管的狭缝时,不要将两个刀片闭合相碰,以防损坏.

5. 实验中所用的低压钠灯的可视谱线超过 5 条,本实验所利用的基本特征谱线有 2 条,它们的波长分别为 589.592 nm 和 588.995 nm,由于波长相差很小(约为 0.6 nm),实验观测中它们往往重合为一条黄色亮线,所以常常取其平均值 589.3 nm 作为其特征波长.

另外几条谱线也很明亮,有的也是由几条波长相差很小的谱线重合而成的,如波长稍短的草绿色谱线就是由 567.58 nm、568.28 nm 和 568.83 nm 三条谱线重合而成的. 由于波长不同,最小偏向角亦不相同,所以在实验中不要选错谱线.

6. 分光计调节好后才能进行观测.

> **思考题**
>
> 1. 分光计调节好后,望远镜、载物台、中心轴、平行光管之间应满足什么关系?
>
> 2. 分光计为什么设计成两个读数游标?请简述其作用原理.
>
> 3. 分光计的读数装置是根据游标原理制成的,在测量角坐标前,是否需要进行零点校正?为什么?
>
> 4. 实验中可否使用白光或复色光作光源测量最小偏向角?为什么?

[拓展阅读]

牛顿的色散实验

实验 B21　光 栅 衍 射

德国物理学家夫琅禾费(Joseph von Fraunhofer)在光谱学上做出了重大贡献,他对太阳光谱进行了细心的检验. 1814—1815 年,他向慕尼黑科学院展示了自己编绘的太阳光谱图,其内有多条黑线,他把其中八根显要的黑线标以 A 至 H 等字母(后称夫琅禾费线),这些黑线后来就成为比较不同材料色散率的标准,并为光谱精确测量提供了基础. 其后,夫琅禾费发明了衍射光栅. 他用银丝缠在两根螺杆上,制成衍射光栅,后来建造了刻纹机,用金刚石在玻璃上刻痕,制成透射光栅. 他用自制的光栅测量得到 D 线的波长为 5.887 7×10⁻⁴ mm. 此后,光谱的重要性逐渐被人们认识,光谱获得了广泛的应用.

约翰斯·霍普金斯大学教授罗兰以周密的设计、精巧的工艺制成了高分辨率的平面光栅和凹面光栅,获得的太阳光谱极为精细,拍摄的光谱底片展开可达 15.24 m,波长从 215.291 nm 到 771.468 nm,用符合法求得的波长精确度小于 0.001 nm.

经过几百年的发展,衍射光栅作为一种重要的分光元件,已经形成了很多种类,广泛应用于摄谱仪、分光计等仪器中. 新型光栅还大量应用于激光器、集成光路、光通信、光学互联、光计算和光学精密测量控制等方面. 其中,点阵式全像立体光栅是一种新型的立体光学再现系统(也叫矩阵立体光栅),它的材料、观看、制作不同于柱镜立体光栅和狭缝立体光栅,通过它产生的图像可以上下、左右观看. 由于其高还原性,可以应用其进行防伪,还可以应用其制作立体显示屏.

[实验目的]

1. 理解分光计的原理并熟悉分光计的结构,能将分光计调节到正常的工作状态.
2. 会使用分光计准确测量角度.
3. 观测汞灯在可见光范围内的谱线的波长.
4. 计算不确定度并正确写出结果表达式.

[实验仪器]

分光计,汞灯,透射光栅,照明放大镜等.

[实验原理]

1. 光的衍射

在自然界中,各类波都有绕过障碍物传播的能力,例如水波可以绕过闸口,声波可以绕过门窗,无线电波可以绕过高山等. 波绕过障碍物使传播方向发生偏折的现象称为波的衍射. 光波的衍射现象一般很难观察到,因为光的波长很短. 对于一束单色光,只有障碍物的大小与光波的波长可比拟时,才能较清晰地观察到光的衍射现象.

根据惠更斯-菲涅耳原理,光波在传播过程中波阵面上的每一个点都可以看成一个产生球面波的次级波源,次级波源产生的球面波的波速和频率与初级波的波速和频率相同. 新产生的次级球面波之间相互干涉,从而确定新的波阵面. 根据此原理,光波发生衍

249

射时,不仅偏离直线传播,而且同频率的光波相互叠加产生明暗相间的条纹,即在波场中能量将重新分布. 如图 B21-1 所示为著名的泊松亮斑,障碍物的中心有一清晰的亮点,影子的边缘有明暗相间的花纹,这就是它的衍射条纹. 如图 B21-2 所示为一刀片在激光的照射下呈现的明暗相间的衍射条纹.

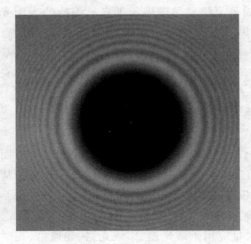

图 B21-1　泊松亮斑

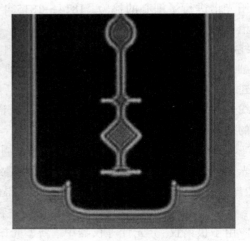

图 B21-2　刀片的衍射条纹

2. 光栅

光栅是由大量等宽、等间距、相互平行的狭缝所组成的光学器件. 常用的光栅是用金刚石尖在玻璃板等表面刻划等宽、等间距的平行细槽而制成的. 这样制成的光栅称为母光栅. 把明胶等溶液倾注在母光栅上,等它变硬后剥离下来形成的光栅的复制品,称为复制光栅. 另一类常用的光栅是通过全息方法制作的,称为全息光栅.

在玻璃板上刻划出许多等宽、等间距的平行直线,刻痕处相当于毛玻璃(不透光),而两刻痕间可以透光,相当于一个单缝. 这样大量相互平行、等宽、等距的狭缝(或刻痕)构成了透射式平面衍射光栅,它是一种常见的光学衍射元件,如图 B21-3(a)所示. 另一种是反射式平面衍射光栅,它是在不透明的材料(如铝片)上刻划一系列等间距的平行槽纹而形成的,入射光经槽纹反射形成衍射条纹,如图 B21-3(b)所示.

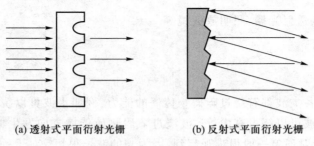

(a) 透射式平面衍射光栅　　　　(b) 反射式平面衍射光栅

图 B21-3　平面衍射光栅

本实验使用的是透射式平面衍射光栅,是全息光栅. 如图 B21-4 所示,设不透光部分的宽度为 b,透光部分的宽度为 a,则 $d = a + b$ 为相邻两缝之间的距离,称为光栅常量. 实际的光栅,通常在 1 cm 内刻划有成千上万条平行、等间距的透光狭缝. 若在 1 mm 内刻有 1 000 条刻痕,则其光栅常量为 10^{-6} m,常将其记为 1 000 线光栅. 常用光栅的光栅常量为 $10^{-6} \sim 10^{-5}$ m.

图 B21-4　透射式平面衍射光栅

3. 光栅方程与光栅衍射光谱

若以单色平行光垂直照射在光栅面上,则透过各狭缝的光线因衍射将向各个方向传播,经透镜会聚后又相互干涉,并在透镜焦平面上形成一系列被相当宽的暗区隔开的间距不同的条纹. 因此,光栅的衍射条纹是衍射和干涉的总效果.

按照光栅衍射理论,衍射光谱中明条纹的位置由下式决定:

$$(a+b)\sin \varphi_k = k\lambda, \quad k=0,\pm1,\pm2,\cdots \tag{B21-1}$$

此式称为光栅方程,式中,λ 为入射光的波长,k 为明条纹(光谱线)对应的级数,φ_k 是 k 级明条纹所对应的衍射角.

如果入射光不是单色光,则由光栅方程可以看出,光的波长不同,其同一级的衍射角 φ_k 也不同,于是复色光将被分解,而在中央 $k=0$、$\varphi_k=0$ 处,各色光仍重叠在一起,形成中央明条纹. 在中央明条纹两侧对称地分布着 $k=\pm1,\pm2,\pm3,\cdots$ 级明条纹. 光栅各级明条纹的形成是各缝衍射光干涉叠加的结果,所以光栅光谱可以看成多缝干涉光强受到单缝衍射光强的调制. 各级谱线按波长由小到大的顺序依次排列成一组彩色谱线,这样就把复色光分解为单色光,如图 B21-5 所示.

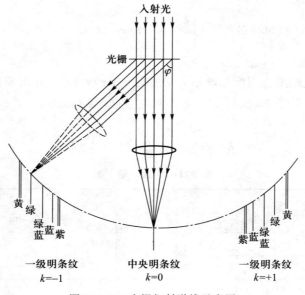

图 B21-5　光栅衍射谱线示意图

如果已知光栅常量 d,用分光计测出 k 级光谱中某一明条纹的衍射角 φ_k,按式(B21-1)就可求出该明条纹所对应的单色光的波长 λ.

衍射光栅是重要的分光元件,当复色光照射光栅时,不同波长的光被分到不同的角度上,在非零级衍射时,能产生谱线较细、间距较大的匀排光谱. 各种元素或化合物发光时,根据量子力学,其发出的光的波长取决于原子中电子跃迁的能级差,对于一个固定的原子,该差值是一定的,所以发出的光的波长是固定的. 测定光谱中各谱线的波长和相对强度,即可确定物质的成分及其含量,这种分析方法叫做光谱分析法.

[实验内容]

1. 分光计工作状态的调整

调整分光计的工作状态,使其满足测量条件,状态要求和调整方法详见实验 B20 中"分光计的结构"和"分光计的调节和使用方法"两部分.

2. 利用光栅衍射测量汞灯在可见光范围内谱线的波长

(1) 由于衍射光谱在中央明条纹两侧对称分布,所以为了提高测量的准确度,对于 1 级谱线,应测出 +1 级和 -1 级谱线位置,两位置之间角度的差值之半即 φ.

(2) 为了减小分光计刻度盘的偏心差,测量每条光谱线时,刻度盘上的两个游标都要读数,然后取其平均值.(角游标的读数方法与游标卡尺的读数方法基本一致.)

(3) 为了使十字叉丝对准谱线,可以调节望远镜微调螺钉.

(4) 测量时,可将望远镜放置在最左侧,从 -1 级到 +1 级依次测量不同颜色谱线的数据,以免漏测数据,将测量数据记入表 B21-1.

[数据记录和处理]

1. 与公认值比较

计算出各条谱线的相对误差 $E = \left| \dfrac{\lambda - \lambda_0}{\lambda_0} \right| \times 100\%$,$\lambda_0$ 为公认值.

2. 计算不确定度

d 为光栅常量,刻度盘刻度标准不确定度为 $u_B(\varphi) = 1'$,计算出紫色谱线波长的不确定度 $u(\lambda)$,取包含因子 $k = 2$,计算扩展不确定度 $U = 2d|\cos\varphi|u_B(\varphi)$,并写出结果表达式:

$$\lambda = \bar{\lambda} \pm U (\text{计量单位}); \quad k = 2$$

表 B21-1 数 据 表

谱线	游标	左一级 $(k=-1)$	右一级 $(k=+1)$	φ	λ/nm	公认值 λ_0/nm	$E = \left\| \dfrac{\lambda-\lambda_0}{\lambda_0} \right\| \times 100\%$
黄$_1$(明)	左					579.0	
	右						
黄$_2$(明)	左					577.0	
	右						

续表

谱线	游标	左一级 ($k=-1$)	右一级 ($k=+1$)	φ	λ/nm	公认值 λ_0/nm	$E=\left\|\dfrac{\lambda-\lambda_0}{\lambda_0}\right\|\times100\%$
绿(明)	左					546.1	
	右						
紫(明)	左					435.8	
	右						

[注意事项]

1. 光学仪器表面不要用手触摸.

2. 不要用手向上扳动望远镜,转动望远镜时不允许推动镜筒,要推动支架,以免损坏仪器.

3. 实验完毕后,应切断照亮目镜分划板的电源.

4. 将仪器摆放整齐后方可离开实验室.

思考题

1. 在白光照射下,我们经常会看到光盘表面有规律的彩色图样,这些绚丽的图样是如何形成的?

2. 蝴蝶的翅膀和孔雀的羽毛在自然光的照射下能呈现彩色的条纹,这是如何产生的?

3. 偏心差是怎样产生的? 应如何修正?

[拓展内容]

1. 利用激光器设计光路,测量 CD 光盘中数据刻槽的间距.

2. 用发光二极管(LED)、白炽灯、钠灯等光源代替汞灯放在狭缝前面,观察光栅衍射光谱,比较不同光源的光谱,画出示意图并标出光谱的色序排列.

实验 B22 光 的 偏 振

1808 年,马吕斯(E. L. Malus)发现,通过一个特定的晶体观察一束光在玻璃表面的反射时,旋转晶体的角度能够观察到反射光完全消失的现象. 他后来创造了偏振(polarization)一词来描述这种光现象,并通过实验测量了晶体旋转角度与光强之间的关系,给出了马吕斯定律. 1815 年,偏振角对折射率的依赖性由布儒斯特(David Brewster)通过实验确定. 但是偏振现象却无法获得理论的正确解释,因为当时支持波动说的胡克、惠更斯和托马斯·杨等认为光是一种纵波,振动方向与波的传播方向相同.

1821 年,菲涅耳(Augustin-Jean Fresnel)将光波解释为横波,认为其振动方向垂直于波的传播方向,从而正确解释了光的偏振现象.(托马斯·杨曾经在 1817 年提出过光可能是横波的观点,但是他没有在理论和实验上进一步探索.)菲涅耳通过实验证实,反射光的偏振方向与其给出的理论预测相同. 后来随着麦克斯韦方程组的建立和赫兹的实验工作,光是电磁波并且是横波得到了证明.

随着激光技术的发展,偏振技术在科学研究和工程领域都有了广泛的应用,例如利用椭圆偏振仪测量薄膜厚度和折射率,利用偏振技术成像,在通信中利用光的偏振编码,利用荧光偏振技术检测病毒等.

[实验目的]

1. 掌握起偏和检偏的方法.
2. 了解波片的作用和原理.
3. 加深对光的偏振的理解.

[实验仪器]

WSZ-4 型偏振光实验系统.

[实验原理]

光是一种电磁波,电磁波是横波,其电矢量 E 和磁矢量 H 互相垂直,且与光的传播方向垂直. 我们把电矢量称为光矢量,常用电矢量的振动方向代表光的振动方向,把电矢量与传播方向构成的平面称为光振动面.

自然光是非偏振光,它的振动在垂直于光的传播方向的平面内可取所有可能的方向,且没有一个方向较其他方向更占优势;某一方向振动占优势的光称为部分偏振光;只在某一固定方向振动的光称为线偏振光或平面偏振光;若光矢量末端在垂直于传播方向的平面上的轨迹是一个圆或是一个椭圆,则光分别称为圆偏振光或椭圆偏振光.

1. 偏振光的表示方法

在任意时刻,我们可以把光矢量分解成两个互相垂直的光矢量. 为了简明表示光的传播,常用与传播方向垂直的短线表示与图面平行的光振动,而用点表示与图面垂直的光振动.

对于自然光,短线和点均匀分布,以表示两者对应的振动和能量相等,如图 B22-1(a)

所示. 由于自然光中光矢量的振动无规则,所以这个互相垂直的光矢量之间没有固定的相位差.

对于线偏振光,与图面平行的线偏振光用短线表示,而与图面垂直的线偏振光则用点表示,如图 B22-1(b)所示. 部分偏振光的表示方法如图 B22-1(c)所示.

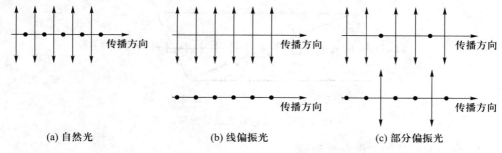

图 B22-1 偏振光的表示方法

2. 偏振光的产生

自然界中的大多数光都是非偏振光,将非偏振光变为偏振光的过程称为起偏,用于起偏的装置或元件称为起偏器,起偏器也可以作为检偏器,用来鉴别光的偏振状态.

(1)反射起偏和折射起偏.

当自然光入射到折射率分别为 n_1 和 n_2 的两种介质的分界面上时,反射光和折射光都是部分偏振光,当入射角改变时,反射光和折射光的偏振化程度也随之改变. 当入射角 i_0 满足

$$\tan i_0 = \frac{n_1}{n_2}$$

时,反射光成为完全偏振光,其振动面垂直于入射面,这就是布儒斯特定律. 一般介质在空气中的起偏角 i_0 在 $53° \sim 58°$ 之间. 此方法也可以用来测定物质的折射率.

若使自然光以起偏角 i_0 射到由多层平行玻璃板重叠在一起构成的玻璃片堆上,则由于在各个界面上的反射光都是振动方向垂直于入射面的线偏振光,折射光也近似成为振动方向平行于入射面的线偏振光,如图 B22-2 所示.

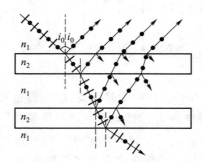

图 B22-2 玻璃片堆的起偏

(2)利用晶体的双折射现象起偏.

自然光通过各向异性晶体时将发生双折射现象,双折射产生的 o 光和 e 光都是线偏振光. o 光光矢量的振动方向垂直于自己的主平面,e 光光矢量的振动方向在自己的主平

面内. 方解石是典型的天然双折射晶体, 人们常用它制成特殊的棱镜以产生线偏振光. 用加拿大树胶将方解石胶合成的尼科耳棱镜能产生线偏振光. 在图 B22-3 所示的尼科耳棱镜中, o 光在胶合界面上发生全反射, 在下方被涂黑层吸收, 只有 e 光出射.

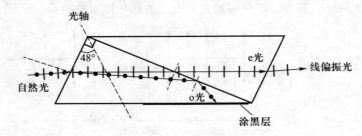

图 B22-3　尼科耳棱镜的起偏

(3) 利用偏振片的二向色性起偏.

在工业生产中广泛使用的是人造偏振片, 它是利用具有二向色性的透明物质薄片制成的, 能吸收某一振动方向的入射光, 而振动方向与此方向垂直的光则能透过, 从而可获得线偏振光. 利用这类材料制成的偏振片可获得较大截面积的偏振光束, 但由于吸收不完全, 所得的偏振光只能达到一定的偏振度.

为了方便, 我们用记号 "↔" 和 "↕" 表明偏振片允许通过的光振动方向, 这个方向称为 "偏振化方向", 也称为透光轴方向. 如图 B22-4 所示, 自然光经偏振片 P_1 或 P_2 变成了线偏振光. 本实验就是利用偏振片作为起偏器和检偏器的.

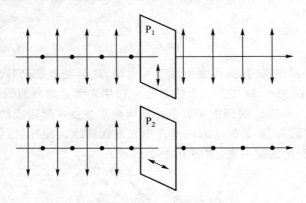

图 B22-4　偏振片的偏振化方向

3. 偏振光的检偏

上述能够产生偏振光的几种器件称为起偏器, 起偏器也可用作检偏器来鉴别光的偏振状态. 根据马吕斯定律, 强度为 I_0 的线偏振光通过检偏器后, 透射光的强度为

$$I = I_0 \cos^2 \theta \qquad\qquad (B22-1)$$

式中, θ 为入射光偏振方向与检偏器偏振化方向之间的夹角. 显然, 当以光线传播方向为轴转动检偏器时, 透射光强度 I 将发生周期性变化. 因此, 根据透射光强度变化的情况, 可以区分线偏振光、自然光和部分偏振光.

当 θ 为 $0°$ (即偏振片的 "偏振化方向" 与线偏振光振动面平行) 时, 线偏振光全部通过偏振片, 观察者看到的光最亮; 当 θ 为 $90°$ (即偏振片的 "偏振化方向" 与线偏振光振动面垂直)时,线偏振光基本被偏振片吸收,观察者看到的光最暗,称之为"消光";当 $0°<\theta<90°$ 时,会有部分线偏振光通过偏振片,观察者可以看到一定亮度的光,如图 B22-5 所示.

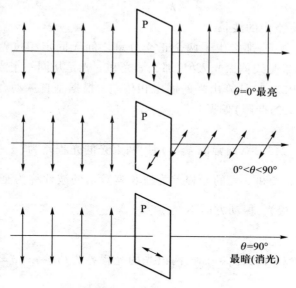

图 B22-5 线偏振光的检偏

4. 波片与圆偏振光、椭圆偏振光

波片又称为波晶片,是一种从单轴晶体中切割下来的平行面板,其表面平行于光轴,能使振动面互相垂直的两束入射偏振光产生一定相位差. 如图 B22-6 所示, d 为波片的厚度, β 为线偏振光的振动面与晶体光轴的夹角, A 为入射偏振光的振幅, A_o 和 A_e 分别是被分解成的 o 光和 e 光的振幅,当用 $\boldsymbol{A}$ 表示入射光矢量时,o 光和 e 光的光矢量大小分别为

$$A_e = A\cos\beta$$
$$A_o = A\sin\beta$$

$$(B22-2)$$

当线偏振光垂直入射到波片表面时,o 光和 e 光传播的方向是一致的,但是由于这两束振动面互相垂直的光在晶体中传播速度不同,所以它们会产生相位差.

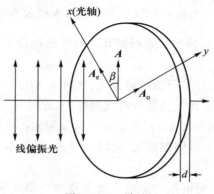

图 B22-6 波片

设晶体对 o 光和 e 光的折射率分别为 n_o 和 n_e,通过波片后,o 光和 e 光的相位差为

$$\varphi = \frac{2\pi}{\lambda}(n_o - n_e)d \qquad (B22-3)$$

式中,λ 为入射光在真空中的波长.

入射光如果是自然光,那么由于两个正交分量之间无固定相位差,通过波片射出合成后仍为自然光. 如果是线偏振光入射,那么 o 光和 e 光是从同一个光矢量分解出来的,它们将会具有由式(B22-3)计算出来的固定相位差. 根据垂直振动合成的原理可知,出射光将成为椭圆(广义的椭圆)偏振光.

(1) 全波片.

当 $\varphi = 2k\pi(k = 1,2,3,\cdots$,通常取 $k=1)$ 时,两束光的光程差为 $(n_o - n_e)d = k\lambda$. 具有厚度 $d = \frac{k\lambda}{n_o - n_e}$,可以使 o 光和 e 光的光程差为波长整数倍的波片称为全波片. 线偏振光通过全波片后仍为线偏振光,振动方向不变.

(2) 半波片.

当 $\varphi = (2k-1)\pi(k = 1,2,3,\cdots)$ 时,两束光的光程差为 $(n_o - n_e)d = (2k-1)\frac{1}{2}\lambda$. 具有厚度 $d = \frac{2k-1}{n_o - n_e}\frac{1}{2}\lambda$,可以使 o 光和 e 光的光程差为 1/2 波长奇数倍的波片称为半波片(1/2 波片).

通过波片出射后的 o 光和 e 光的振动矢量大小分别为

$$E_e = A_e \cos \omega t$$
$$E_o = A_o \cos(\omega t + \varphi) \qquad (B22-4)$$

由于是半波片,取 $\varphi = \pi$,则 $E_o = -A_o \cos \omega t$,即出射后的 o 光与入射时的相位相反. 比较式(B22-2)可知,线偏振光通过半波片后虽然仍为线偏振光,但振动面与晶体光轴夹角变为 $-\beta$.

(3) 1/4 波片.

当 $\varphi = (2k-1)\frac{\pi}{2}(k = 1,2,3,\cdots)$ 时,两束光的光程差为 $(n_o - n_e)d = (2k-1)\frac{1}{4}\lambda$. 具有厚度 $d = \frac{2k-1}{n_o - n_e}\frac{1}{4}\lambda$,可以使 o 光和 e 光的光程差为 1/4 波长奇数倍的波片称为 1/4 波片. 线偏振光通过 1/4 波片后,其偏振状态根据其入射时的振动方向同波片光轴的夹角 β 可以分为四种.

$\beta = 0°$ 时,出射光为与波片平行的线偏振光,此时 $A_o = 0$;

$\beta = 90°$ 时,出射光为与波片光轴垂直的线偏振光,此时 $A_e = 0$;

$\beta = 45°$ 时,o 光和 e 光的振幅相同,出射光为圆偏振光;

β 为其他值时,出射光为椭圆偏振光,此时 $A_o \neq A_e$,且均不为 0.

5. 实验装置

本实验使用的 WSZ-4 型偏振光实验系统主要由小型光学实验平台、650 nm 半导体激光器、偏振片、1/2 和 1/4 波片($\lambda = 650$ nm)、双路光电接收系统和调节架等构成. 其中

安装偏振片和波片的二维调整架除高低可调外,顶部圆筒还可以 360° 旋转,并具有角度读数装置. 系统简图见图 B22-7.

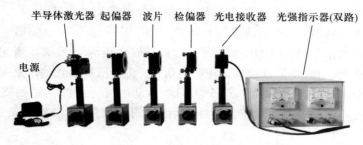

图 B22-7　WSZ-4 型偏振光实验系统

几乎所有的光电接收器都具有偏振敏感性,在测量偏振态不同的偏振光时,所输出的电信号随着偏振态的不同而不同. 因此,为保证测量精度,本实验系统在光电接收器的窗口处加一退偏器(即毛玻璃),将偏振光变为非偏振光.

[实验内容]

1. 验证马吕斯定律

(1) 确定偏振片光轴.

将半导体激光器、起偏器、检偏器和光电接收器按图 B22-7 所示的顺序摆放在平台上(先不要放置波片),连接好光电接收器与光强指示器间的电缆,打开半导体激光器和光强指示器间的电源,利用激光束将系统调至共轴. 旋转第二个安装了偏振片的二维调整架顶部圆筒,使起偏器的偏振化方向与检偏器的偏振化方向互相垂直,这时可看到消光现象,光强指示器上本通道的指针偏转最小. 记录处于消光状态下二维调整架的角坐标,然后将二维调整架转过 90°,此时光强指示器的指针偏转应为最大,将此状态下的角坐标作为 θ_0. 如果指针偏转超量程或过小,可适当调节灵敏度旋钮.

(2) 测量光强.

记录指针偏转为最大时光强指示器的读数 $I_{\max}$,然后将二维调整架转到消光位置,记录光强指示器的读数 $I_{\min}$,则

$$I_0 = I_{\max} - I_{\min}$$

$I_{\min}$ 不为 0 的原因主要有两个,其一是作为起偏器和检偏器的偏振片不能完全吸收不与自身偏振化方向平行的光线,其二是环境光的影响.

(3) 测量光强与 θ 的关系.

自消光位置到 θ_0 间,每隔 10° 记录一组角坐标 $\theta_{i读}$ 和光强指示器的读数 $I_{i读}$,则

$$\theta_i = \left| \theta_{i读} - \theta_0 \right|$$

$$I_i = I_{i读} - I_{\min}$$

式中,$i = 1, 2, 3, \cdots, 9$. 处于消光位置时,$i = 9$,且 $I_9 = I_{9读} - I_{\min} = 0$,$\theta_9 = \left| \theta_{9读} - \theta_0 \right| = 90°$.

根据测量结果和式(B22-1),即可验证马吕斯定律.

2. 观察线偏振光通过半波片时的现象

(1) 在起偏器和检偏器处于正交状态(即消光状态)时,在二者中间插入半波片. 观察将半波片转动 360° 的过程中能看到几次消光现象.

（2）在插入半波片使消光现象被破坏的条件下，把检偏器转动360°，观察所发生的现象，由此说明线偏振光通过半波片后的偏振状态.

（3）在起偏器和检偏器处于正交状态时，在二者中间插入半波片，若消光状态消失，则应转动半波片使其消光. 然后将半波片转动20°破坏消光，转动检偏器至消光位置，并记录检偏器转动的角度；将半波片再转动20°（即总转动角为40°）破坏消光，再次同方向转动检偏器至消光位置，并记录检偏器转动的角度. 讨论所观察到的现象.

（4）在消光状态下，从0°~90°以15°为间隔转动半波片，重复（3）的观测过程，将半波片转动的角度和检偏器至消光位置转过的角度（均为总角度）分别记录到自行设计的表格中，并分析结果.

（5）观察线偏振光通过1/4波片时的现象.

① 在起偏器和检偏器处于正交状态时，在二者中间插入1/4波片，转动波片使系统消光. 然后把检偏器转动360°，观察所发生的现象.

② 在起偏器和检偏器处于正交状态时，在二者中间插入1/4波片，转动波片使系统消光. 再将1/4波片转动15°，然后将检偏器转动360°，观察所发生的现象.

③ 从0°~90°以15°为间隔转动1/4波片，重复②的观测过程，将1/4波片转动的角度和检偏器至消光位置转过的总角度分别记录到自行设计的表格中，并分析结果.

[数据记录和处理]

自行绘制数据记录表格，正确记录和处理测量数据.

[注意事项]

1. WSZ-4型偏振光实验系统的支架底部为磁性底座，当旋钮扳到"ON"位置时，底座即被吸牢. 需要移动磁性底座时，应先将旋钮扳到"OFF"位置，切不可在旋钮扳向"ON"位置时强行移动底座，以防损坏仪器.

2. 有些激光器的出射光本身就是线偏振光，为了避免因激光器前第一个偏振片的偏振化方向与光源的振动面夹角过大而产生消光现象，在确定偏振片光轴时，可先不放入第二个偏振片，旋转第一个偏振片使光强指示器的读数最大，然后再放入第二个偏振片来确定系统光轴.

思考题

1. 如何用光学方法区分半波片和1/4波片？
2. 为什么线偏振光通过1/4波片后会成为椭圆偏振光？
3. 能否用[实验内容]中的观测方法设计出测量图B22-6中β角的实验（半波片）？
4. 圆偏振光和自然光在本质上有何差别？如果只有一个偏振片，能否区分圆偏振光和自然光？为什么？

实验 B23　夫琅禾费衍射光强分布的测量

人们早在 17 世纪就发现,当光照射物体时,沿着阴影的边缘会产生带状的分布. 意大利科学家格里马第将这种现象命名为"衍射"(diffraction). 牛顿也研究过衍射现象,并将这一效应归结为光线的弯曲.

1818 年,菲涅耳在惠更斯的波动光学基础上提出了惠更斯-菲涅耳原理,很好地解释了光波在传播过程中的干涉和衍射现象,建立了完备的波动光学理论体系. 菲涅耳在验证衍射时,光源和衍射屏、衍射屏和观察屏之间的距离都是有限的(近场条件),得到的衍射现象理论计算复杂. 而同一时期的德国科学家夫琅禾费(Joseph von Fraunhofer)利用透镜产生的平行光照射在衍射屏上,并在衍射屏后加入透镜会聚衍射后的光线并进行观察,这等效于物体和观察屏都离衍射屏无限远(远场条件),从而简化了菲涅耳衍射理论的数学处理. 夫琅禾费还在光学方面做出了许多其他突出的贡献,例如发明了衍射光栅、光谱仪,发现了太阳光谱中的暗线等. 夫琅禾费虽然没有对衍射理论进行推导,但是为了纪念其在光学实验方法上的贡献,这种远场衍射被命名为"夫琅禾费衍射".

在日常生活中,声波等机械波的衍射现象较容易观察到,而光的衍射由于其波长短和普通光源相干性差,不容易观察到. 激光具有较好的准直性和单色性,利用激光可以较好地实现单缝和多缝的衍射现象. 本实验着重观察和研究夫琅禾费衍射的光强分布规律.

[实验目的]

1. 观察、分析单缝及多缝的夫琅禾费衍射现象.
2. 用 CCD 测量单缝及多缝夫琅禾费衍射的光强分布.
3. 利用单缝夫琅禾费衍射的光强分布规律计算狭缝和细丝的宽度.

[实验仪器]

LM99 型单缝衍射仪,YB4320F 型示波器.

[实验原理]

1. 夫琅禾费衍射

光的衍射是光的波动性的一种表现,可分为菲涅耳衍射与夫琅禾费衍射两类. 菲涅耳衍射是近场衍射,夫琅禾费衍射是远场衍射. 单缝夫琅禾费衍射示意图见图 B23-1,图的右侧为衍射图样.

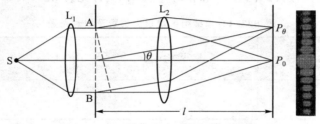

图 B23-1　单缝夫琅禾费衍射示意图

实际情况下夫琅禾费衍射的条件较难满足,可以利用凸透镜得到我们想要的平行光束.将单色点光源 S 放在透镜 L_1 的前焦点位置,光束经透镜后成为平行光垂直照射在单缝 AB 上.根据惠更斯–菲涅耳原理,位于狭缝的波阵面上的每一点都可以看成一个新的子波源而向各个方向发射球面子波,这些子波相互叠加,经透镜 L_2 会聚,在 L_2 的后焦面上形成明暗相间的衍射条纹.与狭缝平面垂直且与入射光平行的衍射光束会聚于屏上 P_0 处,该位置为中央明条纹的中心,光强为 I_0;在与入射光成 θ 角的屏上 P_θ 处,当入射光的波长为 λ、单缝宽度为 a 时,光强 I_θ 为

$$I_\theta = I_0 \frac{\sin^2 \varphi}{\varphi^2} \tag{B23-1}$$

式中, $\varphi = \dfrac{\pi}{\lambda} a \sin \theta$. 单缝夫琅禾费衍射光强分布曲线见图 B23-2.

在中央主极大($\theta = 0, I_\theta = I_0$)的两侧对称分布着一系列次极大,满足的条件是

$$\sin \theta = \left(n + \frac{1}{2}\right)\frac{\lambda}{a}$$

式中, $n = \pm 1, \pm 2, \pm 3, \cdots$ 称为衍射级次. 当 θ 满足

$$\sin \theta = n \frac{\lambda}{a}$$

时,将出现暗条纹. 由于衍射角 θ 很小,所以 $\sin \theta \approx \theta$,则第 n 级暗条纹及明条纹的衍射角 θ_n 及 θ'_n 分别为

$$\theta_n = n \frac{\lambda}{a}$$

$$\theta'_n = \left(n + \frac{1}{2}\right)\frac{\lambda}{a} \tag{B23-2}$$

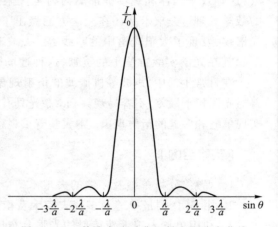

图 B23-2　单缝夫琅禾费衍射光强分布曲线

由式(B23-2)可知,当 $n = \pm 1$ 时, $\pm \lambda / a$ 为主极大两侧第一级暗条纹的衍射角,可以确定中央明条纹的宽度为

$$\Delta \theta_0 = \frac{2\lambda}{a}$$

其余各级明条纹宽度为 $\Delta \theta_n = \dfrac{\lambda}{a}$,中央明条纹宽度是其他各级明条纹宽度的 2 倍.利用式(B23-2)可以求得次极大的位置 θ_n 和相对光强 I_n/I_0,详见表 B23-1.

表 B23-1　单缝衍射次极大位置及相对光强

级次 n	次极大位置 θ_n	相对光强 $\dfrac{I_n}{I_0}$
± 1	$\pm 1.43 \dfrac{\lambda}{a}$	0.047

级次 n	次极大位置 θ_n	相对光强 $\dfrac{I_n}{I_0}$
± 2	$\pm 2.46\dfrac{\lambda}{a}$	0.017
± 3	$\pm 3.47\dfrac{\lambda}{a}$	0.008

实验中使用激光器产生平行光,因此可以省略图 B23-1 中的凸透镜 L_1,当狭缝 AB 到接收屏的距离 l 远大于缝宽 $a(l \gg a)$ 时,凸透镜 L_2 也可以省略. 如果已知激光的波长 λ,并测得第 n 级暗条纹的衍射角 θ_n,则狭缝宽度 a 可以由式(B23-2)求得,即

$$a = n\frac{\lambda}{\theta_n} \tag{B23-3}$$

2. 衍射角的测量原理

设从 P_θ 到 P_0 的距离为 x,则有 $\tan\theta = \dfrac{x}{l}$,由于衍射角很小,所以 $\tan\theta \approx \theta$,因此

$$\theta = \frac{x}{l} \tag{B23-4}$$

测量出单缝到屏的距离 l 和各级衍射条纹到中央明条纹的距离 x_n,即可由式(B23-4)得到该级次的衍射角 θ_n. 通常中央明条纹较宽较亮,P_0 点难以确定,根据衍射的对称性,可以测量 $\pm n$ 级条纹的间距 X_n,则

$$\theta_n = \frac{X_n}{2l} \tag{B23-5}$$

然而,由于条件的限制,实验中常常难以准确地测量出单缝到接收屏之间的距离 l,所以无法直接利用式(B23-4)计算衍射角 θ. 通过分析式(B23-2)可知,当单缝宽度 a 和入射光的波长 λ 为定值时,第 n 级条纹的衍射角也为定值 θ_n,即 $\theta_n = \dfrac{X_n}{2l} = \dfrac{x_n}{l}$ 为常量. 因此,实验中可以通过移动单缝或接收屏的位置,测量出单缝到接收屏之间的距离分别为 l_1 和 l_2 时所对应的 $\pm n$ 级条纹的间距 X_{n1} 和 X_{n2},则

$$\theta_n = \frac{X_{n1} - X_{n2}}{2(l_1 - l_2)} = \frac{\Delta X_n}{2\Delta l} \tag{B23-6}$$

3. 用线阵 CCD 测量光强分布和衍射条纹的间距

CCD 是 charge coupled device(电荷耦合器件)的缩写. 从应用角度上讲,可以将 CCD 当成一种电扫描分时选通的光电二极管或光电池阵列. CCD 有面阵(二维)和线阵(一维)之分,本实验采用线阵 CCD 接收衍射图样,将衍射图样的光强转换成电信号,通过示波器显示和测量光强分布. 利用线阵 CCD 测量的单缝衍射光强分布曲线如图 B23-3 所示.

实验中,分别将"输出信号"和"同步信号"连接到双踪示波器的 CH1 和 CH2 输入端,采用"CH2"内同步方式(假设 CH2 输入端连接"同步信号"),根据图 B23-3 所示的同步信号的脉冲周期,选择合适的扫描时基,即可在示波器荧光屏上同时显示出"输出信

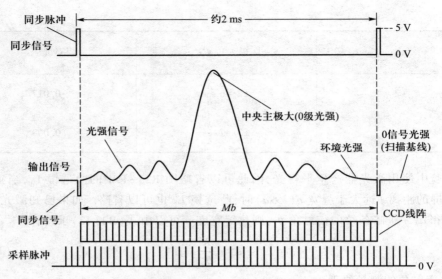

图 B23-3　利用线阵 CCD 测量的单缝衍射光强分布曲线

号"和"同步信号"波形.

（1）衍射条纹间距的测量.

设线阵 CCD 由 M 个阵元构成，每个阵元占位宽度为 b，则线阵 CCD 的有效长度为 Mb. 由于"同步信号"的脉冲宽度远远小于同步信号的周期，所以由图 B23-3 可知，示波器荧光屏上的同步信号的脉冲间隔 d_0 与线阵 CCD 的有效长度是等价的，可以认为 $d_0 = Mb$. 在屏幕上测量出衍射光强分布曲线 ±n 级的间隔（极大值或极小值的间隔）Δd_n，则 ±n 级衍射条纹（明条纹或暗条纹）的间距为

$$\Delta X_n = \frac{\Delta d_n}{d_0} Mb \qquad (B23-7)$$

（2）相对光强的测量.

设"输入信号"的 0 电平点到衍射光强分布曲线的中央主极大峰值点的垂直距离为 h_0，测量出各级次极大的峰值点到 0 电平点的垂直距离 h_n，则各级次极大的相对光强为

$$\frac{I_n}{I_0} = \frac{h_n}{h_0} \qquad (B23-8)$$

4. 实验装置

本实验所用的 LM99 型单缝衍射仪由半导体激光器、组合衍射光栅调节架、CCD 光强仪、光具座等组成，如图 B23-4 所示.

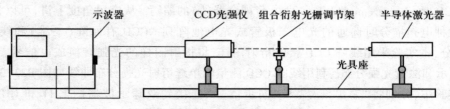

图 B23-4　实验装置示意图

组合衍射光栅调节架及组合衍射光栅片的结构详见图 B23-5. 调节架上有两个簧片,光栅片由这两个簧片夹紧固定. 转动水平调节手轮,可以左右移动光栅片;转动俯仰调节手轮,可以调节单缝或多缝的垂直状态,以使衍射图样与 CCD 光强仪接收窗内的 CCD 线阵平行.

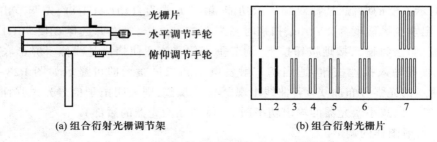

(a) 组合衍射光栅调节架   (b) 组合衍射光栅片

图 B23-5 组合衍射光栅调节架及组合衍射光栅片

组合衍射光栅片由上下两排各 7 组图形(衍射单元)组成,其参量见表 B23-2. 表中,a 为缝宽,s 为缝中心的间距与缝宽的比值.

表 B23-2 组合衍射光栅片参量

光栅片	上排	下排
第 1 组	单缝($a = 0.12$ mm)	单丝(宽度:0.12 mm)
第 2 组	单缝($a = 0.10$ mm)	单丝(宽度:0.10 mm)
第 3 组	单缝($a = 0.07$ mm)	双缝($a = 0.07$ mm,$s = 2$)
第 4 组	单缝($a = 0.07$ mm)	双缝($a = 0.07$ mm,$s = 3$)
第 5 组	单缝($a = 0.07$ mm)	双缝($a = 0.07$ mm,$s = 4$)
第 6 组	双缝($a = 0.02$ mm,$s = 2$)	三缝($a = 0.02$ mm,$s = 2$)
第 7 组	四缝($a = 0.02$ mm,$s = 4$)	五缝($a = 0.02$ mm,$s = 2$)

[实验内容]

1. 实验装置调节

(1) 连接线路.

利用两端带有 Q9 接头的连接线分别将示波器的 CH1 输入端子与"CCD 光强仪"的"信号"端(即输出信号端)相连接,CH2 输入端子与"CCD 光强仪"的"同步"端(即同步信号端)相连接.

(2) 光路等高调节.

打开激光器电源,将组合衍射光栅调节架移动到激光器出光孔前,选择组合衍射光栅片上排中部的衍射单元作为参考(即调节激光器和组合衍射光栅调节架的支架,使激光束照射在上排中部的衍射单元上),调节激光器的俯仰角与水平角,保证组合衍射调节架在激光器和 CCD 光强仪之间移动时,激光束始终基本照射在组合衍射光栅片的同一个位置. 转动组合衍射光栅调节架上的水平调节手轮使激光束的中心穿过任意一个单缝,然后调节 CCD 光强仪,使激光束照射到入射窗的中心.

调节时,可先在 CCD 光强仪的入射窗前放一张白纸,让衍射光斑射在此白纸上. 调节光路主要是调节组合衍射光栅片的左右位置(通过调节"水平调节手轮")和单缝的垂直状态(通过调节"俯仰调节手轮"),直至衍射图案正确、清晰后再移走白纸,让光斑射入 CCD 光强仪前端的接收窗,从而射到 CCD 线阵上.

(3)示波器的调节.

打开示波器的电源,选择双踪显示功能,触发方式为自动(AUTO),先调节出两条扫描线,设定垂直灵敏度为 2 V/div、扫描时基为 0.25 ms/div,触发源选择 CH2. CH1 和 CH2 采用直流耦合,将输入接地按钮按下,调节垂直位移旋钮使扫描基线位于屏幕底部 1 div 处,然后放开输入接地按钮,适当调节触发电平和扫描微调即可显示如图 B23-2 及图 B23-3 所示的光强分布曲线. 若曲线出现"消顶"现象,则表明由于信号光过强而使 CCD 饱和,这时可以减小激光器的输出功率(调节旋钮在激光器的后部).

(4)衍射图样的调节.

一般的衍射图样是一种对称图形,如果示波器上的图形左右不对称,这主要是各光学元件的几何关系没有调好引起的. 实验时,首先,应调节单缝的平面与激光束垂直,检查的方法是观察从组合衍射光栅片上反射回来的光点,其应在激光器出射孔附近;其次,应调节组合衍射光栅架上的俯仰或水平调节手轮,使缝与 CCD 光强仪接收窗的水平方向垂直(即衍射图样与 CCD 光强仪接收窗的水平方向平行);最后,调节水平调节手轮,使单缝位于激光束的中央.

如果单缝衍射光强分布曲线主极大顶部出现凹陷,这常常是由于使用质量欠佳的玻璃基板的组合光栅造成的(主要是黑度不够,有漏光现象). 如有可能应更换组合衍射光栅片.

如果曲线不够圆滑漂亮,可能是缝的边缘不直或有尘埃. 另一个原因是 CCD 光强仪接收窗上有尘埃. 此时可左右移动光强仪,寻找较好的 CCD 工作区间.

2. 测量单缝夫琅禾费衍射的相对光强分布

(1)装置调节.

任选组合衍射光栅片上的一个单缝,调节好装置,在示波器上获取正确的曲线.

(2)测量数据.

首先根据示波器上显示的曲线及屏幕上的网格在坐标纸上绘制出光强分布曲线,然后进行数据测量.

在组合衍射光栅架和 CCD 光强仪底座间距为 l_1 的条件下,在示波器上测量出中央主极大峰值点到 0 光强点的垂直距离 h_0,然后在示波器上读出各级次极大峰值点到 0 光强点的垂直距离 h_n,以及各级次极大和极小的同级横向位置之差 Δd_{n1} 及 $\Delta d'_{n1}$;改变组合衍射光栅架与 CCD 光强仪底座间的距离,使之为 l_2,使用同一个单缝调节好装置,在示波器上获取正确的曲线,再次测量出示波器上各级次极大和极小的同级横向位置之差 Δd_{n2} 及 $\Delta d'_{n2}$.

利用式(B23-8)即可计算出各级次极大的相对光强. 利用式(B23-7)和式(B23-6),计算出各级次极大和极小的衍射角 θ' 和 θ. 将各级次极大的相对光强和各级次极大及极小的衍射角 θ' 和 θ 标在光强分布曲线图上.

3. 用衍射法测量细丝直径

用衍射法测量细丝直径在工业生产、自动控制和科研中已得到实际应用. 根据互补原理,相同几何尺寸的单缝和细丝有着相同的衍射角分布.为了方便实验,不使用实际的细丝,而利用组合衍射光栅片上印制的单丝替代.

在"测量单缝夫琅禾费衍射的相对光强分布"时,让中央主极大落在 CCD 光强仪接收窗的中间区域,可以看清单缝衍射波形全貌,如测量细丝时也这样安排,则激光束的光斑和中央主极大一起落在 CCD 上,将会引起 CCD 输出饱和.

由式(B23-2)可知,相邻两条暗条纹或明条纹的间隔为 $\dfrac{\lambda}{a}$,因此,我们可以向正或负方向将中央主极大移至 CCD 光强仪接收窗外,适当增大激光器的输出功率,让更高级次的暗条纹出现在屏幕上,见图 B23-6.测量时,首先在组合衍射光栅架和 CCD 光强仪底座间的距离为 l_1 的条件下,测量出示波器荧光屏上的同步信号的脉冲间隔 d_0,然后测量出相邻两条暗条纹或 k 条暗条纹的间隔 Δd 或 $k\Delta d$,利用式(B23-7)计算出 ΔX_1,改变组合衍射光栅架和 CCD 光强仪底座间的距离为 l_2,重复刚才的测量过程,并计算出 ΔX_2,利用式(B23-6)计算出相邻两级暗条纹的衍射角 θ,则细丝直径 a 为

$$a = \frac{\lambda}{\theta}$$

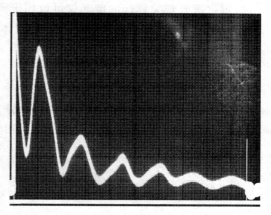

图 B23-6　中央主极大偏移后的单丝衍射波形

重复上述操作过程,共测量 5 次,取平均值 $\bar{a}$ 作为测量结果,以表 B23-2 中给出的数据为"真值"计算出测量误差.

4. 观察并研究双缝干涉现象

选用组合衍射光栅片的第 3、4、5 组单缝/双缝,很容易看出双缝受到单缝调制的现象和双缝干涉产生的"缺级"的规律.

5. 观察并研究多缝干涉现象

在多缝干涉中,除有缺级现象外,在相邻主极大之间还存在 $(N-2)$ 个次极大和 $(N-1)$ 个极小(N 为缝的条数),选用组合衍射光栅片的第 6、7 组 3~5 缝的衍射图样,可清楚地说明这个规律.

[数据记录和处理]

自行绘制数据记录表格,正确记录和处理测量数据.

📖 思考题

1. 对比单缝衍射光强分布的理论曲线与实验曲线,归纳单缝衍射图样的分布规律.

2. 如果激光器输出功率发生变化,对单缝衍射图样和光强分布规律有何影响?如果入射光的频率发生变化,对单缝衍射图样和光强分布规律有何影响?

3. 利用单缝衍射光强分布的测量数据,计算单缝宽度,并与表 B23-2 进行比较.

实验 B24　旋光性溶液浓度的测量

　　1811 年,法国物理学家阿拉戈观察到线性偏振光通过石英后其偏振方向会发生旋转. 1820 年,英国天文学家赫歇尔发现,石英晶体具有两种镜像对称的晶体结构,线偏振光通过两种晶体结构时会发生方向相反的偏振面旋转. 毕奥还观察到某些液体和松节油等有机物蒸气中的光极化面旋转现象. 1822 年,菲涅耳将旋光现象解释为由于左旋和右旋圆偏振光在晶体中的速度不同而引起的相位延迟现象.

　　根据旋光现象制作的旋光仪可以用于测量溶液中单糖或果糖(单糖和果糖的旋光方向不同)的旋光率和浓度. 分析和研究液体的旋光性,在化学、制药、制糖和生物医疗工程等方面有广泛的应用.

[实验目的]

1. 观察线偏振光通过旋光性物质的旋光现象.
2. 用旋光仪测旋光性溶液的旋光率和浓度.

[实验仪器]

圆盘旋光仪,测试管(已知浓度的四只,未知浓度的一只).

[实验原理]

1. 旋光现象

　　线偏振光在某些晶体内沿其光轴方向传播时,虽然没有双折射发生,实验中却发现透射光的振动面相对于入射光的振动面旋转了一个角度,这种现象称为旋光现象. 能使振动面旋转的物质称为旋光性物质. 旋光性物质不仅限于晶体,而且包括某些液体,如糖溶液、乳酸、松节油、酒石酸溶液等. 这些物质虽无光轴,但也具有较强的旋光性. 迎着光的传播方向看,使振动面沿顺时针方向旋转的旋光性物质,称为右旋性物质,如葡萄糖溶液;使振动面沿逆时针方向旋转的旋光性物质,称为左旋性物质,如蔗糖溶液. 物质旋光性测量示意图如图 B24-1 所示. 实验表明,振动面旋转的角度(旋光度)φ 与其通过旋光性物质的距离 L 成正比. 若为旋光性溶液,则旋光度又正比于溶液的浓度 C,即

$$\varphi = \alpha CL \tag{B24-1}$$

式中,L 的单位为 dm;C 的单位为 $g \cdot cm^{-3}$;α 称为物质的比旋光度(旋光率),单位为 $(°) \cdot cm^3 \cdot dm^{-1} \cdot g^{-1}$,表示线偏振光通过 1 dm 的液柱,在 1 cm^3 溶液中含有 1 g 旋光性

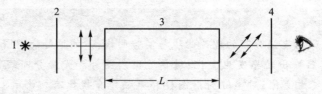

图 B24-1　物质旋光性测量示意图
1—光源;2—起偏器;3—溶液;4—检偏器

物质时的旋光度. 纯蔗糖在 20 ℃时,对于钠黄光的旋光率约为 $66.50° \cdot cm^3 \cdot dm^{-1} \cdot g^{-1}$.
若测出糖溶液的旋光度 φ 和液柱长度 L,即可根据上式算出糖溶液的浓度 C. 专门用于测
量糖溶液浓度的旋光仪称为量糖计,这种分析方法称为量糖术.

　　理论和实验都证明,旋光率与入射光的波长及溶液温度都有关,并且当溶剂改变时,
它也随之发生很复杂的变化.

　　在一定温度下,物质的旋光率与入射光的波长平方成反比,即随波长的减小而迅速
增大. 如 1 mm 厚的石英片所产生的旋光度对红光、黄光、紫光分别为 15.0°、21.7°、48.9°,
这种现象称为旋光色散. 考虑到这一情况,人们通常采用钠黄光的 D 线($\lambda = 589.3$ nm)
来测定旋光率.

　　旋光率与温度的关系也很密切. 例如对于钠黄光,在 14~30 ℃的糖溶液中,其旋光
率随温度变化的关系为

$$\alpha_t = \alpha_{20}[1 - 0.00037(t - 20)] \tag{B24-2}$$

式中,t 为糖溶液温度(单位为℃),α_{20}、α_t 分别为 20 ℃及温度为 t 时的旋光率. 在 20 ℃附
近,温度每升高(或降低)1 ℃,糖溶液的旋光率约减小(或增加)$0.024° \cdot cm^3 \cdot dm^{-1} \cdot g^{-1}$.

　　2. 实验装置

　　测量物质旋光度的装置称为旋光仪,其结构如图 B24-2 所示. 测量时先将起偏器、
检偏器的偏振化方向调到相互正交,此时在望远镜目镜中观察到的视场最暗. 然后装上
测试管,因偏振光经旋光溶液后其振动面旋转,视场不再最暗,故需转动检偏器,使视场
重新达到最暗,此时检偏器旋转的角度即旋光度.

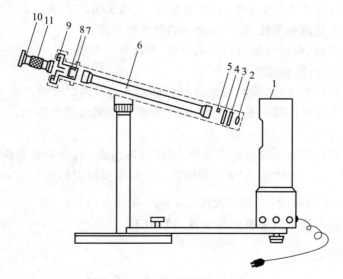

图 B24-2　旋光仪结构示意图

1—光源;2—会聚透镜;3—滤色片;4—起偏器;5—石英片;6—测试管;
7—检偏器;8—望远镜物镜;9—刻度盘;10—望远镜目镜;11—调焦手轮

　　由于人的眼睛很难准确判断视场是否为最暗,将会引入较大误差,因此旋光仪采用
三分视场的方法,用比较视场中相邻光束的强度是否相同的方法来确定旋光度. 从旋光
仪目镜中观察到的视场分为三部分,在一般情况下,中间和两边的亮度不同. 当转动检偏

器时,中间和两边将出现明暗交替的变化. 图 B24-3 中列出四种典型情况,(a) 中间为暗区,两边为亮区;(b) 三分视场消失,视场较暗;(c) 中间为亮区,两边为暗区;(d) 三分视场消失,视场较亮. 关于三分视场的产生和变化原理,请参考拓展阅读.

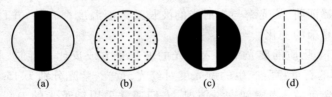

图 B24-3　转动检偏器时视场变化情况

由于在亮度不太大的情况下,人眼对亮度微小差别的变化比较敏感,所以通常用图 B24-3(b) 所示的视场作为参考视场,并将此时检偏器的位置作为刻度盘的零点,该视场称为零度视场. 将测试管放入仪器后,由于溶液的旋光性,线偏振光的振动面旋转了一定的角度,视场发生了变化,只有将检偏器转过相同的角度,才能再次看到图 B24-3(b) 所示的视场,这个角度就是旋光度,它的数值可以由刻度盘和游标读出. 刻度盘和检偏器机械联动,可用刻度盘下方的手轮转动. 为消除偏心差,旋光仪采用双游标读数. 刻度盘分 360 格,每格 1°,游标分 20 格,与刻度盘 19 格等长,故仪器的最小分度值为 0.05°.

[实验内容]

1. 调整旋光仪
(1) 将旋光仪接 220 V 交流电,打开电源开关,约 3 min 后,钠灯正常发光.
(2) 调节旋光仪调焦手轮,使三分视场的分界线清晰.
(3) 转动检偏器,观察视场明暗变化规律,辨认零度视场.
2. 测定蔗糖溶液的旋光率和浓度
(1) 记录溶液的温度(室温)、光的波长(589.3 nm)及测试管的长度.
(2) 检查零度视场的读数是否为零,若不为零则说明仪器有零位误差 φ_0,读取并记录 φ_0 值.
(3) 取一只测试管放入仪器样品槽中,零度视场消失. 转动检偏器使零度视场再现,即出现图 B24-3(b) 所示视场,记录此时读数 φ'. 再重复两次得到三个 φ' 值,将数据记入自行设计的表格,平均值为 $\overline{\varphi'}$,则旋光度为 $\varphi = \overline{\varphi'} - \varphi_0$.
(4) 对其余四只测试管重复上述步骤(2)和(3).

[数据记录和处理]

自行设计数据记录表格,正确记录所测得的实验数据.
用其中四个已知浓度溶液的旋光度 φ,作 φ-C 图线(旋光曲线),该线应为直线. 从直线上取两点,计算直线的斜率 K,由 $K = \alpha L$ 可计算旋光率 $\alpha = \dfrac{K}{L}$.

由未知浓度溶液的旋光度,从旋光曲线上可查出对应的浓度.
以上数据处理过程也可以使用计算机进行.

[注意事项]

1. 若测试管内有小气泡,则应把气泡移入测试管的突起部分. 将测试管放入槽内时,要让有突起的一端朝上,以使气泡避开光路,因为气泡在光路中时,不可能调出清晰的视场.

2. 测试管两端的透光窗口应保持洁净,不要用手接触透光窗口. 测试管用过之后应立即轻轻放入盒内,以防损坏.

3. 准确辨认零度视场是减小测量误差的关键.

[•••] 思考题

1. 物质的旋光率与哪些物理量有关?

2. 测零位误差时,若读数为 179.75°,应该怎样正确记录(正负及数值)?

3. 说明劳伦特石英板装置中半波片的作用.

[拓展阅读]

三分视场形成原理

第四章
综合性实验

实验 C1　热电偶温度特性的测量

在现代测量技术中,通常将被测参量分为电学量和非电学量,一些不易精确测量的非电学量,如时间、光强、浓度、温度、压力、位移、速度等可以转换成电压、电流、频率、相位等电学量来测量,具有这种特征的测量技术称为非电学量的电测技术,该技术涉及的范围很广,利用热电偶测温度就是非电学量电测技术的一个重要领域.

热电偶是常用的测温元件. 两种不同成分的导体两端接合成回路,当两接合点温度不同时,就会在回路内产生热电势. 热电偶的热电势随着测量端温度升高而增大,只与热电偶材料和两端的温度有关,与热电偶的长度、直径无关.

热电偶具有测温范围宽、灵敏度和准确度高、结构简单、不易损坏、可以进行动态测量和记录等优点,在很多领域有着非常广泛的应用,如在冶金、化工生产中可用热电偶测量高、低温,在科学研究、自动控制过程中可将热电偶作为温度传感器. 随着科学技术的不断进步,测温技术种类繁多,但是热电偶仍然被广泛使用,并且在不断发展.

[实验目的]

1. 研究热电偶的温度特性.
2. 研究铜电阻的温度特性.

[实验仪器]

DHT-2 型热学实验仪,数字万用表.

[实验原理]

1. 金属电阻的温度特性
(1)铂电阻.
铂电阻的物理、化学性质比较稳定,因此在温度不太高的工业测温领域应用比较广泛. 在 0~630.74 ℃温度范围内,铂电阻的阻值 R_{Pt} 与温度的关系为

$$R_{Pt} = R_{P0}(1 + A_p t + B_p t^2) \qquad (C1-1)$$

式中,t 为摄氏温度,R_{P0} 为铂电阻处于 0 ℃时的电阻值,A_p 和 B_p 为与铂的纯度有关的常量(通常取 $A_p = 3.968\,47 \times 10^{-3}\,℃^{-1}$,$B_p = -5.847 \times 10^{-7}\,℃^{-2}$). 由于铂电阻的稳定性较高,非线性较小,所以本实验利用铂电阻温度传感器作为标准传感器来测量系统温度.

（2）铜电阻.

在对测量精度要求不太高、测温范围不大的情况下,可以使用铜电阻,以降低成本. 在 $-50\sim150$ ℃的温度范围内,铜电阻的阻值 R_t 与温度的关系为

$$R_t = R_0(1 + A_C t + B_C t^2 + C_C t^3) \qquad (C1\text{-}2)$$

式中, R_0 为铜电阻处于 0 ℃时的电阻值, A_C、B_C、C_C 为与铜的纯度有关的常量(通常取 $A_C = 4.288\,99\times10^{-3}$℃$^{-1}$, $B_C = -2.133\times10^{-7}$℃$^{-2}$, $C_C = 1.233\times10^{-9}$℃$^{-3}$). 铜电阻的温度系数大于铂电阻,即灵敏度比铂电阻高,成本也低,但缺点是在高温下容易氧化.

2. 热电偶的温度特性

热电偶亦称温差电偶,是由 A、B 两种不同材料的金属丝的端点彼此紧密接触而组成的,如图 C1-1 所示. 当两个接点处于不同温度时,回路中就有直流电动势产生,该电动势称温差电动势或热电动势. 当组成热电偶的材料一定时,温差电动势 $E(t, t_0)$ 仅与两接点处的温度 t 和 t_0 有关,在一定的温度范围内,有

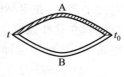

图 C1-1 热电偶

$$E(t, t_0) \approx \alpha(t - t_0) \qquad (C1\text{-}3)$$

式中, α 称为温差电系数. 对于不同金属组成的热电偶, α 是不同的,其在数值上等于两接点温度差为 1 ℃时所产生的电动势.

为了测量温差电动势,需要在回路中接入电势差计等测量仪器,而测量仪器的接入不影响热电偶原来的性质,即不影响它在一定的温差 $t-t_0$ 下应有的电动势 $E(t, t_0)$ 的值. 根据热电偶的"中间导体定律",即在 A、B 两种导体之间接入第三种导体 C 时,若它与 A、B 的接点处于同一温度(图 C1-2),则回路的温差电动势与只有 A、B 两种金属组成的回路完全相同.

在实际应用中,常把 A、B 两根不同化学成分的金属丝的两端分别焊在一起,其中一端作为热电偶的热端(工作端),另一端作为冷端(自由端)置于温度为 t_0 的环境中,断开 A 或 B 中的任意一根接入测量仪器并保持断点温度相同,即可组成热电偶温度计,如图 C1-3 所示.

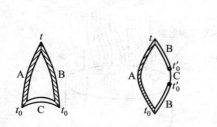

图 C1-2 接入第三种导体的热电偶

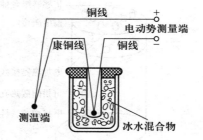

图 C1-3 热电偶温度计

通常将冷端置于冰水混合物中,保持 $t_0 = 0$ ℃,将热端置于被测温处,即测得相应的温差电动势 $E(t) \approx \alpha t$,再根据事先校正好的曲线或数据来求出温度 t. 热电偶温度计的优点是热容小、灵敏度高、反应迅速、测温范围广,热电偶温度计还能直接把非电学量(温度)转换成电学量,在自动测温、控温等系统中得到广泛应用.

在实验室之外,通常难以保证冷端温度 $t_0 = 0$ ℃的条件,因此人们常将构成热电偶的 A、B 两种导体的一端焊接起来作为热端置于被测环境中,而将两种导体的另一端(自由

端)分别用同一种导线连接到测量仪器上,测量出热电偶的温差电动势和自由端的温度 t_0. 在已知热电偶的温差电系数 α 的情况下,利用式(C1-3)即可得到被测环境的温度 t. 本实验所用的热电偶就采用了这种连接方式,自由端的温度 t_0 为室温.

3. 热电偶定标

利用热电偶测量温度时必须进行定标,即用实验的方法测量热电偶温差电动势与测量端温度之间的关系曲线. 定标的方法有以下两种.

(1)固定点法.

纯金属在熔化和凝固过程中,其温度不随环境温度的改变而改变,从而形成一个相对的平衡点,在定标时,就可以将这些平衡点的温度作为已知的温度,用电势差计测量出热电偶在这些温度下对应的电动势,通过作图法或最小二乘法拟合实验曲线,求出温差电系数 α. 这种定标方法准确度很高.

(2)比较法.

将一个高等级的标准测温仪器(如标准水银温度计或高一级的标准热电偶)与需要定标的热电偶置于同一能改变温度的油浴槽或水浴槽中进行对比,用标准测温仪器以一定的间隔测量温度,同时用电势差计测出对应于这些温度的热电偶的温差电动势,作出定标曲线. 这种定标方法设备简单、操作方便,但其准确度受标准测温仪器准确度的限制.

4. 实验装置

本实验所采用的 DHT-2 型热学实验仪由传感器热源组合仪和控温仪组成. 传感器热源组合仪的外形见图 C1-4(a),内部结构见图 C1-4(b). 传感器热源组合仪主要由铜圆柱和安放在铜圆柱内的电加热器、铂电阻、热电阻、热电偶和四端子铜电阻等构成. 在外壳内的底部还安放了一台电风扇,旋转外壳的顶部,打开可封闭散热孔,再打开电风扇,可以加快内部的热量散失,利于铜圆柱快速降温. 利用专用连接电缆,通过传感器组合插座和控温仪后面板上的插座,可以将传感器热源组合仪内的铂电阻和热电偶连接到控温仪内.

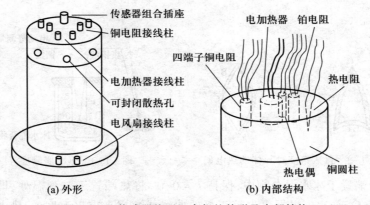

图 C1-4　传感器热源组合仪的外形及内部结构

由于铜是热的良导体,铜圆柱内的电加热器通电加热后,整个铜圆柱的温度基本是均匀的,所以铂电阻、热电偶和四端子铜电阻上的温度是相同的,控温仪通过铂电阻测量并显示出实验系统的温度.

控温仪的面板见图 C1-5. 控温仪具有恒温控制功能. 当系统温度上升到控温仪预先设置的温度时,控温仪便切断电加热器的电流;当系统温度低于控温仪预先设置的温度时,控温仪便接通电加热器的电流.

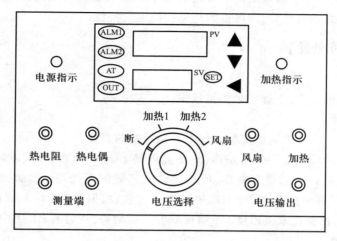

图 C1-5　控温仪面板

控温仪上标志为"PV"的显示屏显示的是温度测量值,标志为"SV"的显示屏显示的是温度设定值,状态指示灯"ALM1""ALM2""AT"和"OUT"的作用请参阅使用说明书. 按动"SET"键,SV 显示屏个位数码管闪动,利用"▲""▼"键可以修改闪动位的设定值,按动"◀"键可以变换设定位,再次按动"SET"键即可确认设置.

利用"电压选择"钮,可以选择一般速度加热(置于"加热 1"位置)、快速加热(置于"加热 2"位置)、快速降温(置于"风扇"位置)或切断电源(置于"断"位置).

连接好控温仪和传感器热源组合仪,使用数字万用表的电阻挡,在控温仪的"热电阻"测量端即可测量出传感器热源组合仪中热电阻的阻值;使用电压挡,在控温仪的"热电偶"测量端即可测量出传感器热源组合仪中热电偶的温差电动势. 利用控温仪改变传感器热源组合仪的热源温度,即可得到热电偶在一定温度范围内的温度特性.

[实验内容]

1. 连接线路

将随机附带的专用电缆的两端插头先后插在控温仪后面板的插座和传感器热源组合仪顶端的插座上,连接好控温仪与传感器热源组合仪间热电偶的连线,在控温仪面板的"测量端"测量热电偶的温差电动势;利用导线将控温仪面板上的"风扇""加热"端分别连接到传感器热源组合仪的对应端;最后将控温仪面板上的"电压选择"钮旋到"断"的位置,检查无误后即可打开控温仪的电源(开关在后面板上).

2. 设置恒温控制点

本实验要求在环境温度到 110 ℃ 之间,以 5 ℃ 为间隔,规划 10~15 个测量点,利用控温仪将系统温度分别控制在这些恒温点附近(注意:由于系统存在热惯性,实际的恒温点可能会偏离预设值,实验中应以实际温度为准),测量出热电偶的温差电动势,进而得到被测器件的温度特性.

3. 测量热电偶的温度特性

从较低的温度开始,将事先规划好的第一个恒温点的温度值设置到控温仪,然后开始升温,测量出该温度下的热电偶的温差电动势. 采用同样的方法,依次测量出各个恒温点下的热电偶的温差电动势,即可得到热电偶的温度特性.

[数据记录和处理]

1. 数据记录

自行绘制数据表格,正确记录测量数据.

2. 数据处理

(1) 利用温差电动势确认实验过程中环境温度的变化.

由于热电偶的温差电动势仅是冷、热端温度差 $t-t_0$ 的函数,本实验所用的热电偶为铜-康铜热电偶,其自由端没有外露,所以无法将其做恒温处理. 然而,利用实验测得的温差电动势,可以算出热端温度 t 与环境温度 $t_{环}$ 之差,根据附表 C1-1,就能得到环境温度 $t_{环}$. 具体方法是,根据在系统温度 t 下测得的温差电动势,从附表 C1-1 中查得温度差 Δt,则环境温度 $t_{环}$ 为

$$t_{环} = t - \Delta t$$

附表 C1-1 铜-康铜热电偶分度值

(2) 用比较法对热电偶定标. 可将热电偶与标准温度计一同放在油浴槽中,在温度上升过程中,每隔 10 ℃ 取一个观测点,直至 300 ℃.

💬 思考题

1. 比较作图法和最小二乘法的优缺点.

2. 比较利用铂电阻和热电偶制作温度计的优缺点.

3. 如果需要对热电偶定标(确定温差电动势与温度差的关系),需要对本实验装置做怎样的改进?

[拓展阅读]

温差电现象简介

实验 C2 光速的测量

真空中的光速是一个重要的物理常量,根据狭义相对论,光速是物质运动速度的上限. 目前国际规定的光速为 299 792 458 m/s. 由于光速太快,对其进行准确测量经历了漫长的过程. 17 世纪,在光的传播是否存在速度的问题上,物理学界曾产生过分歧,开普勒和笛卡儿等人认为光的传播不需要时间,光从一个物体传播到另一个物体是瞬间发生的. 而伽利略等人则认为光虽然传播得很快,但是光速是可以测定的. 他们试图通过实验来测定光速,但因为光速过快,而且当时使用的实验装置比较粗糙,所以并未获得令人信服的实验结果.

1676 年,丹麦天文学家罗默在观测木卫一的公转周期时,发现在一年的不同时期,该周期有所不同. 如图 C2-1 所示,在地球处于太阳和木星之间（A 位置）时测量的周期与在太阳处于地球和木星之间（B 位置）时测量的周期有所差异. 他认为这种现象是由于光具有速度,所以光传播到地球需要时间而造成的,而且他推断出光跨越地球轨道所需要的时间是 22 min,并根据地球公转轨道直径计算出光速约为 220 000 km/s 的结果.

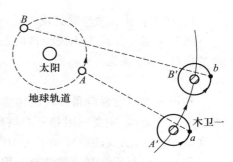

图 C2-1 罗默测光速示意图

1849 年,法国物理学家菲佐用旋转齿轮法在地面实验室中成功地进行了光速测量,他的测量结果为 315 000 km/s. 19 世纪中叶,麦克斯韦建立了电磁场理论,他根据电磁波传播方程得出,电磁波在真空中的传播速度与真空电容率和真空磁导率有关,真空电容率可以通过测量已知大小电容器的电容获得,而真空磁导率可以根据电流单位安培的定义,将其准确值固定为 $4\pi\times10^{-7}$ H·m^{-1}. 罗莎(Rosa)和多尔西(Dorsey)在 1907 年用这种方法得出的光速为(299 710±22) km/s. 1952 年,英国实验物理学家费罗姆用微波干涉仪测得光速为(299 792.50±0.10) km/s. 1972 年,美国埃文森等人通过直接测量激光频率和真空中激光的波长,计算得光速为(299 792 456.2±1.1) m/s. 1983 年,第 17 届国际计量大会通过了"米"的定义,在该定义中光速 c = 299 792 458 m/s 为规定值. 在国际单位制中,由于光速已经规定为不变量,因此对光速的精确测量将使"米"的定义更加准确.

在科学研究中,许多物理概念和物理量都与光速密切相关. 例如,光谱学中的里德伯常量,电学中真空磁导率与真空电导率之间的关系,普朗克黑体辐射公式中的第一辐射常量、第二辐射常量,质子、中子、电子等粒子的质量都与光速相关. 在实际应用中,许多问题也与光速直接相关. 例如,在航天方面,地球控制台和火星上的飞行器之间通信时,地球上发出的信号要经过 5~20 min 的延迟才能到达火星上的飞行器,该延时是飞行器控制过程中要着重考虑的问题之一;在股票交易过程中,某些交易机构将其服务器安装到距离交易所服务器很近的地方,或为了避免光纤传输带来的时间延迟(光在光纤中的传播速度比在真空中慢 30% 到 40%),使用微波通信来代替光纤通信,以期获得比别人更快的反应速度,通过计算机进行"高频交易"从而获得更多利益.

因此,光速的测量对于科学研究和工程应用都具有重要的意义.

[实验目的]

1. 能够正确使用示波器和光速测量仪.
2. 掌握光调制的基本原理和技术.
3. 理解利用光拍法测量光速的原理与方法.

[实验仪器]

LM2000A1 型光速测量仪,示波器.

[实验原理]

1. 利用波长和频率测速度

波长 λ 是一个周期内波传播的距离,波的频率 f 在数值上等于 1 s 内发生的周期性振动的次数,则波速为

$$v = \lambda f \tag{C2-1}$$

利用上式很容易测得声波的传播速度,但直接用它来测量光波的传播速度还存在很多技术上的困难,主要原因是光的频率高达 10^{14} Hz,目前的光电接收器无法响应频率如此高的光强变化,仅能响应频率为 10^8 Hz 左右的光强变化.

我们可以利用调制波的波长和频率测光速,类比于测量水流的速度,原理如下:周期性地向水流中投放小木块,投入频率为 f,再设法测量出相邻两小木块间的距离 λ,则根据式(C2-1)即可算出水流的速度.

周期性地向水流中投放小木块,目的是在水流上做一些特殊标记. 也可以在光波上做一些特殊标记,这称为"调制". 由于调制波的频率可以比光波的频率低很多,因此可以用常规器件来接收调制波. 与小木块的移动速度就是水流的速度一样,调制波的传播速度就是光波的传播速度.

本实验用频率为 10^8 Hz 的主控振荡对光源进行直接控制,使 10^{14} Hz 频率的光波的光强以 10^8 Hz 的频率变化,得到调制波,以适应光电接收器的频率响应范围. 而调制波的传播速度就是光速,所以只要测出调制波的频率 $f_{调}$ 和波长 $\lambda_{调}$,便可间接测出光速. 用频率计测调制波的频率,用相位法测调制波的波长,利用式(C2-1)就可以测出光速.

2. 用相位法测调制波的波长

波长为 $0.65\ \mu m$ 的光波,其强度受频率为 f 的正弦型调制波的调制,表达式为

$$I = I_0\left[1 + m\cos 2\pi f\left(t - \frac{x}{c}\right)\right] \tag{C2-2}$$

式中,m 为调制度,$\cos 2\pi f(t-x/c)$ 表示光在传播的过程中其强度的变化. 如一个频率为 f 的正弦波以光速 c 沿 x 方向传播,我们就称这个波为调制波. 调制(光)波在传播过程中其相位是以 2π 为周期变化的. 设两点 A 和 B 的位置坐标分别为 x_1 和 x_2,当这两点之间的距离为调制波波长 λ 的整数倍时,该两点间的相位差为

$$\varphi_2 - \varphi_1 = \frac{2\pi}{\lambda_{调}}(x_2 - x_1) = 2n\pi \tag{C2-3}$$

式中,n 为整数. 可见,只要测出 $\Delta x = x_2 - x_1$ 和 $\Delta\varphi = \varphi_2 - \varphi_1$ 便可间接测出 $\lambda_{调}$. 如果能在光

的传播路径中找到调制波的等相位点,并准确测量它们之间的距离,那么这个距离一定是波长的整数倍.

设调制波由 A 点出发,经时间 t 后传播到 A' 点,AA' 之间的距离为 $2D$,如图 C2-2(a)所示,则 A' 点相对于 A 点的相移为 $\varphi = 2\pi ft$. 在 AA' 的中点 B 设置一个反射器,由 A 点发出的调制波经反射器反射回 A 点,如图 C2-2(b)所示. 由图可知,光线由 $A \to B \to A$ 所走过的光程亦为 $2D$,而且在 A 点反射波的相位落后 $\varphi = 2\pi ft$.

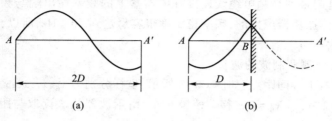

图 C2-2　用相位法测波长原理图

如果以发射波作为参考信号(以下称之为基准信号),将它与反射波(以下称之为被测信号)分别输入相位计的两个输入端,则由相位计可以直接读出基准信号和被测信号之间的相位差. 当反射镜相对于 B 点的位置前后移动半个波长时,这个相位差的数值改变 2π. 因此只要前后移动反射镜,相继找到在相位计中读数相同的两点,该两点之间的距离即半个波长.

调制波的频率可由数字式频率计精确地测定,由式(C2-1)可以求得光速.

3. 用数字示波器测相位

将基准信号接至 Y_1(CH1)通道,被测信号接至 Y_2(CH2)通道,分别调节基准信号和被测信号波形的垂直位置,使两波形的 X 轴(即 t 轴)重合(以示波器中心水平轴线为基准),测量信号的周期 T 和两信号之间水平距离 Δt,则相位差为

$$\Delta\varphi = \frac{\Delta t}{T} \cdot 2\pi \qquad (\text{C2-4})$$

将上式与式(C2-3)相比可得

$$\frac{\Delta t_i}{T} = \frac{2\Delta x_i}{\lambda_{\text{调}}}$$

则

$$\lambda_{\text{调}} = \frac{T}{\Delta t_i} \cdot 2\Delta x_i \qquad (\text{C2-5})$$

式中,Δx_i 是反射器移动的距离,Δt_i 是用示波器测量的调制波信号的相移时间差.

[实验内容]

1. 测量调制频率

(1)预热:电子仪器都具有一定的温度漂移,光速仪和频率计须预热半小时再进行测量. 在这期间可以进行线路连接、光路调整、示波器调整和定标等工作.

(2)光路调整:先把棱镜小车移近透镜,用一小纸片挡在接收物镜前,观察光斑位置

是否居中(处于照准位置). 调节棱镜小车上的左右转动及俯仰旋钮,使光斑尽可能居中,再将小车移至最远端,观察光斑位置有无变化,并做相应调整,使小车前后移动时,光斑位置变化最小.

（3）示波器定标:按前述的示波器测相位的方法将示波器调整至有一个适合的波形,要求尽可能大地调出一个周期的波形.

（4）测量调制频率:由频率与波长的乘积来测定光速,首先测量调制频率. 为了匹配好,尽量用频率计附带的高频电缆线连接好电器盒上的频率输出端与频率计输入端. 调制波是用温补晶体振荡器产生的,频率稳定度很容易达到 10^{-6} Hz,所以,在预热结束后正式测量前,测一次即可.

2. 用等间距法测调制波的波长

在导轨上取若干等间距点,如图 C2-3 所示,坐标分别为 $x_0, x_1, x_2, x_3, \cdots, x_i$,则有 $x_1 - x_0 = D_1, x_2 - x_0 = D_2, \cdots, x_i - x_0 = D_i$. 移动棱镜小车,由示波器依次读取与距离 $D_1, D_2, \cdots, D_i$ 相对应的相移量 φ_i,则 D_i 与 φ_i 间有 $\dfrac{\varphi_i}{2\pi} = \dfrac{2D_i}{\lambda}$,即

$$\lambda = \frac{2\pi}{\varphi_i} \cdot 2D_i$$

求得波长 λ 后,利用式(C2-1)可以求得光速 c.

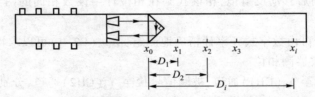

图 C2-3 根据相移量与反射镜距离之间的关系测定光速

为了减小由于电路系统附加相移量给相位测量带来的误差,应采取 $x_0 \to x_1 \to x_0$ 及 $x_0 \to x_2 \to x_0$ 等顺序进行测量. 操作时,移动棱镜小车要快、准,若两次 x_0 位置的计数值相差 $0.1°$以上,则必须重测.

3. 用等相位法测调制波的波长

在示波器上取若干整数相位点,如 $36°$、$72°$、$108°$等,在导轨上任取一点 x_0,并在示波器上找出信号波形上一特征点作为相位差为 $0°$ 的位置,移动棱镜,至某整数相位时停止(在具体实验操作时,可以取示波器上波形移动的两格为测量相位距离),迅速读取此时的位置 x_1,并尽快将棱镜返回至 $0°$处,再读取一次 x_0,要求两次读数误差不超过 1 mm,否则须重测. 依次读出相移量 φ_i 对应的距离 D_i,求出波长 λ,再利用式(C2-1)求出光速 c.

[数据记录和处理]

1. 用等间距法测量波长

每次移动反射棱镜相同距离,用示波器测出相应的相移时间 t_i,自拟表格记录数据.

调制信号频率: $f_{调} = 10^8$ Hz.

用逐差法处理数据,并按照式(C2-5)计算出 $\lambda_{调}$,再利用式(C2-1)得到光速 c.

2. 用等相位法测量波长

移动棱镜使被测波形每次移动一小格,读出相应的棱镜位置读数 x_i,自拟表格记录数据.

用逐差法处理数据,并按照式(C2-5)计算出 $\lambda_{调}$,再利用式(C2-1)得到光速 c.

[注意事项]

1. 操作时移动棱镜小车要快、准,测量所用的时间要足够短,以减小电路不稳定给波长测量带来的误差.

2. 在测量过程中要细心地"照准",即尽可能截取同一光束进行测量,把误差减小到最低程度.

思考题

1. 在本实验中,光速的测量误差主要来源于什么物理量的测量误差?为什么?

2. 如何将光速仪改成测距仪?

3. 红光的波长为 $0.650\,\mu\mathrm{m}$,红光在空气中只要传播 $0.325\,\mu\mathrm{m}$ 就会产生相位差 π,而我们在实验中却将棱镜小车移动了 $0.75\,\mathrm{m}$ 左右的距离,才能产生相位差 π,这是为什么?

4. 本实验测定的是 $100\,\mathrm{MHz}$ 调制波的波长和频率,能否把实验装置改成直接发射频率为 $100\,\mathrm{MHz}$ 的无线电波并对它的波长和频率进行测量?为什么?

5. 什么是相位法?在本实验中是如何用相位法测调制波的波长的?

[拓展阅读]

用旋转齿轮法测光速　　　　　　　用微波炉测光速

近代测量真空中光速实验的简表　　　LM2000A1 型光速测量仪

实验 C3　光电效应和普朗克常量的测量

在物理学发展史中,光电效应现象的发现不仅对认识光的波粒二象性有着重要意义,而且为量子论提供了一种直观、明确的例证. 1887 年,德国物理学家赫兹在做电磁波的发射和接收实验时意外地发现了光电效应. 但是经典的电磁理论无法解释光电效应,直到 1905年,爱因斯坦在普朗克量子假说的基础上圆满地给出了光电效应的理论解释. 此后,密立根经过 10 余年的研究,在 1916 年以精确的实验验证了爱因斯坦光电效应方程,并相当精确地测得了普朗克常量. 这些研究为量子物理学的建立奠定了坚实的理论与实验基础. 爱因斯坦和密立根因为在光电效应方面的杰出贡献分别获得了 1921 年和 1923 年的诺贝尔物理学奖.

光电效应最初是指光照射到金属表面使电子逸出的现象. 在半导体材料被发现以后,科学家们发现半导体材料也能够发生光和电的相互作用,因此现在所说的光电效应是光照射物质时引起物质电学性质变化现象的统称.

根据电子是否逸出物质,光电效应可以分为内光电效应和外光电效应. 若电子吸收光子能量后逸出物质表面,则称之为光电发射,由于电子逸出物质,光电发射也称为外光电效应. 光照射在某些半导体材料上时被吸收,在其内部激发出导电的载流子,即电子和空穴对,从而使材料的电导率显著增加,这种现象称为光电导效应. 由于光生载流子的运动造成电荷的积累,使材料的两面产生一定的电势差,这种现象称为光伏效应. 光电导效应和光伏效应统称为内光电效应.

随着技术的进步,根据光电效应原理制造的各种光敏器件,如光电管、光电倍增管以及各种类型的光电传感控制器件,在工程应用和科学研究中获得了广泛的应用.

本实验通过真空光电管来观察光电效应,并通过爱因斯坦光电效应方程测量普朗克常量.

[实验目的]

1. 通过真空光电管观察光电效应,测定光电管的伏安特性曲线、光照度与光电流关系曲线.
2. 测定截止电压,并通过实验测量了解其物理意义.
3. 利用光电效应测量普朗克常量.
4. 加深对光的本质的理解.

[实验仪器]

光源,真空光电管,光具座,微电流测试仪,直流稳压电源,换向开关等.

[实验原理]

1. 光电效应和爱因斯坦光电效应方程

光照射到金属表面时使其发射出电子的现象称为光电效应,发射出的电子称为光电子. 该效应是赫兹在 1887 年验证麦克斯韦预言的电磁波存在的实验过程中意外发现的. 赫兹使用的实验装置原理如图 C3-1 所示,为了能够更好地看到电磁波传播过程中在接收装置上产生的火花,他把观测仪器放在一个遮光的盒子里. 然而,他注意到,在盒子里时,火花亮度降低了. 他将盒子的一部分拆除后,发现火花亮度降低是由于盒子遮挡了光线造成的,即光照会使火花增强. 后来,他用透明的玻璃代替了不透光的盒子,但是仍然观察到火花减弱,而若用石英代替玻璃则不会观察到火花减弱. 石英与玻璃的区别是石英不会吸收紫外线,即当有更多的紫外线通过时,火花明显增强. 他将该实验结果发表后,没有做进一步深入研究. 这一实验现象与赫兹要验证的电磁波理论有较大的矛盾,因为按照麦克斯韦的理论,光是电磁波,光具有的能量正比于其振幅,即光强越大则能量越大. 能量越大的光理应使火花更明显,而赫兹的实验却表明自然光中能量占比不大的紫外线才是使火花增强的主要因素.

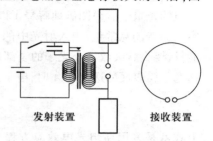

图 C3-1　赫兹的电磁波发射和
接收装置原理图

赫兹的发现引起了哈尔瓦克斯、霍尔、里吉、斯托莱托夫和汤姆孙等科学家的兴趣,他们通过设计精巧的实验仪器对光电效应做了进一步深入研究,发现以下一些实验规律(他们的实验是在电子被发现之前进行的):

(1)光强一定时,随着光电管两极所加的正电压增大,光电流也增大. 光电流增大到某一值后,再增加电压,光电流不再增大,而是趋于一个饱和值. 对于不同的光强,饱和光电流不同,饱和光电流与光强成正比,如图 C3-2 所示.

(2)当光电管两极上加负电压时,随着电压绝对值的增大,光电流会迅速减小,但不是立即变为零,直到反向电压达到 U_s 时,光电流为零. U_s 称为截止电压. 它表明此时具有最大动能的光电子被反向电场截止,无法运动至阳极,于是有

$$\frac{1}{2}mv_{\max}^2 = e\,|\,U_s\,| \tag{C3-1}$$

实验证明,光电子的最大动能与入射光的强度无关,只与入射光的频率有关.

(3)改变入射光的频率 ν,截止电压 U_s 也随之改变,U_s 和 ν 呈线性关系. 实验证明,只有当 ν 大于 ν_0 时才会发生光电效应,当 ν 小于 ν_0 时,无论入射光的强度有多大,照射时间有多长,都不会发生光电效应. ν_0 称为光电效应的红限,也称为截止频率. 对于不同的金属,红限是不一样的,但直线的斜率是相同的,如图 C3-3 所示.

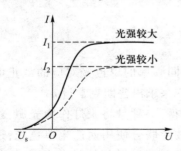

图 C3-2　不同光强下的饱和光电流

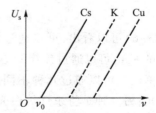

图 C3-3　不同金属的 U_s 和 ν 的关系

(4)光电效应是瞬时的,根据实验测量,延时不超过 10^{-9} s.

光电效应实验得到的规律无法用经典理论解释. 经典的波动理论认为:金属受到光照,其中电子做受迫振动,电子积累的能量与光强、光照时间成正比,因此能否发生光电效应应该由光强与光照时间决定,而与入射光的频率无关. 很明显这与实验规律是相互矛盾的. 于是"光到底是波动还是粒子"这个关于光的本质的争论再一次摆在了科学家

们的面前. 这可能是物理学史上持续时间最长,争论最激烈的一场论战,它不仅贯穿光学发展的全过程,更是使整个物理学都发生了翻天覆地的变化.

1905 年,爱因斯坦发表了题为《关于光的产生和转化的一个试探性观点》的论文,其中爱因斯坦在普朗克的量子假说的影响下提出了光量子假说,并给出了光电效应方程. 爱因斯坦的光量子假说圆满地解释了以上实验规律. 他假设光是由能量为 $h\nu$ 的光子组成的,其中 h 为普朗克常量,当入射光中的光子射到金属表面时,金属中的电子要么不吸收光子的能量,要么就吸收一个光子的全部能量 $h\nu$. 电子吸收光子的能量后,只有当该能量大于电子逃逸金属表面的逸出功 A 时,电子才会以一定的初动能逸出金属表面. 于是有

$$h\nu = \frac{1}{2}mv_{max}^2 + A \qquad (C3-2)$$

上式就是爱因斯坦光电效应方程.

将式(C3-1)代入式(C3-2),且知 $\nu \geqslant A/h = \nu_0$,则爱因斯坦光电效应方程可改写成

$$h\nu = e|U_s| + h\nu_0 \qquad (C3-3)$$

$$|U_s| = \frac{h}{e}(\nu - \nu_0) \qquad (C3-4)$$

由式(C3-4)可知,$|U_s|$ 正比于 ν,两者呈线性关系,由直线斜率可以求出 h,由截距可以求出 ν_0,这就是密立根验证爱因斯坦光电效应方程的实验思想.

2. 普朗克常量的测量

由爱因斯坦光电效应方程式(C3-3)可得

$$h\nu = e|U_s| + A \qquad (C3-5)$$

当入射光的频率不同时,我们可以得到一系列方程:

$$h\nu_1 = e|U_{s1}| + A$$
$$h\nu_2 = e|U_{s2}| + A$$
$$\cdots\cdots\cdots$$
$$h\nu_n = e|U_{sn}| + A$$

联立任意两个方程可得

$$h = \frac{e(U_i - U_j)}{\nu_i - \nu_j} \qquad (C3-6)$$

由式(C3-6)可以看出,可以通过测量两种不同频率的单色光对应的截止电压计算出普朗克常量 h,也可以通过计算 $\nu-U_s$ 直线的斜率来求出普朗克常量 h.

实验中单色光可以通过几种不同的途径来获得,一种是将汞灯作为光源,经过单色仪产生单色光;另一种是将汞灯等白光光源与滤波片联合使用而产生单色光;还有一种是将单色性较好的发光二极管(LED)作为光源. 汞灯是一种气体放电光源,它的特征谱线如表 C3-1 所示.

表 C3-1　汞灯特征谱线

波长/nm	频率/(10^{14} Hz)	颜色
579.0	5.179	黄
577.0	5.198	黄

续表

波长/nm	频率/(10^{14} Hz)	颜色
546.1	5.492	绿
435.8	6.882	蓝
404.7	7.410	紫
365.0	8.216	（近紫外）

3. 真空光电管

真空光电管的结构如图 C3-4 所示. 在光电管内部的一个半球上,用真空镀膜的方法,镀上一层活泼金属(锑或铯)作为光电管的阴极,立在管中的金属小球作为阳极.

当入射光照射到阴极金属表面上时,光子的能量可能被电子吸收. 若入射光频率大于阴极金属的截止频率,则电子获得了光子的能量,一部分用来克服金属表面对它的束缚,剩余的能量成为电子逸出金属表面的初动能.

若在阳极上加正电压,则电子加速飞向阳极,形成光电流;若在阳极上加负电压,则电子被减速,负电压达到一定程度时,电子无法到达阳极,光电流为零. 此时的负电压称为截止电压. 截止电压只与入射光的频率有关,与照度无关. 光电流与光电管两极的电压和入射光的照度有关.

光电效应的实验电路原理如图 C3-5 所示,GD 为光电管,C 为阴极,A 为阳极,G 为微电流测试仪,V 为电压表,R 为分压电阻,E 为直流电源,K 为换向开关(用于改变加在光电管两端的电压方向).

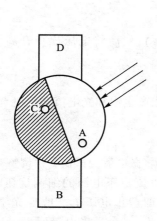

图 C3-4 真空光电管的结构

A—阳极;B—阴极引出端;C—阴极;D—阴极引出端

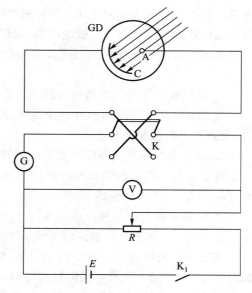

图 C3-5 光电效应实验电路原理图

[实验内容]

1. 光电效应的测量

按图 C3-6 连接电路,在白光照射下,观察光电效应,并测量有关特性.

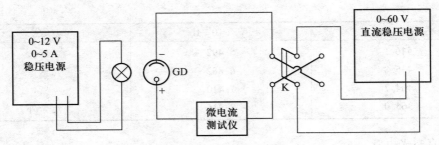

图 C3-6　光电效应实验电路图
GD—光电管；K—换向开关

（1）仪器调节.

① 将光电管与光源调至适当距离，将图 C3-6 右侧直流稳压电源的粗调与细调旋钮逆时针旋到底（此时输出电压为最小值 0 V），打开直流稳压电源.

② 打开连接光源的稳压电源开关，使光源的亮度适中.

③ 将开关 K 断开，打开微电流测试仪的开关，选 20 μA 量程，转动机械调零旋钮使微电流测试仪数字显示为零（该旋钮在测量过程中不再调节）. 将开关 K 闭合，注意观察微电流测试仪示数是否为正，如不为正则需将微电流测试仪的两个接线柱上的导线对调.

④ 顺时针调节直流稳压电源的细调旋钮，观察微电流测试仪示数. 若微电流测试仪示数增大，则表明此时加在光电管两极的是正向电压；若微电流测试仪示数减小，则表明此时加在光电管两极的是反向电压. 如加的是反向电压，则将开关 K 拨向另一侧，使光电管两极所加电压为正向电压. 关掉暗室内其他光源，升高光电管两极间电压，当光电管两极间电压增大至 30 V 时，微电流测试仪的示数应为 17~18 μA（该数值为参考值，以实验具体情况为准），否则应调节光源与光电管的距离.

（2）测量.

① 测量光电管的伏安特性曲线.

将光电管两极电压调回 0 V（此时的光电流记为 I_0），然后将电压逐步升高，进行测量，直到测量出饱和光电流.

② 测量光电管上的照度和光电流的关系曲线.

将直流稳压电源的输出电压保持为 40 V（此时已能产生饱和光电流），改变光源到光电管的距离，记下不同距离下的光电流.

③ 观察截止电压与照度的关系.

将换向开关拨至另一侧，给光电管两极加反向电压，将微电流测试仪量程调整为 2 μA.

将光电管两极电压调到 0 V，记录 I_0，顺时针调节直流稳压电源的细调旋钮，缓慢增加反向电压，并记下使光电流恰好为零时的电压值，此即截止电压 U_s. 改变光源与光电管之间的距离，记录不同照度下的截止电压 U_s 和光电流 I_0（I_0 是光电管两极电压为 0 V 时的电流值）.

2. 普朗克常量的测量

（1）利用实验室提供的单色光源测出光电管的截止电压，由公式（C3-6）计算普朗克常量 h.

（2）作 ν-U_s 曲线，用线性回归法计算光电管阴极材料的截止频率 ν_0、逸出功 A 和普

朗克常量 h,并与公认值比较.

[数据记录和处理]

1. 数据表格

自拟表格记录实验数据.

注意:记录数据时,微电流测试仪的示数不需要乘以其量程,直接读取即可.

2. 数据处理

利用所测得的数据,在坐标纸上作出 $I-U$、$I-\dfrac{1}{L^2}$ 和 $\nu-U_s$ 曲线.

注意:作 $I-U$ 曲线时,不要漏掉反向区;作 $I-\dfrac{1}{L^2}$ 曲线时,当 $L\to\infty$ 时,有 $I\to 0$.

[••• 思考题]

1. 截止电压与照度有什么关系?
2. 从实验中所得的结论是否与理论一致?
3. 如何解释光的波粒二象性?

[拓展阅读]

对于光的本质的探索

实验 C4 电子荷质比的测量

电子是人们最早发现的带有单位负电荷的一种粒子. 1897 年,英国的汤姆孙和他的学生在使用不同的阴极和不同的气体做阴极射线实验时,根据放电管中的阴极射线在电磁场作用下的轨迹确定了阴极射线中有带负电的粒子,并测出了该粒子的荷质比. 他们发现,无论怎么更换电极材料和气体成分,测得的荷质比均为同一数量级,由此证明电子的存在. 从此,神秘的微观世界向人类敞开了大门. 汤姆孙获得了 1906 年诺贝尔物理学奖.

目前,测量电子荷质比的方法有很多,本实验主要介绍磁聚焦法.

[实验目的]

1. 观察电子在电场和磁场中的运动规律.
2. 了解电子射线束磁聚焦的基本原理.
3. 学习用磁聚焦法测量电子荷质比.

[实验仪器]

电子射线示波管,万用表,直流稳压电源,长直螺线管,电子荷质比测定仪,电源导线等.

[实验原理]

一个带电粒子在磁场中运动要受到洛伦兹力的作用. 设带电粒子是质量和电荷分别为 m 和 e 的电子,则它在磁感应强度为 $\boldsymbol{B}$ 的均匀磁场内以速度 $\boldsymbol{v}$ 运动时所受的洛伦兹力为

$$\boldsymbol{F} = e\boldsymbol{v} \times \boldsymbol{B} \tag{C4-1}$$

这时电子在平行于磁场方向上做匀速直线运动,而在垂直于磁场方向的平面内做匀速圆周运动,形成了一条螺旋线的运动轨迹,如图 C4-1 所示.

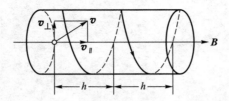

图 C4-1 带电粒子在磁场中的螺旋线运动

如果将示波管置于一个用导线绕制的载流长螺线管的均匀磁场里,并使示波管内电子束的方向和磁感应强度 $\boldsymbol{B}$ 的方向平行,此时,作用于电子的洛伦兹力为零,电子做匀速直线运动,最后打在屏的 O 点(坐标原点).

对示波管水平偏转板加直流电压,电子穿过电场后,获得一个横向速度 $v_\perp$,方向垂直于 $\boldsymbol{B}$. 因此电子受到洛伦兹力的作用. 逆 z 轴的方向看去,电子做逆时针方向的圆周运

动,设其半径为 R,则有

$$R_\perp = \frac{mv_\perp}{eB} \tag{C4-2}$$

式中,B 为螺线管轴线处的磁感应强度大小,其表达式为

$$B = \frac{\mu_0 NI}{\sqrt{L^2+D^2}} \tag{C4-3}$$

式中,$\mu_0 = 4\pi \times 10^{-7}$ H·m^{-1} 为真空磁导率,N 为螺线管的匝数,I 为螺线管的励磁电流,L、D 分别为螺线管的长度和直径.

电子做圆周运动的周期为

$$T_\perp = \frac{2\pi m}{eB} \tag{C4-4}$$

上式表明电子做圆周运动的周期与电子速度的大小无关,也就是说,当 $\boldsymbol{B}$ 一定时,尽管从同一点出发的电子的速度大小不同,但它们运动一周的时间却是相同的,因此,这些电子在旋转一周后都同时回到了原来的位置.

上面只考虑了电子在垂直于磁场的平面内运动的情况,实际情况是电子既在轴线方向做直线运动,又在垂直于磁场的平面内做圆周运动,它的轨道是一条螺旋线,其螺距用 h 表示,则有

$$h = v_{/\!/} T_\perp = \frac{2\pi m v_{/\!/}}{eB} \tag{C4-5}$$

上式表明,如果各电子的 $T_\perp$ 和 $v_{/\!/}$ 相同,那么这些螺旋线的螺距 h 也相同.这说明,从同一点出发的所有电子,经过相同的周期 $T_\perp$ 后,都将会聚于距离出发点 h 处,而 h 的大小则由 B 和 $v_{/\!/}$ 来决定.这就是磁聚焦的原理.

设电子的加速电压为 U,根据能量守恒定律,有

$$v_{/\!/} = \sqrt{\frac{2eU}{m}} \tag{C4-6}$$

联立以上各式可推导出

$$\frac{e}{m} = \frac{8\pi^2 (L^2+D)^2}{(\mu_0 Nh)^2} \cdot \frac{U}{I} \tag{C4-7}$$

这里 N、L、D、h 的数值由实验室给出,因此测得 U 和 I 后,就可以求得电子的荷质比.

[实验内容]

1. 调节亮度旋钮(即调节栅极相对于阴极的负电压)、聚焦旋钮(即调节第一阳极电压,以改变磁透镜的焦距,达到聚焦的目的)和加速电压旋钮,观察各旋钮的作用.

2. 调节加速电压旋钮,以改变加速电压(约为 800 V),将聚焦旋钮逆时针旋到底,亮度旋钮旋到适中位置(此时电子束在荧光屏上形成光斑).

3. 调节励磁电流 I,观察磁聚焦现象.继续加大励磁电流 I 以加大螺线管磁场的磁感应强度 B,这时将观察到第二次聚焦、第三次聚焦等,记录三次聚焦的励磁电流值,计算出 e/m.

4. 改变螺线管磁场的方向(即改变励磁电流的方向),重复以上步骤,按要求测量各

项数据,计算出电子荷质比的平均值.

[数据记录和处理]

1. 数据记录

自拟表格记录实验数据.

2. 数据处理

利用公式(C4-7)计算每一次聚焦时电子的荷质比,并计算平均值.

[注意事项]

1. 因实验线路中有高压,故操作时须倍加小心,以防电击.

2. 为了减少干扰,螺线管支架应接地,其他铁磁性物体应远离螺线管.

3. 螺线管不要长时间通以大电流,避免线圈过热.

4. 改变加速电压后,光点亮度会改变,这时应重新调节亮度. 若调节亮度后加速电压有变化,则应将其再调到规定的电压值.

思考题

1. 调节螺线管中的电流的目的是什么?

2. 为什么实验时螺线管中的电流要反向? 聚焦时电流值有何不同?

3. 磁聚焦时,如何判定偏转板到荧光屏的距离是一个螺距,而不是两个、三个或更多螺距?

[拓展阅读]

测电子电荷的密立根油滴法

实验 C5　光 伏 效 应

1839 年,法国科学家贝可勒尔发现了光生伏打效应.当时在研究磷光的贝可勒尔把氯化银放在酸性溶液里,接上两个铂电极,然后拿到太阳下去晒,结果在两个电极之间发现了电压.当时人们还不知道该现象的原理,只知道某些物质经光照后可以产生电压,于是把这种现象称为光生伏打效应,简称光伏效应.

1877 年,亚当斯等人在硒片上发现了固体光伏效应,并制成了硒光电池;1932 年,奥杜博特等人制成了硫化镉太阳能电池;1941 年,奥尔在硅材料上发现光伏效应;1954 年 5 月,美国贝尔实验室的恰宾、富勒和皮尔松制成了效率达到 6% 的太阳能电池.此后,太阳能电池和各类光伏元器件被广泛应用到科学研究、工程应用和生活中.

现在,利用光伏效应工作的产品在生活中随处可见,大到光伏发电网络、各类航天器的太阳能电池、太阳能汽车等,小到太阳能路灯、太阳能手表、太阳能计算器等,手机和数码相机上面的感光元器件也是利用光伏效应制作的.光伏效应的发现和利用极大地影响和改变了我们的生活.

[实验目的]

1. 学习光伏效应原理,观察光伏效应.
2. 测量硅光电池的光电特性.
3. 加深对光的本质的理解.

[实验仪器]

光源,单晶和多晶硅电池,光具座,台式万用表,直流稳压电源等.

[实验原理]

光伏效应是指半导体在受到光照射时产生电动势的现象.本实验主要介绍应用较早且广泛的硅光电池的工作原理,并且对其重要参量进行测量与分析.硅光电池之所以能够工作,取决于半导体材料的特殊结构和其电学、光学特性.

1. 能带

按照量子力学理论,由于固体内原子间存在较强的相互作用,所以它们彼此的能级会互相影响.电子是费米子,满足泡利不相容原理,能使原子能级展宽成能带.在绝对零度时,从基态开始,每个量子态只能有一个电子,依能量由低到高依次向上填充,直到费米能级(温度为绝对零度时,固体能带中充满电子,温度不为绝对零度时,能级填充概率为 50%)为止,上面的能级都是空的.被电子填满的能带称为满带,全部空着的能带称为空带.满带中的电子受到束缚不能定向移动,因此满带中的电子不是载流子,是不能导电的.能带的间隔叫带隙(用 E_g 表示)或禁带,禁带中不允许有电子存在.根据原子电子排布和固体结构的不同,固体的能带会有较大的差别,图 C5-1 所示的是绝缘体、半导体和导体的能带示意图.导体中价带和导带之间没有带隙,电子获得能量后可以被激发到导带参与导电.绝缘体中价带和导带之间存在较大的带隙,电子需要较大能量才能够被激发到导带参与导电. 而半导体的带隙介于导体和绝缘体之间,在常温时有部分电子可以被激发到导带参与导电,导电能力不及导体. 需要说明的是,半导体和绝缘体的区别并不是绝对的,只要有足够大的能量激发电子都可以使其导电. 导电的本质是电子在电场中获得能量,跃迁到更高的能级,而电子在电场中获得的能量一般很小,所以需要有足够小的能级接收跃迁后的电子.

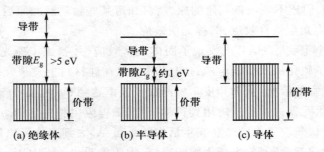

图 C5-1   绝缘体、半导体和导体能带示意图

如果由于某种原因(热激发、光激发等),价带顶部的一些电子被激发到导带底部,那么在价带顶部就相应地留下一些空穴,从而使导带和价带都变得可以导电了,因此半导体的载流子有电子和空穴两种. 可见,半导体介于导体与绝缘体之间的特殊的导电性是由它的能带结构决定的.

2. PN 结

本征半导体是完全无杂质并且无晶格缺陷的半导体. 典型的本征半导体有硅(Si)、锗(Ge)及砷化镓(GaAs)等. 常温下本征半导体的电导率较小,载流子浓度对温度变化敏感,所以很难对其导电进行控制,实际应用不多. 通常人们会根据需要对本征半导体掺入杂质得到更容易控制的 P 型半导体和 N 型半导体.

如图 C5-2 所示,在纯净的硅晶体中掺入三价元素(如硼),使之取代晶格中硅原子的位置,与相邻的硅原子组成共价键时缺少一个电子,形成一个空穴,这样就形成了 P 型半导体. 在 P 型半导体中,空穴为多子,自由电子为少子,主要靠空穴导电. 在纯净的硅晶体中掺入五价元素(如磷、砷、锑等),当杂质原子取代晶格中的硅原子时,与相邻的硅原子组成共价键后多余一个电子,这样就形成了 N 型半导体. 在 N 型半导体中,电子为多子,空穴为少子,主要靠电子导电.

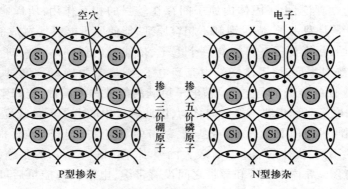

图 C5-2   P 型与 N 型半导体

对于 P 型和 N 型半导体而言,晶体中电子的数目总是与核电荷数一致,所以对外部来说它们是电中性的. 当光照射到 P 型或 N 型半导体上时,电子可以吸收光子从而脱离化学键,形成电子–空穴对. 但是,若激发出的电子能量不够高,电子不从晶体中脱离,则电子将很快与空穴重新"复合". 整个过程表现为晶体被加热,而无其他电学性质变化.

使用一些特殊的工艺可以将 P 型半导体和 N 型半导体紧密地结合在一起,在两种半导体的交界区域会形成一个特殊的薄层,称之为 PN 结. P 型半导体和 N 型半导体分别含有较高浓度的空穴和自由电子,由于存在浓度梯度,自由电子将由 N 型半导体向 P 型半导体扩散,空穴将由 P 型半导体向 N 型半导体扩散. 在载流子扩散的过程中,自由电子和空穴将相互"融合",使得 N 型半导体的自由电子浓度减少,N 型半导体总体带正电;P 型半导体的空穴浓度减少,P 型半导体总体带负电. 在中间位置形成一个由 N 型半导体指向 P 型半导体的电场,称之为内电场. 在内电场形成后,载流子的扩散运动和漂移运动互相制约,最后达到动态平衡,平衡后的 PN 结如图 C5-3 所示.

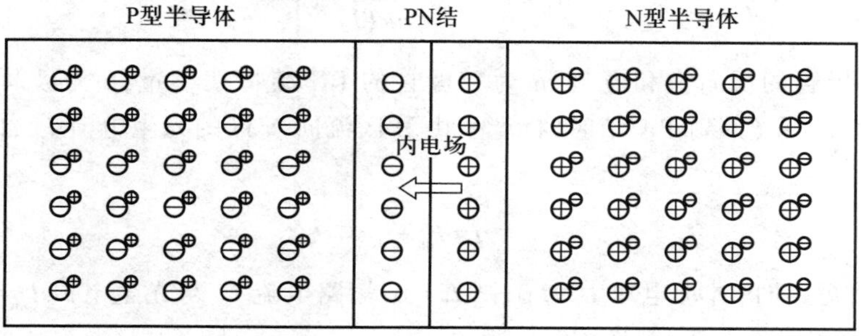

图 C5-3　PN 结

3. PN 结的光伏效应

入射光照射在 PN 结上并且在界面层被吸收,若光子有足够大的能量,则可能把共价键里的电子激发出来,产生电子–空穴对. 由于界面层存在内电场,所以电子和空穴将分离,电子向带正电的 N 区运动,空穴向带负电的 P 区运动(图 C5-4),将在 P 区和 N 区之间产生与入射光相关的电压,这就是光伏效应.

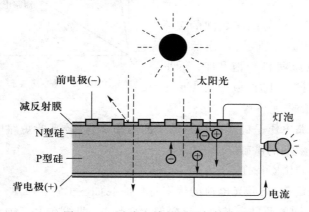

图 C5-4　硅光电池的原理与结构图

当在硅片上接入电极时,通过电压表可测量光生电压,这样就构成了一个硅光电池.硅光电池的面积越大,通过光照产生的电子-空穴对越多,电流就越大.

4. 光电池

常见的光电池有第一代的硅基太阳能电池(如单晶硅、多晶硅、非晶硅太阳能电池),第二代的薄膜太阳能电池(如砷化镓太阳能电池),第三代的高转换效率的太阳能电池(如染料敏化、量子点、钙钛矿太阳能电池).

硅光电池是一种利用 PN 结的光伏效应直接将光能转化为电能的光电转化器件,可以作为电路中的电源使用. 硅光电池的优点是结构简单、使用方便、不需要外加电源就可以工作,它主要应用于光谱仪器的光接收器、光电转化、红外探测、光电开关等方面. 本实验主要研究硅光电池的光照特性.

(1)短路电流与照度的关系.

PN 结二极管正向电流与外加电压的关系为

$$I_D = I_0 \left[\exp\left(\frac{qU}{nkT}\right) - 1 \right] \tag{C5-1}$$

式中,I_0 为二极管的反向饱和电流,n 为二极管的 PN 结特性参量,k 为玻耳兹曼常量,T 为热力学温度. 当光照射 PN 结时,将产生由 P 区流向 N 区的光生电流 I_{ph},此时 PN 结的总电流为

$$I = I_{ph} - I_D \tag{C5-2}$$

当 PN 结短路时,外加电压 U 为 0,则 $I_D = 0$,短路电流 I_{sc} 与光生电流 I_{ph} 相等,因此短路电流与照度成线性关系,如图 C5-5 所示.

(2)开路电压(即负载电阻为无限大时的电压)与照度的关系.

当电路开路时,$I=0$,可以根据式(C5-1)和式(C5-2)求出开路电压为

$$U_{oc} = \frac{nkT}{q}\ln\left(\frac{I_{sc}}{I_0} + 1\right) \tag{C5-3}$$

因此,开路电压 U_{oc} 与照度之间的关系是非线性的,如图 C5-5 所示,且当照度达到某一值时开路电压就趋于饱和了. 因此用硅光电池作为测量元件时,应把它当成电流源,不宜当成电压源.

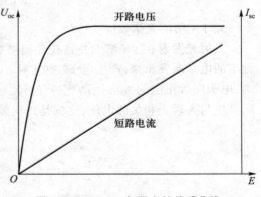

图 C5-5　U_{oc}、I_{sc} 与照度的关系曲线

短路电流和开路电压是硅光电池最重要的两个参量,较高的短路电流和开路电压是产生较高能量转化效率的基础.

(3)硅光电池的伏安特性.

当电路中接入负载时,硅光电池的伏安特性曲线如图 C5-6 所示. 图中 E_1、E_2、E_3 和 E_4 曲线分别对应不同的照度. 当加入反向偏置电压时,曲线在电流轴上的截距为短路电流;无偏置电压时,曲线在电压轴上的截距为开路电压.

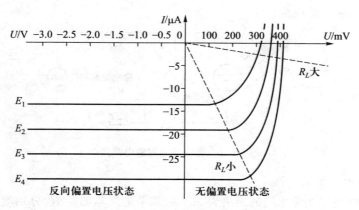

图 C5-6　硅光电池伏安特性曲线

（4）硅光电池其他重要参量.

① 最佳工作点（最大功率点）.

从硅光电池的伏安特性曲线可以看出，随着负载的逐渐减小，负载两端的电压逐渐减小，电流逐渐增大，在开路和短路时输出功率都为 0，因此当负载取某一合适值时，输出功率可以达到最大值 P_{max}（此时的输出电压和电流记为 U_m 和 I_m），该点称为硅光电池的最佳工作点，也称为最大功率点.

② 转化效率.

转化效率是衡量光电池把光能转化成电能的能力的重要参量，可以表示为

$$\eta = \frac{P_{max}}{P_{in}} \times 100\% \tag{C5-4}$$

其中，P_{max} 是光电池的最大输出功率，P_{in} 是输入的光功率.

不同类型的硅光电池的转化效率不同，有的硅光电池的实验室转化效率已经高于 25%，硅光电池转化效率的理论极限值为 33%.采用复杂结构的高成本多结化合物半导体太阳能电池的转化效率可以达到 46%.

③ 填充因子.

光电池输出功率最大时的输出电流和输出电压的乘积与短路电流和开路电压乘积的比值称为填充因子.填充因子的定义式为

$$FF = \frac{P_{max}}{U_{oc} I_{sc}} = \frac{U_m I_m}{U_{oc} I_{sc}} \tag{C5-5}$$

填充因子是影响光电池输出性能的一个重要参量，在开路电压和短路电流一定的情况下，光电池的转化效率取决于填充因子，填充因子越大，转化效率就越高，光电池的质量就越好.

[实验内容]

1. 短路电流、开路电压与照度之间的关系

按照图 C5-7 连接电路.根据实验要求调节电阻箱的阻值，打开光源，调节硅光电池与光源之间的距离为 100 cm.断开开关 K，测量开路电压.接通开关 K 和 K_1，测量短路电流.若短路电流过大，则需提高量程挡位.改变硅光电池与光源之间的距离，测量不同距

离下的开路电压和短路电流.

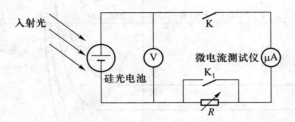

图 C5-7   光伏效应实验电路图

2. 硅光电池的伏安特性

调节硅光电池与光源之间的距离为 20 cm,调节电阻箱的阻值,分别测量负载电阻不同时电路中的电压和电流.

[数据记录和处理]

1. 数据记录

自拟表格记录实验数据.

2. 数据处理

(1) 分别作出单晶硅与多晶硅光电池的短路电流、开路电压与照度之间的关系曲线.

(2) 根据测量结果分别绘制单晶硅与多晶硅光电池的伏安特性曲线(包括 20 cm 时的开路电压和短路电流实验数据点).

[!] 思考题

1. 单晶硅与多晶硅光电池有何区别与联系?

2. 硅光电池的伏安特性有哪些特点?

3. 实验过程中硅光电池的输出电流随着入射光强的改变是否有滞后现象? 如何解释该现象?

实验 C6　激光全息照相

　　激光全息照相技术被人们誉为"20世纪的一个奇迹",它的拍摄原理和观察方法与普通照相完全不同,它可以通过光的干涉记录物体的三维光场信息. 1947年,物理学家伽博为了提高电子显微镜的分辨本领而提出了全息的概念,并开始全息照相的研究工作. 但是由于传统光源的相干性不好,直到激光出现(1960年)以后,全息照相技术才获得了实质性的发展和应用. 1962年,苏联科学家丹尼苏克以及美国密歇根大学的利思和乌帕特尼克斯分别拍摄了记录三维物体的光学全息照片. 随后,相继出现了多种全息的方法,不断开辟了全息应用的新领域. 伽博也因"全息方法的发明和发展"而获得1971年诺贝尔物理学奖.

　　全息技术除了能够应用于照片的拍摄之外,在精密计量、无损检测、信息存储和处理、弹道和流场显示等许多领域也发挥着极为重要的作用. 本实验通过拍摄漫反射全息图和白光再现全息图来学习全息技术的基本原理和主要特征.

[实验目的]

1. 了解全息照相的原理及其特点.
2. 掌握漫反射物体的全息照相方法,学会制作漫反射物体的三维全息图.
3. 掌握反射全息的照相方法,学会制作物体的白光再现反射全息图.
4. 进一步熟悉光路的调节方法,学习暗室技术.

[实验仪器]

　　氦氖激光器,全息照相实验台,曝光定时器,光电开关,分束镜,反射镜,扩束镜,底片夹,载物台,被摄物体,全息底片,暗室设备及药品.

[实验原理]

　　全息照相是一种摄制和再现立体物像的技术. 它利用光波的干涉和衍射原理,将物体"发出"的特定波前(同时包含振幅和相位)以干涉条纹的形式记录下来,然后在一定条件下,利用衍射再现物体的立体图像. 全息照相技术主要包括物体全息图的记录过程和立体物像的再现过程.

　　1. 全息照相与普通照相的主要区别和特点

　　(1) 全息照相能够把物光波的全部信息(即振幅和相位)记录下来,而普通照相只能记录物光波的强度(即振幅),因此全息照片记录了物体的三维光场的全部信息,能够再现与原物体完全相同的立体图像.

　　(2) 由于全息照片上每一部分都包含被摄物体上每一点的光波信息,所以它具有可分割性,即全息照片的每一部分都能再现物体的完整图像.

　　(3) 在同一张全息底片上,可以采用不同的角度多次拍摄不同的物体,再现时,在不同的衍射方向上能够互不干扰地观察到每个物体的立体图像.

　　2. 全息照相技术的发展

　　全息照相技术(全息术)发展到现在已有四代. 第一代是用水银灯记录的同轴全息图,

这是全息术的萌芽时期,其主要缺点是原始像和共轭像不能分离,并且光源相干性差导致拍摄结果模糊. 第二代是利思和乌帕特尼克斯提出的利用激光记录和再现的离轴全息图技术,它实现了原始像和共轭像的分离. 同时,激光的使用使全息图更加清晰. 但是,此种全息图仍需要在特定光源下才能再现观察. 第三代是用激光记录白光再现的全息图,主要有反射全息、像全息、彩虹全息及合成全息等,它使全息术在显示方面展现出优越性. 第四代是利用白光记录和再现的全息图,这是当今全息术致力发展的重要方向.

本实验将用激光作光源完成物体的第二代全息图——漫反射全息图和第三代全息图——反射全息图的拍摄和再现.

3. 漫反射全息图

如前所述,全息照相分记录过程和再现过程. 漫反射全息图的记录光路如图 C6-1 所示.

激光束经过分束镜 S 被分为两束:一束是物光,即经过反射镜 M_1 和扩束镜 L_1 到达物体 O,然后由物体漫反射到记录底片 H 上;一束是参考光,即经过反射镜 M_2 和扩束镜 L_2 直接照射到记录底片 H 上. 物光和参考光在记录底片上相干,形成干涉条纹. 这些干涉条纹记录了物光波的全部信息. 当把记录底片显影时,干涉图案就以感光介质密度变化的形式被显示出来,即波前相位相同的地方密度增加,波前相位不同的地方密度减弱. 这种密度不同、明暗不等的干涉条纹和物体本身毫无共同之处,但它却包含了物体的全部信息. 可见记录过程的本质在于将物体的全部信息以干涉条纹的形式存储在全息底片中,这相当于物光波的调制过程,即用两束光干涉的方法使光强重新分布,形成干涉图案,从而记录物光波的全部信息.

完成了记录过程后,就可以将记录有物光波全部信息的全息底片拿到暗室进行显影、停显、定影、水洗和烘干等处理. 然后即可用该全息底片进行物光波的再现. 漫反射全息图的再现光路如图 C6-2 所示.

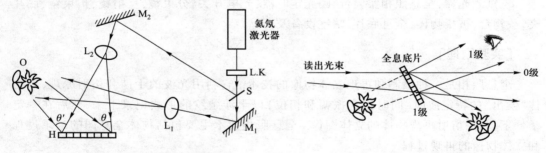

图 C6-1　漫反射全息图记录光路　　　　图 C6-2　漫反射全息图再现光路

用一扩束后的激光(称为读出光束)照射全息底片,在读出光束的前进方向上,产生一束 0 级衍射光和两束 1 级衍射光. 用眼睛对着其中一束 1 级衍射光,可以看到与原物体毫无两样的虚像,感觉十分逼真,这个虚像可以用照相机拍摄下来;另一束 1 级衍射光称为共轭物光波,在该光波的前进方向上放置一接收屏,可接收到物体的再现实像,这就是物光波的再现过程. 可以看出,再现过程相当于解调过程,即把存储于干涉图案中的物光波用衍射的方法取出来.

4. 白光再现反射全息图

反射全息图是在反射光中观察所记录的全息像,而不像通常的全息图在透射光中观察. 白光再现反射全息图的光路如图 C6-3 所示.

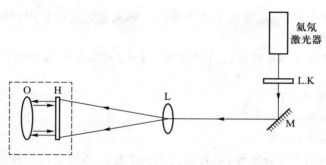

图 C6-3 白光再现反射全息图光路

激光经扩束镜扩束后自全息底片的背面投射到全息底片的乳胶面上作为参考光;透过全息底片投射到物体上并经物体表面散射和反射而投射到全息底片乳胶面上的光为物光.参考光和物光在全息底片上发生干涉,就将物光波的全部信息记录下来. 因为透过全息底片的光总比入射光弱,所以被摄物体应该具有高反射率且应贴近全息底片放置(10 mm 左右).

白光再现反射全息图是利用布拉格衍射效应和厚层照相乳胶的作用来共同完成的.在记录过程中,物光和参考光之间的夹角约为 180°,两光波在乳胶介质中建立起驻波,所形成的干涉极大面为平行于乳胶面的一组平面,各平面的间隔为

$$d = \frac{\lambda}{2\sin\dfrac{\theta}{2}} \approx \frac{\lambda}{2} \tag{C6-1}$$

式中,θ 为物光与参考光之间的夹角(约为 180°). 这样,再现时,全息底片相当于一个"衍射光栅",即只有当再现光及其波长满足布拉格衍射条件时,才能在再现光的反射方向获得物体的最亮的像,布拉格衍射条件为

$$\frac{\lambda'}{2d} = \sin\varphi \tag{C6-2}$$

式中,λ' 为再现光波长,φ 为再现光投射到全息底片时的衍射角. 因此,对于一个给定的入射角,只有一种波长的光反射最大. 可以看出,反射全息图对波长的这种高度选择性,决定了它可以用白光再现. 此时反射光波的振幅正比于物光波的振幅并与再现光波通过全息图的过程有关.

[实验内容]

进入实验室后,首先要熟悉本实验所用仪器和光学元件. 注意不要用手触摸光学元件的表面,并且要轻拿轻放. 而后打开氦氖激光器电源,调整其工作电流,使其输出最强的激光. 在此基础上,按下述内容和步骤开始实验.

1. 正确使用曝光定时器

曝光定时器是用来控制曝光时间的,其定时范围为 1~190 s. 使用方法如下:

(1) 打开电源开关,预热 3 min.

(2) 根据曝光时间的要求,把选择时间的开关拨到相应的位置.

(3) 曝光前将"遮光-通光"开关拨到遮光位置(指示灯亮),曝光时按一下"触发"按钮即可进行自动曝光,到了规定的时间便自动遮光.

（4）在正式曝光前,一定要按上述步骤练习曝光定时器的使用,保证在暗室内的黑暗条件下能够运用自如.

（5）待正式曝光并取走底片后,将"遮光–通光"开关拨回通光位置. 不用时关断电源,以备下次使用.

2. 拍摄漫反射全息图

本实验拟拍摄各种瓷质"小动物"的漫反射全息图.

（1）光路的安排和调节.

光路的安排和调节十分重要,它直接关系到全息照相的成败和质量,因此要格外耐心仔细. 首先按图 C6-1 所示光路将各元件大致摆放到相应位置上,此时要注意使整个光路所占面积约为实验台面积的 2/3;然后用激光束仔细调节各元件的位置,调好后固定各元件及其支架. 操作要点如下:

① 各光束都应与台面平行.

② 两光束的光程差不能太大. 物光和参考光的光程都从分束镜开始量起,沿着光束的前进方向量至全息底片.

③ 适当选择物光和参考光的夹角 θ,本实验中 θ 取 $30° \sim 50°$.

④ 适当选择参考光与物光的光强比,本实验中该比值为 $3:1 \sim 8:1$.

⑤ 适当选择曝光时间. 这一点十分重要但无定章可循,基本上是根据总光强和两束光的光强比凭经验来选择的. 本实验中曝光时间的参考值为 $5 \sim 10\ s$. 学生在选定曝光时间后,要请任课教师辅助判断所定曝光时间是否可行.

光路调好之后不能再对元件进行调节,仔细检查无误后,可进行下一步操作.

（2）安装底片及曝光拍照.

学会判断全息底片乳胶面的方法,即用两指同时摸全息底片两面的边角,较涩的一面即乳胶面. 将已判断好乳胶面的两块底片包好后回到全息实验室. 关掉室内所有光源,并用曝光定时器遮断激光,准确并轻轻地将一块底片放在底片夹上夹好(注意:底片的乳胶面要面向被摄物体),然后让室内(人和物)静止 $1 \sim 2\ min$ 后,启动曝光定时器进行自动曝光. 待曝光结束后,取下底片并用黑纸或黑口袋装好. 注意:千万不要将已曝光的底片与另一尚未曝光的底片相混.

3. 拍摄白光再现反射全息图

本实验拟拍摄一枚硬币的白光再现反射全息图,具体的拍摄过程如下:

（1）按图 C6-3 所示光路摆放各元件并调节好光路. 在该过程中应注意:不要放入扩束镜 L;各光束与台面平行.

（2）将硬币用橡皮泥与底片架粘在一起,调节其位置,使之与底片平面的距离适当,两者尽量平行,并使激光束照射在硬币的中心.

（3）放入扩束镜 L,调节其位置(上下、左右、前后),使扩束后的激光均匀照明硬币,并使光强适中. 确定曝光时间,调好曝光定时器.

（4）在完全无光照的情况下,放好另一块底片,静止 $2 \sim 3\ min$ 后,启动曝光定时器进行自动曝光,待曝光结束后,取下底片并包好.

4. 底片处理

将两块拍摄好的全息底片拿到暗室进行处理,具体的处理过程如下.

（1）打开暗室白炽灯和绿光灯，认清显影液、停影液和定影液及其位置，然后关掉暗室白炽灯，把两块全息底片放入 D-19 显影液中显影. 白光再现反射全息图底片首先变黑，显影时间稍短，漫反射全息图底片的显影时间要稍长一些. 显影时间要视具体情况而定.

（2）显影完毕后，拿出底片，用清水冲洗约 1 min 后，放入停影液中约 30 s，而后放入 F-5 定影液中 4～6 min. 打开暗室白炽灯，用流水反复冲洗底片 5～10 min，再用吹风机吹干.

需要注意的是，在暗室中工作时，动作要轻，要仔细，不要碰坏底片和室内其他物品. 冲洗后的全息底片上不能直接看到全息像，变黑的部分为受到光照的部分，变黑的程度与所受光照强度和曝光时间成正比. 若底片完全透明则代表没有光照射到底片上，若底片全黑则代表在拍摄过程中底片被其他光源曝光，不能观察到全息图. 正常曝光的底片应当是底部有一条透明带（底片夹夹持位置，不曝光），上方有部分变黑的区域.

5. 再现观察

在暗室中处理完底片后，将底片拿回全息实验室进行再现观察.

（1）漫反射全息图的再现.

按图 C6-2 摆好光路，将漫反射全息图的全息底片按与拍摄时相同的方法固定在底片夹上，然后放入光路中，转动底片改变其与再现光的夹角，同时用眼睛观察 1 级衍射光，即可看到与原物体完全相同的立体像. 可打碎底片，用其中的任意一块碎片再观察，看看结果如何.

（2）白光再现反射全息图的观察.

在白炽灯下，从反射光的方向观察白光再现反射全息图的反射全息像. 在本实验中，为便于观察，用幻灯机的平行白光做再现观察.

[注意事项]

1. 光学元件的光学表面（如平面反射镜、分束镜等的镜面）不得玷污或触摸. 若不小心触碰了光学元件的光学表面，不可擅自处理，应报告实验室人员按操作规程妥善处理.

2. 不要擅自调节激光器电源的输出电流.

3. 实验结束后，将所有用电设备的电源切断，应特别注意检查曝光定时器的电源.

思考题

1. 全息照相有哪些重要特点？

2. 全息底片和普通照相底片有什么区别？

3. 为什么安装底片后要静止一段时间才能进行曝光？

4. 拍摄的"小动物"是什么？两种全息照相是否成功了？是否看到了全息像？其颜色如何？

5. 普通照相冲洗底片时是在红光下进行的，全息照相冲洗底片时为什么必须在绿光甚至全黑下进行？

6. 实验中遇到了哪些问题？你是如何解决的？

实验 C7　弗兰克-赫兹实验

1913 年,丹麦物理学家玻尔(N. Bohr)将普朗克提出的量子理论运用于卢瑟福提出的原子模型,提出了玻尔模型,并指出电子在原子核周围运动时存在能级,电子只能处于分立的能级上,电子在能级上运动时并不辐射能量,电子在能级间跃迁时吸收或放出对应能级差的光子. 该模型很好地解释了 1885 年通过实验获得的氢光谱的巴耳末公式. 玻尔模型在提出之初并没有受到所有科学家的认同,汤姆孙、瑞利以及洛伦兹等人认为该模型存在物理原理的问题,但是卢瑟福、希尔伯特、爱因斯坦、玻恩以及索末菲等人却将该模型视为一项具有突破性的研究成果.

1914 年,德国物理学家弗兰克(J. Franck)和赫兹(G. Hertz)对测量电离电位的实验装置做了改进,他们使用几个到几十个电子伏的电子与汞蒸气中的原子碰撞,着重观察碰撞后阳极电流的变化. 通过实验测量,他们发现电子和原子碰撞时会交换某一个固定值的能量,使原子从低能级激发到高能级. 他们的实验结果直接证明了原子发生跃迁时吸收和发射的能量是分立的、不连续的,证明了原子能级的存在,从而证明了玻尔模型的正确. 1922 年,玻尔因"对原子结构以及从原子发射出的辐射的研究"而获得诺贝尔物理学奖. 弗兰克和赫兹由于"发现那些支配原子和电子碰撞的定律",共同获得 1925 年诺贝尔物理学奖.

玻尔模型能解释当时其他模型所不能解释的实验现象,并且预测了一些之后通过实验证实的结果,因此后来得到科学界的普遍接受. 它虽然现在已由其他模型取代,但仍是关于原子最为有名的理论模型之一,是量子力学产生的重要基础之一.

弗兰克-赫兹实验至今仍是探索原子结构的重要手段之一,实验中用的"拒斥电压"筛去小能量电子的方法,已经成为广泛应用的实验技术.

[实验目的]

1. 学习弗兰克-赫兹实验的原理和方法.
2. 通过测定氩原子的第一激发电位,证明原子能级的存在.

[实验仪器]

ZKY-FH-2 型弗兰克-赫兹实验仪,通用示波器.

[实验原理]

玻尔模型指出:

(1) 原子只能较长时间地停留在一些稳定状态(简称为定态). 原子在这些状态时,不发射或吸收能量. 各定态有一定的能量,其数值是彼此分隔的. 原子无论通过什么方式发生能量改变,都只能从一个定态跃迁到另一个定态.

(2) 原子从一个定态跃迁到另一个定态而发射或吸收能量时,辐射的频率是一定的. 如果用 E_m 和 E_n 分别代表与跃迁相关的两定态的能量,那么辐射的频率 ν 取决于如下关系:

$$h\nu = E_m - E_n \tag{C7-1}$$

式中,普朗克常量 $h = 6.63 \times 10^{-34}$ J·s.

为了使原子从低能级向高能级跃迁,可以使具有一定能量的电子与原子相碰撞进行能量交换. 设初速度为零的电子在电势差为 U_0 的加速电场作用下,获得能量 eU_0. 当电子与稀薄气体的原子(比如氩原子)发生碰撞时,就会发生能量交换. 以 E_1 代表氩原子的基态能量、E_2 代表氩原子的第一激发态能量,如果电子能量恰好与氩原子两能级之间的能量差相等,

$$eU_0 = E_2 - E_1 \tag{C7-2}$$

氩原子就会从基态跃迁到第一激发态. 相应的电势差称为氩原子的第一激发电位(或称中肯电位). 测出电势差 U_0,就可以根据式(C7-2)求出氩原子基态和第一激发态之间的能量差(其他元素气体原子的第一激发电位亦可依该法求得).

本实验用气态氩代替弗兰克-赫兹实验所用的汞蒸气. 弗兰克-赫兹实验的原理图如图 C7-1 所示. 在弗兰克-赫兹管中充入微量氩气,引出的电极共有四个:阴极 K(由旁热式氧化物构成)、两个栅状电极(简称栅极)G_1 和 G_2、阳极 A. 电子由阴极发出,阴极 K 和第二栅极 G_2 之间的加速电压 U_{G_2K} 使电子加速. 在阳极 A 和第二栅极 G_2 之间加有反向拒斥电压 U_{G_2A}. 管内电压如图 C7-2 所示. 当电子通过 K-G_2 空间进入 G_2-A 空间时,如果有较大的能量(大于等于 eU_{G_2A}),就能冲过反向拒斥电场而到达阳极形成阳极电流,被微安表检出. 如果电子在 K-G_2 空间与氩原子碰撞,把一部分能量传给氩原子而使后者激发,电子本身剩余的能量就很小,以致通过第二栅极 G_2 后已不足以克服拒斥电场到达阳极 A,那么通过微安表的电流将显著减小.

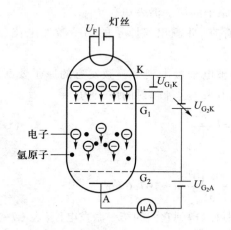

图 C7-1 弗兰克-赫兹实验原理图

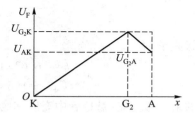

图 C7-2 弗兰克-赫兹管内电压

实验时,使 U_{G_2K} 逐渐增加并仔细观察微安表的电流指示,如果原子能级确实存在,而且基态和第一激发态之间有确定的能量差,就能观察到如图 C7-3 所示的 I_A-U_{G_2K} 曲线.

图 C7-3 所示的曲线反映了氩原子在 K-G_2 空间与电子进行能量交换的情况. 当 K-G_2 间的电压逐渐增加时,电子在 K-G_2 空间被加速而获得越来越大的能量. 但在起始阶段,由于电压较低,电子获得的能量较少,即使在运动过程中它与原子碰撞也只有微小的能

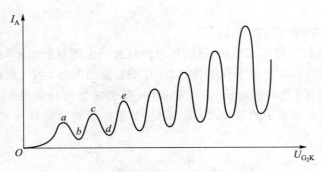

图 C7-3　弗兰克-赫兹实验曲线

量交换(为弹性碰撞). 穿过第二栅极的电子所形成的阳极电流 I_A 将随第二栅极电压 U_{G_2K} 的增加而增大(Oa 段). 当 K-G_2 间的电压达到氩原子的第一激发电位 U_0 时,电子在第二栅极附近与氩原子碰撞,将自己从电场中获得的能量全部交给氩原子中的电子,并且使后者从基态激发到第一激发态. 而电子本身由于把能量全部传递给了氩原子,即使穿过了第二栅极也不能克服反向拒斥电场而被折回第二栅极(被筛掉),所以阳极电流将显著减小(ab 段). 随着第二栅极电压的增加,电子的能量也随之增加,在与氩原子碰撞后还留下足够大的能量,可以克服反向拒斥电场而到达阳极,这时阳极电流又开始增大(bc 段). 直到 K-G_2 间的电压达到氩原子的第一激发电位的二倍时,电子在 K-G_2 间又会因二次碰撞而失去能量,造成第二次阳极电流的减小(cd 段),同理,凡在

$$U_{G_2K} = nU_0 \quad (n = 1, 2, 3, \cdots) \tag{C7-3}$$

处,阳极电流 I_A 都会减小,形成规则起伏变化的 I_A-U_{G_2K} 曲线. 而各次阳极电流 I_A 下降相对应的阴、栅极电压差 $U_{n+1} - U_n$ 应该等于氩原子的第一激发电位 U_0.

　　本实验通过实际测量来证实原子能级的存在,并测出氩原子的第一激发电位(公认值为 $U_0 = 11.55$ V).

　　原子处于激发态时是不稳定的,在实验中被电子轰击到第一激发态的原子要跃迁回基态,此时有 eU_0 的能量以光量子的形式辐射出来. 这种辐射的波长为

$$eU_0 = h\nu = h\frac{c}{\lambda} \tag{C7-4}$$

对于氩原子,有

$$\lambda = \frac{hc}{eU_0} = \frac{6.63 \times 10^{-34} \times 3.00 \times 10^8}{1.6 \times 10^{-19} \times 11.55} \text{ m} \approx 107.6 \text{ nm}$$

　　如果在弗兰克-赫兹管中充以其他元素,则可以得到它们的第一激发电位(表 C7-1).

表 C7-1　几种元素的第一激发电位

元素	钠	钾	锂	镁	汞	氦	氖
U_0/V	2.12	1.63	1.84	3.2	4.9	21.2	18.6
λ/nm	589.0 589.6	766.4 769.9	670.78	457.1	250	58.43	64.02

[实验内容]

1. 仪器介绍

ZKY-FH-2 型弗兰克-赫兹实验仪属于智能型仪器,具有手动、半自动、自动或组合等多种实验方式,可以用示波器动态显示图 C7-3 所示曲线的形成过程,便于找到合适的实验条件,缩短实验的操作时间. ZKY-FH-2 型弗兰克-赫兹实验仪面板如图 C7-4 所示,根据主要的功能可以将其分成①~⑧共八个区域.

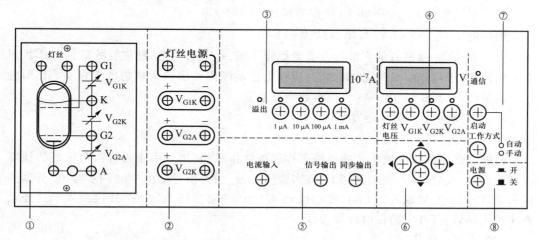

图 C7-4　ZKY-FH-2 型弗兰克-赫兹实验仪面板

区域①是弗兰克-赫兹管的管脚连线区. 弗兰克-赫兹管的各极输入电压和阳极输出电流应接在本区域的对应插座上.

区域②是弗兰克-赫兹管激励电压输出区. 实验中应将本区域的插座用随机附带专用插线连接到区域①的对应插座上.

区域③是测试电流指示区. 上部 4 位 7 段数码管用于指示电流,下部 4 个按键用于选择电流的量程. 对应的量程被选择后,按键上方的指示灯点亮,指示电流的数码管的小数点位置随之变动.

区域④是测试电压指示区. 上部 4 位 7 段数码管用于指示电压,下部 4 个按键用于选择电压源,按键上的指示灯点亮时表示该按键功能有效.

区域⑤是弗兰克-赫兹管阳极电流的输入/输出区. 实验中,使用带 Q9 插头的同轴电缆将本区域的"电流输入"插座连接到区域①的"I"插座上(图中未标),还可以用带 Q9 插头的同轴电缆将本区域的"信号输出"和"同步输出"插座分别连接到示波器的"Y 轴输入"和"外同步输入"(或"外接输入")插座上,利用示波器观察弗兰克-赫兹管的阳极电流曲线.

区域⑥是调整按键区. 利用上、下、左、右 4 个按键可以改变区域④中所选定的电压源的设定值或设置查询电压点,左、右 2 个按键用于改变设定值的位(相应的数码管闪动),上、下 2 个按键用于改变修改位的数值(上增下减).

区域⑦是工作状态指示/设置区. 当通过后面板上的 RS232 插座与计算机相连时,上部的"通信"指示灯指示与计算机的通信状态,"工作方式"按键和"启动"按键可以用来完成仪器的工作方式设定和自动/半自动测试启动等多种操作.

区域⑧是电源开关区.

弗兰克-赫兹管容易因工作电压设置不当而损坏,所以一定要按规定的实验步骤在适当的工作条件下进行实验. 实验中,弗兰克-赫兹管应该在以下参量范围内工作,括号内的极限参量应避免使用.

灯丝电压 U_F:2.5~4.5 V(极限参量:0~6.3 V).

第一栅极电压 U_{G_1K}:1~3 V(极限参量:0~5 V).

第二栅极电压 U_{G_2K}:0~80 V(极限参量:0~100 V).

拒斥电压 U_{G_2A}:5~7 V(极限参量:0~12 V).

由于弗兰克-赫兹管的离散性及衰老程度不同,每个弗兰克-赫兹管的最佳工作状态亦不相同,对于具体的弗兰克-赫兹管,应在上述范围内调出较为理想的工作状态. 阳极电流测量范围为 10^{-9}~10^{-6} A(三位半数字显示).

2. 测定氩原子的第一激发电位

(1) 连接线路.

根据实验仪面板区域①②的插座名称和极性指示,利用专用连线将两个区域的插座连接好(务必反复检查,切勿连错). 将实验仪面板上的"信号输出"和"同步输出"分别连接到示波器的"Y 轴输入"(CH1 或 CH2 输入)和"外同步输入"(或"外接输入"). 经检查连线无误后,打开实验仪电源开关.

(2) 检查开机状态.

开机后,实验仪的"1 mA"电流挡指示灯亮,数码管显示值为"000.0"(若最后一位不为 0,属于正常现象).

实验仪的"灯丝电压"指示灯亮,表明此时修改的电压为灯丝电压. 数码管显示值为"000.0",最后一位在闪动,表明当前修改位为最后一位.

"手动"指示灯亮,表明此时实验操作方式为手动操作.

(3) 开机预热.

利用区域③④⑥的按键,对电流量程、灯丝电压 U_F、U_{G_1K}、U_{G_2A} 按实验仪机箱上的标签参量进行初始设置(可以有不太大的差异),将 U_{G_2K} 设置为 30 V,然后预热 10 min 左右.

(4) 观察与数据记录.

调好示波器的同步状态和 Y 轴显示幅度,按下区域④的"V_{G2K}"按键,利用区域⑥的相应按键,从 0 V 开始逐步增大 U_{G_2K},同时观察示波器的波形变化情况以及实验仪面板显示的电流值和电压值. 在操作过程中,往往需要重新调节示波器的 Y 轴显示幅度,使波形便于观察. 利用示波器的水平位移调节旋钮将扫描起始点向右调偏 1 格,会使观察更加方便.

在输出波形上均匀选取 50~60 个观测点并记录其电流值和电压值. 为了使曲线绘制合理,在极大值和极小值附近应增加观测点.

稍微改变灯丝电压和 U_{G_2K},再测一次. 在改变参量重测前,按下实验仪面板上的"启动"按键,U_{G_2K} 将被设置为零,实验仪内部存储的数据被清除,示波器上显示的波形被清除,但灯丝电压 U_F、U_{G_1K}、U_{G_2A}、电流量程指示灯等不发生变化. 操作者可以在该状态下进行测量.

如果示波器上的波形不理想,可适当改变灯丝电压 U_F、U_{G_1K} 和 U_{G_2A} 以便获得较为理想的 I_A-U_{G_2K} 曲线. 实验中灯丝电压 U_F 的调节要控制在标牌参量的±0.3 V 范围内,不宜过高,否则会加快弗兰克–赫兹管的老化;U_{G_2K} 不宜超过 85 V,否则容易击穿弗兰克–赫兹管.

（5）自动测试.

ZKY–FH–2 型弗兰克–赫兹实验仪在设置 U_F、U_{G_1K} 和 U_{G_2A} 后,还可以设置 U_{G_2K} 扫描终止电压,启动自动测试功能. 在自动测试时,实验仪自动产生由 0 V 到扫描终止电压线性变化的 U_{G_2K},每 0.4 s U_{G_2K} 增加 0.2 V,相应的阳极电流 I_A 被保存在实验仪的存储器中,自动测试结束后,可以查询 I_A-U_{G_2K} 曲线上各点的数据.

在区域⑦区选择工作方式为"自动",在各电压参量正确设置后,按下区域④的"V_{G2K}"按键,电压显示为 U_{G_2K},设定好其扫描终止电压,然后按"启动"键即可开始自动测试. U_{G_2K} 达到扫描终止电压后,自动测试正常结束. 在此之前,将工作方式改为"手动"即可终止自动测试.

（6）自动测试结果查询.

自动测试正常结束后,实验仪进入查询状态. 改变 U_{G_2K} 的指示值,即可得到自动测试过程中在该电压下的阳极电流 I_A.

［数据记录和处理］

1. 选择设置 3 组不同的工作参量（U_F、U_{G_1K} 和 U_{G_2A}）,测出 3 条 I_A-U_{G_2K} 曲线. 数据记录表格自行拟定.

2. 在同一张坐标纸上,作 3 条 I_A-U_{G_2K} 曲线. 在每条曲线旁标出各自的灯丝电压 U_F 和拒斥电压 U_{G_2A}.

3. 对每条曲线查出四个极大值对应的加速电压 U_1、U_2、U_3 和 U_4,用逐差法求出相邻两极大值间电压差的平均值,即可得到氩原子的第一激发电位 U_0. 对每条曲线各求一个 U_0,再求它们的平均值 $\overline{U_0}$.

4. 估算所求第一激发电位的不确定度.

与氩原子第一激发电位的约定真值 11.55 V 相比较,求 $\overline{U_0}$ 的相对偏差,估算不确定度,给出结果表达式.

［注意事项］

1. 灯丝电压不可过大,不应超过 4.5 V. 灯丝电压过大不仅不能调出四个极大值,而且有烧毁弗兰克–赫兹管的危险.

2. 实验中动作要轻缓,以防止损坏实验仪.

3. 实验仪通电前,应仔细检查线路的连接情况,确认无误后方可通电.

💬 思考题

1. 弗兰克-赫兹管有哪些电极？加速电压加在哪两个电极上？（哪个电极加高电位？）负电压加在哪两个电极上？（哪个电极加高电位？）

2. 灯丝电压(电流)和拒斥电压的变化分别对实验曲线有何影响？

3. 如何计算本实验中与氩的第一激发电位对应的辐射波长？

4. 在什么条件下电子与氩原子的碰撞是弹性的,在什么条件下碰撞是非弹性的？当实验曲线出现负峰值时,管内电子与原子的碰撞绝大多数属于哪类？

5. 阳极电流的极小值一般不为零,而且各电流极小值随加速电压的升高而增加,应如何解释该现象？

6. 从实验曲线可以看出,在极大值处阳极电流的下降并不是突然的,而是在极大值附近有一定宽度,应如何解释该现象？

实验 C8　巨磁电阻效应

物质在一定磁场下电阻改变的现象,称为"磁阻效应".磁性金属和合金材料一般都有磁阻现象.在通常情况下,物质的电阻率在磁场中仅有轻微的减小;但在某种条件下,电阻率减小的幅度相当大,比通常磁性金属和合金材料电阻率减小的幅度高 10 余倍,这称为巨磁电阻(GMR)效应;而在很强的磁场中某些绝缘体会突然变为导体,这称为庞磁电阻(CMR)效应.

2007 年诺贝尔物理学奖授予了巨磁电阻效应的发现者:法国物理学家费尔和德国物理学家格林贝格尔.诺贝尔奖委员会的附注表示:"这是一次好奇心导致的发现,但其随后的应用却是革命性的,因为它使计算机硬盘的容量从几百兆、几千兆,一跃而提高几百倍,达到几百吉甚至上千吉……巨磁电阻效应的发现打开了一扇通向新技术世界的大门——自旋电子学,这里,将同时利用电子的电荷以及自旋这两个特性."

巨磁电阻作为自旋电子学的开端具有深远的科学意义.传统的电子学是以电子电荷的移动为基础的,电子的自旋往往被忽略.巨磁电阻效应表明,电子自旋对于电流的影响非常强烈,电子的电荷与自旋都可能载运信息.自旋电子学的研究和发展引发了电子技术与信息技术的一场新的革命.目前计算机等各类数码电子产品中所装备的硬盘磁头,基本上都应用了巨磁电阻效应.利用巨磁电阻效应制成的多种传感器,已广泛应用于测量和控制领域.由两层铁磁膜夹一层极薄的绝缘膜或半导体膜而产生的隧道磁电阻(TMR)效应,已显示出比巨磁电阻效应更高的灵敏度.除在多层膜结构中发现巨磁电阻效应,并已实现产业化外,在单晶、多晶等多种形态的钙钛矿结构的稀土锰酸盐以及一些磁性半导体中,都发现了巨磁电阻效应.

本实验主要以多层膜巨磁电阻效应原理为基础,让学生了解几种巨磁电阻传感器的结构、特性及应用领域.

[实验目的]

1. 了解巨磁电阻效应的原理.
2. 测量巨磁电阻的磁阻特性曲线.
3. 测量巨磁电阻开关(数字)传感器的磁电转换特性曲线.
4. 用巨磁电阻传感器测量电流.
5. 用巨磁电阻梯度传感器测量齿轮的角位移,了解巨磁电阻转速(速度)传感器的原理.

[实验原理]

1. 巨磁电阻效应原理

根据导电的微观机理,电子在导电时并不是沿电场直线前进的,而是不断和晶格中的原子碰撞(又称散射),每次散射后电子都会改变运动方向,总的运动是电子受电场作用产生的定向加速运动与这种无规则散射运动的叠加.电子在两次散射之间走过的平均路程称为平均自由程.若电子散射概率小,则平均自由程长,电阻率低.一般可以把电阻率视为常量,与材料的几何尺度无关,这是因为通常材料的几何尺度远大于电子的平均自由程(例如,铜中电子的平均自由程约为 34 nm),可以忽略边界效应. 当材料的几何尺度小到纳米量级,只有几个原子的厚度时(例如,铜原子的电磁直径约为 0.3 nm),电子在边界上的散射概率大大增加,可以明显观察到电阻率增加的现象.

电子除携带电荷外,还具有自旋特性. 自旋磁矩有平行或反平行于外磁场两种可能取向. 1936 年,英国物理学家莫特指出,在过渡金属中,自旋磁矩与材料的磁场方向平行的电子,所受散射概率远小于自旋磁矩与材料的磁场方向反平行的电子. 总电流是两类自旋的电流之和,总电阻是两类自旋的并联电阻,这就是两电流模型.

巨磁电阻效应是一种量子效应,它的产生是由于材料具有层状的磁性薄膜结构. 这种结构是由铁磁材料和非铁磁材料薄层交替叠合而成的. 当铁磁层的磁矩平行时,载流子与自旋有关的散射概率最小,材料的电阻最小. 当铁磁层的磁矩反平行时,载流子与自旋有关的散射概率最大,材料的电阻最大.

如图 C8-1 所示,左右两边的材料结构相同,两侧是磁性材料薄膜层,中间是非磁性材料薄膜层.

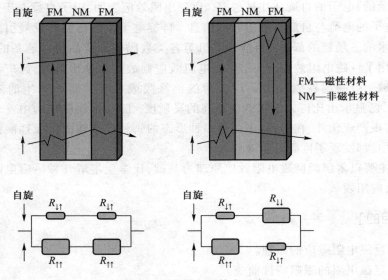

图 C8-1 巨磁电阻效应示意图

在图 C8-1 左边,两层磁性材料的磁化方向相同. 当一束自旋方向与磁性材料磁化方向相同的电子通过时,电子较容易通过两层磁性材料,呈现小电阻. 当一束自旋方向与磁性材料磁化方向相反的电子通过时,电子较难通过两层磁性材料,呈现大电阻. 这是因为电子的自旋方向与磁性材料的磁化方向相反时,将产生散射,通过的电子数减少,从而使得电流减小.

在图 C8-1 右边,两层磁性材料的磁化方向相反. 当一束自旋方向与第一层磁性材料磁化方向相同的电子通过时,电子较容易通过第一层磁性材料,呈现小电阻;但较难通过第二层磁化方向与电子自旋方向相反的磁性材料,呈现大电阻. 当一束自旋方向与第一层磁性材料磁化方向相反的电子通过时,电子较难通过第一层磁性材料,呈现大电阻;但较容易通过第二层磁化方向与电子自旋方向相同的磁性材料,呈现小电阻.

在图 C8-2 所示的多层膜巨磁电阻结构中,无外磁场时,上下两层磁性材料是反平行(反铁磁)耦合的. 施加足够强的外磁场后,两层铁磁膜的方向都与外磁场方向一致,外磁场使两层铁磁膜从反平行耦合变成了平行耦合. 电流的方向在多数应用中是平行于膜面的.

图 C8-3 是某种巨磁电阻材料的磁阻特性曲线. 由图可见,随着外磁场增强,电阻逐渐减小,其间有一段线性区域. 当外磁场已使两铁磁膜完全平行耦合后,继续增强磁场,电阻不再减小,进入磁饱和区域. 电阻变化率达百分之十几,加反向磁场时磁阻特性曲线是对称的. 图 C8-3 中的曲线有两条,分别对应增强磁场和减弱磁场时的磁阻特性曲线,这是因为铁磁材料都具有磁滞特性.

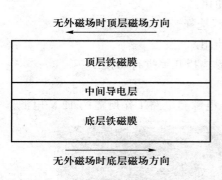

图 C8-2 多层膜巨磁电阻结构图

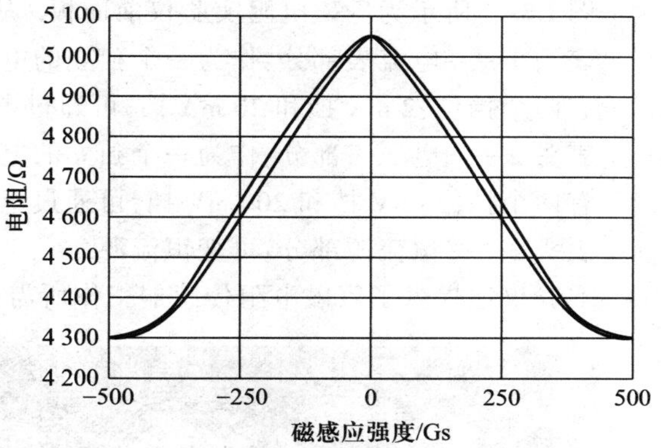

图 C8-3 某种巨磁电阻材料的磁阻特性曲线

有两类与自旋相关的散射对巨磁电阻效应有贡献.

其一,界面上的散射. 无外磁场时,两层铁磁膜的磁场方向相反,无论电子的初始自旋状态如何,从一层铁磁膜进入另一层铁磁膜时都面临状态改变(平行-反平行或反平行-平行),电子在界面上的散射概率很大,对应于高电阻状态. 有外磁场时,两层铁磁膜的磁场方向一致,电子在界面上的散射概率很小,对应于低电阻状态.

其二,铁磁膜内的散射. 即使电流方向平行于膜面,由于无规则散射,电子也有一定的概率在两层铁磁膜之间穿行. 无外磁场时,两层铁磁膜的磁场方向相反,无论电子的初始自旋状态如何,在穿行过程中都会经历散射概率小(平行)和散射概率大(反平行)两种过程,两类自旋的并联电阻类似两个中等阻值的并联电阻,对应于高电阻状态. 有外磁场时,两层铁磁膜的磁场方向一致,自旋平行的电子散射概率小,自旋反平行的电子散射概率大,两类自旋的并联电阻类似一个小电阻与一个大电阻的并联,对应于低电阻状态.

多层膜巨磁电阻结构简单,工作可靠,电阻随外磁场线性变化的范围大,在制作模拟传感器方面得到了广泛应用. 在数字记录与读出领域,为进一步提高灵敏度,人们发明了自旋阀巨磁电阻,其结构如图 C8-4 所示. 自旋阀巨磁电阻由钉扎层、被钉扎层、中间导电层和自由层构成. 其中,钉扎层使用反铁磁材料,被钉扎层使用硬铁磁材料,两种材料在交换耦合作用下形成一个偏转场,该偏转场将被钉扎层的磁化方向固定,不随外磁场改变. 自由层使用软铁磁材料,它的磁化方向易随外磁场改变,很弱的外磁场就会改变自由层与被钉扎层磁场的相对

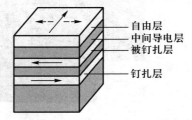

图 C8-4 自旋阀巨磁电阻结构图

取向,对应于很高的灵敏度.制造时,使自由层的初始磁化方向与被钉扎层垂直,磁记录材料的磁化方向与被钉扎层的方向相同或相反(对应于 0 或 1),当感应到磁记录材料的磁场时,自由层的磁化方向就向与被钉扎层磁化方向相同(低电阻)或相反(高电阻)的方向偏转,检测出电阻的变化,就可读出磁记录材料所记录的信息.硬盘所用的巨磁电阻磁头就采用了这种结构.

实验中的巨磁电阻材料的多层结构是由 Ni-Fe-Co 磁性层和 Cu 间隔层构成的.

2. 仪器介绍

(1) 前面板.

图 C8-5 所示为巨磁电阻实验仪前面板.从左到右三个表头的作用介绍如下.

表头 1——电流表部分:作为一个独立的电流表使用.

有两个挡位:2 mA 挡和 20 mA 挡,可通过电流量程选择开关进行切换.

表头 2——电压表部分:作为一个独立的电压表使用.

有两个挡位:2 V 挡和 200 mV 挡,可通过电压量程选择开关进行切换.

表头 3——恒流源部分:可变恒流源.

实验仪还提供了巨磁电阻传感器工作所需的 4 V 电源和电路工作所需的 12 V 电源.

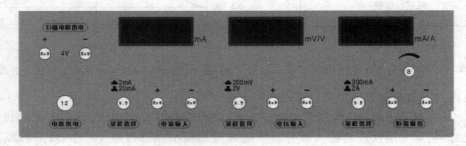

图 C8-5　巨磁电阻实验仪前面板

(2) 基本特性组件.

基本特性组件(图 C8-6)由巨磁电阻模拟传感器、螺线管及比较电路、输入输出插孔组成,可以对巨磁电阻的磁电转换特性、磁阻特性进行测量.

图 C8-6　基本特性组件

巨磁电阻模拟传感器置于螺线管的中央. 螺线管用于在实验过程中产生大小可计算的磁场,由理论分析可知,无限长直螺线管内部轴线上任一点的磁感应强度为

$$B = \mu_0 nI \qquad\qquad (\text{C8-1})$$

式中,n 为线圈密度,I 为流经线圈的电流,$\mu_0 = 4\pi \times 10^{-7}$ H/m 为真空磁导率. 采用国际单位制时,由上式计算出的磁感应强度单位为 T(1 T = 10 000 Gs).

（3）电流测量组件.

电流测量组件(图 C8-7)将导线置于巨磁电阻模拟传感器近旁,用巨磁电阻模拟传感器测量通过不同大小电流时导线周围的磁场变化,就可确定电流大小. 与一般测量电流需将电流表接入电路相比,这种非接触测量不干扰原电路的工作,具有特殊的优点.

图 C8-7　电流测量组件

（4）角位移测量组件.

角位移测量组件(图 C8-8)用巨磁电阻梯度传感器做传感元件,铁磁性齿轮转动时,齿牙干扰了巨磁电阻梯度传感器上偏置磁场的分布,每转过一齿,巨磁电阻传感器就输出类似正弦波一个周期的波形. 利用该原理可以测量角位移(转速、速度). 汽车上的转速表与速度表就是利用该原理制成的.

图 C8-8　角位移测量组件

（5）磁读写组件.

磁读写组件(图 C8-9)用于演示磁记录与读出的原理. 磁卡做记录介质,磁卡通过写磁头时可写入数据,通过读磁头时将写入的数据读出来.

图 C8-9　磁读写组件

[实验内容]

1. 巨磁电阻模拟传感器的磁电转换特性测量

在将巨磁电阻构成模拟传感器时,为了消除温度变化等环境因素对输出的影响,一般采用电桥结构,图 C8-10 是巨磁电阻模拟传感器的结构.

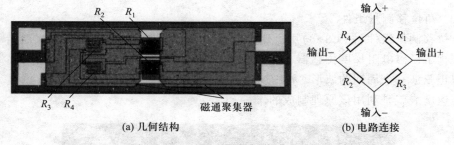

(a) 几何结构　　　　(b) 电路连接

图 C8-10　巨磁电阻模拟传感器结构

对于电桥结构,如果四个巨磁电阻对磁场的响应完全同步,就不会有信号输出. 将处在电桥对角位置的两个电阻 R_3、R_4 覆盖一层高磁导率的材料(如坡莫合金),以屏蔽外磁场对它们的影响,而 R_1、R_2 的阻值随外磁场改变. 设无外磁场时四个巨磁电阻的阻值均为 R,R_1、R_2 在外磁场作用下阻值减小 ΔR,简单分析表明,输出电压为

$$U_{\text{out}} = \frac{U_{\text{in}}\Delta R}{2R - \Delta R} \qquad (C8-2)$$

屏蔽层同时设计为磁通聚集器,它的高磁导率将磁感应线聚集在 R_1、R_2 电阻所在的空间,进一步提高了 R_1、R_2 的磁灵敏度.

从图 C8-10 的几何结构还可见,巨磁电阻被光刻成微米宽度迂回状的电阻条,以增大其电阻(至 kΩ 量级),使其在较小工作电流下得到合适的电压输出.

图 C8-11 是巨磁电阻模拟传感器的磁电转换特性曲线.

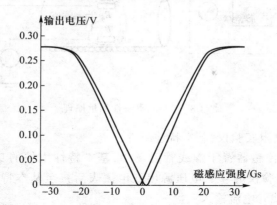

图 C8-11 巨磁电阻模拟传感器的磁电转换特性曲线

图 C8-12 是巨磁电阻模拟传感器磁电转换特性实验原理图.

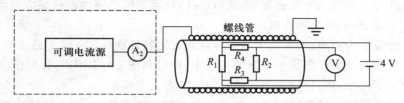

图 C8-12 巨磁电阻模拟传感器磁电转换特性实验原理

实验装置:巨磁电阻实验仪,基本特性组件.

将巨磁电阻模拟传感器置于螺线管磁场中,基本特性组件的功能切换按钮切换为"传感器测量". 将实验仪的 4 V 电压源接至基本特性组件"巨磁电阻供电",恒流源接至"螺线管电流输入",基本特性组件"模拟信号输出"接至实验仪电压表.

自拟表格记录励磁电流由 100 mA 开始到-100 mA 对应的输出电压数据.

注:由于恒流源本身不能提供负向电流,所以当电流减至 0 mA 后,应交换恒流输出接线的极性,使电流反向. 建议每隔 10 mA 测量一个数据,并记录±5 mA 对应的电压数据.

将励磁电流由-100 mA 增加到 100 mA,重复以上测量过程并记录数据.

根据螺线管上标明的线圈密度,由式(C8-1)计算出螺线管内的磁感应强度.

以磁感应强度为横坐标,电压表的读数为纵坐标作出磁电转换特性曲线.

磁感应强度不同时输出电压的变化反映了巨磁电阻传感器的磁电转换特性,同一磁感应强度下输出电压的差值反映了材料的磁滞特性.

2. 巨磁电阻的磁阻特性测量

为加深对巨磁电阻效应的理解,我们对巨磁电阻的磁阻特性进行测量. 将基本特性组件的功能切换按钮切换为"巨磁阻测量",此时被磁屏蔽的两个电桥电阻 R_3、R_4 短路,而 R_1、R_2 并联. 将电流表串联接入电路,测量不同磁感应强度下回路中电流的大小,就可计算磁阻. 测量原理如图 C8-13 所示.

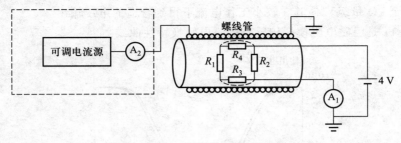

图 C8-13　磁阻特性测量原理

实验装置:巨磁电阻实验仪,基本特性组件.

将巨磁电阻模拟传感器置于螺线管磁场中,基本特性组件的功能切换按钮切换为"巨磁阻测量".将实验仪的 4 V 电压源串联电流表后接至基本特性组件"巨磁电阻供电",恒流源接至"螺线管电流输入".

仿照上个实验内容,自拟表格记录励磁电流由 100 mA 开始到 -100 mA 对应的磁阻电流.

根据螺线管上标明的线圈密度,由式(C8-1)计算出螺线管内的磁感应强度.

由欧姆定律 $R = U/I$ 计算磁阻.

以磁感应强度为横坐标,磁阻为纵坐标作出磁阻特性曲线.应该注意的是,由于巨磁电阻模拟传感器的两个磁阻位于磁通聚集器中,所以与图 C8-3 相比,我们作出的磁阻特性曲线斜率大了约 10 倍,磁通聚集器使磁阻灵敏度大大提高.

磁感应强度不同时磁阻的变化反映了巨磁电阻的磁阻特性,同一磁感应强度下磁阻的差值反映了材料的磁滞特性.

3. 巨磁电阻开关(数字)传感器的磁电转换特性测量

将巨磁电阻模拟传感器与比较电路、晶体管放大电路集成在一起,就构成巨磁电阻开关(数字)传感器,其结构如图 C8-14 所示.

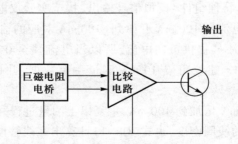

图 C8-14　巨磁电阻开关传感器结构

比较电路的功能是,当电桥电压低于比较电压时,输出低电平;当电桥电压高于比较电压时,输出高电平.选择适当的巨磁电阻电桥并调节比较电压,可调节巨磁电阻开关传感器开关点对应的磁感应强度.

图 C8-15 是某种巨磁电阻开关传感器的磁电转换特性曲线.当磁感应强度的绝对值从低增加到 12 Gs 时,开关打开(输出高电平),当磁感应强度的绝对值从高减小到 10 Gs 时,开关关闭(输出低电平).

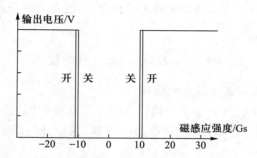

图 C8-15　巨磁电阻开关传感器磁电转换特性曲线

实验装置:巨磁电阻实验仪,基本特性组件.

将巨磁电阻模拟传感器置于螺线管磁场中,基本特性组件的功能切换按钮切换为"传感器测量".将实验仪的 4 V 电压源接至基本特性组件"巨磁电阻供电","电路供电"接口接至基本特性组件对应的"电路供电"输入插孔,恒流源接至"螺线管电流输入",基本特性组件"开关信号输出"接至实验仪电压表.

从 50 mA 逐渐减小励磁电流,输出电压从高电平(开)转变为低电平(关)时记录相应的励磁电流于表 C8-1 中.在电流减至 0 时,交换恒流输出接线的正负极,使电流反向.再次增大电流,此时流经螺线管的电流与磁感应强度的值为负,输出电压从低电平(关)转变为高电平(开)时记录相应的负值励磁电流于表 C8-1 中,将电流调至-50 mA.

逐渐减小反向电流,输出电压从高电平(开)转变为低电平(关)时记录相应的负值励磁电流于表 C8-1 中.在电流减至 0 时,同样需要交换恒流输出接线的正负极,输出电压从低电平(关)转变为高电平(开)时记录相应的正值励磁电流于表 C8-1 中.

表 C8-1　巨磁电阻开关传感器的磁电转换特性测量

高电平 =_____ V,低电平 =_____ V.

减弱磁场			增强磁场		
开关动作	励磁电流/mA	磁感应强度/Gs	开关动作	励磁电流/mA	磁感应强度/Gs
关			关		
开			开		

根据螺线管上标明的线圈密度,由式(C8-1)计算出螺线管内的磁感应强度.

以磁感应强度为横坐标,电压表的读数为纵坐标作出巨磁电阻开关传感器的磁电转换特性曲线.

利用巨磁电阻开关传感器的开关特性可制成各种接近开关,当磁性物体(可在非磁性物体上贴磁条)接近传感器时就会输出开关信号.巨磁电阻开关传感器控制精度高,在恶劣环境(如高、低温,振动等)下仍能正常工作,广泛应用在工业生产及日常生活中.

4. 用巨磁电阻模拟传感器测量电流

从图 C8-11 可见,巨磁电阻模拟传感器在一定的范围内输出电压与磁感应强度呈线性关系,且灵敏度高,线性范围大,因此可以方便地将巨磁电阻模拟传感器制成磁场计,测量磁感应强度或其他与磁场相关的物理量.作为应用示例,我们用它来测量电流.

由理论分析可知,对于通有电流 I 的无限长直导线,与导线距离为 r 的一点的磁感应强度为

$$B=\frac{\mu_0 I}{2\pi r}=2I\times10^{-7}/r \quad (\text{SI 单位}) \tag{C8-3}$$

在 r 不变的情况下,磁感应强度与电流成正比.

在实际应用中,为了使巨磁电阻模拟传感器工作在线性区,提高测量精度,还常常预先给传感器施加一个固定已知磁场,这称为磁偏置,其原理类似于电子电路中的直流偏置(图 C8-16).

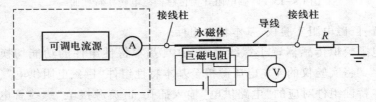

图 C8-16　用巨磁电阻模拟传感器测量电流实验原理图

实验装置:巨磁电阻实验仪,电流测量组件.

将实验仪的 4 V 电压源接至电流测量组件"巨磁电阻供电",恒流源接至"待测电流输入",电流测量组件"信号输出"接至实验仪电压表.

将待测电流调节至 0. 将偏置磁铁转到远离巨磁电阻模拟传感器的位置,调节磁铁与传感器的距离,使输出电压约为 25 mV.

将电流增大到 300 mA,按表 C8-2 逐渐减小待测电流,从左到右记录相应的输出电压于表格"减小电流"行中. 由于恒流源本身不能提供反向电流,所以当电流减至 0 后,交换恒流输出接线的正负极,使电流反向. 再次增大电流,此时电流方向为反,记录相应的输出电压.

表 C8-2　用巨磁电阻模拟传感器测量电流

待测电流/mA			300	200	100	0	-100	-200	-300
输出电压 U/mV	低磁偏置 (约 25 mV)	减小电流							
		增大电流							
	适当磁偏置 (约 150 mV)	减小电流							
		增大电流							

逐渐减小反向待测电流,从右到左记录相应的输出电压于表格"增大电流"行中. 当电流减至 0 后,交换恒流输出接线的正负极,使电流反向. 再次增大电流,此时电流方向为正,记录相应的输出电压.

将待测电流调节至 0. 将偏置磁铁转到接近巨磁电阻模拟传感器的位置,调节磁铁与传感器的距离,使输出电压约为 150 mV.

用低磁偏置时同样的实验方法,测量适当磁偏置时待测电流与输出电压的关系.

以电流为横坐标,电压表的读数为纵坐标作图,分别作出 4 条曲线.

由测量数据及所作曲线可以看出,适当磁偏置时线性较好,斜率(灵敏度)较高. 由于待测电流产生的磁场远弱于偏置磁场,磁滞对测量的影响也较小,所以根据输出电压就可确定待测电流.

用巨磁电阻模拟传感器测量电流不用将测量仪器接入电路,不会对电路产生干扰,既可测量直流,也可测量交流,具有广阔的应用前景.

5. 巨磁电阻梯度传感器的特性及应用

将巨磁电阻电桥两对对角电阻分别置于集成电路两端,4 个电阻都不加磁屏蔽,即构成巨磁电阻梯度传感器,如图 C8-17 所示.

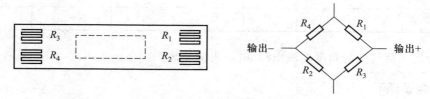

图 C8-17　巨磁电阻梯度传感器结构

这种传感器若置于均匀磁场中,由于 4 个桥臂电阻的阻值变化相同,电桥输出为零. 如果磁场存在一定的梯度,各巨磁电阻感受到的磁场不同,磁阻变化不一样,就会有信号输出. 下面以检测齿轮的角位移为例,说明其应用原理,如图 C8-18 所示.

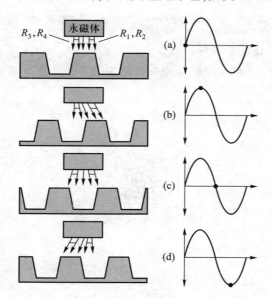

图 C8-18　用巨磁电阻梯度传感器检测齿轮角位移

将永磁体放置于传感器上方,若齿轮是铁磁材料,则永磁体产生的磁场在相对于齿牙不同位置处,产生不同的梯度. 在(a)位置处,输出为零;在(b)位置处,R_1、R_2 感受到的磁感应强度大于 R_3、R_4,输出正电压;在(c)位置处,输出回归零;在(d)位置处,R_1、R_2 感受到的磁感应强度小于 R_3、R_4,输出负电压. 于是在齿轮转动过程中,每转过一个齿牙便产生一个完整的波形输出. 这一原理已普遍应用于转速(速度)与位移监控,在汽车等工业领域得到广泛应用.

实验装置:巨磁电阻实验仪,角位移测量组件.

将实验仪的 4 V 电压源接至角位移测量组件"巨磁电阻供电",角位移测量组件"信号输出"接实验仪电压表.

逆时针慢慢转动齿轮,当输出电压出现第一个极小值时记录起始角度,以后每转 3° 记录一次角度与电压表的读数,将数据记入表 C8-3. 转动 48°齿轮转过 2 个齿牙,输出电压变化 2 个周期.

表 C8-3　齿轮角位移的测量

转动角度/(°)															
输出电压/mV															

以齿轮实际转动的角度为横坐标,电压表的读数为纵坐标作图.

[注意事项]

1. 由于巨磁电阻传感器具有磁滞现象,因此在实验中,恒流源只能单方向调节,不可回调,否则测得的实验数据将不准确. 实验表格中的电流只是作为一种参考,实验时以实际显示的数据为准.

2. 实验不得处于强磁场环境中.

💬 思考题

1. 巨磁电阻的阻值随着磁场的增强如何变化?

2. 根据实验原理,巨磁电阻梯度传感器能用于车辆流量监控吗?

[拓展阅读]

巨磁电阻效应发展历程

实验 C9　超声波声速的测量

　　声波是一种在弹性介质中传播的机械波,在气体和液体中其振动方向与传播方向相同,是纵波;在固体中其振动方向与传播方向垂直,是横波. 人耳能够察觉的声波频率在 20 Hz~20 kHz 之间,高于 20 kHz 的声波称为超声波. 超声波具有方向性好、能量定向传播、穿透本领强等优点,在测距定位、液体流速测量、材料弹性模量测量、气体温度实时测量、无损探伤和医学检查等方面都具有重要应用价值. 超声波的传播速度与介质的许多物理量都有密切的关系,例如声速与介质的弹性模量、密度、温度等有关,通过声速的测量能够非接触地测量介质内部状态和性质变化. 如测量氯气、蔗糖溶液的浓度,氯丁橡胶乳液的密度以及输油管中不同油品的分界面等,这些问题都可以通过测量这些物质中的声速来解决. 可见,声速的测量在工业生产中具有一定的实用意义.

　　历史上第一次测量空气中的声速是在 1708 年,当时英国人德罕姆站在一座教堂的顶楼,注视着 19 km 外正在发射的大炮. 他根据看到大炮发出闪光到听见轰隆声之间的时间来计算声速,经过多次测量后取平均值,得到了与现在相当接近的声速——343 m/s.

　　历史上第一次测量水中的声速是在 1827 年,是由瑞士物理学家科拉顿和他的助手在日内瓦湖上进行的. 两位测量者分乘在两只船上,两船的距离为 13 847 m,其中一只船在水下放一个钟,当钟敲响时,船上的火药同时发光. 另一只船则在水下放一个听音器,船上的测量者看到火药发光时开始计时,听到水下钟声时停止计时. 实验结束后,科拉顿在法国数学家斯特姆的帮助下,宣布测量到的水中声速为 1 435 m/s.

[实验目的]

1. 进一步熟悉示波器的基本结构和原理.
2. 了解压电换能器的功能,加深对共振和振动合成等理论知识的理解.
3. 学习三种测量声波传播速度的原理和方法.

[实验仪器]

示波器,声速测量组合实验仪及专用信号源,函数信号发生器等.

[实验原理]

1. 声波在空气中的传播速度

在多数情况下,声波的传播速度可以看成气体介质温度的单值函数:

$$v = \sqrt{\frac{\gamma RT}{M}} \tag{C9-1}$$

式中,R 为摩尔气体常量;M 为气体的摩尔质量;T 为气体的热力学温度;γ 为摩尔定压热容和摩尔定容热容的比值,与分子结构有关. 若声波在常温干燥的空气中传播,则其传播速度可表示为

$$v = v_0 \sqrt{\frac{T}{T_0}} = v_0 \sqrt{1 + \frac{t}{T_0}} \tag{C9-2}$$

式中,$v_0 = 331.5$ m/s 为标准状况下($T_0 = 273.15$ K)声波在空气中的传播速度;t 为空气的温度(单位为℃). 为了测量声速,可以利用声速与波长、频率之间的关系:

$$v = \lambda f \qquad\qquad (\text{C9-3})$$

即对于在均匀介质中传播的频率固定的声波,其波速与其波长成正比.

2. 超声波的产生与接收

声速测量组合实验仪结构框图和外形图见图 C9-1,本实验利用压电陶瓷换能器(简称压电换能器)完成超声波的产生和接收. 当交流电信号输入压电陶瓷换能器时,由于逆压电效应,压电体表面产生振动,从而产生超声波,其频率与输入电信号相同. 为了提高压电换能器输出声波的强度,应使电信号的频率接近压电换能器的共振频率. 本实验使用的压电陶瓷多晶片的共振频率为 37 kHz 左右,在该频率上产生的是超声波. 超声波传播到另一个接收压电换能器上,利用正压电效应,机械振动信号又转换为电信号.

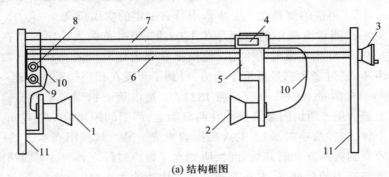

(a) 结构框图

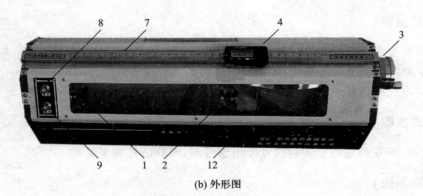

(b) 外形图

图 C9-1 声速测量组合实验仪

1、2—压电换能器;3—手轮;4—数显尺;5—可移动滑块;6—精密螺杆;
7—标尺;8—发射换能器电缆座;9—接收换能器电缆座;10—电缆;11—底座;12—水槽

通常发射换能器固定安装在水槽左边的支架上,接收换能器安装在由精密螺杆驱动的可移动滑块上,转动手轮,接收换能器随滑块移动,移动的距离(位置差)可由数显尺读出,数显尺读数的分辨率为 0.01 mm.

3. 测量声速的实验方法

由式(C9-3)可知,已知声波的频率和波长就可得到声速. 其中声波的频率可通过测量声源的振动频率得出(即信号发生器发出的交流电信号频率),因此,本实验的任务就是测量声波的波长.

（1）李萨如图形相位比较法.

波是振动状态的传播. 波函数的标准形式为

$$y(t,x) = A\cos\left[2\pi\left(\frac{t}{T} - \frac{x}{\lambda}\right) + \varphi_0\right] \qquad (C9-4)$$

式中,A 为振幅;T 为振动周期;λ 为波长;φ_0 为初相位;t 为时间;x 为横坐标;y 对于横波来说为纵坐标方向的位移,对于纵波来说为横坐标上的点相对于平衡位置的位移. 由式（C9-4）可以看出,通过移动接收换能器的位置找到相邻两次振动状态相同的位置,它们之间的距离就是波长. 可以利用李萨如图形来判断两个位置的振动状态是否一致. 李萨如图形相位比较法接线图如图 C9-2 所示.

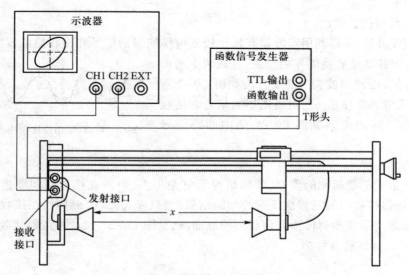

图 C9-2　李萨如图形相位比较法接线图

设发射换能器所处位置坐标为 $x = 0$,波动方程为

$$y_{\mathrm{T}}(t,0) = A\cos\left(2\pi\frac{t}{T} + \varphi_0\right) \qquad (C9-5)$$

接收换能器位于 x 处,波动方程为

$$y_{\mathrm{R}}(t,x) = A\cos\left[2\pi\left(\frac{t}{T} - \frac{x}{\lambda}\right) + \varphi_0\right] \qquad (C9-6)$$

在示波器 X 轴和 Y 轴（CH1 和 CH2）分别输入函数信号发生器直接输出的正弦波信号和经接收换能器输出的信号,它们具有相同的频率,但其相位差 $\Delta\varphi$ 与 x 有关,即

$$\Delta\varphi = \varphi_0 - \left(-2\pi\frac{x}{\lambda} + \varphi_0\right) = 2\pi\frac{x}{\lambda} \qquad (C9-7)$$

当接收换能器的位置变化量为 δx 时,相位差变化量为

$$\delta(\Delta\varphi) = 2\pi\frac{\delta x}{\lambda} \qquad (C9-8)$$

可以看出,x 每变化一个波长,$\Delta\varphi$ 将改变 2π.

在示波器上我们看到的图形是李萨如图形. 频率相同相位差不同的李萨如图形具有如图 C9-3 所示的形式.

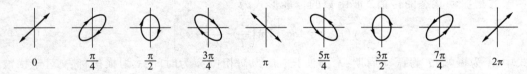

图 C9-3　频率相同相位差不同的李萨如图形

由图 C9-3 可以看出, $\Delta\varphi = 2\pi$ 与 $\Delta\varphi = 0$ 时的形状相同, 即移动接收换能器位置, 从第一次找到第一种情况(一条右斜线)到第九种情况, 接收换能器位置变化量为 $\delta x = \lambda$, 这样就可测出波长.

(2) 双踪相位比较法.

为了测量波长, 可以利用示波器直接比较发射换能器的信号和接收换能器的信号, 同时沿传播方向移动接收换能器的位置, 寻找两个波形相同的状态, 从而测出波长. 接线方法如图 C9-2 所示, 示波器采用双踪显示. 发射换能器的信号和接收换能器的信号间的关系见图 C9-4, 图中两路信号同相.

图 C9-4　双踪相位比较法测量原理

(3) 共振法.

前面讨论的都是简化的模型, 实际情况要复杂得多, 声波在换能器间要进行多次反射, 接收换能器接收到的是多次反射叠加的结果, 当只考虑二次反射时, 在接收换能器与发射换能器之间形成两列传播方向相同的叠加波, 见图 C9-5. 接收换能器接收到的直达波的声程为 x, 则波动方程为

$$y_1(t, x) = A_1 \cos\left(\omega t - \frac{2\pi x}{\lambda} + \varphi_0\right) \tag{C9-9}$$

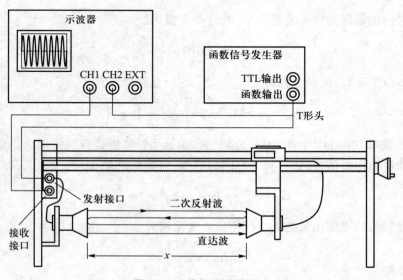

图 C9-5　共振法测量原理

由于两次反射的介质相同,二次反射波的声程为 $3x$,所以接收到的二次反射波的波动方程为

$$y_2(t,x) = A_2\cos\left(\omega t - \frac{6\pi x}{\lambda} + \varphi_0\right) \tag{C9-10}$$

式中,A_1 为发射波振幅,x 为以发射换能器为原点的接收换能器正向坐标,φ_0 为初相位,A_2 为反射波振幅. 在 x 点两列波的相位差为

$$\Delta\varphi = \frac{4\pi x}{\lambda} \tag{C9-11}$$

当 $\Delta\varphi$ 为 $2k\pi$ 时该点为相干加强点,为 $(2k+1)\pi$ 时该点为相干减弱点. 两相邻加强或减弱点的距离可由下式求出:

$$\frac{4\pi(x_2 - x_1)}{\lambda} = 2\pi \tag{C9-12}$$

可得

$$\Delta x = x_2 - x_1 = \frac{\lambda}{2} \tag{C9-13}$$

通过移动接收换能器,观察示波器上的图形,判断出加强与减弱点的位置就可测得声波的波长. 声压与接收换能器位置的关系见图 C9-6.

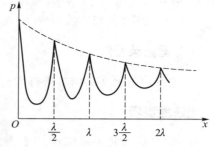

图 C9-6　声压与接收换能器位置的关系

[实验内容]

1. 李萨如图形相位比较法

（1）按图 C9-2 将函数信号发生器、声速测量组合实验仪、示波器用同轴电缆连接好. 将函数信号发生器的"函数输出"连接到示波器的"CH2"及声速测量组合实验仪的发射接口,声速测量组合仪的接收接口连接到示波器的"CH1".

（2）将函数信号发生器的"输出波形"设置为"正弦波",输出频率调整为 37 kHz,输出幅度设置为较大.

（3）调节声速测量组合实验仪的手轮使接收换能器距发射换能器约 5 cm.

（4）双踪示波器使用"X-Y"方式,适当调节示波器"CH1""CH2"的输入灵敏度和垂直位移,使出现的李萨如图形大小适中. 转动声速测量组合实验仪的手轮,将波形调整为一倾斜直线(此时示波器两个输入端信号的相位差为 0 或 π),此时接收换能器的位置 x_0 作为初始位置. 再次向前或向后(必须与记录 x_0 前的移动方向相同)移动接收换能器,使观察到的李萨如图形变为一条相同的倾斜直线,这时来自接收换能器的振动波形发生了 2π 相移,接收换能器的移动距离即声波的波长,再次记录接收换能器的位置 x_1. 继续移动接收换能器,依次记录李萨如图形成相同倾斜直线时接收换能器的位置 $x_2, x_3, \cdots, x_{11}$,用逐差法处理数据,即可得到波长.

2. 双踪相位比较法

（1）按图 C9-2 连接好线路,使示波器同时显示 CH1 和 CH2 的信号,适当调节 X 轴的扫描速度旋钮和"CH1""CH2"的垂直灵敏度旋钮,在示波器上会看到如图 C9-4 所示的信号.

(2) 转动手轮时会发现其中一路信号移动,移动信号相邻两次与固定信号重合时所对应的接收换能器移动的距离即波长.

(3) 转动手轮,观察波形变化,记录两路信号重合时的位置 $x_0, x_1, x_2, x_3, \cdots, x_{11}$,利用逐差法求得波长.

3. 共振法

(1) 按图 C9-5 接好线路,使示波器显示"CH1"的信号,将"CH1"的垂直灵敏度旋钮设为 0.5 V/div 或 0.2 V/div 挡. 适当调节 X 轴的扫描速度旋钮,必要时联合调节垂直灵敏度旋钮,使示波器显示的波形大小适中,便于观察.

(2) 转动声速测量组合实验仪手轮会发现信号的振幅发生变化,变化规律如图 C9-6所示. 信号变化相邻两次极大值或极小值所对应的接收换能器移动的距离即 $\lambda/2$.

(3) 转动手轮,观察波形变化,在不同的位置测量 6 次,每次测量 3 个波长间隔.

[数据记录和处理]

参考绪论附录 3 的内容进行数据记录和处理.

[注意事项]

1. 记录数据时手轮应朝一个方向转动,且测量过程应是连续的,不可进行跳跃式测量.

2. 用李萨如图形相位比较法测量声速时,在图像即将重合为一条线时缓慢移动手轮,仔细观察图像是否重合,若斜线倾角较小,可适当调节信号源输出幅度和 CH2 衰减开关,使倾角变大,这样能够更准确地测量.

3. 用共振法和双踪相位比较法测量时,在信号将要变为极值或将要重合时,转动手轮要缓慢,当微动手轮波形不动时即可记录数据.

思考题

1. 在李萨如图形相位比较法中,调节哪些旋钮可改变直线的斜率? 调节哪些旋钮可改变李萨如图形的形状?

2. 共振法和双踪相位比较法有何异同?

3. 两个压电换能器的端面为什么要平行?

第五章

设计性实验

在完成了一定数量的基础性和综合性实验后,学生具备了一定的基本仪器操作能力、科学研究习惯和解决问题的能力. 但是学生在进行实验过程中往往只能针对特定的仪器和设备,按照实验教材的步骤来完成实验. 这类实验对学生分析问题、选择方案和评价结果能力的培养有限. 而在实际工作中,人们往往要面对的是复杂的工程问题,一个问题要涉及多个领域的知识,而且解决问题的方法往往不止一种,每种方法各有优缺点. 能够选择合适的测量方法,选用合适的仪器和设备完成特定的实验目标也是学生需要具备的能力.

在设计性实验中,给出明确的实验题目后,要求学生根据实验室给出的器材,选择实验方法、设计实验步骤、进行实验、自拟数据记录表格并记录数据、进行实验数据处理、完成实验报告. 在设计性实验中,学生要搜集和查阅资料,分析和比较各种方案的优缺点来确定实验方案,这对学生的分析能力和自学能力要求很高. 学生在设计性实验中,通过努力,自己找到解决问题的方法后获得的成就感和乐趣是其他类型实验不能比拟的. 同时,高质量地完成设计性实验对学生动手能力、科学思维能力和创新能力的培养都具有积极的作用.

在选择实验方案时,首先要通过查阅资料列出能够完成实验目标的方法,然后比较各种方法的优缺点、使用条件等,再结合现有仪器设备确定最可行的方法. 设计性实验主要考查的是学生对基本概念掌握的深度以及综合运用知识的能力. 需要指出的是,在解决实际问题时,"经济性""易实现性""精确性"等往往不能同时满足,要根据实际要求确定哪个因素是最重要的,进行适当的取舍. 例如,在为大规模应用而进行的实验中,实验方案的"易实现性"和"经济性"是首要考虑的问题. 在数字温度计的设计实验中,其使用场景的精度要求一般不高,因此首先要考虑的是所用元件的通用性和价格,这样才能使实验方案具有更加广泛的适用性.

而在对基本物理过程进行研究的科学实验中,实验方案是否能够达到所需的精度则被放在首位. 如图 5-0-1 所示的大角度康普顿散射(WACS)实验结果中,横坐标为质心系内的实光子与质子之间的散射角度,纵坐标为康普顿散射过程中的极化度转移度. 各条曲线为以不同的物理过程为基础的理论模型预测结果,右侧的圆形实验点为 2007 年的实验结果,左侧的圆形实验点为 2014 年的实验结果. 由图可知,2007 年的实验结果落在了两条理论预测曲线之间,要区分这两个理论模型的预测结果的正确性,需要测量精度更高的结果(误差棒更小). 因此,2014 年的实验设计并使用了如图 5-0-2 所示的由 1 744 块铅玻璃构成的电磁量能器 BigCal,提高了测量精度. 同时,也可以看出没有理论预测曲线符合 2014 年的实验结果,人们对基本物理过程的理解仍在不断发展和进步中.

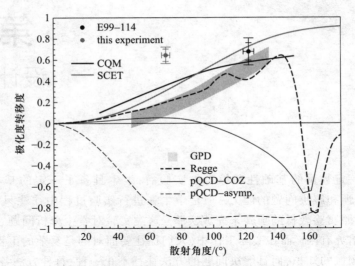

图 5-0-1　大角度康普顿散射(WACS)实验结果

图 5-0-2　由 1 744 块铅玻璃构成的电磁量能器 BigCal

实验 D1　弦振动实验

[实验目的]

1. 通过实验加深对机械波传播以及干涉的概念的理解.
2. 研究声调和弦线参量之间的关系.

[实验仪器]

不同粗细的琴弦,振动传感器,电磁铁,砝码,放大电路,麦克风,信号发生器,示波器,计算机等.

[实验要求]

1. 设计实验方案,研究在固定驱动频率下,改变弦上的张力和弦长,在弦上产生的驻波现象,测量琴弦上的横波传播速度和弦线的线密度.
2. 将张力固定,改变频率和弦长,在弦上产生驻波现象,测量琴弦上的横波传播速度和弦线的线密度.
3. 利用振动传感器接收弦发出的声音,将信号用示波器或计算机接收并记录,分析影响声调的因素.

[实验提示]

在琴弦的弹性形变范围内,把其两端固定,在其上施加一个振动后,波动将沿着弦传播,到达固定点后会被反射. 机械波在弦上不断地反射并相互干涉. 可以证明,当弦线的长度等于机械波的半波长的整数倍时,弦上将观察到驻波现象. 弦上的某些点始终保持在平衡位置不变,称为波节. 机械波的波长与弦长之间满足

$$\lambda = \frac{2L}{n} \tag{D1-1}$$

式中,λ 为机械波的波长,L 为弦长,n 为弦上驻波的段数.

根据波动理论,弦上的横波传播速度为

$$v = \sqrt{\frac{F}{\rho}} \tag{D1-2}$$

根据机械波速度与波长和频率的关系即可求出波的传播速度和弦的线密度.

$$v = \lambda f \tag{D1-3}$$

式中,f 为机械波的频率.

[分析讨论]

1. 如何更加准确地判断驻波的形成?
2. 实验中波速测量的不确定度如何评估?
3. 实验中如何提高测量精度?

实验 D2　篮球中的物理

[实验目的]

1. 通过实验加深对物体运动规律和能量守恒定律的理解.
2. 学习使用计算机软件采集和分析实验数据.

[实验仪器]

篮球,不同材质的表面,手机(自备),计算机等.

[实验要求]

1. 设计实验方案,记录篮球在固定高度下落时,在不同材质表面反弹时的运动轨迹.
分析反弹次数与材质之间的关系. 给出反弹次数与高度之间的关系,并分析原因.
2. 调节篮球气压,给出反弹高度、反弹次数与气压之间的关系.
3. 使用手机或计算机的麦克风记录不同条件反弹时发出的声音,定量分析反弹时发
出的声音频率、强度与反弹高度、反弹次数的关系.
4. 要求有支撑结论的数据和分析过程,并讨论环境因素(温度、空气阻力等)对实验
结果的影响.

[实验提示]

释放篮球后,其势能转化为动能. 在篮球与地面碰撞过程中,其动能转化为势能和热
能,然后再次转化为向上运动的动能. 该过程为非弹性碰撞,要损失一部分能量.
记录篮球的运动过程可以使用手机的录像功能,然后在计算机上利用 Tracker 等图
像分析软件分析物体的运动规律.
在记录过程中要注意手机摆放的位置与篮球实际下落高度之间的关系.

[分析讨论]

1. 在篮球下落和反弹过程中,能量主要以哪几种方式损失?
2. 篮球快速多次撞击地面时,篮球和地面的温度是否有变化? 能否设计实验来分析
该过程?
3. 若将篮球放置于冷冻的冰箱内,然后拿出进行相同的实验,会有什么样的结果?

实验 D3　角度传感器的设计

[实验目的]

1. 熟悉偏振光的相关概念,掌握产生和检验偏振光的基本方法.
2. 利用光的偏振现象设计角度传感器.
3. 测试角度传感器的应用特性.

[实验仪器]

LED 灯,激光器,波片,透镜,偏振片,小灯泡,光电管,光敏电阻,CCD 传感器,数字万用表,灵敏电流计,电阻元件等.

[实验要求]

1. 根据光的偏振现象,设计角度传感器,用该装置验证马吕斯定律.
2. 研究该角度传感器在什么状态下最灵敏,测量的角度范围有多大.
3. 研究该角度传感器的测量精度,设计一些应用场景.

[实验提示]

光是一种电磁波,其电磁振动分量垂直于传播方向,电矢量 E 与磁矢量 H 相互垂直. 当其电磁振动分量随时间无规则变化,且振幅在任一方向上的统计平均值都相同时,该光称为自然光(非偏振光). 没有这种振动对称性的光称为偏振光. 偏振光可以分为线偏振光、圆偏振光、椭圆偏振光以及部分偏振光.

偏振片可以允许某一振动方向的光通过,并且吸收其他振动方向的光. 当线偏振光照射偏振片时,旋转偏振片会观察到透射光强随着转动角度变化而发生周期性变化,透射光强满足马吕斯定律:

$$I = I_0 \cos^2 \alpha$$

式中,I_0 为入射光强,I 为透射光强,α 为偏振片的偏振化方向与入射光偏振方向的夹角. 旋转偏振片时,若光强变化并出现消光现象,则其为线偏振光;若光强变化,但是不出现消光现象,则其为部分偏振光. 但是仅用偏振片无法分辨自然光、圆偏振光和部分圆偏振光,这三种光通过偏振片后,其光强保持不变.

波片,又称为相位延迟片,可以使通过波片的光的两个相互垂直的偏振方向上的分量之间产生一个固定的相位差,从而改变光的偏振特性.

常用的 1/4 波片可以产生 $\pi/2$ 的相位变化. 自然光通过 1/4 波片后仍为自然光;圆偏振光通过 1/4 波片后变为线偏振光(图 D3-1);部分圆偏振光通过 1/4 波片后变为部分偏振光. 然后再将通过 1/4 波片之后的光照射偏振片,即可区分这三种光.

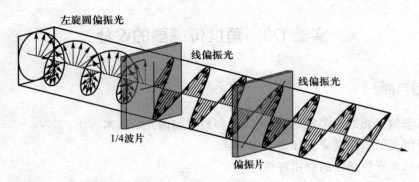

图 D3-1　圆偏振光经过 1/4 波片和偏振片后的偏振情况

[分析讨论]

1. 入射光强对该角度传感器的灵敏度有何影响？
2. 两块偏振片处于消光位置,再在它们之间插入第三块偏振片,会出现什么现象？

实验 D4　用示波器观测稳压二极管伏安特性曲线

[实验目的]

1. 学习利用示波器观测伏安特性曲线的原理与方法.
2. 测定稳压二极管(本实验中简称为二极管)的动态电阻.

[实验仪器]

双踪示波器,函数信号发生器,万用表,面包板,电阻箱,定值电阻,稳压二极管,导线.

[实验要求]

1. 利用示波器,设计一个显示稳压二极管伏安特性曲线的电路并进行观测.
2. 在毫米方格直角坐标纸上,绘制伏安特性曲线.
3. 分别计算稳压二极管正向电流为 5 mA 和反向电流为 5 mA 时的动态电阻.

[实验提示]

1. 二极管正向导通时,压降为 0.5~0.7 V. 实验时要注意选择电源电压,保证通过二极管的电流不超过其额定电流.
2. 稳压二极管的反向击穿是可逆的,注意其反向电流不得超过其额定值,否则热击穿会造成二极管永久损坏.
3. 要在示波器 Y 轴上显示二极管的正、反向电流,一种简单的方法就是使用采样电阻. 根据测得的电压和采样电阻,计算出正、反向电流.
4. 要显示二极管的伏安特性曲线,输入信号可以采用正弦波,也可以采用锯齿波.

[分析讨论]

1. 要显示二极管的伏安特性曲线,输入信号可以采用正弦波,也可以采用锯齿波,采用哪个好些？ 如果测试一个线性电阻的伏安特性,情况又如何？
2. 绘制出曲线后,为什么还要对示波器进行定标？ 定标的要点是什么？

实验 D5　电学黑盒子

[实验目的]

1. 学习区分电阻、电容、电感、二极管等电学元件的方法,提高综合分析和判断能力.
2. 提高数字万用表、示波器、信号发生器等常用工具的应用能力.

[实验仪器]

双踪示波器,信号发生器,万用表,电学黑盒子,电阻箱,导线,开关.

[实验要求]

1. 设计实验方案判断电学黑盒子内部的电学元件类型以及连接关系.
2. 给出判断的依据,画出电学黑盒子内部的电路图,并标明各个元件的测量值.

[实验提示]

电学黑盒子的一般判定步骤如下.

1. 判断电路中是否有电源,可以通过万用表的电压挡或示波器的波形信号进行判断.

2. 判断电路中是否有二极管,可以根据二极管的单向导通特性进行判断.

3. 判断电路中是否有电容或电感,可以使用万用表的电阻挡观察读数变化情况,或使用信号发生器和示波器观察电路的信号相位变化情况进行判断.

4. 判断电路中是否有电阻,可以使用万用表的电阻挡进行判断. 要注意分清小电阻和短路,大电阻和断路的区别.

[分析讨论]

1. 若电路中存在电源,在使用仪器进行测量时是否会改变电学黑盒子内部的电流分布? 在什么条件下测量对电学黑盒子内部的电流分布影响较小?

2. 若使用信号发生器和示波器进行测量,信号发生器产生的波形和频率对测量结果有何影响?

实验 D6　交流电桥的设计

[实验目的]

1. 拓展双踪示波器的应用范围.
2. 掌握交流电桥平衡的原理和调节方法.

[实验仪器]

双踪示波器,信号发生器,十进制电容箱,电阻箱,被测电容,RC 串联电路板等.

[实验要求]

1. 设计电路,推导用交流电桥测电容的公式.
2. 拟定实验步骤,要求用示波器做指零仪器.
3. 用交流电桥测电容,估算测量结果的不确定度.
4. 用两种不同方法测量两个同频率正弦波电压信号的相位差.

[实验提示]

交流电桥与直流电桥类似,也是由四个桥臂构成的,组成桥臂的可以是电阻、电容、电感或它们的组合. 交流电桥可以用来测量电容、电感等元件,还可以利用其平衡条件测量互感、磁导率、介电常量和频率等参量. 常用的交流电桥有电感电桥、麦克斯韦电桥、海氏电桥、电容电桥等. 交流电桥因被测物理量的不同而有不同的形式和结构,但它们的基本原理都是类似的. 图 D6-1 为交流电桥原理图.

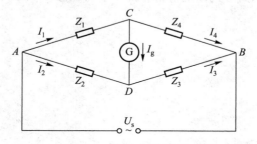

图 D6-1　交流电桥原理图

当调节交流电桥四个桥臂的复阻抗,使检流计中无电流通过时,C 点和 D 点电位相同,电桥达到平衡,有如下关系:

$$\begin{cases} \dot{U}_{AC} = \dot{U}_{AD} \\ \dot{U}_{CB} = \dot{U}_{DB} \end{cases} \tag{D6-1}$$

即

$$\begin{cases} I_1 \dot{Z}_1 = I_2 \dot{Z}_2 \\ I_3 \dot{Z}_3 = I_4 \dot{Z}_4 \end{cases} \tag{D6-2}$$

由于检流计中无电流通过,所以 $I_1=I_4, I_2=I_3$,可以推出

$$\dot{Z}_1\dot{Z}_3=\dot{Z}_2\dot{Z}_4 \tag{D6-3}$$

该式即电桥的平衡条件.

电阻为 R 的元件的阻抗为 $Z=R$;电容为 C 的元件的容抗为 $Z=\dfrac{1}{j\omega C}$;电感为 L 的元件感抗为 $Z=j\omega L$.其中 ω 为角频率.

当输入信号为正弦波时,桥臂的阻抗可以写成复数形式:

$$\dot{Z}=R+jX=Ze^{j\phi} \tag{D6-4}$$

则式(D6-3)可以写成

$$Z_1Z_3e^{j(\phi_1+\phi_3)}=Z_2Z_4e^{j(\phi_2+\phi_4)} \tag{D6-5}$$

当该式成立时,不仅要求阻抗值满足平衡条件,而且要求相角满足平衡条件:

$$\begin{cases}Z_1Z_3=Z_2Z_4\\ \phi_1+\phi_3=\phi_2+\phi_4\end{cases} \tag{D6-6}$$

在使用交流电桥时,有以下注意事项:

1. 在桥臂上若接入任意阻抗元件,则可能会无法将电桥调整至平衡. 需要遵守的一般原则是:若两个相邻桥臂接入纯电阻,则另外两个相邻桥臂需要接入同性的阻抗;若两个相对桥臂接入纯电阻,则另外两个相对桥臂需要接入异性(相位上相反)的阻抗.

2. 调节电桥时,需要调节两个桥臂的参量才能满足式(D6-6).

[分析讨论]

1. 在电桥电路中,将信号发生器与示波器互换位置,电桥是否可能调至平衡?

2. 在交流电桥实验中,用示波器做指零仪器时有何技巧?

3. 能否使用李萨如图形判断电桥是否处于平衡状态?

实验 D7 弹簧电感的测量

[实验目的]

1. 进一步掌握电感的测量方法.
2. 研究电感与其结构之间的关系.

[实验仪器]

双踪示波器,信号发生器,电容箱,电阻箱,金属弹簧,万用表,磁强计等.

[实验要求]

1. 设计测量电感的电路.
2. 拟定实验步骤,测量金属弹簧在不同拉伸状态下的电感,进行测量不确定度分析.
3. 拟定实验方案,测量金属弹簧在不同拉伸状态下的磁场分布,与理论值对比,分析结果.

[实验提示]

电感的测量可以使用交流电桥法、谐振法、阻抗–相角法等,注意比较各种实验方法的优缺点.

注意分析、估算实验测量结果的不确定度,并与理论值相比较.

[分析讨论]

1. 拉伸状态下的弹簧电感与未拉伸状态下的弹簧电感有何区别?
2. 弹簧的实际磁场分布与理论分布有何区别?
3. 若弹簧不是水平拉伸的,其电感和磁场分布会有什么变化?

实验 D8 霍尔传感器应用的设计

[实验目的]

1. 掌握霍尔元件的工作原理,熟悉集成霍尔传感器的特性及主要参量和应用.
2. 测量风扇或电机在不同工作电压下的转速,并描绘转速与电压的关系曲线.
3. 研究并设计集成霍尔传感器在测速度、测里程、计数等实际问题中的应用.

[实验仪器]

集成霍尔传感器,光电计时器,电源,风扇,磁钢,导线,示波器等.

[实验要求]

1. 设计并制作一个测速度和里程的装置(速度表、里程表).
2. 用集成霍尔传感器组装高斯计,测量磁场分布.
3. 利用集成霍尔传感器,改进用单摆测量重力加速度或用三线摆测量转动惯量等实验的计时方式.
4. 利用集成霍尔传感器,设计一台无刷电机. 设计中最好能够通过集成霍尔传感器与计算机结合实现自动数据采集.

[实验提示]

霍尔效应的基本原理见实验 B13. 集成霍尔传感器的使用说明由实验室提供.

[分析讨论]

1. 设计中的测量精度应如何评估?
2. 使用集成霍尔传感器实现的装置有何优缺点?

实验 D9　显微镜的设计组装及放大率测量

[实验目的]

1. 深入学习显微镜的成像原理,了解显微镜的构造.
2. 培养光学元件的调节能力.
3. 测量显微镜的放大率.

[实验仪器]

带刻度的物屏,像屏,凸透镜,带刻度的光具座,支架,半反透镜等.

[实验要求]

1. 选择合适的透镜,测量透镜的焦距 f、光学间隔 Δ 等参量,在光具座上自组显微镜并计算其横向放大率 β.
2. 在不更换物镜、目镜的条件下,改变物镜与目镜的光学间隔 Δ,实现横向放大率不同的显微镜,并测定其横向放大率 β,绘制 Δ-β 曲线.

[实验提示]

显微镜是用来放大并观察肉眼难以看清的物体的仪器,其广泛应用极大地促进了人类对微观世界的认识.

1. 基本光路

实用的显微镜为了消除像差和色差,其目镜和物镜均由多个透镜组成,结构相当精细和复杂. 在讨论成像原理和放大率时可以不考虑其实际结构,而将物镜和目镜分别以单凸透镜代替,显微镜原理图见图 D9-1.

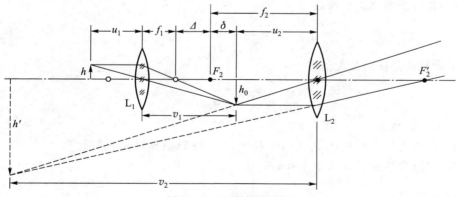

图 D9-1　显微镜原理图

L_1 为焦距较短的凸透镜,称为物镜;L_2 为焦距较长的凸透镜,称为目镜;Δ 为物镜的后焦面与目镜的前焦面之间的距离,称为光学间隔. 被观察的物体(高度为 h)被放置在物镜的焦点外少许,经过物镜成放大的倒立的实像. 该实像在目镜的焦点内少许,通过目镜后成一个放大的(相对于原物体)倒立的虚像,该虚像到目镜的距离约等于明视距离($s = 250 \text{ mm}$).

2. 横向放大率

根据国家标准,显微镜的放大率分为"视觉放大率"和"横向放大率".

"视觉放大率"定义为通过放大系统观察物体时的视角的正切与在明视距离用肉眼观察该物体时的视角的正切之比. 该值可用数字连同乘号来表示,例如"10×".

"横向放大率"定义为垂直于光轴的实像的像距与相对应的物距之比. 该值可用比例方式来表示,例如"10∶1". 为了便于讨论,本实验使用横向放大率.

在显微镜中,目镜和物镜是两个独立的光学系统,总放大率应等于目镜放大率与物镜放大率的乘积. 设物镜和目镜的横向放大率分别为 β_1 和 β_2,则显微镜的横向放大率 β 应为

$$\beta = \beta_1 \beta_2 \tag{D9-1}$$

(1) 目镜的横向放大率 β_2.

对于目镜来说,当虚像刚好位于明视距离处时,"横向放大率"和"视觉放大率"相等,即

$$\beta_2 \approx \frac{s}{f_2} \tag{D9-2}$$

该式即计算目镜视觉放大率的一般公式.

(2) 物镜的横向放大率 β_1.

根据横向放大率的定义,对于图 D9-1 中的物镜 L_1,有

$$\beta_1 = \frac{v_1}{u_1} = \frac{f_1 + \delta + \Delta}{u_1} = \frac{h_0}{h} \tag{D9-3}$$

从几何关系可得

$$\beta_1 = \frac{h_0}{h} = \frac{\delta + \Delta}{f_1} \tag{D9-4}$$

在实际的显微镜中,$\delta \ll \Delta$,所以

$$\beta_1 \approx \frac{\Delta}{f_1} \tag{D9-5}$$

因此,显微镜的总横向放大倍率为

$$\beta = \frac{\Delta}{f_1} \frac{s}{f_2} \tag{D9-6}$$

3. 几点提示

(1) 在本实验中可取 β_2 为 4~10,利用式(D9-2)估算目镜的焦距 f_2.

(2) 在通常情况下 Δ 大于 100 mm.

[分析讨论]

1. 可否利用实验中所得的测量数据,根据"视觉放大率"的定义来计算你所设计组装的显微镜的视觉放大率? 如果不能请说明原因,如果可以请计算结果.

2. 将显微镜目镜和物镜对调使用会有什么样的现象?

实验 D10　望远镜的设计组装及放大率测量

[实验目的]

1. 深入学习望远镜的成像原理,了解望远镜的构造.
2. 培养光学元件的调节能力.
3. 测量望远镜的放大率.

[实验仪器]

带刻度的物屏,凸透镜,凹透镜,光具座,像屏,支架等.

[实验要求]

1. 根据指定的放大率和目镜的出射孔径(由于未使用光阑,所以入射孔径等于物镜直径),选择合适的凸透镜(目镜、物镜各一片),设计和装配开普勒望远镜并测定其放大率.若透镜焦距未知,则需要自行测量.
2. 根据指定的放大率,设计和装配伽利略望远镜并测定其放大率.

[实验提示]

伽利略望远镜是由凸透镜物镜和凹透镜目镜组成的. 1611 年,德国天文学家开普勒发表了《折射光学》,阐述了望远镜原理,他还把伽利略望远镜的目镜改成凸透镜,这种望远镜被后来的天文学家广泛采用,被称为开普勒望远镜.

1. 开普勒望远镜

开普勒望远镜由两个凸透镜组成,其光路图如图 D10-1 所示. 其中,L_1 为长焦距的薄凸透镜,称为物镜,其焦距为 f_1;L_2 为短焦距的薄凸透镜,称为目镜,其焦距为 f_2. 在一般情况下,物镜的后焦面和目镜的前焦面之间存在一个距离 Δ,称之为光学间隔.

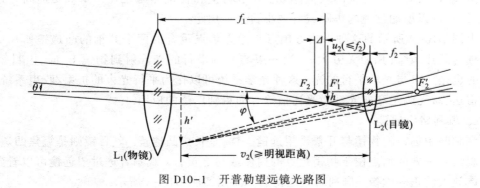

图 D10-1　开普勒望远镜光路图

在通常情况下,望远镜所观察的物体与物镜之间的距离远大于物镜焦距,根据薄透镜的成像原理,这个远方的高为 h_0 的物体将在物镜的焦平面附近(外侧)成高度为 h 的倒立的缩小的实像. 该实像虽然相对于原物体小,但是却拉近了与物体的距离,从而增大了视角. 由于经过物镜的像成在目镜的前焦平面的内侧,所以该实像"发出"的光线经过目镜后,成一个倒立的放大的高度为 h' 的虚像. 由于高度为 h_0 的物体位于足够远的位置,所以它相对于物镜 L_1 的张角 θ 可以看成相对于目镜后方(右侧)观测者的张角(即不用仪器观察时物体对眼睛的张角). φ 是高度为 h' 的虚像相对于观测者的张角,则其视角放大率(简称放大率)为

$$M = \frac{\tan \varphi}{\tan \theta} \tag{D10-1}$$

由图 D10-1 可知,φ 与光学间隔 Δ 有关,实际中 Δ 的值非常小,当取 $\Delta = 0$ 时,光路图如图 D10-2 所示.

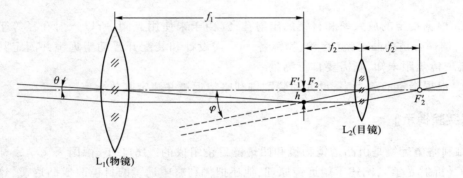

图 D10-2　开普勒望远镜在 $\Delta = 0$ 时的光路图

由图 D10-2 可知

$$M_0 = \frac{\tan \varphi}{\tan \theta} = \frac{h/f_2}{h/f_1} = \frac{f_1}{f_2} \tag{D10-2}$$

由此可见,此时望远镜的放大率 M_0 等于物镜和目镜焦距之比. 如果要提高望远镜的放大率,可以增加物镜的焦距或者减小目镜的焦距.

由图 D10-2 所示的这种由物方焦点与像方焦点重合的两个共轴的凸透镜所构成的系统称为无焦系统(焦距无穷大). 当一束与光轴平行的光入射到物镜 L_1 时,由目镜 L_2 出射的也是一束与光轴平行的光. 这种光学系统可以作为平行光束的扩束/收束系统,在激光雷达、激光测距和非光纤激光通信等方面得到广泛的应用.

2. 伽利略望远镜

伽利略望远镜的物镜与开普勒望远镜一样,是长焦凸透镜. 其目镜则是短焦凹透镜,位于观测者一方的焦点位于物镜焦点的内侧或与之重合. 观测者透过望远镜可以看到远处物体放大的正立虚像. 伽利略望远镜的光路图如图 D10-3 所示.

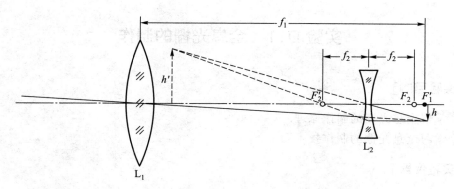

图 D10-3　伽利略望远镜光路图

[分析讨论]

1. 开普勒望远镜和显微镜在结构上有什么区别？
2. 如果稍微改变物镜和目镜之间的距离,能观察到什么现象？试分析说明.

实验 D11　全息光栅的制作

[实验目的]

1. 掌握全息光栅的制作原理.
2. 学习全息光栅的制作技术.

[实验仪器]

全息台,氦氖激光器,全息干板,分束器,扩束镜,反光镜,准直透镜,磁性可调支架座,毛玻璃屏,米尺,照片冲洗设备,分光计,钠灯等.

[实验要求]

1. 设计一个拍摄全息光栅的光路,给出确定两束平行相干光夹角的方法,对光路中的每个元件进行说明并给出必要的参量,写出实验步骤.
2. 制作一块空间频率为 $\nu = 300$ 条/mm 的全息光栅. 设计一种方法,测定所制作的全息光栅的空间频率,写出测量方法并给出测量结果.
3. 检验所制作全息光栅的光栅常量 d,要求相对误差 $E_d < 2.0\%$.
4. 总结制作全息光栅的要点和注意事项.

[实验提示]

1. 两束相干的单色平行光以一定角度 θ 相交时,在两束光相交面上将形成干涉条纹. 设两束平行光入射到平面上的夹角分别为 α、β,则干涉条纹的间距为

$$d = \frac{\lambda}{2\sin\frac{\alpha+\beta}{2}\cos\frac{\alpha-\beta}{2}} \tag{D11-1}$$

式中,λ 为入射光的波长.
当 $\alpha = \beta$ 时,$\alpha = \beta = \theta/2$,则

$$d = \frac{\lambda}{\sin\frac{\theta}{2}} \tag{D11-2}$$

改变 θ 可使条纹密度改变,θ 越大条纹越密. 光栅的空间频率 $\nu = 1/d$.
2. 若在两束光的重合区放上焦距为 f 的透镜,则两束光在透镜的后焦平面上聚成两个亮点,测出这两个亮点的距离,就可以求出两束光的夹角 θ.
3. 在两束平行光的相交面处换上全息干板,并把干涉条纹拍摄下来,经显影、定影处理后便得到一块全息光栅.
4. 若要提高光栅的衍射效率,可在定影后进行漂白处理.
5. 可用分光计检验光栅常量 d.

[分析讨论]

1. 用细激光束垂直入射拍摄好的全息光栅,在距全息光栅 8.0 mm 的屏上出现 ±1 级衍射光点,两光点距离为 8.0 mm,问该光栅的光栅常量是多少? 拍摄时两激光束的夹角大约是多少?

2. 如果全息干板的分辨本领在 1 500 线/mm 以内,那么拍摄全息光栅的实验光路必须满足什么要求?

3. 如何拍摄一块两方向的光栅常量相同的正交全息光栅?

实验 D12　宇宙射线观察装置的设计

[实验目的]

1. 了解环境中的宇宙射线辐射的基本知识.
2. 掌握基本的粒子物理探测方法.

[实验仪器]

磁铁,玻璃罩,半导体制冷片,电源,铜板,酒精,海绵,光源等.

[实验要求]

1. 设计并制作一个能够通过肉眼观测宇宙射线粒子径迹的装置.
2. 拍摄粒子径迹,加入磁场观测并分析粒子的带电情况和能量.

[实验提示]

我们生活的世界中充斥着各种粒子和辐射,太阳发射的带电粒子和宇宙中的高能粒子到达地球后,低能量的粒子受到地磁场的作用在高纬度地区与气体分子碰撞产生美丽的极光.但是地磁场较弱,无法将高能粒子偏转(高能宇宙射线粒子的最高能量远大于目前人类能够制造的加速器装置产生的最高能量).高能粒子进入大气层后,将产生簇射,产生一系列次级粒子.到达地面的粒子经过晶体、气体或过饱和液体时,会在路径上产生辐射或使气体、液体电离,可以利用该原理对粒子的径迹进行观测.

利用该原理制作的测量装置有云室、闪烁体探测器、铅玻璃和多丝正比室等,这些装置极大地提高了人类对自然界的认识.

可以制作如图 D12-1 所示的简易云室来观察地面上的宇宙射线次级辐射.

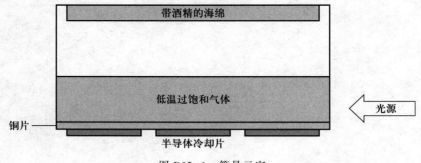

图 D12-1　简易云室

通过半导体制冷片将铜板冷却到-40 ℃以下,上方的酒精蒸气会达到过饱和状态,若有粒子通过并电离了气体,则会在过饱和气体中留下明显的径迹.还可以在该装置中加入磁铁来分辨粒子的带电情况.

[分析讨论]

1. 如何分辨粒子的种类和能量？
2. 每分钟内测得的粒子径迹数量与所在位置是否有关？

第六章
研究性实验

在常规物理实验环节中,实验内容主要是为学生深入理解基本物理知识、学习基本仪器的使用、训练动手能力和培养基本科学研究素养而设置的,为了突出物理原理,在实验过程中许多条件都进行了简化. 实验教材对于实验步骤、实验方法以及实验数据处理方法都给予了详尽的指导,学生只要认真预习并按照教材的步骤认真操作就能够完成实验内容,达到物理实验的基本目的. 然而,这样的实验相对来说方法比较单一,操作步骤比较机械,无法激发学生主动学习的兴趣和培养学生的创新素质. 并且在实际生产、生活和科学研究中的问题的复杂性和多样性也无法在常规物理实验过程中体现出来.

通过针对实际生产、生活或者科学研究问题设置的研究性实验,能够加深学生对于物理基本原理、基本实验方法和基本实验仪器的理解,并培养学生灵活应用这些知识去解决实际问题的创新能力.

研究性实验由立题、调研、拟定实验方案、进行实验、分析实验结果和撰写实验报告六个环节构成,这六个环节相互独立又紧密相连,只有完整地完成这六个环节才能称之为科学研究. 下面简要介绍本书中的研究性实验的开展过程与要求.

立题:对于研究性实验项目,实验室针对一些基本物理原理给出了一些新的应用方向. 根据给出的研究提示,可以在这些原理的基础上,通过思考实际生活中的新技术、新产品和存在的问题等提出研究题目. 需要强调的是,书中给出的只是部分研究方向,实验室鼓励学生在现有的实验条件下,自行选定研究题目. 这些研究题目可以是自己的科研项目,也可以根据自己的经验、体会和兴趣进行自拟.

调研:对于研究性实验涉及的研究内容,书中只给出了简要理论和实验方法提示,具体细节以及可能出现的问题都没有详细介绍. 这需要学生根据拟定的研究题目查阅相关文献、资料等,写出调研报告,与教师分析和讨论研究题目的意义和可行性. 若通过调研发现设定的题目无法在现有实验条件下完成或者研究过程中存在无法解决的难题,则需要重新立题.

拟定实验方案:在完成调研后,要根据实验室提供的器材和实验条件,在教师的帮助下选定实验仪器、拟定实验方案. 拟定实验方案时应该注意,要充分了解实验仪器的性能、技术指标和相关实验条件,综合考虑各仪器和因素对最终结果不确定度的影响,拟定"最优化"的实验方案,使实验结果尽量准确,满足设计要求.

进行实验:在充分考虑安全因素后,应严格按照拟定的实验方案进行实验,不可以临时更改实验方案,以免造成仪器损坏或者安全问题. 在实验过程中,如果发现与预想不同的实验现象,应积极思考其产生的原因,找出解决的方法. 若无法找到原因,则需要重新调研,分析实验方案的可行性. 应仔细观察实验现象,对实验数据进行系统的记录.

分析实验结果：在完成实验后，要对实验结果给出合理的分析．首先处理实验数据，算出不确定度，对实验结果给出科学的评价；然后分析实验结果与设计预期结果之间的差别，并分析其产生原因；最后对整个研究性实验过程给出总体评价，并提出有可行性的方案．

撰写实验报告：研究性实验报告与普通实验报告类似，由以下几个部分构成．

1. 实验目的．
2. 实验原理．
3. 实验设计思路、实验方法、实验结果和误差分析．
4. 实验中遇到的问题及解决办法．
5. 参考文献．

在撰写实验报告时，应当注意尽量使用简短、明确的语言总结实验过程，给出结论．

实验 E1 摆的摆动规律研究及重力加速度的测量

伽利略在观察吊灯的运动时,发现吊灯来回摆动一周所需要的时间都大致相等.他设计并制作了两个长度相等的钟摆,一个大幅度摆动,另一个小幅度摆动,他发现这两个钟摆的摆动始终保持一致.他经过一系列的实验证明,当满足一定条件时,摆动的周期只与悬线的长度有关,这就是单摆的等时性.伽利略提出的用单摆的等时性来指示时间的方法,成为后来摆钟的设计原理.

1687 年,牛顿在其著作《自然哲学的数学原理》中通过严格的证明给出了万有引力定律,由此阐明了重力的本质,给出了钟摆的摆动规律的科学解释.

重力加速度是一个重要的物理量,准确测定它的量值,无论在理论上还是在科研和工程技术上都有极其重要的意义.一般来说,在赤道附近地区重力加速度的数值小,越靠近南、北两极,重力加速度的数值就越大,其最大值与最小值相差约 1/300.地面上的重力加速度可以用专门的仪器进行测量,由地面上各处重力加速度值的异常变化可以间接了解地下矿藏的情况.将重力仪放在船上或密封后放在海底进行动态或静态观测,可以确定海底地壳各种岩层的质量分布.采用专用的井中重力仪,沿钻孔测量重力加速度随深度的变化,可以测得钻孔周围一定范围内岩石密度的变化.

测量重力加速度的方法有很多,如多普勒效应法、自由落体法、单摆法、复摆法和平衡法等.

[实验内容及要求]

1. 拟定实验方案,测量当地的重力加速度,给出测量不确定度.
2. 通过实验分析所使用的方法中的运动规律与实验条件之间的关系.
3. 修正重力加速度的测量结果,要求修正后的相对不确定度小于 1.0%.
4. 测量并分析空气阻力等因素对于实验结果的影响.

[实验器材]

可调摆线长度的单摆支架,游标卡尺,米尺,电子计时器,电子天平,不同质量的摆球若干,不同材料和质量的摆线若干(可根据实验方案调整).

[研究提示]

1. 重力加速度与引力常量
按照万有引力定律,两个物体之间的引力由两个物体的质量、距离和引力常量决定.因此,

$$F = -G \frac{m_1 m_2}{r^2} \tag{E1-1}$$

式中,m_1 为物体的质量,m_2 为地球的质量,r 为地球的半径.
按照重力加速度 g 的定义:

$$F = -m_1 g \tag{E1-2}$$

有

$$g = G\frac{m_2}{r^2} \qquad (\text{E}1\text{-}3)$$

即重力加速度与引力常量、地球的质量和半径有关.

需要指出的是,万有引力是四种基本相互作用之一,引力常量 G 的精确测量不仅对计量学意义重大,而且对基本相互作用过程、宇宙的演化等基础物理问题的理解具有重大意义,对引力常量的测量目前仍然是物理学前沿研究的重点问题之一.

2. 用单摆测量重力加速度

在理想条件下,单摆是由一个不计体积、质量为 m 的质点悬挂在一根无质量、不可伸长、长度为 L 的细线上构成的. 在空气阻力、浮力可以忽略和摆动角度较小的情况下,单摆的周期 T_0 和重力加速度 g 之间的关系为

$$T_0 = 2\pi\sqrt{\frac{L}{g}} \qquad (\text{E}1\text{-}4)$$

在摆线长度固定的情况下,单摆的周期只与重力加速度有关.

公式(E1-4)可以写成

$$\frac{1}{4\pi^2}T_0^2 = \frac{1}{g}L \qquad (\text{E}1\text{-}5)$$

当摆长由 L_1 变为 L_2 时,单摆的周期亦会由 T_{01} 变为 T_{02},重力加速度 $\bar{g}$ 可由下式计算:

$$\bar{g} = \frac{L_1 - L_2}{T_{01}^2 - T_{02}^2}4\pi^2 \qquad (\text{E}1\text{-}6)$$

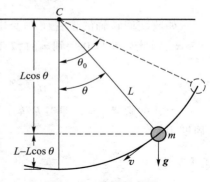

图 E1-1　单摆示意图

利用式(E1-6)测量重力加速度可以解决摆线的长度难以准确测量的问题.

但是,在现实世界中,利用式(E1-4)测量重力加速度时,结果带有一定的系统误差,需要对该系统误差进行评估. 对于实际的单摆,悬线是一根有质量的弹性很小的线,摆球是有质量的半径不为零的小球,而且小球受到空气浮力的影响,如图 E1-1 所示. 考虑这些因素的影响时,单摆的周期公式可以写成

$$T = 2\pi\sqrt{\frac{L}{g}\left[1 + \frac{d^2}{20L^2} - \frac{m_0}{12m}\left(1 + \frac{d}{2L} + \frac{m_0}{m}\right) + \frac{\rho_0}{2\rho} + \frac{\theta^2}{16}\right]} \qquad (\text{E}1\text{-}7)$$

式中,T 是单摆的周期,L、m_0 分别为摆线的长度和质量,d、m、ρ 分别为摆球的直径、质量和密度,ρ_0 是空气的密度,θ 是摆角. 显然,当 $d \ll L$、$m_0 \ll m$、$\rho_0 \ll \rho$、$\theta^2/16 \approx 0$ 时,式(E1-7)和式(E1-4)是相同的.

需要指出的是,式(E1-7)是在忽略了空气阻力后得到的近似解,并不是严格求解的公式,严格求解需要使用数值解法.

根据实验室给出的仪器,估算各个因素对于最终实验结果不确定度的贡献. 设计实验方法,选择合适的仪器,画出数据记录表格来测量重力加速度,并根据式(E1-7)修正

结果. 将最终结果与实验室给出的本地标准重力加速度进行比较,计算相对误差,要求相对误差小于 1%.

改变摆长、摆球质量、摆球半径和摆角,研究周期与这些因素之间的关系,作出它们的关系图. 周期的测量可以采用多周期累计平均法. 根据实验现象和相关理论,分析空气阻力对单摆周期测量的影响,进而分析其对重力加速度测量结果的影响.

注:在大摆角下进行单摆周期的测量时,需要考虑利用开关型霍尔传感器、光电门和多功能毫秒仪等仪器实现自动计时,以便能在几个周期内准确测得单摆在大摆角下的周期,这样便可在忽略空气阻力的影响的条件下,研究周期与摆角的关系,再应用外推到摆角为零的方法,精确测得摆角极小时的周期,从而精确地测量重力加速度.

3. 用复摆测量重力加速度

在摆角很小时,复摆(图 E1-2)的周期 T 为

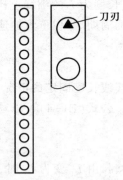

$$T = 2\pi\sqrt{\frac{I}{mgh}} \qquad (E1-8)$$

式中,I 为复摆对回转轴的转动惯量,m 为复摆的质量,g 为重力加速度,h 为回转轴到重心的距离. 若复摆以通过重心且垂直于摆的方向为轴的转动惯量为 I_C,则 $I = I_C + mh^2$,又设对该轴的回转半径为 a,则 $I = ma^2 + mh^2$,将之代入式(E1-8),可得

$$T = 2\pi\sqrt{\frac{a^2 + h^2}{gh}} \qquad (E1-9)$$

图 E1-2 复摆示意图

如改变回转轴的位置使 h 变化,周期也将变化,从式(E1-9)可以看出,当 $h \to \infty$ 时,$T \to \infty$,因此当 h 从 0 变到 ∞ 时,T 有极小值的条件是

$$\frac{\mathrm{d}T}{\mathrm{d}h} = 2\pi \frac{1}{2}\left(\frac{a^2 + h^2}{gh}\right)^{-\frac{1}{2}}\left(\frac{2}{g} - \frac{a^2 + h^2}{gh^2}\right) = 0 \qquad (E1-10)$$

上式的解是 $h = a$,即当 h 等于 a 时周期 T 极小. 将该条件代入式(E1-9),可知最小周期为

$$T_{\min} = 2\pi\sqrt{\frac{2a}{g}} \qquad (E1-11)$$

若用一根均匀的棒制作复摆,摆上的孔是对称的,则在摆的重心两侧的变化也将是对称的.

可以通过计算机处理实验数据并算出重力加速度.

4. 用自由落体测量重力加速度

根据自由落体公式:

$$h = \frac{1}{2}gt^2 \qquad (E1-12)$$

可以通过测量物体的下落位置和下落时间来确定重力加速度. 但是需要注意,设计实验方案时应尽量考虑各种因素的影响,并尽量提高测量精度.

实验 E2 超声波的应用

频率超过 20 kHz 的声波称为超声波. 相对于低频声波, 超声波具有方向性好、穿透能力强、空化效应明显等特点, 这些特性使得超声波技术在测距、测速、测温、无损探伤、清洗、焊接、碎石和杀菌消毒等方面获得了广泛应用.

按照超声波的功率, 超声设备可以分为功率超声和检测超声两大类. 功率超声设备一般只发射不接收, 主要用于超声加工, 然而目前超声加工的确切原理仍未被透彻认识. 检测超声设备一般由发射部分和接收部分构成, 由于其具有相对较小的破坏性, 所以在医疗、军事中都有广泛的应用. 本实验主要研究超声波在检测方面的应用.

[实验内容及要求]

1. 学习并理解超声波测距、测速、测温、探伤的基本原理.
2. 使用实验室提供的器材设计并构建相应的测量研究系统.
3. 利用数字示波器采集实验数据, 通过计算机完成数据处理.
4. 评估测量结果的不确定度.

[实验器材]

信号发生器, 压电换能器, 数字示波器, 计算机, 电动转盘, 光电转速表, 电缆等.

[研究提示]

1. 超声波测距

超声波测距是超声检测方面应用最为广泛的一项技术, 汽车的前、后避撞"雷达"几乎全部采用这种技术制成.

超声波测距大多采用脉冲回波法, 其基本原理比较简单, 系统原理如图 E2-1 所示. 超声波的发射和接收换能器与物体的间距为 L, 当声速为 v 时, 由猝发脉冲激励发射换能器所发出的超声波经物体反射后到达接收换能器所经历的时间差为 Δt, 由于声程为 $2L$, 所以 $2L=v\Delta t$, 即

$$L=\frac{1}{2}v\Delta t \tag{E2-1}$$

显然, 测量出时间差 Δt 即可得到距离 L.

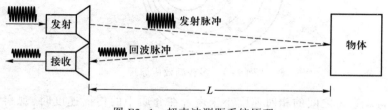

图 E2-1 超声波测距系统原理

受发射、接收换能器等响应特性的限制, 在基本消除噪声后接收换能器输出的信号

波形也并不像图 E2-1 所示的那样规则,实际信号波形如图 E2-2 所示. 显然直接利用该回波信号确定时间差 Δt 会产生极大的测量误差,本实验的主要任务之一就是研究减小这种误差的可行方法.

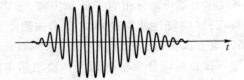

图 E2-2　猝发脉冲激励下的回波信号波形

2. 超声波测温

在很多弹性介质中,声波的传播速度是温度的单值函数,测量出介质中的声速便可以推算出介质的温度. 例如在一个大气压的条件下,干燥的空气中的声速与温度的关系可用下式表示:

$$v = 331.45 \sqrt{1 + \frac{t}{273.15}} \qquad (E2-2)$$

式中,t 是空气的温度,单位是℃,v 的单位是 m/s. 显然,测量出空气中超声波传播的速度便可推算出空气温度. 准确地测量空气中的声速是测量空气温度的关键.

$$t = 273.15\left[\left(\frac{v}{331.45}\right)^2 - 1\right] \qquad (E2-3)$$

3. 超声波测速

物体的运动速度的测量可以通过超声波测距技术来实现,但该方法只能测量物体运动的平均速度. 利用超声波的多普勒效应可以测量物体运动的瞬时速度.

多普勒于 1842 年提出了声音的频率与观察者和声源之间的相对速度有关的理论:当声源以一定速度靠近观察者 A 时,观察者 A 接收到的声音频率变高;当声源以一定速度远离观察者 B 时,观察者 B 接收到的声音频率变低,这就是多普勒效应,如图 E2-3 所示. 例如,警车的警笛声在迎着警车的方向听起来特别刺耳,这一现象就是由于多普勒效应产生的.

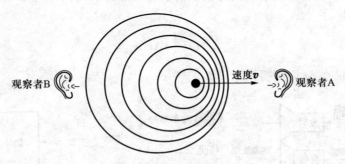

图 E2-3　多普勒效应原理

当声源与观察者之间的相对速度小于声音在介质中的传播速度时,观察者接收到的声音频率 f 与声源发出的声音频率 f_0 之间的关系可以用下式表示:

$$f=\left(\frac{v_{声}+v_r}{v_{声}+v_s}\right)f_0 \tag{E2-4}$$

式中,$v_{声}$为声波在介质中的传播速度;v_r是观察者相对于介质的速度,若观察者向着声源的方向移动,则该值为正,反之为负;v_s是声源相对于介质的速度,若声源向着观察者的方向移动,则该值为负,反之为正.

超声波多普勒测速的原理如图 E2-4 所示,发射换能器和接收换能器处于静止状态,其声线与物体速度方向的夹角均为 θ.

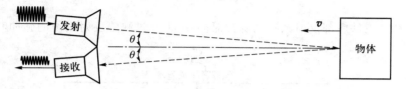

图 E2-4　超声波多普勒测速原理

对于发射换能器,运动的物体相当于向着声源方向移动的观察者,移动速度 v 在声线上的投影为 $v_r=v\cos\theta$,声源相对于介质的速度为 $v_s=0$,因此在运动的物体上观测到的声波频率 f' 为

$$f'=\left(\frac{v_{声}+v\cos\theta}{v_{声}}\right)f_0 \tag{E2-5}$$

对于接收换能器,运动的物体相当于向着观察者方向移动的声源,其频率为 f',移动速度 v 在声线上的投影为 $v_s=-v\cos\theta$,观察者相对于介质的速度为 $v_r=0$,因此接收换能器接收的声波频率 f 为

$$f=\left(\frac{v_{声}}{v_{声}-v\cos\theta}\right)f' \tag{E2-6}$$

所以

$$f=\left(\frac{v_{声}+v\cos\theta}{v_{声}-v\cos\theta}\right)f_0 \tag{E2-7}$$

在实验室中不便使用连续直线运动的物体,可用大直径的匀速旋转的圆盘来代替,利用光电传感器和转速表测量出圆盘的角速度 ω,则半径为 R 的圆盘边缘的切向线速度为 $v=\omega R$.

4. 超声波探伤

在工业生产中,人们常常需要在不损坏元件的前提下对元件的质量进行检查,超声波探伤就是一种常见的无损探伤方式. 由于超声波具有较强的穿透性,当其进入被测材料后,材料内部的结构会对超声波的传播产生一定的影响,所以通过探测超声波的变化,可以确定材料内部的结构,从而实现无损探伤.

超声波探伤可以通过穿透法、脉冲反射法和共振法等实现,目前应用比较广的是脉冲反射法. 按照超声波与被测材料表面的角度,脉冲反射法可以分为直射探伤法、斜射探伤法和表面探伤法. 如果在材料中存在缺陷,那么将造成材料在一定范围内的不连续性. 超声波在材料中遇到这样的缺陷就会被反射. 反射的超声波的能量和方向与材料中缺陷的成分和形状相关,因此通过探测反射的超声波就可以对材料中的缺陷进行判断. 下面介绍脉冲反射法的原理.

假设钢质工件的结构如图 E2-5 所示,由于铸造过程中的问题,其中产生了一个空气泡(缺陷). 换能器将信号源发出的电信号转换为振动,产生超声波脉冲,传递到钢质工件中. 当超声波遇到空气泡表面时将先被反射,而没有遇到空气泡的超声波将在到达工件的底部后被反射. 反射的超声波被换能器接收,通过正压电效应产生电信号,再经过放大进入示波器. 设超声波在钢中的传播速度是 v,则缺陷到下表面的距离为

$$D = \frac{v(t_2 - t_1)}{2} \tag{E2-8}$$

式中,t_2 为经过工件底部反射测得的脉冲时间,t_1 为经过缺陷反射测得的脉冲时间.

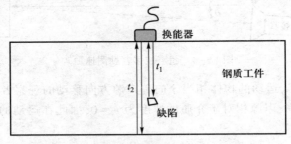

图 E2-5　脉冲反射法原理

图 E2-6 为脉冲反射式超声探伤仪的电路框图,其主要组成部分包括发射电路、时基电路(扫描电路)、同步电路、显示器以及电源.

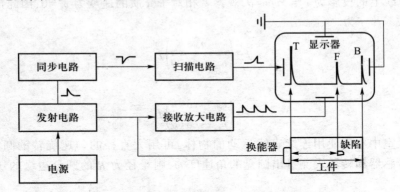

图 E2-6　脉冲反射式超声探伤仪电路框图

同步电路产生周期性同步脉冲(其频率又称脉冲重复频率):一方面用来触发发射电路,产生持续时间极短的电脉冲加到超声换能器(探头),激励压电晶片产生超声波脉冲;另一方面用来控制时基电路产生锯齿波,加到示波器 X 轴偏转板上使光点从左到右随时间移动. 超声波通过耦合剂透入被检试件,反射回波由已停止激振的原探头接收(单探头工作方式)或由另一探头接收(双探头工作方式),转换成相应的电脉冲,经放大电路放大加到示波器的 Y 轴偏转板上,此时,光点不仅沿 X 轴按时间线性移动,而且受 Y 轴偏转电压的作用在垂直方向运动,从而产生幅度随时间变化的波形.

根据反射波在时间基线上的位置可确定反射面与入射面的距离;显示器上显示的波高一般与换能器接收到的超声波声压成正比,故根据回波幅度可确定回波声压. 图 E2-6

中显示器上的反射信号波形解释如下:超声波进入工件后,当遇到缺陷或工件底面时,发生反射,反射波被探头接收,转换成电脉冲送入示波器,形成一个反射脉冲信号. 当工件中无缺陷时,显示器上只有始波 T 与底波 B;当工件中有小缺陷时,显示器上除始波 T 和底波 B 外,还有缺陷波 F,缺陷波位于始波和底波之间,缺陷在工件中的深度与显示器上缺陷波到始波的距离相对应;当工件的缺陷大于声束直径时,因入射波全部被缺陷反射,没有抵达工件底面,故显示器上将只有始波 T 与缺陷波 F,没有底波 B.

[拓展阅读]

蝙蝠与超声波

实验 E3　透镜成像特性的观测与研究

透镜成像是摄影、光学显微放大和望远技术的核心,景深和焦深等是透镜成像(包括由透镜组构成的镜头)的重要参量,对于光学镜头的景深和焦深等的利用和控制是光学成像技术的核心,只有对于这些知识有所理解才能够充分发挥透镜的成像潜力.

[实验内容及要求]

1. 深入学习透镜的成像原理,通过软件计算镜头的焦深、景深和像差等参量.
2. 拟定实验方案,测量实验室给出的凸透镜和光阑组成的光学系统在不同参量下的景深、焦深和分辨率,并与理论计算结果进行比较.
3. 测量实验室提供的单反相机镜头的景深、焦深和分辨率.
4. 对比单反相机镜头与普通凸透镜的成像效果,定性分析原因.
5. 提交完整的研究报告.

[实验器材]

单反相机,镜头,凸透镜,可变光阑,光学导轨及支架,方格分划板,狭缝,测微目镜等.

[研究提示]

光学系统中一般使用圆形的光学元件,这些元件都具有一定的孔径,这些孔径限制了可通过光线的范围. 在某些光学系统中为了控制成像的质量,需要额外附加开孔的屏来限制光束的截面,这样的屏或者光学元件的边缘统称为光阑. 光学镜头中一般装有一个可调节大小的光阑,称之为光圈. 在一个光学系统中可以有多个光阑,其中限制成像光束口径大小的光阑称为孔径光阑或有效光阑,限制成像范围的光阑称为视场光阑. 例如,通过窗口看景物时,窗口限制了所能看到景物的范围,窗口就是一个视场光阑. 在一般情况下,几何光学中透镜的成像原理仅对近轴光线才成立,孔径光阑可以遮挡偏离轴线较远的光线从而提高成像的清晰度,同时孔径光阑对照度和景深等都有较大的影响. 因此,确定光学系统中的孔径光阑对于控制成像质量非常重要.

1. 弥散圆与焦深

当物体与凸透镜距离较远时,物体上的点发出的光线到达凸透镜时可以认为是平行光线. 这些平行光线射入理想凸透镜时,会聚在一点后再以锥状扩散开来,这个点称为焦点. 光线在焦点前会聚、在焦点后发散,如果在焦点前或焦点后放置屏,那么获得的像将不是一个点,而是一个圆,这个圆称为弥散圆,如图 E3-1 所示.

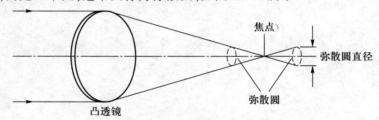

图 E3-1　弥散圆

如果弥散圆足够小,那么人眼将认为物体的像仍然清晰. 这种不至于影响实际影像清晰度的直径为 δ 的最大弥散圆称为容许弥散圆,焦点前后两个容许弥散圆的间距称为焦深. 焦深与透镜的焦距、通光孔径和容许弥散圆的直径有关,如图 E3-2 所示.

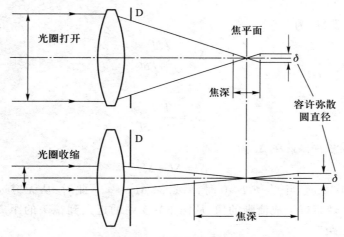

图 E3-2　焦深和通光孔径

2. 景深

一般的光学成像系统使用平面的屏或感光元件来观察和记录物体所成的像,这个屏或感光元件应该置于像平面上. 对于一个如图 E3-3 所示的光学成像系统,若凸透镜 L 的位置不变,则根据透镜成像规律,只有在物平面 P 上的物体才能在像平面 P'(观察屏)上成最清晰的像. 物体若不处于物平面 P 上而是沿光轴有一定的位移,则不能在像平面上成最清晰的像. 图 E3-3 中的 P_1 点和 P_2 点经过透镜在像平面 P' 上投射的是光斑,即弥散圆. 如果这些光斑的直径小于容许弥散圆的直径,那么 P_1 点和 P_2 点的像也可以认为是清晰的. 当 P_1 和 P_2 在像平面 P' 上所成的弥散圆的直径刚好等于容许弥散圆的直径时,P_1 平面和 P_2 平面间的距离称为景深,它们各自到平面 P 的距离分别称为后景深和前景深. 显然,减小光阑的直径 D,弥散圆的直径也随之减小,因此景深也随之增加.

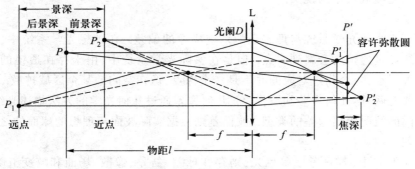

图 E3-3　焦深和景深

此外,景深和焦深还与透镜的焦距及对焦距离(图中的物距)有关. 一般来说,透镜的焦距越大,景深越小;焦距越小,景深越大;对焦距离越大,景深越大.

设 δ 为容许弥散圆直径、f 为镜头焦距、F 为镜头的光圈数、l 为对焦距离(即物距)、

Δl_2 为前景深、Δl_1 为后景深、Δl 为景深,当光圈(光阑)直径为 D 时,镜头的光圈数的定义为

$$F = \frac{f}{D} \tag{E3-1}$$

可以证明,前景深 Δl_2 为

$$\Delta l_2 = \frac{F\delta l^2}{f^2 + F\delta l} \tag{E3-2}$$

后景深 Δl_1 为

$$\Delta l_1 = \frac{F\delta l^2}{f^2 - F\delta l} \tag{E3-3}$$

显然,后景深>前景深. 景深 Δl 为

$$\Delta l = \Delta l_1 + \Delta l_2 \tag{E3-4}$$

根据公式(E3-3),当 $f^2 - F\delta l \to 0$ 时,后景深 $\Delta l_1 \to \infty$. 此时,从无穷远到前景深之间的物体都能够在观察屏上成清晰的像,从图 E3-3 中的近点到镜头的距离称为超焦点距离,简称为"超焦距".

分辨率是透镜成像时必须考虑的重要因素之一. 根据光的衍射理论,一个点发出的光经过有限孔径的光学系统后所成的像是一个衍射斑(艾里斑),而不是一个几何点. 根据瑞利判据,圆孔衍射时两个物点之间的最小分辨角 θ_0 与入射光的波长 λ 和圆孔直径 D 有关,有

$$\theta_0 = \frac{1.22\lambda}{D} \tag{E3-5}$$

对于照相机,圆孔直径就是光圈直径,感光片到镜头的距离就是焦距. 因此,在感光片上能够分辨的两个点之间的最小距离为

$$\Delta y = \frac{1.22\lambda f}{D} = 1.22\lambda F \tag{E3-6}$$

可见,随着镜头的光圈数 F 增加,Δy 变大,即分辨率变差. 因此,要获得分辨率较高的图像需要使用光圈数较小的镜头.

3. 像差

像差是指实际光学系统与理想光学系统成像的偏差. 在理想光学系统中,一个物点发出的光线经过透镜后会聚到一点. 但是在实际光学系统中,由于存在透镜的色散和非近轴光线等因素,一个物点对应的并不是一个像点,像在空间的某个区域扩散. 对于像差的描述主要有两种:几何像差和波像差. 几何像差通过几何光学的方法描述光线的传播,并针对不同的情况给出像差的类型. 波像差则根据实际波面与理想的球面波之间的差异来描述像差.

在几何像差中,若只考虑单色光,则存在球差、彗差、像散、场曲和畸变五类像差;若考虑复色光,则还需要考虑位置色差和倍率色差两类像差. 在精密光学仪器制造过程中,需要针对使用场景做必要的光学系统校正以补偿像差,提高成像质量.

复杂光学成像系统像差的计算和修正,一般使用光学设计软件来完成,常用的软件有 Zemax,Synopsys 等.

实验 E4　光电器件的光谱响应特性研究

传感器在人们的生产、生活和科学研究活动中应用极其广泛,光电传感器是光电子仪器中的核心器件之一. 它的种类繁多,主要有光电管、光电倍增管、光敏电阻、光敏三极管、太阳能电池、红外线传感器、紫外线传感器、光纤式光电传感器、色彩传感器、电荷耦合器件(charge coupled device,CCD)等.

光电传感器是通过光电效应(当低能光子与物质相互作用时,主要过程为光电效应)将光能转化为电能,进而对电学量进行测量,再根据光电之间的转换关系给出光学量量值的器件. 实际上,由于电学量测量比较准确,而且容易制成仪表并与计算机通信从而实现自动化测量,所以在实际应用中对于包括大部分光学量在内的测量都是通过将其转换为电学量进行测量的. 在光子与物质相互作用过程中,根据爱因斯坦的光电效应方程,光子的能量正比于其频率,反比于其波长,而光电效应能否发生也取决于物质中电子所处的能级和电子跃迁前后的能级差. 因此,光子能否被物质吸收并转化为电子的能量与原子的构成、物质的结构和环境条件等诸多因素有关. 在实际应用中,选择使用光电传感器时,必须准确了解光电器件对不同波长光波的响应特性,从而达到实际工程或科学研究的既定目标.

光谱响应特性和频率响应特性是光电器件的重要特性,通过它们可以建立光电之间的转换关系,这对于光电传感器的选择使用和研究开发具有重要意义. 本实验研究硅光二极管、硅光电池和真空光电管等器件的光谱响应特性.

[实验内容及要求]

1. 深入学习光电效应的原理.
2. 调研光谱响应特性曲线的测量原理和方法,了解光谱测量的特点.
3. 学习硅光二极管、硅光电池和真空光电管的工作原理、使用方法和性能指标.
4. 利用实验室给出的器材测量各个器件的光谱响应特性曲线.
5. 根据各个器件的光谱响应特性曲线,分析其使用范围和优缺点.

[实验器材]

单色仪,低压汞灯,窄带滤光片组(406 nm、436 nm、492 nm、546 nm、578 nm 和 623 nm 共六种),被测光电器件(硅光二极管、硅光电池和真空光电管),数字微电流计,光电倍增管及配套电源等.

[研究提示]

光电传感器是一种将光能转化为电能的器件. 当光照射到金属、金属氧化物或半导体等材料的表面上时,会发生光电效应. 材料中的电子会吸收光的能量,在此吸收过程中,电子要么完全吸收光子的能量,要么完全不吸收光子的能量,并且电子一次只能吸收一个光子(也会有电子吸收多个光子的情况,但是发生概率远小于吸收一个光子). 电子吸收光子能量后,其能量状态发生变化,当单光子的能量大于某一阈值时,电子将被激发脱离原子核的束缚或者脱离材料表面,这样形成的电子称为光电子,该过程称为外光电效应.如果电子吸收光子能量后不能脱出材料表面,而只是在材料内部,致使材料的电学性能发生变化,那么该过程称为内光电效应.

光电传感器的输出电流 i 与入射光辐射能通量 Φ 之比称为光电传感器的灵敏度,也称为响应度,记为 S,有

$$S = \frac{i}{\Phi} \qquad (\text{E}4\text{-}1)$$

光电传感器的响应度 S 一般与入射光的波长 λ 有关,假设入射光为单色光,则 $S(\lambda)$ 记为光谱灵敏度(响应特性函数).在使用光电器件时,一般要知道光谱灵敏度与波长之间的关系,这个关系称为光谱响应特性(曲线).在一些特定的条件下,人们更加关心的不是光电器件光谱灵敏度的绝对值,而是其相对值,因此一般规定光谱响应特性曲线的最大值为 100%,根据该值来求得光谱灵敏度的相对值.在选择光电器件时,需要根据光源的光谱特性来找到合适的器件,提高器件的使用效率.

对于非单色光源,不同波长光的辐射能通常是不同的,因此非单色光源辐射能通量 φ 是波长 λ 的函数,在实验中对 $S(\lambda)$ 测量前需要对光源的 $\varphi(\lambda)$ 进行标定.

本实验的单色光源可以通过两种方式获得.第一种是利用通带波长等于低压汞灯所发出的分立谱中某条谱线波长的窄带滤光片滤除其他谱线来获得,更换不同通带波长的窄带滤光片即可获得不同波长的单色光.第二种是利用单色仪获得单色光.利用光谱响应特性已知的标准光电器件测量出这些"单色光源"在相同条件下相应波长的相对辐射强度,经过修正后即可实现对光源 $\varphi(\lambda)$ 的标定.本实验利用光谱特性已知的光电倍增管来实现对光源 $\varphi(\lambda)$ 的标定,标定和测量系统如图 E4-1 所示.

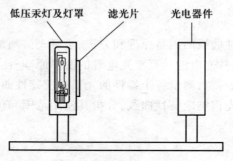

图 E4-1　标定和测量系统

设光谱特性已知的光电倍增管的响应特性函数为 $S_0(\lambda_k)$,在一个位于确定位置的波长为 λ_k 的某"单色光源"照射下,其光电流为 $i_0(\lambda_k)$,根据式(E4-1),该光源在该位置上对光电倍增管入射的辐射能通量 $\Phi(\lambda_k)$ 为

$$\Phi(\lambda_k) = \frac{i_0(\lambda_k)}{S_0(\lambda_k)} \qquad (\text{E}4\text{-}2)$$

在这个确定的位置上更换不同波长的"单色光源"(实际上只需更换低压汞灯出光孔上的滤光片)即可完成对光源 $\varphi(\lambda)$ 的标定.

设被测光电器件在 $\varphi(\lambda_k)$ 已标定的"单色光源"照射下的光电流为 $i_x(\lambda_k)$,其响应特性函数 $S_x(\lambda_k)$ 可以由下式确定(过程可自行推导):

$$S_x(\lambda_k) = k\frac{i_x(\lambda_k)}{i_0(\lambda)}S_0(\lambda) \tag{E4-3}$$

　　由于标定用的光电倍增管与被测光电器件的有效窗口面积不同,所以式中应出现一个比例常数 k. 考虑到测量的是相对值,该常数可以取 1,也可以通过测量出光电器件的最大光谱灵敏度 S_m 后将其归一化而求得.

[注意事项]

1. 要合理选取光电器件和低压汞灯的距离,不宜过大或过小.
2. 在更换低压汞灯滤光片时,不要接触汞灯.
3. 实验时背景光的影响也不可忽视,要在暗室中进行测量,不要打开其他光源.

附录

简化实验报告模板

大学物理实验报告

实验名称：_____ 实验班级_____ － ____ － ____

姓名_____ 学号_____ 台号_____ 报告成绩_____

［实验原理］

［实验数据处理］

[分析与讨论]

预习问题

预习得分＿＿＿＿＿＿＿＿

指导教师签名：　　　　　　　　实验报告箱号：　　　　　　日期：

大学物理实验报告

实验名称：＿＿＿＿＿＿＿＿＿＿＿＿＿＿＿＿＿＿＿＿＿＿＿＿＿＿＿ 实验班级＿＿＿＿＿-＿＿-＿＿

姓名＿＿＿＿＿＿＿＿＿ 学号＿＿＿＿＿＿＿＿＿＿＿＿＿ 台号＿＿＿＿＿＿＿ 报告成绩＿＿＿＿

［实验原理］

［实验数据处理］

大学物理实验报告

[分析与讨论]

预习问题

预习得分＿＿＿＿＿＿＿＿

指导教师签名：　　　　　　实验报告箱号：　　　　　　日期：

大学物理实验报告

实验名称：_____ 实验班级_____-____-____

姓名_____ 学号_____ 台号_____ 报告成绩_____

[实验原理]

[实验数据处理]

[分析与讨论]

预习问题

预习得分＿＿＿＿＿＿＿

指导教师签名：　　　　　　　　实验报告箱号：　　　　　　　　日期：

大学物理实验报告

实验名称：_____ 实验班级_____ - ____ - ___

姓名_____ 学号_____ 台号_____ 报告成绩_____

[实验原理]

[实验数据处理]

[分析与讨论]

预习问题

预习得分_____

大学物理实验报告

[实验原理]

[实验数据处理]

[分析与讨论]

预习问题

预习得分_____

指导教师签名：　　　　　　　实验报告箱号：　　　　　　日期：

大学物理实验报告

实验名称:＿＿＿＿＿＿＿＿＿＿＿＿＿＿＿＿＿＿＿＿＿＿＿ 实验班级＿＿＿＿ - ＿＿ - ＿＿

姓名＿＿＿＿＿＿＿＿ 学号＿＿＿＿＿＿＿＿＿＿＿ 台号＿＿＿＿＿＿ 报告成绩＿＿＿＿＿

［实验原理］

［实验数据处理］

[分析与讨论]

预习问题

预习得分＿＿＿＿＿＿

指导教师签名：　　　　　　实验报告箱号：　　　　　日期：

大学物理实验报告

实验名称：_____ 实验班级_____ – ____ – ___

姓名_____ 学号_____ 台号_____ 报告成绩_____

[实验原理]

[实验数据处理]

[分析与讨论]

预习问题

预习得分_____

指导教师签名：　　　　　　　　实验报告箱号：　　　　　　日期：

大学物理实验报告

实验名称：_____ 实验班级_____-____-____

姓名_____ 学号_____ 台号_____ 报告成绩_____

[实验原理]

[实验数据处理]

[分析与讨论]

预习问题

预习得分_____

指导教师签名：　　　　　　　实验报告箱号：　　　　　　日期：

大学物理实验报告

实验名称：＿＿＿＿＿＿＿＿＿＿＿＿＿＿＿＿＿＿＿＿＿＿　实验班级＿＿＿＿＿－＿＿＿－＿＿＿

姓名＿＿＿＿＿＿＿＿　学号＿＿＿＿＿＿＿＿＿＿＿　台号＿＿＿＿＿＿　报告成绩＿＿＿＿＿

［实验原理］

［实验数据处理］

[分析与讨论]

预习问题

预习得分_____

指导教师签名： 实验报告箱号： 日期：

大学物理实验报告

实验名称：_____　实验班级 _____-____-____

姓名_____　学号_____　台号_____　报告成绩_____

[实验原理]

[实验数据处理]

[分析与讨论]

预习问题

预习得分_____

指导教师签名：　　　　　　　实验报告箱号：　　　　　　日期：

大学物理实验报告

实验名称：_____ 实验班级_____-____-____

姓名_____ 学号_____ 台号_____ 报告成绩_____

[实验原理]

[实验数据处理]

[分析与讨论]

预习问题

预习得分＿＿＿＿＿＿

指导教师签名：　　　　　　实验报告箱号：　　　　　　日期：

大学物理实验报告

实验名称:_____   实验班级_____ - ____ - ___

姓名_____   学号_____   台号_____   报告成绩_____

[实验原理]

[实验数据处理]

[分析与讨论]

预习问题

预习得分_____

指导教师签名：　　　　　　　实验报告箱号：　　　　　　日期：

大学物理实验报告

实验名称：_____ 实验班级_____-____-____

姓名_____ 学号_____ 台号_____ 报告成绩_____

[实验原理]

[实验数据处理]

[分析与讨论]

预习问题

预习得分＿＿＿＿＿＿＿

指导教师签名：　　　　　实验报告箱号：　　　　　日期：

大学物理实验报告

实验名称：_____ 实验班级_____-____-____

姓名_____ 学号_____ 台号_____ 报告成绩_____

[实验原理]

[实验数据处理]

[分析与讨论]

预习问题

预习得分＿＿＿＿＿＿＿

指导教师签名：　　　　　　实验报告箱号：　　　　　　日期：

大学物理实验报告

实验名称:＿＿＿＿＿＿＿＿＿＿＿＿＿＿＿＿＿＿＿＿＿＿＿＿ 实验班级＿＿＿＿ - ＿＿ - ＿＿

姓名＿＿＿＿＿＿＿ 学号＿＿＿＿＿＿＿＿＿＿＿ 台号＿＿＿＿＿ 报告成绩＿＿＿＿

[实验原理]

[实验数据处理]

[分析与讨论]

预习问题

预习得分 _____

参考文献

读者意见反馈

为收集对教材的意见建议，进一步完善教材编写并做好服务工作，读者可将对本教材的意见建议通过如下渠道反馈至我社。

咨询电话　　400-810-0598

反馈邮箱　　hepsci@pub.hep.cn

通信地址　　北京市朝阳区惠新东街 4 号富盛大厦 1 座

　　　　　　高等教育出版社理科事业部

邮政编码　　100029

防伪查询说明

用户购书后刮开封底防伪涂层，使用手机微信等软件扫描二维码，会跳转至防伪查询网页，获得所购图书详细信息。

防伪客服电话　　（010）58582300